# 超前截流优质地下水资源可持续开采量
## ——以沣水泉域为例

康凤新　马　超等　著

科学出版社

北　京

## 内 容 简 介

本书以优水优用为宗旨，以提高优质地下水资源供水能力为目标，提出地下水污染区上游超前截流、最大化开发利用优质地下水资源的地下水动力机制、原则和上中下游水源地优化布局方法。以山东淄博沣水泉域为典型案例，在确保下游大武水源地被污染地下水不倒流反补上游刘征、谢家店水源地优质地下水资源的约束条件下，建立了刘征、谢家店水源地超前截流优质地下水资源的优化开采布局方案，计算评价了各水源地可持续开采量，实现刘征、谢家店水源地优质地下水资源最大化安全开采供水。

本书对地下水污染区上游超前截流、最大化开发利用优质地下水资源具有较强的参考借鉴价值，可供水文地质学、水文与水资源、地下水科学与工程、生态环境科学、环境地质学等领域的科研及工程技术人员参考使用，也可作为高等院校相关专业的参考用书。

**审图号：鲁 SG（2022）043 号**

**图书在版编目(CIP)数据**

超前截流优质地下水资源可持续开采量：以沣水泉域为例／康凤新等著. —北京：科学出版社，2023. 7

ISBN 978-7-03-075083-9

Ⅰ. ①超…　Ⅱ. ①康…　Ⅲ. ①地下水资源-水资源管理-研究-淄博　Ⅳ. ①P641. 8

中国国家版本馆 CIP 数据核字（2023）第 037825 号

责任编辑：王　运／责任校对：何艳萍

责任印制：吴兆东／封面设计：图阅盛世

科 学 出 版 社 出版

北京东黄城根北街 16 号

邮政编码：100717

http://www.sciencep.com

北京建宏印刷有限公司 印刷

科学出版社发行　各地新华书店经销

*

2023 年 7 月第　一　版　开本：787×1092　1/16

2023 年 7 月第一次印刷　印张：19

字数：450 000

**定价：268. 00 元**

（如有印装质量问题，我社负责调换）

# 本书作者名单

康凤新　马　超　路万里　陈奂良

郑婷婷　孙　静　邵光宇　杨　光

刘同喆　姜佃卿　王　波　郭达鹏

魏　东　罗　伟

# 前　　言

全球至少有 25% 的人口依赖岩溶含水层系统提供淡水（Ford and Williams，2007）。岩溶水是中国北方城乡生活和工农业生产的主要供水水源，对当地社会经济发展起着不可替代的作用。同时，岩溶泉是枯水期河流的重要补给源之一，我国华北地区主要河流的源头几乎全部为岩溶泉，保证了河流的河川基流量，维系了河道及两岸的生态环境。因此，岩溶水资源的可持续开发利用对保障供水安全和生态环境安全具有重要意义。

大武水源地是中国北方特大型岩溶水水源地，允许开采量达 40 万 $m^3/d$。自 20 世纪 70 年代以来，随着一系列石油化工企业的兴建与发展，大武水源地局部受到石油污染，致使被污染区域地下水中的有毒有害污染物特别是石油类含量不断升高、范围不断扩大，地下水水质不断恶化，直接威胁当地城镇饮用水供水安全。

在位于岩溶水系统排泄区的大型水源地水质受到污染的情况下，优化岩溶水系统上下游各水源地岩溶水开采方案，以尽可能多地超前截流污染区上游优质地下水是非常迫切和必要的。

2012 年，陈奂良等在沣水泉域淄河岩溶水子系统大武水源地的上游率先实施了“淄博市刘征地区供水水文地质勘察”，查明了刘征地区的水文地质条件，探明了西张-福山及刘征东两个富水地段；2013～2016 年康凤新等主持完成了中国地质调查局“山东省沣水泉域水文地质环境地质调查”项目，在保证大武水源地污染地下水不倒流反补刘征水源地的约束前提下，计算评价刘征水源地优质岩溶水的可持续开采量为 8 万 $m^3/d$，为一大型水源地。刘征水源地勘察及可持续开采量评价为超前截流优质岩溶地下水的首次尝试。2018 年，刘治政等在刘征地区进行了群孔抽水试验，抽水量达 9.8 万 $m^3/d$，试验期间地下水水质监测表明，大武地区地下水未倒流反补刘征地区。刘征水源地勘察证明了超前截流优质地下水的可行性。

2016～2017 年，马超等在淄河岩溶水子系统最上游的谢家店地区成功实施了“谢家店地区供水水文地质勘察”，探明了谢家店富水地段岩溶水富水性，评价水源地可持续开采量为 1.75 万 $m^3/d$，进一步验证了超前截流优质岩溶水优化开采方案的科学性与可行性。

2021～2022 年，马超等在刘征水源地上游南术西地区进行了水文地质勘探，施工的第一个勘探井降深 0.255m 时，涌水量为 5376$m^3/d$，预测南术西地区能够形成3 万～5 万 $m^3/d$的中型或大型水源地。

以上刘征、谢家店、南术西等大武水源地上游优质地下水资源的成功勘探，验证了在地下水污染区上游超前截流开发优质地下水资源的可行性。

本书即是在对上述勘探研究成果总结、凝练提升的基础上，以优水优用为宗旨，以提高优质地下水资源供水能力为目标，提出了地下水污染区上游超前截流、最大化开发利用优质地下水资源的地下水动力机制、原则和上中下游水源地优化布局方法。

本书为国家自然科学基金项目（编号 U1906209、42072331）和泰山学者工程专项经费资助的成果，主要由山东省地质矿产勘查开发局八〇一水文地质工程地质大队（山东省地矿工程勘察院）、山东科技大学的水文地质工作者撰写完稿，并得到了诸多老师、专家和同仁的悉心指导与大力帮助，在此致以诚挚谢忱！限于笔者水平，加之理论技术的不断更新，书中难免存在疏漏之处，恳请读者批评指正，意见建议请发至 kangfengxin@126. com。

康凤新

2022 年于济南

# 目　　录

# 第一章 绪 论

## 第一节 国内外研究现状

### 一、岩溶水系统

岩溶水系统在早期称为“岩溶流域”和“岩溶水盆地”，在伴随有大量岩溶泉出露时，也被称作“岩溶泉域”。其实质是对有明确的边界、连续的岩溶含水层、统一的地下水流场以及相对独立循环的岩溶地下水的统称（梁永平和王维泰，2010）。

国内外对岩溶水系统的研究主要体现在岩溶水含水介质特征、岩溶水流动特征、岩溶水水-岩相互作用等方面。Groves 和 Howard（1994）、Howard 和 Groves（1995）等总结前人的研究成果，分别研究了岩溶裂隙中的优先流和紊流问题，并建立了相应的方程描述这两种水流形式。Padilla 等（1994）使用 Mangin 公式和 Coutagne 方程对欧洲 4 个岩溶泉的泉流量曲线进行处理计算，分析了泉流量中基流和快速流所占的比例，并讨论了两种方程的优缺点。White（2002）总结了 1992 ~ 2002 年各专家学者在岩溶水方面的研究，并就岩溶水补给-径流-排泄（补径排）条件、岩溶水水-岩相互作用、管道渗透性研究和岩溶含水层特征 4 个方面进行阐述，对各方面的研究历程及形成的各种观点进行了说明，并在最后提出了 7 大亟待解决的问题和研究方向。Bakalowicz（2005）总结了前人的研究成果，对岩溶的形成、岩溶含水层的特征进行了说明，介绍了岩溶区和岩溶含水层的调查方法，并提出了数值模拟中岩溶含水层介质的刻画和实际应用中富水区的预测两个研究方向。

我国专家学者将我国的岩溶分为北方岩溶和南方岩溶两大类，并提出北方岩溶含水介质为裂隙-溶隙含水介质系统，而南方岩溶含水介质则形成包括裂隙-溶隙和溶洞-管道两个子系统的复杂含水介质系统（崔光中等，1986）。梁永平和王维泰（2010）等将我国北方岩溶划分出 119 个岩溶地下水系统，根据岩溶地下水系统的地层结构及与流场的叠置关系，将 119 个系统分为单斜顺置型、单斜逆置型、走向型、向斜-盆地型和断块及其他型 5 大类，分别阐述了 5 个类型的系统特征及分布。方向清等（2011）对北方岩溶水系统的特征进行研究，提出了以构造、补给方式、强径流带与主构造的走向关系和排泄方式为依据的分类方案，将我国北方岩溶分为 11 种模式，并对与华北型煤田相关的 7 种模式的岩溶水特征进行了概述。除了大区域范围上的研究，各位专家学者更多着手于对各个岩溶水系统进行研究。张人权等（1991）对山西郭庄泉岩溶水系统进行了分析，圈定了系统的范围，划分出 4 个子系统，讨论了补径排条件，并提出了开发、管理意见。黄暖和黄晶（2001）等通过对镇江市岩溶地下水的动态分析，以回归分析为手段，揭示了岩溶水与降水量、开采量之间的关系，并利用灵敏度分析，探索了影响岩溶水动态变化的主控因素。

马振民等（2003）对泰安岩溶水系统的动态进行了研究，发现由于人类活动的影响，地下水埋藏条件、地下水流场等都发生了变化，提出了“地下水动力环境演化是地下水系统在自然条件的基础上叠加人类活动影响的结果，而且人类活动为影响环境演化的重要因素”的观点。吴晓芳（2007）对兰村泉域岩溶水动态进行了研究，通过分析地下水的多年动态资料，得出地下水位下降是地下水开采过量引起的，并通过建立研究区的地下水动态遗传回归模型，对各种开采方案下的水位变化进行了预测。

## 二、地下水资源评价

对于地下水资源评价的理解一般为对地下水资源的质量、数量的时空分布特征和开发利用条件做出科学的、全面的分析和估计，称为地下水资源评价（曹剑锋等，2006）。它的主要研究内容为地下水的可开采量计算、水位动态预测以及对地下水开发利用潜力的分析等（曹剑锋等，2006）。

### 1. 地下水资源评价概念的提出和发展

地下水资源评价的主要目的之一是保证水资源的可持续开采与利用，这是进行地下水其他各项活动的前提。联合国早在 1977 年召开联合国水环境会议时就指出，对水资源的综合评价是对其合理规划利用和管理的前提，并号召各国进行专门的水资源评价活动（United Nation，1977）。

早期水资源的评价内容主要是对天然情况下河川径流量及时空分布特征的统计，如美国 1840 年对俄亥俄河和密西西比河进行的河川径流量统计以及苏联编制的以河川径流量统计为主的《国家水资源编目》和《苏联水册》等（陈家琦等，2002；金栋梁和刘予伟，2004）。

后来，水资源管理及保护等内容开始受到重视，水资源评价向水资源优化配置上发展。如 1968 年和 1978 年，美国先后进行了两次国家级的水资源评价，对其国内的水资源现状进行了研究，预测了多年后的水资源需求，提出了全国的需水展望，并针对其国内典型的水资源问题提出相关的解决方案（威尔伯和刘辉，2004；米勒和刘辉，2004）。

相对国外来说，我国的水资源研究起步较晚，但也大致经历了水资源评价、规划，水环境开发利用和保护以及水资源优化配置等几个阶段。我国在水资源评价、规划等方面的研究处于世界较先进水平，但在水资源管理方面的研究还有待完善（陈家琦等，2002）。

我国早在 1963 年出版了《中国水文图集》，主要研究了国内水文的天然概况，并未统计地下水相关情况。至 1980 年，全国开展了水资源调查评价以及水资源规划和利用的研究工作，可称为一次内容较完整的水资源评价工作（陈家琦，1991）。

2002 年，我国将水资源的开发利用现状评价列为全国水资源综合规划的重要基础工作。此次工作在较为全面地评价国内水资源的条件和特点的基础上，系统地调查和评价了水资源的质和量的时空分布特点及演变趋势，最终分析水资源的开发利用现状，包括水资源系列延长与评价、水资源可利用量估算和水资源演变情势分析等几个方面的内容（水利部水利水电规划设计总院，2002）。

2. 地下水可持续开采研究的发展

自1992年联合国环境与发展大会上正式提出“可持续发展”概念后，基于这一理念，地下水资源的可持续利用也被各国提上日程。在此之前，普遍适用的概念为允许开采量。Lee最早于1915年提出允许开采量（safe yield）这一概念后，经Meinzer（1923）、Conkling（1946）、Todd（1959）、Domenico（1972）、康凤新（2005）等的研究，对其进一步补充，形成了较贴切的允许开采量概念，即在经济、合法、不破坏原来水质、不产生不良环境后果的前提下，可以从地下水系统中开采的水量（Fetter，2000）。现今，地下水允许开采量这一概念已普遍使用，已成为地下水资源评价和开发管理的重要依据（Sophocleous，1997）。

然而，随着全球范围内地下水资源量锐减、地下水环境不断恶化，人们认识到了允许开采量概念存在的不足，即忽视了和地下水系统息息相关的生态环境系统以及环境条件的变化对它的反馈等（马振民等，2003；吴晓芳，2007）。因此，在考虑到可持续发展理论的前提下，以Sophocleous等为代表的学者提出可持续开采量（sustainable yield）来代替允许开采量这一建议，使得地下水评价更为准确和科学（Bredehoeft，1997；Sophocleous，2000；张人权，2003；Alley and Leake，2004；Kalf and Woolley，2005）。

目前，国内外关于地下水可持续开采的论述有较多代表性的观点。Alley和Leake（2004）强调可持续开采量必须以满足环境需水优先为前提。张人权（2003）等认为具有一定的可更新能力是地下水可持续开采资源的重要特征，是实现地下水可持续利用的前提，是可持续发展理论在地下水资源利用中的体现。Bredehoeft（1997）等则认为地下水可持续利用的重要识别标志是地下水系统能否达到新的平衡。Fetter（2000）等则指出可持续开采量具有动态性、不确定性、系统性等特征。

综上，认为地下水可持续开采量的概念可理解为在满足环境需水及经济、合法、不破坏水质、不产生不良环境后果的前提下，地下水及其环境系统可达到新的平衡或多年动态平衡，可以从地下水系统中开采的可更新水量，它具有动态性、不确定性和系统性的特点。目前，针对地下水可持续开采量的评价，研究目标主要集中在地下水的可更新能力、生态需水、动态性、综合性以及人类活动影响等方面（王长申等，2007）。

3. 地下水资源评价方法

地下水资源评价的方法较多，一般较为常用的有水均衡法、解析法和数值法。

水均衡法因其对区域水文地质条件认识度要求不高，适用范围较广，其原理是地下水系统的质量和能量守恒定律（王金生等，2006；吴文强等，2009）。在研究区地下水补排条件较为简单，水均衡要素容易确定，且均衡要素在人工开采后变化不大的地区，用水均衡法评价地下水资源的效果相对较好（张春志等，2005）。水均衡法是地下水资源评价的主要方法之一，在某些情况下，它还是其他地下水资源评价方法的指导思想和验证依据（杜超，2008）。

解析法是用地下水动力学的井流公式对地下水流进行计算的一种方法，其主要依据为地下水渗流理论，要求含水介质为理想的均质介质且边界规则。尽管该方法在理论上较为精确严密，且不同条件下的井流计算公式较全面，但实际情况下水文地质条件往往较为复杂，难以符合其假定条件，使得解析解在一定程度上也变为了近似解（束龙仓和朱元生，2000；肖长来，2001；石中平，2002；陈崇希等，2011）。因此，当含水层的实际条件严重偏离现有解析模型的简化假设时，解析法不再适用，这时数值法凸显了其优势（杨金忠等，2009）。

数值法是近年来随着计算机行业的发展而迅速发展起来的一种近似计算方法，虽然该方法只能求出计算区域内有限个点某时刻的近似解，但这些解完全能满足对水资源评价的精度要求。因有效且灵活，该方法逐渐成为地下水资源评价研究不可或缺的重要方法，应用广泛且越来越受到重视（丁继红等，2002）。

在研究区边界不规则、类型不一、含水层非均值各向异性且抽水井情况较为复杂情况下，适宜采用数值法进行水资源优化开采的研究。

## 三、地下水数值模拟

数值模拟在地下水学科中的应用与发展使得对地下水资源评价的研究程度达到了一个新的高度。对于水文地质模型的建立，国内外学者在地下水数值模拟的工作思路方面达成一致，强调对水文地质条件合理概化的重要性，并对模型的尺度问题以及不确定因素的量化问题进行了探讨研究。

Anderson 和 Woessner（1992）提出了工作流程，对建立一个正确的地下水系统数值模型具有借鉴意义。Ghassemi 等（1998）针对模型的边界问题，表示三维模型可以详细说明含水层系统的三维边界条件以及抽水应力情况。Porter 等（2000）指出数据融合建模（data fusion modeling，DFM）可以量化各种水文学等学科的数据及模型的不确定性，可以用于地下水数值模拟的数据整合和模型校准。Li 等（2003）针对数值模型不能解决预测的不确定性因素这一问题，提出了一种随机的地下水模型，用以解决模型存在的不同尺度问题。Mehl 和 Hill（2002）提出二维局部网格细分法的有限差分地下水模型，提供了新的插值和错误分析的方法。

地下水数值模拟的软件经历了一系列的演化，至今发展至模块化、可视化、交互性、求解方法多样化的软件，其中 MODFLOW 和 FEFLOW 扮演了重要的角色。

Juan 和 Kolm（1996）基于 MODFLOW 和 ARC/INFO 的模拟软件，对美国 Jackson Hole（杰克逊霍尔）地区的冲积含水层进行了模拟，对模型进行了合理的校准。对于 MODFLOW 软件在地下水中的应用和学习，Winston（1999）共享了许多相关的网络资源，为研究学者提供了便利条件。对于基于有限差分法的 MODFLOW，Olsthoorn（1999）指出其数据结构更有易于实现与 GIS 的整合。Facchi 等（2004）在利用 GIS 对空间上的分布式参数以及其输入和输出值进行控制的基础上，建立渗流地带模拟，并与基于 MODFLOW 的地下水系统数值模拟耦合，此模型可以对目标在时间和空间上的分布情况进行较好的评估。

FEFLOW 是有限元地下水数值模拟模型的杰出代表，该软件是由德国水资源规划与系统研究院（WASY）开发，是迄今为止功能最为齐全的地下水水量及水质计算机模拟软件系统之一（陈秋锦，2003），可用于复杂三维非稳定水流和污染物运移的模拟。如

Barazzuoli 等（2008）运用 FEFLOW 模拟了意大利南部海岸某区域因过度开采地下水用于农业灌溉引起的海水入侵情况，并建立了地下水资源管理模型，显示出 FEFLOW 在模拟地下水流-溶质运用方面的优越性。Reynolds 和 Marimuthu（2007）运用 FEFLOW 模拟了澳大利亚某沿海湿地系统内地下水中氚同位素的运移特征，结果表明地下水中溶质迁移的规律主要受地下水动力条件控制。

随着数值模拟的广泛应用与创新，我国相关领域学者也做了大量的工作，根据实际研究中数值模型建立时发现的问题，对其进行理论与方法上的创新，不断提高模型模拟结果的可靠性。

陈家军等（1998）指出在对研究区进行地下水位值估计时，线性漂移的泛克里金法可以使模型取得较好的效果。针对模型数值高程复杂的情况，王玮（2003）对比了人工查点法、半自动查点法及数字化地形图提取法等 3 种获取原始高程数据方法的优势及劣势，提出在节点标高模拟中要获取大量的原始高程数据，生成高密度的数字高程模型，以满足水文地质数值模拟中对地面标高的精度要求。边界条件作为刻画数值模型的重要因素，在预报中起着决定性的作用，卢文喜（2003）提出在数值模型的预报前要对自然因素、人类活动因素及相邻区域水流条件等因素产生的影响进行考虑，在此基础上对预测模型的边界条件进行分析与预报。张明江等（2004）针对地下水资源评价的精度等问题，在“渗流管流耦合模型”基础上，选用了“参数迭代法”和“入渗滞后补给法”，得到了仿真性较好的模型，提高了评价的精度。

根据地下水运动理论、地质信息统计及逆问题理论，张祥伟和竹内邦良（2004）提出了大区域的地下水系统数值模拟的理论和研究方法。

廖华胜等（2004）通过实践归纳总结表示，平稳随机的假定在模型中并不能够真实地反映空间上小尺度的变异性与大尺度非平稳性间的相互作用。薛禹群等（2004）在详细介绍多尺度有限元法的基本原理后，将其应用于非均质多孔介质中的流动问题，通过计算结果的比较可知该法相比于传统的有限元法更有效。魏连伟等（2004）提出了水文地质参数的较优的反演方法，此法在全局优化算法——模拟退火（simulated annealing，SA）算法的基础上，与有限元模型进行耦合，得出较好的结果。陈劲松和万力（2002）分析了 MODFLOW 软件中不同的求解方法对模型精度的影响，结果表明 SIP 法（强隐式迭代法）、PCG2 法（预调共轭梯度法）和 SSOR 法（对称逐次超松弛法）的精度各异，在其研究中，SIP 法或 PCG2 法的求解结果较为满足精度要求，而选用 SSOR 法获得结果精度上无法满足要求。高佩玲等（2004）基于 Developer Studio 软件的程序，结合系统分解合成方法，得到区域地下水系统的水文地质参数，其分布与勘察所显示的地下水含水层结构特点及富水区分布基本相符。陈家军等（1998）、王玮（2003）、卢文喜（2003）、张明江等（2004）、张祥伟和竹内邦良（2004）、廖华胜等（2004）、薛禹群等（2004）、魏连伟等（2004）、陈劲松和万力（2002）、高佩玲等（2004）、魏加华等（2003）、何庆成（2000）、杨旭等（2004）、陈喜和陈洵洪（2004）提出了基于 GIS 的“点”、“线”和“面”的模型拟合技术路线，实现了基于 GIS 的地下水系统数值模拟模型的可视化拟合。为揭示独特沙丘地形和其土壤特性对地下水补给量与排泄量的影响，陈喜和陈洵洪（2004）利用基于 MODFLOW 软件的地下水水动力模型和非饱和带水平衡模型，模拟了半干旱、半湿润沙丘地区的地下水位，获得了较好的效果。

数值模拟软件在地下水资源评价中得到了广泛的应用，因其组件化、智能化、可视化和多样化的特点，受到普遍欢迎。利用数值模拟方法针对具体问题的处理方法具有较好的参考价值，国内外大量的研究强化了这种优势。地下水数值模拟在新思维、新方法的应用中功能得到迅速的提升，能够针对实际情况中的具体不确定因素进行灵活处理，将地下水的动态变化特征合理地反映出来。通过对地下水不同模拟方法的耦合及多学科之间的影响交叉，数值模拟方法将在地下水学科中有更广泛的应用前景。

同时，许多专家学者根据研究区已有资料也做了一定的研究。例如，王建华（1990）对淄博地区岩溶的垂直分带规律进行了研究，总结了强径流带与弱径流带的水文地质特征。张桂兰（1997）对淄博张店东南部深层岩溶水串层污染进行了污染探析。王军涛（2012）对淄博市淄川矿区地下水串层污染岩溶水的形成原因以及防治进行了研究，分析了煤层水对下部岩溶水的污染现状，阐明了污染机理并提出了相应的对策。刘松霖等（2013）对研究区内的大武水源地地下水水质演化规律及污染趋势做了分析与预测，并评价了大武水源地受污染风险。李铎等（2002）和任增平等（2002）采用数值模拟的方法对大武水源地各向异性岩溶地下水进行了模拟。李伟等（2006）对淄川区矿坑水资源的利用做了评价与分析。前人大量的研究成果对本次研究提供了宝贵研究基础与依据。

## 第二节　研究必要性与意义

### 一、研究区主要地下水环境问题

#### （一）孝妇河岩溶水子系统主要地下水环境问题

独特的地质结构造就了沿孝妇河流域展布的单斜构造，形成一个相对独立的岩溶水系统。山前一带为淄博市煤炭资源分布最为集中的地区，矿山企业密布，历经上百年的开发，本地区已成为淄博市重要的工矿企业聚集区。本区存在的主要地下水环境问题为串层污染及泉水流量衰减、断流甚至消亡。

1. 串层污染

孝妇河山前地带岩溶含水层富水性较强，岩溶水为当地村庄及城镇的主要供水水源之一。岩溶含水层隐伏于山前煤系地层之下，决定了该区岩溶水与当地煤矿开采之间的紧密联系。淄博煤田的10-3煤层与下伏奥陶系灰岩裂隙岩溶含水层之间仅有50m左右的隔水层，其中还有本溪组层间灰岩岩溶含水层。在煤矿生产期间，矿山企业大量疏干地下水，具有较高水头压力的奥陶系灰岩岩溶水水位远高于矿坑水水位（如洪山煤矿在生产期间奥陶系灰岩岩溶水水位高于矿坑水位40～50m），因此不存在劣质矿坑水污染岩溶水的问题。此外，煤矿企业为了安全生产，都采取有效封堵措施，以防止高水头压力的奥陶系灰岩岩溶水发生突水事故。近年来，淄博煤田多数矿山企业面临资源枯竭，大部分矿山已闭坑，矿山停止抽排矿坑水导致当地劣质矿坑水水位迅速上升（如洪山煤矿在闭坑后，矿坑水位回升的同时，当地岩溶水因过量开采而水位下降，导致矿坑水位高于岩溶水位近70m），使劣质矿坑水具备补给优质岩溶水的条件。有关资料显示，淄川区洪山煤矿1994年闭坑前后，其所在罗村一带岩溶水水质明显恶化，岩溶水中$SO_4^{2-}$含量在1991年为45～80mg/L，至1997年其含量已升至1320.82mg/L，总硬度及矿化度明显增高，水化学类型由$HCO_3$型转变为$SO_4$型，水质特征由岩溶水向矿坑水转变，岩溶水与当地矿坑水的高硫酸盐、高硬度、高矿化度的特征相吻合。

上述情况表明，区内部分地段岩溶水受到煤矿矿坑水的串层污染。孝妇河岩溶水子系统自南而北水文地质条件相似，南部博山、中部淄川洪山—寨里一带及北部张店沣水一带，均分布着大量的闭坑煤矿，普遍存在岩溶水被矿坑水串层污染的情况。

2. 泉水流量衰减、断流甚至消亡

孝妇河岩溶水子系统自南而北呈“串珠”状分布的众多泉群，目前多数已不再喷涌，仅博山的神头及秋谷两泉群在丰水年季节性喷涌。分析认为：随着区内经济发展，需水量大幅增加，岩溶水的开采量随之大幅增加，引发的区域岩溶水水位下降是流量衰减、断流甚至消亡的根本原因。

### （二）淄河岩溶水子系统主要地下水环境问题

淄河岩溶水子系统自上游至下游分为源泉岩溶水次级子系统、城子-口头岩溶水次级子系统及大武岩溶水次级子系统。源泉及城子-口头岩溶水次级子系统范围内分布有数个城市供水水源地，工矿企业不多，目前地下水环境问题不甚突出。大武岩溶水次级子系统内分布有众多化工企业。岩溶水系统内主要地下水环境问题为有机污染、常规离子超标及泉水流量衰减、断流甚至消亡。

1. 有机污染

大武岩溶水次级子系统内分布有众多化工企业。早年部分化工企业环保意识较差，污染防范措施不到位，局部地段岩溶水有机污染较严重，尤其是在大武富水段堠皋一带，需利用强排井长年抽排岩溶水，形成岩溶水开采漏斗，以防止有机污染团向外扩散。

2. 常规离子超标

洋浒崖粉煤灰场位于临淄区金山镇洋浒崖村南，卧虎山西北山谷内。始建于1985年3月，工程设计面积约45万$m^2$，2000年灰场灰坝在原来基础上加高50m，使灰场面积扩大到约120万$m^2$。2000～2004年该灰场每年净存灰量约50万t，2004年由于干法排灰系统建成，向外销售10万$m^3$粉煤灰，每年灰场净存量约50万t，灰场现存灰总量为800万～1000万t。

雨季大气降水入渗、淋滤、溶解粉煤灰中的易溶盐后，下渗补给到岩溶水中，导致周边区域及下游地区岩溶水中$SO_4^{2-}$含量、总硬度及矿化度超标，直接威胁着下游刘征水源地富水地段的水质安全。

3. 泉水流量衰减、断流甚至消亡

在淄河岩溶水子系统北部，因大量开采岩溶水，区域岩溶水水位下降，柳行泉及乌河头泉群于20世纪60年代断流。后期工业建设过程中，泉眼被填平，柳行泉及乌河头泉群永久性消亡。在淄河岩溶水子系统南部，博山区源泉镇的龙湾泉群仅丰水年季节性出流。区内岩溶水开采量大幅增加引发的区域岩溶水水位的下降是泉水流量衰减、断流甚至消亡的根本原因。

## 二、经济社会发展与优质地下水资源需求

研究区大部分在淄博市境内，本节主要阐述淄博市的社会概况和水资源需求。淄博市拥有一大批在山东省甚至中国占有重要位置的企业和产品。经济以工业为主，主要工业门类有石油化工、陶瓷、纺织、丝绸、医药、建材、冶金、机电、塑料、电子等35个。

淄博市政府相关部门确立并实施“优先利用客水，合理利用地表水，控制开采地下水，积极利用雨洪水，推广使用再生水，大力开展节约用水”的用水方略，对全市地表水、地下水进行用水总量控制。2015年淄博全市年供水总量约10.7亿$m^3$，其中当地地表水供水量约0.8亿$m^3$，引黄供水量约3.5亿$m^3$，地下水供水量约6.2亿$m^3$，地下水供水量占淄博市总供水量的58%，另外有部分中水得以利用，淄博市供水呈现多元化趋势。

但地下水一直是淄博市最大供水水源，包括孔隙水及岩溶水，其中岩溶水是淄博市中心城区、博山区、淄川区和临淄区的主要生活用水和工业用水水源。

淄河岩溶水子系统自上游至下游（由南到北）依次分布有谢家店、源泉、天津湾、城子-口头、北下册、刘征和大武等多个岩溶水水源地。大武水源地位于沣水泉域岩溶水系统淄河岩溶水子系统的最北部，是我国北方地区罕见的特大型岩溶水水源地，核定水源地允许开采量为40万$m^3/d$。多年来一直是淄博市城区和中国石化齐鲁石化公司的重要水源地。由于历史原因，齐鲁石化公司坐落在大武水源地上，并且衍生了众多的化工企业，对水源地的供水安全构成了较大的威胁。

岩溶水总资源量是一定的，有限的岩溶水资源如何在各个水源地之间进行科学合理分配，尽可能多地截流优质岩溶水资源是需要解决的关键科学问题。

# 第三节　研究内容及成果

本次研究以地下水系统理论为指导，综合运用地下水动力学、水文地球化学、同位素地球化学及数值模拟等技术方法，揭示了沣水泉域地下水形成、赋存及演化规律、研究区内主要地下水环境问题、发展趋势及防治措施，提出了科学的岩溶水资源优化开采方案及地下水资源保护建议，对当地经济社会发展具有重大意义。

（1）查明了沣水泉域水文地质条件，新发现并圈定了2个岩溶水富水地段。

系统总结了沣水泉域地下水的形成、赋存条件、富水性与水力特征，根据地下水的含水介质、赋存条件、水力特征和供水意义，将研究区地下水类型划分为松散岩类孔隙水、碎屑岩类裂隙水、碳酸盐岩类裂隙岩溶水及块状岩类风化裂隙水四大类。碳酸盐岩类裂隙岩溶水具有集中供水意义，最大单井涌水量超过5000$m^3/d$。从城市集中供水目的出发，圈定了黑旺岩溶水富水地段、谢家店岩溶水富水地段。

（2）根据地下水系统理论与方法，将沣水泉域岩溶水系统划分为3个岩溶水子系统及

8 个岩溶水次级子系统，查清了各级岩溶水系统的边界条件。

以每一个岩溶水系统应具有完整和独立的水循环过程、各系统之间尽量不存在水量交换作为岩溶水系统划分的依据，同时考虑含水介质、地貌特征、与地表水流域的关系，将沣水泉域岩溶水系统划分为孝妇河岩溶水子系统、淄河岩溶水子系统及弥河岩溶水子系统 3 个岩溶水子系统。其中孝妇河岩溶水子系统进一步划分为湖田-四宝山、岳店、罗村、洪山-龙泉、神头-凿山 5 个岩溶水次级子系统，淄河岩溶水子系统进一步划分为大武、城子-口头、源泉 3 个岩溶水次级子系统。

（3）全面评价了研究区岩溶水资源量。

区域地下水资源量为 136.78 万 $m^3/d$。孝妇河岩溶水子系统岩溶水的允许开采量为 20.19 万 $m^3/d$，现有实际开采量为 23.16 万 $m^3/d$，剩余允许开采量为-2.97 万 $m^3/d$，开采潜力指数为 0.87，孝妇河岩溶水子系统目前属于超采状态。淄河岩溶水子系统岩溶水的允许开采量为 73.24 万 $m^3/d$，现有实际开采量为 53.15 万 $m^3/d$，剩余允许开采量为 20.09 万 $m^3/d$，开采潜力指数为 1.38，仍有一定的开采潜力。

（4）查明了研究区岩溶水水质现状。

沣水泉域岩溶水系统内岩溶水质量使用综合评分和模糊数学法两种方法进行评价，区内岩溶水质量主要为优良。岩溶水质量较好区、较差区、极差区分布相对集中。丰水期岩溶水质量较枯水期明显变差，岩溶水质量极差区、较差区面积较枯水期明显变大。

（5）查明了研究区主要地下水环境问题，分别为串层污染、常规离子超标、有机污染、区域岩溶水水位下降、泉水流量衰减甚至断流等。

（6）在各岩溶水系统岩溶水资源计算评价的基础上，系统总结了区内岩溶水资源的基本特征，提出了岩溶水资源开发利用区划建议。

（7）创新提出地下水污染区上游超前截流优质地下水资源的优化开采方案，提出了岩溶水系统内各水源地的优化开采量，对区域岩溶水资源利用进行合理的开发利用提出了科学依据。

（8）建立岩溶水系统地下水水量水质模型，对水源地优化开发方案及主要地下水污染指标在不同条件下的演化过程进行了数值模拟预测。

# 第二章　地质背景与岩溶发育特征

沣水泉域岩溶水系统位于山东省淄博市中部和潍坊市西部，包括孝妇河岩溶水子系统、淄河岩溶水子系统和弥河岩溶水子系统（图 2-1），总面积为 2589km²。南部边界为鲁

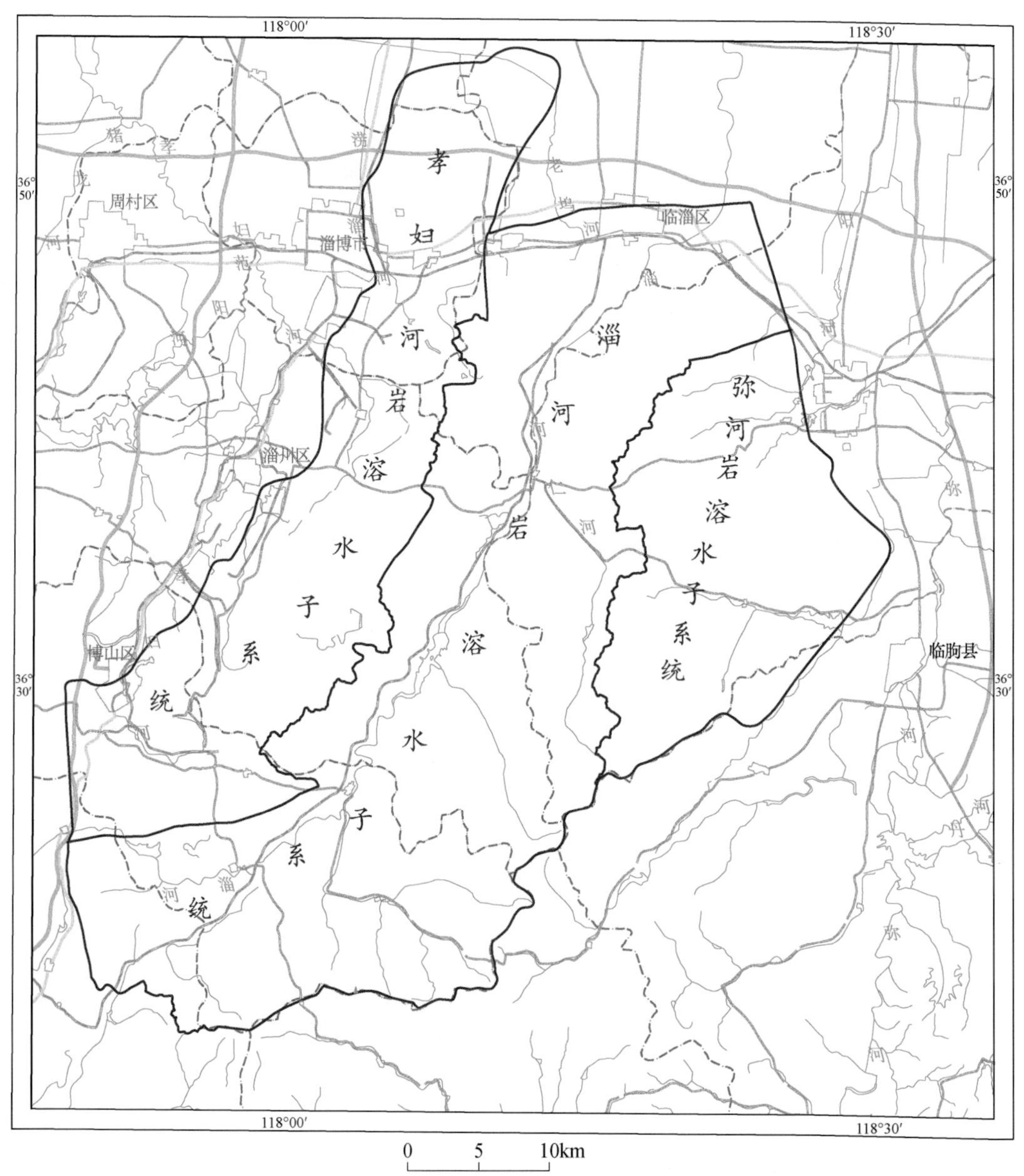


图 2-1　沣水泉域岩溶水系统分区图

山一线的地表分水岭，西南部边界为禹王山断裂，东部边界以上五井断裂为界，东北部边界以安乐店断裂、益都断裂为界，西、西北及北部边界为奥陶系灰岩顶板埋深400m等值线。

孝妇河、淄河、弥河岩溶水子系统都有较明确的水文地质边界和相对独立的岩溶水补径排关系。受地层岩性、地质构造、水文地质条件及人类活动等因素影响，各岩溶水子系统具有不同的特点。

孝妇河岩溶水子系统位于淄博向斜的东翼。南边界为石马断层；东边界南段为淄河流域与孝妇河流域的地表分水岭、梨峪口断裂，向北接弱透水的金岭断层；西北、北边界为奥陶系灰岩顶板埋深400m等值线；西南边界为禹王山断裂带。

淄河岩溶水子系统南边界为鲁山一线的地表分水岭；西边界自南向北依次为禹王山断裂、石马断裂、淄河流域与孝妇河流域的地表分水岭、梨峪口断裂及金岭断裂；东边界为地表分水岭向北接益都断裂；北边界为奥陶系灰岩顶板埋深400m等值线、安乐店断裂。

弥河岩溶水子系统西边界、南边界及北边界均为地表分水岭，东边界为南部的上五井断裂向北接益都断裂。

# 第一节　自 然 地 理

## 一、位置交通

研究区包括淄博市中部和潍坊市西部，地理坐标：东经117°48′14.33″～118°31′22.67″，北纬36°16′8.94″～36°35′35.98″。区内济青高速、滨博高速公路交错，国道、省道贯穿，各级别公路纵横。胶济铁路、张八铁路、张东铁路交会，交通发达（图2-2）。

## 二、气象水文

研究区属暖温带大陆性气候。四季分明，光照充足，雨热同期，风旱相随，春季干旱多风，夏季湿热多雨，秋季天高气爽，冬季寒冷少雪，多呈现春旱、夏涝、晚秋又旱的气候特点。多年平均气温为11.9～13.1℃，以7月气温最高，平均气温为25.2～26.8℃，1月最低，平均气温为-2.6～-3.9℃。冻土期自11月中旬至次年2月底，冻土深度不超过0.5m，霜冻期约120天。

降水主要集中在汛期6～9月，特别是7～8月，降水量占全年降水量的一半；同时地区差异明显，南部大于北部，山区大于平原，呈由南向北递减的态势。多年平均（1963～2015年）降水量为639.2mm，其中最大年降水量为1186.2mm（1964年），最小年降水量为307.8mm（1989年）（图2-3）。

区内主要有涝淄河、淄河、仁河、弥河等自然河流，建有太河水库、仁河水库、石马水库等多座人工水利设施（图2-4）。

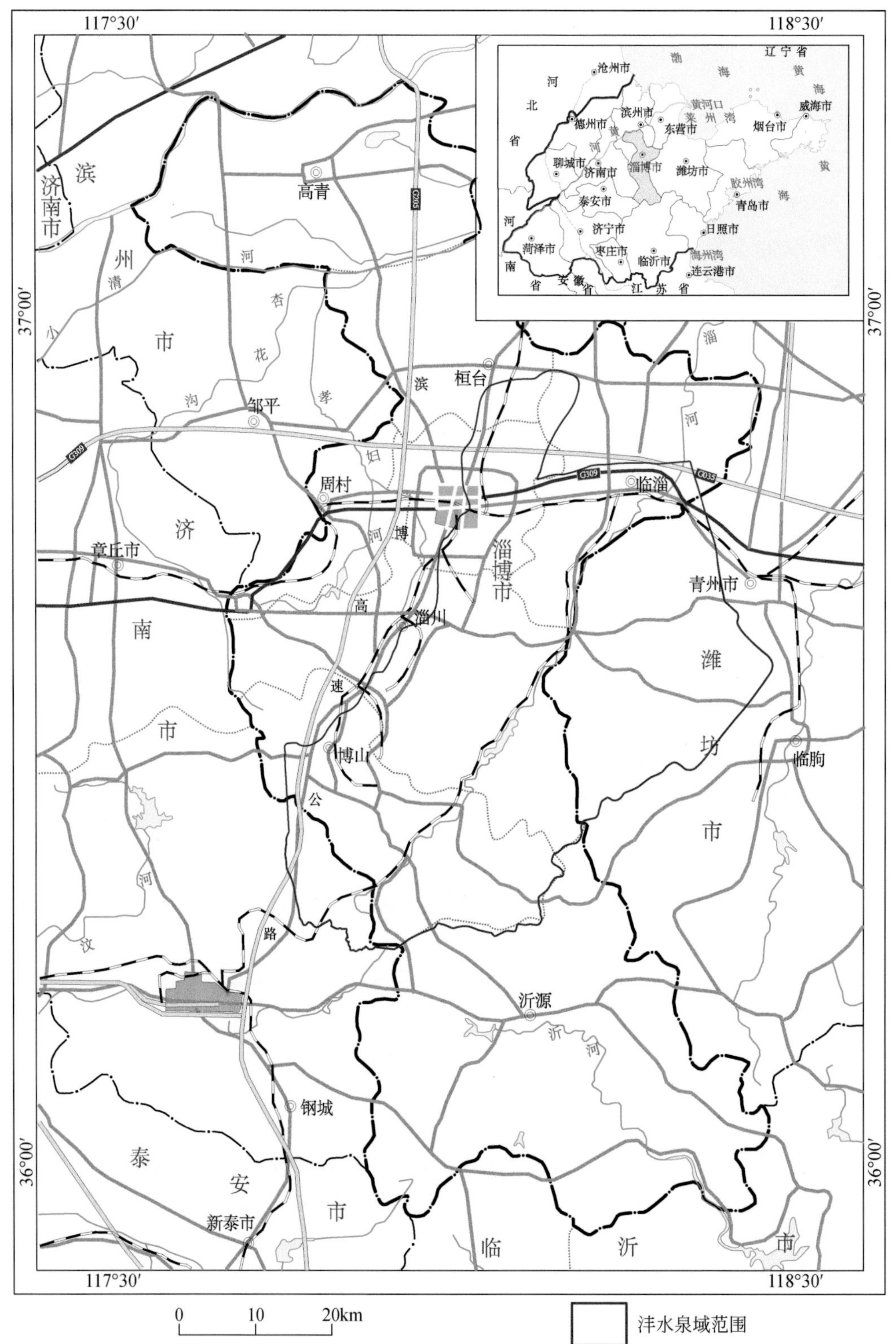


图 2-2　研究区交通位置图

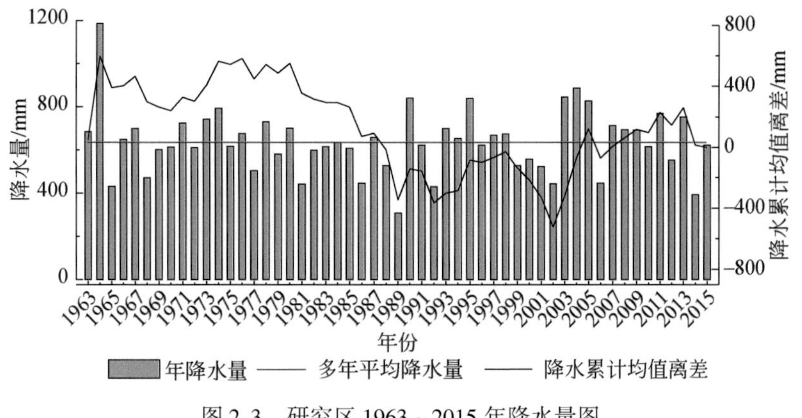


图 2-3　研究区 1963～2015 年降水量图

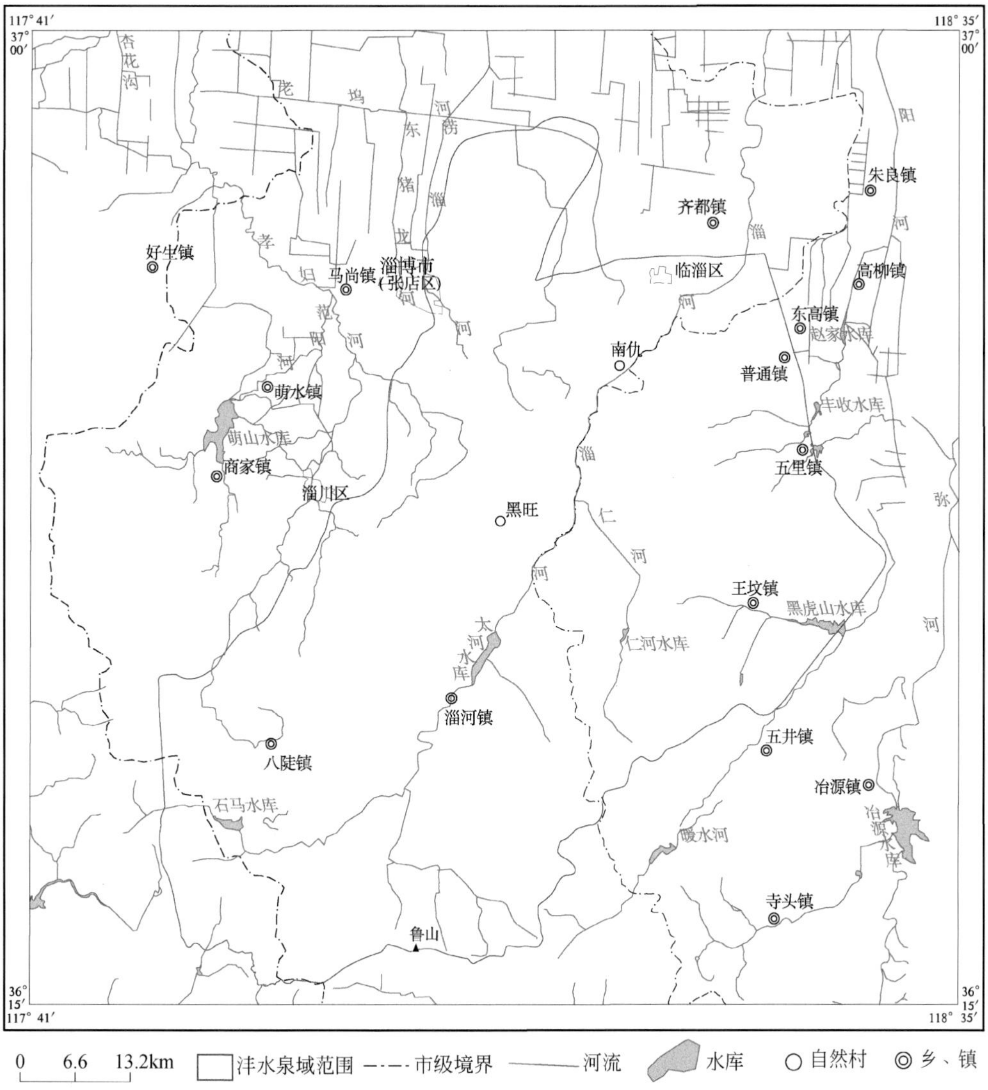

0　6.6　13.2km　沣水泉域范围　市级境界　河流　水库　自然村　乡、镇

图 2-4　研究区水系分布图

涝淄河：发源于临淄区边河乡大北山、长岭山及大金山一带的丘陵山区，流经张店城区东部，向北注入小清河，全长 39.26km，流域面积 115.59km$^2$，目前为污水排放渠道。

淄河：自西南向东北穿越本区，在白兔丘村北出临淄境，经广饶县入小清河，全长 124.4km，流域面积 1397km$^2$，有东西两源，东源发源于鲁山北麓，西源发源于禹王山东麓。自上游太河水库建成蓄水以来，下游河道来水量锐减，绝大多数年份均断流干涸，只有在太河水库大流量放水时，才能出现短暂的全河径流景观。淄河河床由卵砾石、砂砾石等松散堆积物组成，渗漏能力极强，素有“淄河十八漏”之说。20 世纪 90 年代以来有关部门充分利用这一自然条件，采取“小流量、长历时”的方式，将太河水库水回渗至水源紧张的大武水源地，为保证该水源地可持续开采和正常供水起到了关键作用。大武岩溶水次级子系统淄河多年平均径流量为 4964.6 万 m$^3$，其中在 20%、50%、75%、95% 频率其年径流量分别为 7560.5 万 m$^3$、4051.5 万 m$^3$、2210.2 万 m$^3$、723.6 万 m$^3$。

仁河：为淄河支流。源于青州市的青崖顶，全长约 25km。自朱崖汇入淄河，其上游建有仁河水库，致使仁河只有水库放水时才有表流。

弥河：发源于沂山西麓，呈西南—东北流向，全长 136km。河床宽 50～300m，流域面积为 2230km$^2$。有两大支流分别为南石河和北石河。

太河水库：建于淄川区太河乡淄河河谷的太河岩体附近，1970 年基本建成，控制流域面积 780km$^2$，设计库容为 1.83 亿 m$^3$，兴利库容为 1.13 亿 m$^3$，坝顶标高 242m，坝高 43.5m。太河水库放水对下游大武水源地的补给作用显著。

仁河水库：1980 年始建蓄水，设计库容为 2960 万 m$^3$，兴利库容为 2160 万 m$^3$，流域面积 80km$^2$。

区内河流多属雨源型季节性河流，其径流量与气候密切相关，在雨季流量剧增，水位上涨，出现洪峰；枯水期，多数河流断流干枯。

## 三、地形地貌

淄博向斜盆地是一南端翘起封闭，东西两翼耸立，向北开阔倾伏的箕状盆地。研究区位于淄博向斜盆地的东翼，南部属构造侵蚀为主的中低山区，向北过渡为剥蚀堆积地貌，地势南高北低，东高西低，变化显著。区域上自南向北依次为中山、低山、丘陵、山间及山前平原、冲洪积平原。最高峰为鲁山观云峰，海拔 1108.3m，东北角最低，地面标高 25m（图 2-5）。

中山：分布在研究区南部，主要由寒武—奥陶系灰岩、泥灰岩组成，其绝对标高 500～1108.3m，坡度 20°～30°，沟谷发育，切割深度达 200～400m，呈“V”字形，多为尖顶山，山坡凸形，部分山脊呈长梁状，山势陡峻，断层崖较为发育。

低山：分布在研究区的大部，山脉走向呈北东向，其绝对标高 300～500m，沟谷发育，切割深度达 150～300m，主要为奥陶系碳酸盐岩类岩石，经构造剥蚀形成低山，切割深度大，水系密度小，顺层岩溶及地表岩溶发育，地下水埋藏较深。

丘陵：主要分布在研究区的西北部，山脉走向呈北东向，其绝对标高 150～300m，坡度较小，主要由奥陶系碳酸盐岩类岩石及侵入岩组成，经构造剥蚀形成丘陵。

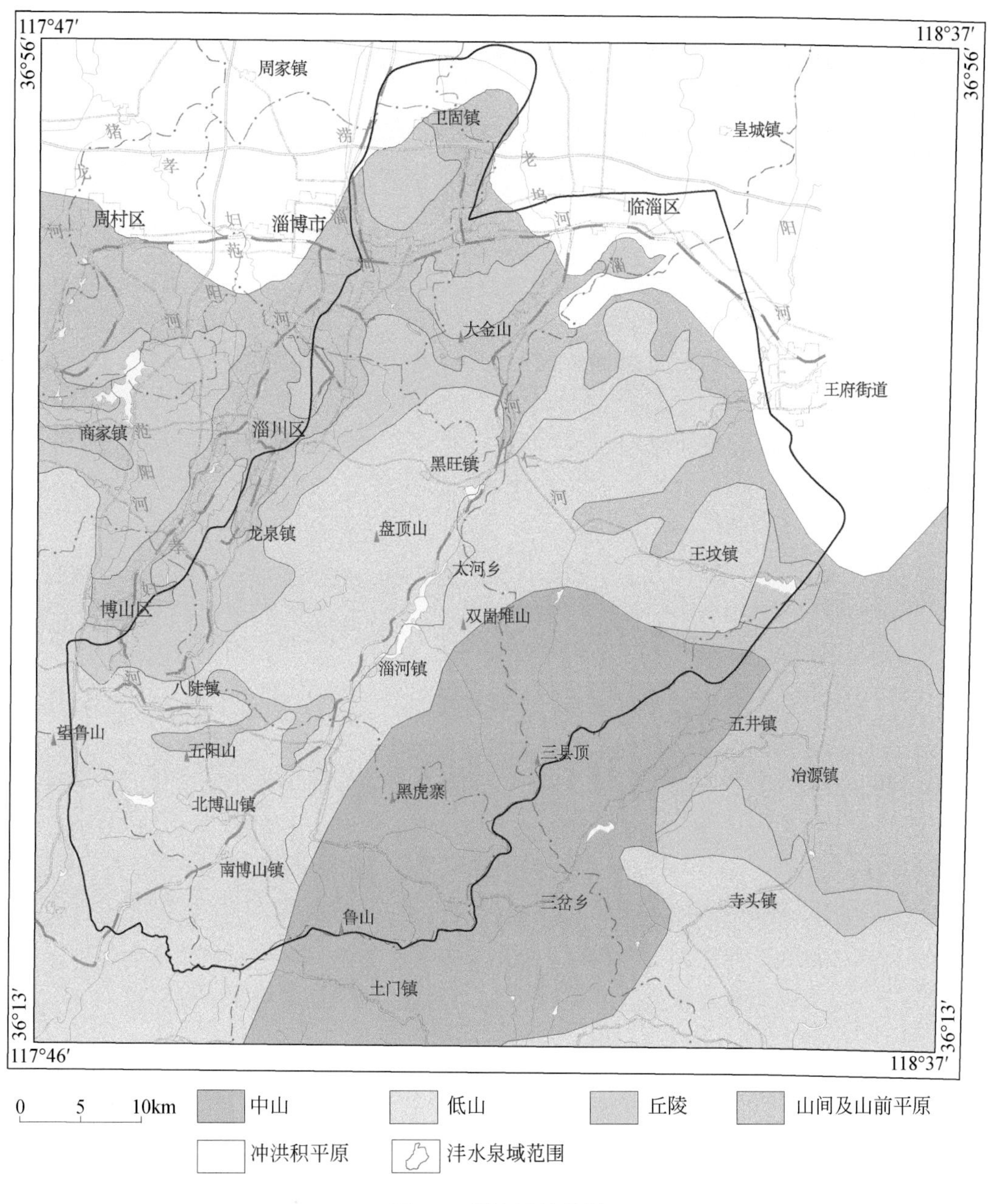


图 2-5　研究区地貌图

山间及山前平原：分布于研究区的丘陵边缘地带，多为宽窄不一的剥蚀堆积平原。研究区范围内山前地带均有分布。

冲洪积平原：分布于淄河冲洪积扇及研究区北部湖田一带，地形平坦低洼，堆积物为第四系松散岩类。

# 第二节　地层与岩性

研究区在区域大地构造上属华北板块鲁西地块鲁西隆起北部，其北与济阳拗陷交接，属华北型地层鲁西地层。基岩地层分布在胶济铁路以南广大的中低山区及丘陵区，胶济铁路以北则广泛分布第四系冲、洪积相松散堆积物。

## 一、地层

研究区内地层由老至新发育有寒武—奥陶系、石炭—二叠系和第四系（图 2-6 ~ 图 2-8）。

### （一）寒武—奥陶系

1. 寒武系长清群朱砂洞组（$\epsilon_2\hat{z}$）

朱砂洞组分布在研究区南部及东南部，以灰色、黄灰色泥质白云岩为主，含燧石条带结核，底部为砂屑灰质白云岩。厚度约 22m。

2. 寒武系长清群馒头组（$\epsilon_{2-3}m$）

馒头组分布在研究区南部及东南部，上段以紫红色、黄绿色含云母粉砂质页岩为主，底部为具交错层理的砂质鲕状灰岩；中段上部为具交错层理的黄褐色、含绿色砂岩及暗紫色、褐紫色含云母页岩，下部为云母含量较少的紫色页岩间夹中厚层鲕状灰岩；下段顶部为鲜红色易碎页岩，中部为黄绿色、砖红色页岩夹薄层泥灰岩，底部为深灰色及杂色含燧石结核白云质灰岩，最底部具 0. 2m 厚黄绿色页岩及白云质泥灰岩。厚度约 177m。

3. 寒武系九龙群张夏组（$\epsilon_3\hat{z}$）

张夏组分布在研究区南部，上部以灰色厚层藻灰岩为主，夹少量鲕状灰岩；中部以黄绿色页岩为主，夹薄层微晶灰岩。下部为灰色厚层鲕状灰岩及藻灰岩。厚度约 140m。

4. 寒武系九龙群崮山组（$\epsilon_{3-4}g$）

崮山组分布在研究区南部，顶部为黄绿色页岩及灰岩扁豆体夹薄层、中厚层云斑灰岩夹八层竹叶状灰岩和两层紫红色氧化圈竹叶状灰岩。第一层竹叶状灰岩有一层鲕状灰岩。底部为黄绿色页岩夹灰岩扁豆体。中部为黄绿色、紫红色页岩与十一层板状灰岩互层。厚度约 121m。

5. 寒武系九龙群炒米店组（$\epsilon_4O_1\hat{c}$）

炒米店组分布在研究区中南部，上部为灰色中薄层泥晶灰岩及少量竹叶状灰岩，含叠层石；下部为中薄层泥晶灰岩夹竹叶状灰岩；底部为铁锈色白云岩化鲕状灰岩。厚度约 187m。

6. 寒武—奥陶系九龙群三山子组（$\epsilon_4O_1s$）

三山子组分布在研究区中南部，顶部为薄层白云质灰岩，含燧石结核。中部为厚层、

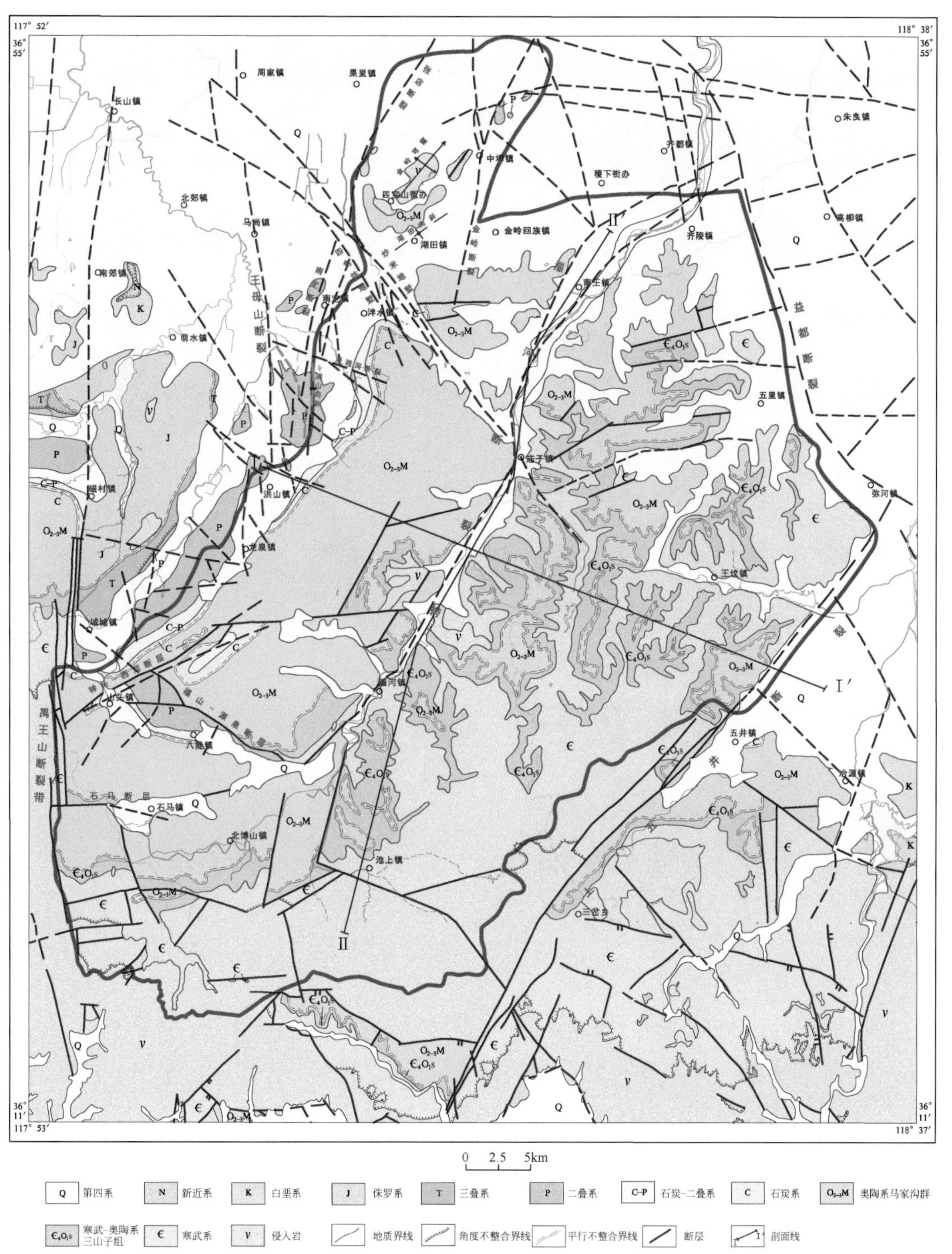


图 2-6　区域地质构造略图

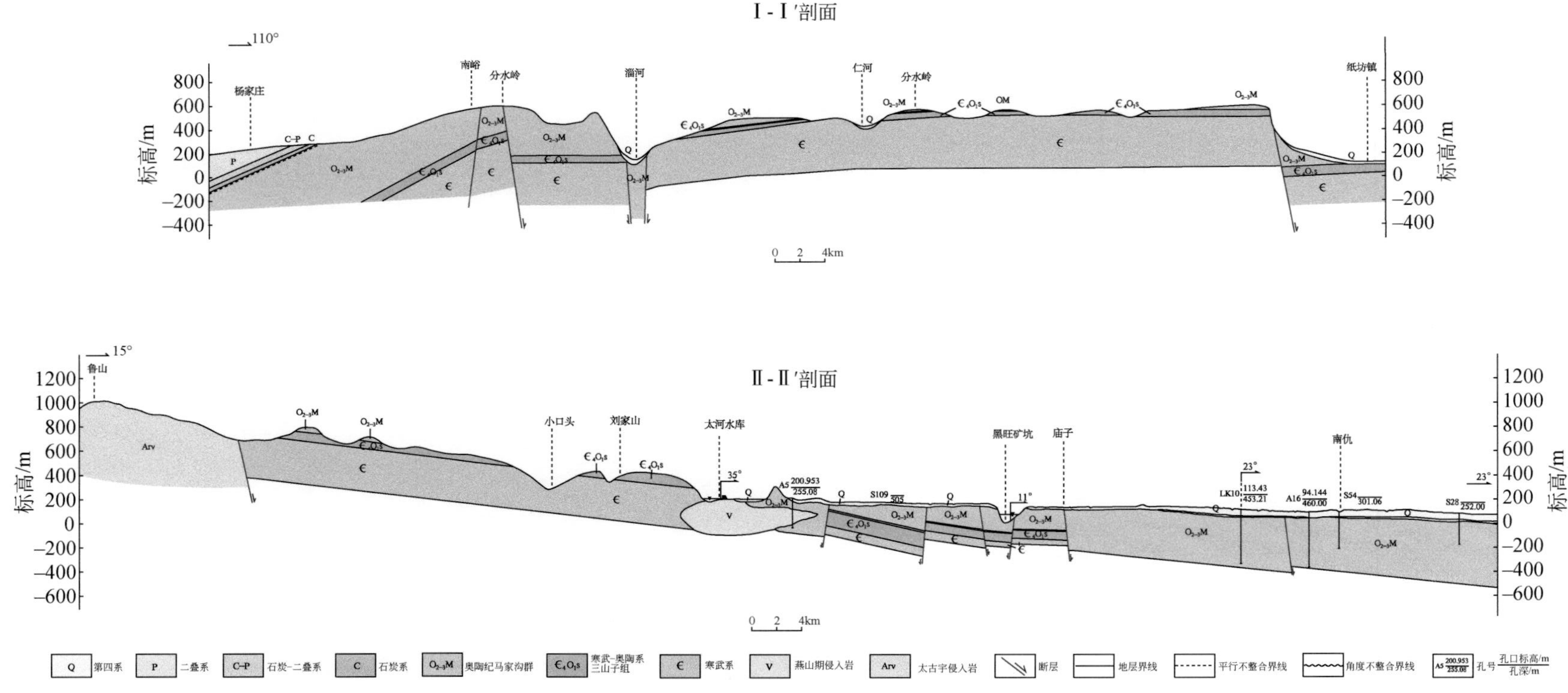


图2-7 地质剖面示意图(剖面位置见图2-6)

| 年代地层 | | | 岩石地层 | | | 柱状图 | 厚度/m | 岩性描述 |
|---|---|---|---|---|---|---|---|---|
| 界 | 系 | 统 | 群 | 组 | 代号 | | | |
| 新生界 | 第四系 | 全新统 | | 山前组 沂河组 | Qhy | | 70 | Qhy:冲积相灰色砂砾层和砂土 |
| | | | | 白云湖组 | Qhb | | | Qhb:湖泊相沉积之黑色、黑褐色黏土质砂和砂质黏土 |
| | | | | 临沂组 | Qhl | | | Qhl:冲积相灰黄色、黄灰色砂砾层及砂质黏土 |
| | | | | 大站组 | Qpd | | | Qpd:含砾黏质砂土，黄土状砂质黏土夹透镜状砂砾层 |
| | | | | Qŝ | Qŝ | | | Qŝ: 残坡积相黄色、黄褐色黏质砂土夹碎石 |
| | | 更新统 | | 羊栏河组 | Qpy | | 20 | Qpy:冲洪积相红色砂砾层与红色黏土 |
| 古生界 | 二叠系 | 乐平统 | 石盒子群 | 孝妇河组 | $P_3x$ | | 60~135 | 主要岩性为暗紫色、紫红色页岩、黏土岩及砂岩 |
| | | 阳新统 | | 奎山组 | $P_2k$ | | 23~65 | 灰褐色、灰色厚层中粗粒石英砂岩夹少量含砾石英砂岩 |
| | | | | 万山组 | $P_2w$ | | 107 | 主要由杂色页岩、黏土质页岩和黄绿色长石石英砂岩组成<br>顶部、底部各沉积一层铝土 |
| | | | | 黑山组 | $P_2h$ | | 105 | 主要为黄绿色长石石英砂岩、细砂岩及灰色泥岩等 |
| | | 阳新统/船山统 | 月门沟群 | 山西组 | $P_{1\text{-}2}\hat{s}$ | | 136 | 上部为褐灰色粉砂岩、黑色碳质页岩、灰褐色厚层中粒长石砂岩、粉砂质泥岩<br>下部为灰色泥岩、泥质粉砂岩、中厚层状中细粒长石砂岩 |
| | 二叠系/石炭系 | 船山统/上石炭统 | | 太原组 | $C_2P_1t$ | | 118~178 | 上部为灰绿色泥质粉砂岩、生物碎屑灰岩、灰色厚层泥质灰岩<br>下部为灰绿色、灰黑色碳质页岩、泥岩、细砂岩 |
| | 石炭系 | 上石炭统 | | 本溪组 | $C_2b$ | | 26~50 | 紫色页岩、砂岩，夹两层灰岩，下层称草埠沟灰岩，厚0~3m，分布不稳定；上层称徐家庄灰岩，厚6~10m。底部G层铝土 |
| | 奥陶系 | 上奥陶统 | 马家沟群 | 八陡组 | $O_{2\text{-}3}b$ | | 119~143 | 顶部为厚层青灰色灰岩及中厚层具微层理的纯灰岩<br>中部为浅灰色白云质灰岩、云斑灰岩，夹具微层理白云质灰岩<br>底部为深灰色厚层纯灰岩、云斑灰岩，夹几层白云质灰岩<br>产八陡双棱角石、梨形八陡角石化石 |
| | | 中奥陶统 | | 阁庄组 | $O_2g$ | | 50~130 | 顶部为浅灰色、灰白色泥灰岩与白云质泥灰岩互层<br>中部为浅灰色、灰黄色薄层泥灰岩，浅灰色厚层白云质泥质灰岩<br>底部为灰岩、暗灰色白云质泥质灰岩 |
| | | | | 五阳山组 | $O_2w$ | | 160~360 | 顶部为棕灰色中厚层泥质条带灰岩、白云质灰岩及云斑灰岩<br>中部为棕灰色厚层云斑灰岩，含砂质、钙质结核的棕灰色中厚层状灰岩，间夹薄层白云质灰岩、白云质泥灰岩<br>底部为青灰色、棕灰色石灰层，厚层，含砂质、钙质结核。产济南双房角石、假隔壁灰角石，少量豆房沟角石化石 |

| 年代地层 | | | 岩石地层 | | | 柱状图 | 厚度/m | 岩性描述 |
|---|---|---|---|---|---|---|---|---|
| 界 | 系 | 统 | 群 | 组 | 代号 | | | |
| 古生界 | 奥陶系 | 中奥陶统 | 马家沟群 | 土峪组 | O$_2$t | | 34~90 | 顶部为暗紫红色，厚层角砾状灰岩，坚硬，风化面呈深灰色、灰黑色，含铁质结核<br>中部为白云质角砾状泥灰岩<br>底部为泥质角砾状泥灰岩 |
| | | | | 北庵庄组 | O$_2$b | | 110~250 | 顶部为青灰色、棕灰色厚层灰岩。致密、坚硬，含铁质结核、白色小燧石结核，其下夹三层含泥质条带灰岩，具虫孔状溶蚀<br>中部为棕灰色厚层灰岩、青灰色薄层灰岩，间夹浅灰色泥灰岩<br>底部为深灰色厚层砾状灰岩、棕灰色云斑灰岩<br>产珠角石化石 |
| | | | | 东黄山组 | O$_2$d | | 17~33 | 上部为灰黄色白云质泥质灰岩、角砾状灰岩<br>下部为肉红色、淡灰色泥质角砾状灰岩及薄层土黄色泥灰岩 |
| | | 下奥陶统 | 九龙群 | 三山子组 | €$_4$O$_1$s | | 151 | 顶部为薄层白云质灰岩，含燧石结核<br>中部为厚层、中厚层含燧石条带、结核的白云质灰岩，燧石条带从下往上由多变少。中部、顶部白云质灰岩糖粒状，风化面呈灰黑色，具刀砍纹，新鲜面呈灰白色<br>底部有一层黄灰色白云质灰岩 |
| | 寒武系 | 芙蓉统 | | 炒米店组 | €$_4$O$_1$ĉ | | 187 | 上部为灰色中薄层泥晶灰岩及少量竹叶状灰岩，含叠层石<br>下部为中薄层泥晶灰岩夹竹叶状灰岩<br>底部为铁锈色白云岩化鲕状灰岩 |
| | | | | 崮山组 | €$_{3\text{-}4}$g | | 121 | 顶部为黄绿色页岩及灰岩扁豆体夹薄层、中厚层云斑灰岩夹8层竹叶状灰岩和两层紫红色氧化圈竹叶状灰岩。第一层竹叶状灰岩有一层鲕状灰岩<br>底部为黄绿色页岩夹灰岩扁豆体。中部为黄绿色、紫红色页岩与11层板状灰岩互层。产三叶虫化石 |
| | | 第三统 | | 张夏组 | €$_3$ẑ | | 140 | 上部以灰色厚层藻灰岩为主，夹少量鲕状灰岩<br>中部以黄绿色页岩为主，夹薄层微晶灰岩<br>下部为灰色厚层鲕状灰岩及藻灰岩 |
| | | | 长清群 | 馒头组 | €$_{2\text{-}3}$m | | 177 | 上段：顶部、中部为紫红色、黄绿色含云母粉砂质页岩。底部为具交错层理的砂质鲕状灰岩。产雷氏虫化石<br>中段：上部为具交错层理的黄褐色、含绿色砂岩，暗紫色、褐紫色含云母页岩。下部为云母含量较少的紫色页岩间夹中厚层鲕状灰岩<br>下段：顶部为鲜红色易碎页岩。中部为黄绿色、砖红色页岩夹薄层泥灰岩。底部为深灰色及杂色含燧石结核白云质灰岩。最底部具0.2m厚黄绿色页岩及白云质泥灰岩 |
| | | 第二统 | | 朱砂洞组 | €$_2$ẑ | | 22 | 以灰色、黄灰色泥质白云岩为主，含燧石条带结核，底部为砂屑灰质白云岩 |
| 新太古界 | 前震旦系 | | 泰山群 | | | | | 岩性为花岗片麻岩夹混合岩化花岗片麻岩。浅肉红色，具花岗结构与片麻状构造。主要成分为长石、石英及角闪石等<br>燕山期闪长岩，成分以斜长石、角闪石为主。含少量黑云母，呈黑灰色，中粗粒结构 |

图 2-8　综合地层柱状图

中厚层含燧石条带、结核的白云质灰岩，燧石条带从下往上由多变少。中部、顶部白云质灰岩糖粒状，风化面呈灰黑色，具刀砍纹，新鲜面呈灰白色。底部有一层黄灰色白云质灰岩。厚度约151m。

7. 奥陶系马家沟群（$O_{2-3}M$）

马家沟群在研究区中东部自西南向东北大面积分布出露，向北西方向的山前地带隐伏于石炭—二叠系及第四系之下。

马家沟群与九龙群三山子组呈平行不整合接触，是一套碳酸盐岩类沉积地层，地层呈北东走向，倾向北西，倾角10°左右，断裂构造附近产状变化较大。各组之间均为整合接触，由老到新依次为：

（1）东黄山组（$O_2d$）：上部为灰黄色白云质泥质灰岩、角砾状灰岩。下部为肉红色、淡灰色泥质角砾状灰岩及薄层土黄色泥灰岩。厚度17～33m。

（2）北庵庄组（$O_2b$）：顶部为青灰色、棕灰色厚层灰岩，致密、坚硬，含铁质结核、白色小燧石结核，其下夹三层含泥质条带灰岩，具虫孔状溶蚀。中部为棕灰色厚层灰岩、青灰色薄层灰岩，间夹浅灰色泥灰岩。底部为深灰色厚层砾状灰岩、棕灰色云斑灰岩。厚度110～250m。

（3）土峪组（$O_2t$）：顶部为暗紫红色厚层角砾状灰岩，坚硬，风化而呈深灰色、灰黑色，含铁质结核。中部为白云质角砾状泥灰岩。底部为泥质角砾状泥灰岩。厚度34～90m。

（4）五阳山组（$O_2w$）：顶部为棕灰色中厚层泥质条带灰岩、白云质灰岩及云斑灰岩。中部为棕灰色厚层云斑灰岩，含砂质、钙质结核的棕灰色中厚层状灰岩，间夹薄层白云质灰岩、白云质泥灰岩。底部为青灰色、棕灰色石灰层，厚层，含砂质、钙质结核。厚度160～360m。

（5）阁庄组（$O_2g$）：顶部为浅灰色、灰白色泥灰岩与白云质泥灰岩互层。中部为浅灰色、灰黄色薄层泥灰岩，浅灰色厚层白云质泥质灰岩。底部为灰岩、暗灰色白云质泥质灰岩。厚度50～130m。

（6）八陡组（$O_{2-3}b$）：顶部为厚层青灰色灰岩及中厚层具微层理的纯灰岩。中部为浅灰色白云质灰岩、云斑灰岩，夹具微层理白云质灰岩。底部为深灰色厚层纯灰岩、云斑灰岩，夹几层白云质灰岩。厚度119～143m。

### （二）石炭—二叠系

石炭—二叠系呈条带状出露于马家沟群地层的西北部。

1. 月门沟群（$C_2$-$P_2Y$）

自下而上分为本溪组、太原组、山西组。

（1）本溪组（$C_2b$）：岩性主要为紫色页岩、砂岩。夹两层石灰岩，下层称草埠沟灰岩，厚0～3m，呈肉红色、暗紫色，分布不稳定。上层称徐家庄灰岩，厚6～10m，深灰色，中厚层，含燧石结核及条带。底部为厚3～5m的G层铝土。厚26～50m。

（2）太原组（$C_2P_1t$）：上部为灰绿色泥质粉砂岩、生物碎屑灰岩、灰色厚层泥质灰岩。下部为灰绿色、灰黑色碳质页岩、泥岩、细砂岩。本组含有煤层十多层，区内一般有五层可采煤，是区内主要的可采煤层及各大煤田的开采对象。厚 118 ~ 178m。

（3）山西组（$P_{1-2}\hat{s}$）：上部为褐灰色粉砂岩、黑色碳质页岩、灰褐色厚层中粒长石砂岩、粉砂质泥岩。下部为灰色泥岩、泥质粉砂岩、中厚层状中细粒长石砂岩。一般含 3 ~ 6 层薄煤，在区内一般有两层可采。厚 136m 左右。

2. *石盒子群*（$P_{2-3}\hat{S}$）

石盒子群呈条带状自南而北分布于研究区西北部山前地带，岩性以灰绿色、黄绿色、紫红色、灰紫色杂色长石石英砂岩、粉砂质泥岩夹灰黑色泥页岩及煤线为主，厚 588m，自下而上分为黑山组、万山组、奎山组和孝妇河组。

（1）黑山组（$P_2h$）：主要为黄绿色长石石英砂岩、细砂岩及灰色泥岩等，厚 105m 左右。

（2）万山组（$P_2w$）：主要由杂色页岩、黏土质页岩和黄绿色长石石英砂岩组成。顶、底部各沉积一层铝土：底部一层称为 B 层，厚 5 ~ 8m，为与下伏黑山组的分层标志；顶部一层称 A 层，厚 1 ~ 3m，品位和厚度都不稳定。厚 107m 左右。

（3）奎山组（$P_2k$）：主要由 3 ~ 4 层致密坚硬的灰褐色、灰色中粗粒石英砂岩组成，通称奎山砂岩，奎山砂岩风化后呈黄褐色，裂隙发育。厚 23 ~ 65m。

（4）孝妇河组（$P_3x$）：主要岩性为暗紫色、紫红色页岩、黏土岩及砂岩。厚 60 ~ 135m。

### （三）第四系

第四系主要分布于北部山前平原地区，南部地区的山间谷地、河谷两侧亦有分布。

（1）羊栏河组（Qpy）：主要分布于研究区西北部山前及山间沟谷地带，岩性主要为红色砂砾层与红色黏土。

（2）山前组（Q$\hat{s}$）：主要分布于南部山麓地带，岩性主要为黄色、黄褐色黏质砂土夹碎石，颗粒粗细不均，分选性差。

（3）大站组（Qpd）：广泛分布于淄河、孝妇河下游的山前平原及南部的山间沟谷中。该层厚度自南向北逐渐增大。岩性主要为黏质砂土、黄土状砂质黏土，中间夹有 1 ~ 3 层砂砾石。

（4）临沂组（Qhl）：分布于研究区东北角淄河两岸，岩性主要为灰黄色、黄灰色砂砾层及砂质黏土。

（5）白云湖组（Qhb）：主要分布于研究区北部淄河、孝妇河下游地区，岩性主要为黑色、黑褐色黏土质砂或砂质黏土，含腐殖质。

（6）沂河组（Qhy）：分布于淄河河谷漫滩及河床中，岩性主要为砂砾层和砂土，砾石成分以石灰岩为主。自南向北逐渐增厚。

## 第三节　地 质 构 造

研究区受多次强度不同构造运动的作用，形成了褶皱、断裂等构造。纵观本研究区的构造特征，褶皱平缓舒展而不甚发育，除较高一级的淄博向斜外，其他均为与淄博向斜相伴生的次级小型褶皱；而断裂构造较为发育，尤以张性断裂为甚，纵横切割。现将主要褶皱及断裂叙述如下：

## （一）褶皱构造

（1）淄博向斜：淄博向斜轴向20°~25°，南起博山区域城，向北经岜山、馆里至周村萌山水库，萌山水库以北则被第四系覆盖，全长约50km。向斜东翼开阔、西翼陡窄，南端封闭仰起，北端倾伏，在形态上为一不对称型的向斜构造。淄博向斜的完整形态已受到强烈破坏。向斜轴部为侏罗纪地层，东翼地层出露较全，地层走向NE40°~45°，倾向为北西，倾角为8°~15°；向斜西翼的石炭—二叠纪地层被卷入禹王山断裂带中，呈近南北向陡立岩带展布，且层位缺失，出露不齐，地层倾向东，倾角为15°~20°。淄博向斜是一个平缓、开阔、西翼保存不完整的向斜。

（2）金岭穹窿：为一短轴背斜，分布于金岭、四宝山一带。为燕山中晚期岩浆岩沿北东向破裂面侵入奥陶纪地层而成，呈椭圆形穹窿状，长轴约17km，走向NE40°，短轴6km。背斜核部被中生代的闪长岩体占据，厚度大于2000m，周缘依次为奥陶纪和石炭—二叠纪地层，靠近岩体附近的地层产状较陡，倾角一般为30°~50°，向外逐渐变缓，倾角一般为20°~30°，其北东倾伏端地层产状平缓，一般小于20°。

（3）湖田向斜：分布于张店区湖田一带，轴向一般为45°左右，长约20km，宽约10km，核部地层为二叠纪地层，两翼为石炭纪及奥陶纪地层。

另外，区内还有洪山向斜及背斜、西河向斜等。

## （二）断裂构造

区内断裂构造非常发育，主要形成于印支—燕山期。按展布方向大致可分为北东向、北西向、东西向和南北向四组。

### 1. 北东向断裂

区内北东向断裂比较发育，与沂沭断裂带近乎平行，主要的北东向断裂有淄河断裂带、神头-西河断层及上五井断裂。

#### 1）淄河断裂带

淄河断裂带走向35°，主断层面倾向南东，倾角为70°~80°，水平延伸长度大于60km，为平移正断层。断层带由2~4条断层组成，形成地堑式断裂谷地，宽度为200~2000m，落差为200~400m。断层带两盘为寒武—奥陶纪地层。

淄河断裂带位于研究区中部的小峰口至大武一线，总体呈北东向展布，贯穿整个淄河岩溶水子系统，是研究区最重要的控水构造。

由于淄河断裂带规模较大，系由多期构造活动所构成的复合关系，致使水文地质条件复杂化。该断裂带主要由以下四条规模较大的张性断裂组成，分述如下。

（1）口头断裂：为淄河断裂带最东边的一条断裂。于孙家庄东开始出露，走向30°~40°，倾向北西，经马陵、大口头村、镇后、城子村、郑家庄。在郑家庄以南断裂走向转为北西，倾向南西，经皮峪沟在麻峪村附近消失，全长15km。

（2）青龙山断裂：为淄河断裂带东起第二条断裂，北接西同古-峪口断裂，向南经北牟庄、孙家庄、大口头、城子村到泉河头村，于516高地消失，全长22km。

断裂的中段被第四系覆盖于淄河河床之下，仅在城子村东及源泉村东露头明显，该断裂走向30°~40°，倾角80°，断裂上下盘出露地层为北庵庄组及五阳山组灰岩，由北向南断距逐渐减小。

（3）龙头山断裂：为淄河断裂带西边第二条断裂。其北端在大口头村西，向南延伸，断裂走向30°~40°，倾角50°~60°，经镇后、城子被一条压扭性断裂切割。断裂向南延伸至风庵口后被第四系覆盖，至龙头山-石泉庄又有出露，断裂在石泉庄以南走向为5°，近南北向，倾向东，经五福峪至下庄后又被第四系覆盖，全长约19km。

（4）城子断裂：城子断裂系淄河断裂带最西边的一条断裂。该断裂北端走向45°，向南延伸，经双谷峪东，走向转为近南北，倾向东。在大口头村南，断裂走向又转为北东，倾向南东，南延经镇后、城子、拐峪至源泉西被福山-源泉断层联结成一弧形断裂，全长约29km。城子断裂由北向南，断距逐渐减小，但到源泉西山村以南，天津湾一带，断距增大至600m左右。

以上为淄河断裂带基本概况的阐述，其总的特点归结为：

（1）由于多期构造体系的作用，淄河断裂带几条主要断裂多次复合关系较为复杂。

（2）由于后期构造体系的影响，淄河断裂带几条主要断裂的尾部弧形拐弯，成为南宽北窄，向南撒开的树枝状“地堑”。

（3）由于多期构造体系的活动结果，在呈北东向展布的淄河张裂带“地堑”中，穿插、切割了数条规模较小的东西向小断裂。

淄河断裂带的以上特点是淄河断裂带成为富水地带的有利条件。

2）神头-西河断层

神头-西河断层位于研究区西南部，断层走向40°~60°，倾角60°~70°。西南端与禹王山断裂带斜交，向东北经神头、西河与淄河断裂带衔接，全长约27km。

3）上五井断裂

上五井断裂为研究区东南部边界，往南经西峪、璞口、孤山延伸，上五井以北隐伏于第四系之下，主要由两条近平行的断裂组成，具有多次活动的特点，为一条影响范围广，性质复杂的断裂带，断裂带宽几米、几十米、上百米不等，总体走向40°，倾向南东，倾角不等。

2. 北西向断裂

区内北西向断裂发育，一般具有规模大、延伸远、宽度大、构造复杂的特点。断裂形成较早，多具张扭性，研究区内规模较大的为福山-源泉断层、益都断裂等。

1）福山-源泉断层

该断层位于工作区西南部，西起两坪村，经福山、苏家沟至东天津湾，全长12km。总体走向为NW40°~60°，倾向南西，倾角65°~80°，上盘为石炭纪地层，下盘为奥陶纪马家沟群地层。由北向南断距逐渐增大，由于其两端分别与神头-西河断层和城子断裂相交，成为规模较大的弧形断层。

2）益都断裂

该断裂为研究区东北部边界，北起后丁西100m，经毛家庄东、刘镇延伸到青州城西侧，断裂走向在东高村以北为 NW18°，东高村以南为 NW14°，倾向北东，陈家店以北上盘地层为白垩纪、侏罗纪地层，下盘为二叠纪、石炭纪地层，断距在 1000m 以上；陈家店以南，上盘为中生代地层，下盘为寒武纪地层，相对断距大于 1500m，由于其东盘地层岩性阻水，西南地区岩溶水径流至此受阻而富集。

3. 东西向断裂

东西向断裂在区内较发育，但形成较晚，大多切割了北西向的断裂，研究区范围内主要为石马断层。

石马断层位于研究区西南部，该断层总体走向近于东西向，倾向南，倾角 70°～80°，西起普通村，向东经东车辐、西石马、朱家庄到南崮山，全长 17km。和庄至东车辐村断距约 200m，东车辐村至东石马村断距约 500m，朱家庄到南崮山村断距约 400m。

4. 南北向断裂

南北向断裂在本区不甚发育，区内主要为禹王山断裂带。

禹王山断裂带为研究区西南部边界，该断裂带是区内规模较大的断裂带，因发育于博山西南的禹王山而得名。南起莱芜区和庄，向北经姚家峪、大峪口、磁村、四维、前太师直至山头村，而后隐伏于第四系之下，经物探资料证实，向北延伸到周村城区，全长 40km。断裂带走向近南北，倾向东，倾角 60°～80°。断裂经过多期活动，前期断裂呈张性特征，局部地段还可见到前期张性断裂的痕迹；后期为高角度的逆冲或斜冲，显压性、压扭性，左旋，且前期张性断裂垂直断距大于后期。

另外，区内较大的断裂还有漫泗河断层、金岭断层、炒米断层、四角坊断层等。

## 第四节　岩　浆　岩

研究区岩浆岩分布面广，区内岩浆岩种类齐全，超基性-基性-中性-酸性岩均有发育，并具有多期活动的特点，岩浆岩对研究区水文地质条件有较大影响。研究区及周边分布的岩浆岩主要有金岭闪长岩杂岩体、太河岩体，在淄博向斜盆地轴部还有岩脉群。

金岭闪长岩杂岩体分布于研究区西北角，面积近 $50km^2$，受金岭短轴背斜控制，长轴呈北东走向，其与围岩接触线较整齐。据物探资料分析，该岩体为形态复杂的岩盖，中心位置厚度大于 2km，属于燕山期产物。岩体呈中偏基性-中性-中偏酸性。又可细分为混杂角闪辉长岩、黑云母闪长岩与角闪岩、闪长岩类和脉岩类等。

太河岩体分布在太河水库两侧，面积为 $8km^2$，岩相与金岭岩体相近，是太河水库东坝肩的基础。

淄博向斜轴部的岩墙群，走向 NW30°～40°，为雁行排列，多达 100 余条，主要为辉绿岩，少数为煌斑岩、闪长玢岩、伟晶岩、细晶岩等。宽者 10～20m，窄者 3～5m，一般在 5m 左右。对地下水的运动也起到滞导作用，使水文地质条件复杂化。

## 第五节　主要含水岩组（层）

根据含水层含水介质的岩性组成以及地下水在含水层中运动、储存的特点，研究区含水层可划分为松散岩类孔隙含水岩组、碳酸盐岩类裂隙岩溶含水岩组、碎屑岩类裂隙含水岩组和块状岩类风化裂隙含水岩组。

## 一、松散岩类孔隙含水岩组

研究区内第四系厚度由南部的山前地带向北部逐步增厚。在研究区的山前及南部孝妇河、淄河两岸，第四系厚一般为 10 ~ 25m。含水层厚度一般小于 5m，以黏质砂土夹粗颗粒的碎石层为主，河谷地带以粗砂、卵砾石层为主，含水层厚度不均一，呈透镜体或条带状。地下水位埋藏浅，一般为 3 ~ 9m。山前地带含水层富水性较差，单井涌水量一般小于 $100m^3/d$。

研究区西北部、北部为孝妇河冲洪积平原和淄河冲积平原，地下水的赋存条件较好，含水层岩性以粗砂及砂、卵砾石层为主。由南而北，含水层颗粒由粗变细，结构由单一逐渐过渡到双层或多层，含水层由薄变厚。孝妇河冲洪积扇位于淄博向斜腹部的山前地带，除接受大气降水的入渗补给外，还可得到来自南部山区大面积的径流补给，在张店区沣水镇—南定镇一带，单井涌水量为 $100 \sim 1000m^3/d$，在北部吴磨新村—东台村一带，单井涌水量大于 $1000m^3/d$。淄河冲洪积扇首部紧接淄河由山谷流向平原的开阔河漫滩地带，下伏奥陶系岩溶水，因此第四系孔隙水水源充沛，既可接受大气降水的入渗补给，又有淄河的渗漏，在一定的条件下还可得到岩溶水的顶托补给，单井涌水量为 $1000 \sim 5000m^3/d$。淄河冲积扇首部地下水水质较好，其水化学类型为 $HCO_3$-Ca 型，孝妇河冲洪积扇地下水水质较差，水化学类型为 $HCO_3 \cdot SO_4$-Ca 型或 $SO_4$-Ca · Mg 型。

## 二、碳酸盐岩类裂隙岩溶含水岩组

碳酸盐岩类裂隙岩溶含水岩组是研究区主要含水岩组，可以细分为碳酸盐岩裂隙岩溶含水岩组及碳酸盐岩岩溶裂隙含水岩组。

### （一）碳酸盐岩裂隙岩溶含水岩组

碳酸盐岩裂隙岩溶含水岩组是研究区主要含水岩组之一，也是研究区供水水源地最主要的开采目的层。该含水岩组由八陡组、阁庄组、五阳山组、土峪组、北庵庄组、东黄山组、三山子组及炒米店组灰岩、泥质灰岩、白云岩组成，岩层倾向北西，单斜产状，地表、地下岩溶均较为发育。区内广泛分布，主要分布于博山、淄川、张店一线以东和潍坊市青州、临朐以西的广大地区。灰岩分布的山区是裂隙岩溶水的直接入渗补给区。在山前地带或河谷地堑，寒武—奥陶系碳酸盐岩地层往往隐伏于石炭—二叠系或第四系之下，地下水也由潜水转化为承压水而逐渐富集，构成了若干个灰岩裂隙岩溶水富水地段，成为淄博市各城区及青州市重要的城市及工业供水水源。孝妇河岩溶水子系统碳酸盐岩裂隙岩溶水的主要富水地段有四宝山、湖田-辛安店、沣水-岳店、神头等；淄河岩溶水子系统碳酸盐岩裂隙岩溶水的主要富水地段有齐陵、大武、刘征、黑旺、北下册、城子-口头、源泉、天津湾及谢家店等。这些富水地段，单井涌水量一般为 $1000 \sim 5000m^3/d$，大者可达

5000$m^3$/d 以上。在灰岩裸露山区，地下水水质较好，其水化学类型为 $HCO_3$-Ca 型或 $HCO_3$-Ca · Mg 型；在孝妇河岩溶水子系统山前地带地下水水质较差，其水化学类型为 $HCO_3$ · $SO_4$-Ca 型；淄河岩溶水子系统的径流-排泄区及排泄区地下水水质相对较好，其水化学类型多为 $HCO_3$-Ca 型或 $HCO_3$-Ca · Mg 型。

### （二）碳酸盐岩岩溶裂隙含水岩组

碳酸盐岩岩溶裂隙含水岩组是研究区主要含水岩组之一，是南部山区村庄供水井的开采目的层。

该含水岩组由寒武系张夏组、朱砂洞组灰岩、鲕状灰岩及泥质白云岩组成，岩层倾向北西，单斜产状，地表、地下岩溶均较为发育。主要分布于博山南部—东南部池上镇一带、淄川东南峨庄一带、临朐王坟村—许家庄村—后寺村一带。

张夏组岩溶裂隙水主要赋存于上下灰岩段的灰岩、鲕状灰岩，单井涌水量一般小于 100$m^3$/d，在构造有利部位或含水层埋深较大地段，如皮峪和峨庄一带，富水性相对较好，单井涌水量为 100～1000$m^3$/d。该层岩溶裂隙水水质优良，局部地段可形成锶型饮用天然矿泉水矿藏，淄川区太河镇被中国矿业联合会评为“中国矿泉水之乡”。其水化学类型多为 $HCO_3$-Ca 型。

朱砂洞组岩溶裂隙水主要赋存于灰岩、白云质灰岩及白云岩中，富水性差，单井涌水量一般小于 100$m^3$/d，地下水水质良好，其水化学类型多为 $HCO_3$-Ca 型。部分区域因地层中富含石膏，水质较差。

## 三、碎屑岩类裂隙含水岩组

该含水岩组为石炭—二叠系碎屑岩类裂隙含水岩组。主要分布于孝妇河岩溶水子系统。石炭—二叠纪地层走向北东，倾向北西，沿山前条带状出露于奥陶纪地层的西侧。岩性大部以砂页岩为主，地表风化破碎，裂隙不发育，富水性较差，不具供水意义。其中，二叠系石盒子群奎山组砂岩，风化裂隙相对发育，在裸露区其单井涌水量一般小于 100$m^3$/d，在隐伏区，单井涌水量一般大于 100$m^3$/d，局部地段大于 1000$m^3$/d，可作为单个厂矿或乡镇供水水源。石炭系月门沟群本溪组的徐家庄灰岩、草埠沟灰岩等层间灰岩岩溶裂隙水含水层富水性极不均匀，在构造适宜部位富水性较强，是当地煤层开采的主要充水含水层，水质较差。

## 四、块状岩类风化裂隙含水岩组

该含水岩组分布在研究区北部金岭穹窿、南部鲁山及中部太河岩体一带。由于地层透水性弱，富水性差，单井涌水量一般小于 50$m^3$/d，部分河谷地段可以达到 50～100$m^3$/d，供水意义不大，只能作为部分村庄的零星供水水源。地下水水质良好，其水化学类型多为 $HCO_3$-Ca 型。

# 第六节　岩溶发育及影响因素

研究区内出露岩石主要为奥陶系灰岩、泥灰岩、白云岩及寒武系薄层灰岩、泥质条带灰岩、竹叶状灰岩等，此类岩石均为可溶性岩石。由于地质构造作用的影响，其节理裂隙发育，构成岩溶水运动的良好通道，在岩溶水与岩石的长期作用过程中，形成了现今的岩溶景观。

研究区位于禹王山断裂以东，仅在南部出露少量太古宇变质岩，其余均为寒武—奥陶系，且奥陶系分布面积大且集中，岩层产状平缓，区内断裂构造发育，以淄河断裂带为主。区内地表岩溶较发育，岩溶地貌形态种类多，有溶沟、溶槽、石芽、岩溶干谷、落水洞、溶蚀漏斗、溶洞、溶隙原野等。溶洞主要分布在奥陶系中，如淄博市博山区朝阳洞及开元洞，洞内沉积物种类多，有钟乳石、石笋、石柱、石旗、石花、石瀑布等。

地下岩溶形态有溶蚀裂隙、溶孔、溶穴等，呈网络状、蜂窝状，淄河断裂带为岩溶水强径流带，地下岩溶发育最强。

## 一、地表岩溶

### （一）地表岩溶形态

地表岩溶的发育，主要取决于岩石本身的结构、构造、成分、性质、节理裂隙的性质及地表水流的运动速度、作用时间、溶解能力等因素。研究区内岩层产状、倾向与地形坡向相一致，岩层倾角平缓，节理多为张性，因而地表岩溶多发育为溶沟、溶槽、石芽、溶洞、溶蚀漏斗及落水洞等。

*1. 岩溶个体形态及微形态*

1）岩溶干谷

岩溶干谷是半干旱岩溶区的重要个体岩溶形态。淄河素有“淄河十八漏”之说，淄河及其支流在其经过岩溶发育地段，大多成为漏失严重的干谷。其漏失方式是在几千米河段内地表径流逐渐消水，在雨季可见到明显的消水点。

淄河岩溶水子系统基本上是一个季节性岩溶干谷系统。淄河有东西两大支流，东支流发源于鲁山北麓，西支流发源于禹王山东麓，东西支流源头均位于变质岩山区。淄河支流的一个重要特点是在变质岩与灰岩交界处旱季均有水流，进入灰岩区后，水流迅速减少甚至全部漏失（图 2-9）。干谷河宽一般为 30 ~ 80m，最宽可达 150m，河床中有大量灰岩碎块及质地均匀的粗砂、磨圆度较好的砾石堆积。

2）溶帽山

溶帽山主要分布于研究区中部及南部。其山势较陡，相对高度大，一般都在 200m 以上。山顶部位普遍有高几米至几十米的陡崖构成山帽（图 2-10），形成陡立的圆柱状峰顶。而山的中、下坡段则相对较缓，呈 30° ~ 40°的连续坡形。

溶帽山的岩石顶部主要为奥陶系五阳山组和北庵庄组、寒武系炒米店组厚层灰岩，岩

图 2-9　岩溶干谷（三山子组，博山区源泉镇）

图 2-10　溶帽山（五阳山组，淄川区太河镇）

层产状比较平缓。中下部一般为奥陶系土峪组、东黄山组及寒武系崮山组泥质白云岩及页岩等。

3）溶洞

在大气降水及地表水的作用下，具有溶解能力的水沿节理裂隙运动，使可溶性岩石逐渐被溶蚀发育成具有一定规模的洞，即为溶洞。由于地表水流或地质构造运动，溶洞逐渐发展演化为现今出露于地表的溶洞。

溶洞的发育与区域侵蚀基准面有关，沿岩层层面或沿岩石节理裂隙发育，其规模大小各不相同。研究区内地表出露溶洞较少，主要分布于博山区东南八陡镇—池上镇一带。

研究区内溶洞以开元洞、朝阳洞最为著名，洞内各种钟乳石姿态各异，主要岩溶景观包括石幔、石旗、石幕、石笋等。开元洞因其内部的开元盛世时期的钟乳石刻和遗迹文物等人文景观，被岩溶地质学家赵俊芬誉为“山东第一洞”。目前朝阳洞及开元洞均已作为旅游景区被开发。

（1）朝阳洞：位于研究区西南部博山区樵岭前村东，位于樵岭前景区内，朝阳洞形成于1200万年以前，洞中钟乳产生于30万~20万年之间。该洞呈南北走向，深达1600多米，绝大部分洞段为宽2~5m的廊道，整体上呈单一廊道洞穴，但部分洞段有一些小型厅堂发育（图2-11），洞内最宽处可达20m，面积大于300m$^2$的厅堂有4处，因此朝阳洞还兼有串珠状洞穴的一些特点。洞中可见各种钟乳石、石笋、石花、石旗、石幔等（图2-12、图2-13）。

（2）开元洞：位于研究区南部博山区源泉镇东高村东南，位于开元溶洞景区内，发育于奥陶系五阳山组灰岩中，溶洞长1100余米。开元溶洞是一条廊道厅堂式洞穴，洞内大而高，最高和最宽的地方达30m。洞内可见大量钟乳石、石笋、石柱、石旗、石幔、石盾、石瀑布等（图2-14、图2-15）。

此外，在研究区的中部及南部，水平裂隙在岩溶水长期冲蚀作用下形成沿层理发育的水平溶洞（图2-16），具有规模小、数量多的特点。

4）溶蚀漏斗与落水洞

溶蚀漏斗的形成，是地表径流沿河谷或地形低洼处的节理裂隙垂直下渗溶蚀发育的结果。溶蚀漏斗导致地表水流大量漏失渗入地下，通过落水洞与地下暗河相沟通或补给深部地下水。落水洞是连接地表水和地下暗河的垂直管道，多分布在溶蚀漏斗的底部，淄河上游几处漏水点，在地表即为溶蚀漏斗，其地下深部则为落水洞。此类岩溶多发育在构造破碎带或灰岩的节理裂隙强烈发育地段。

地表水流经溶蚀漏斗处，地表水大量漏失或全部漏失，造成浅层缺水或无水的景象。

（1）小峰口北溶蚀漏斗及落水洞：位于小峰口大桥西淄河转弯处，该处出露三山子组白云岩，北西向及北东向溶蚀裂隙极发育，宽10~30cm，河床两岸多沿层面发育扁平溶穴，高0.5~1m，宽1~2m，该段河谷除丰水期有水外，其余时间无水，淄河东支流流至此处大量漏失，可直接观察到漏失现象。

（2）潭溪山地质公园落水洞：潭溪山地质公园落水洞是地表水沿可溶性岩石的溶蚀裂隙尤其是溶蚀裂隙交叉位置向下溶蚀而形成的，与底下的岩溶作用相伴而生。曾有人将麦糠投入落水洞，却在潭溪山以西的东石村洞内发现，可以得出地表水顺着落水洞下泄后的排泄途径（图2-17、图2-18）。

5）溶沟、溶槽

溶沟、溶槽是具有溶解能力的地表水长期沿节理裂隙运动过程中形成的，溶沟的横截面为上宽、下窄的“V”字形。由于水流长期作用，溶沟不断加深加宽，底宽呈“U”字形，似槽状即为溶槽。

溶沟、溶槽多发育在岩层平缓、倾角较小的岩层层面上，多发育于奥陶系五阳山组及北庵庄组地层中，主要分布于淄川区黑旺一带以及青州市邵庄一带。溶沟一般长50cm左右，宽20~40cm，深30cm左右。溶槽一般长1m左右，宽约50cm，地表呈长方块体。

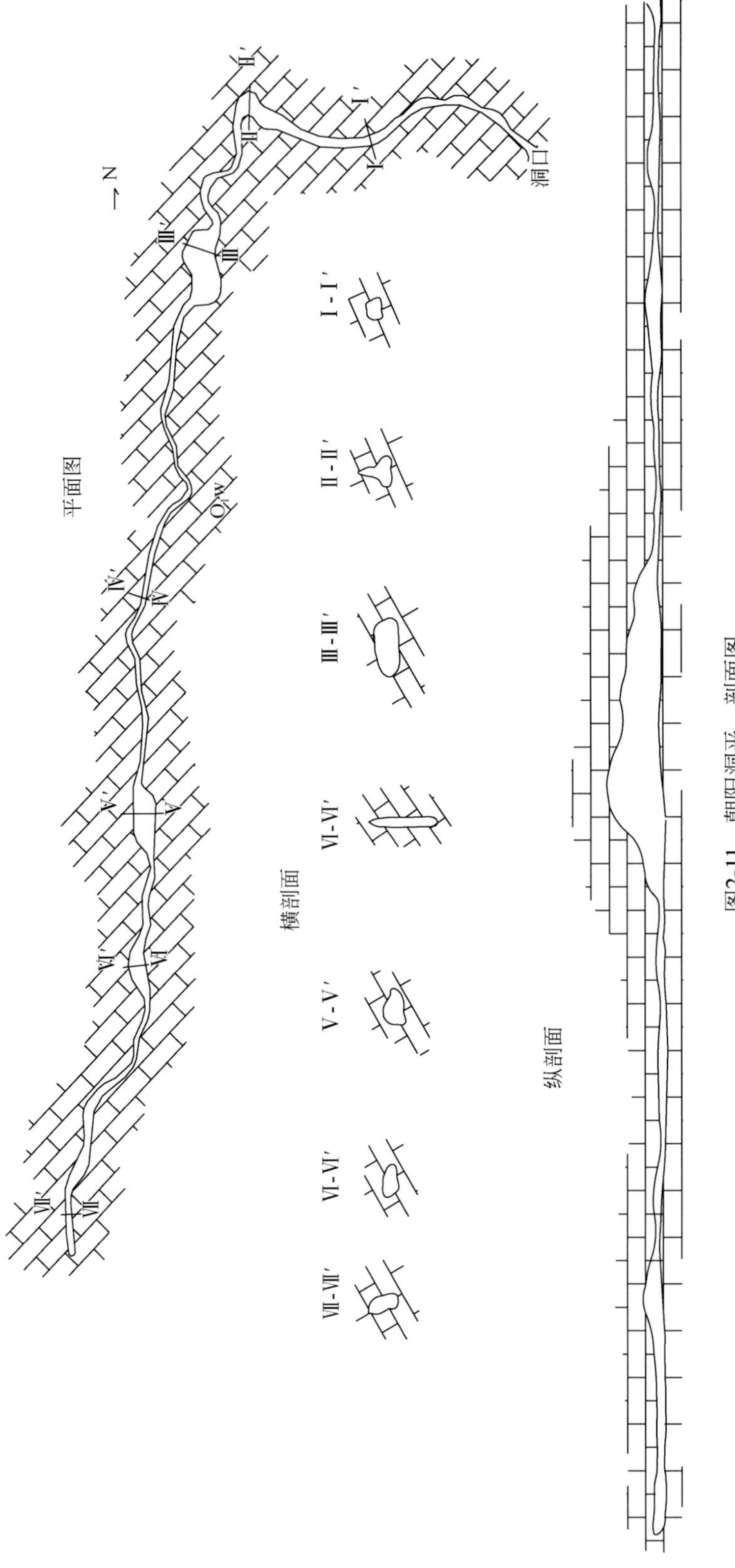


图2-11　朝阳洞平、剖面图

图 2-12　石旗（朝阳洞）

图 2-13　钟乳石（朝阳洞）

图 2-14　石盾（开元洞）

图 2-15　石瀑布（开元洞）

图 2-16　水平溶洞（北庵庄组，淄川区太河镇）

图2-17　落水洞侧面（北庵庄组，淄川区太河镇）

图2-18　落水洞洞顶（北庵庄组，淄川区太河镇）

常见于平缓的山坡及山腰地带，多顺坡向排列，但规模不大，延伸较差，长数米。其沟缘圆滑，岩面光滑，呈缓坡状，沟内有黏土充填（图2-19）。

6）溶穴、溶痕、溶孔

本区溶痕普遍分布，但典型者较少，一般呈延伸不很规则的波纹状凹痕。在淄川黑旺地区一些裸露岩石面上见有比较典型的溶痕，但较浅，深度在1cm左右，长度视岩石裸露长度而不同，多顺岩坡发育。

溶穴一般发育于奥陶系北庵庄组、五阳山组、阁庄组、八陡组灰岩及寒武系炒米店组灰岩中，分布范围较广泛（图2-20）。

图2-19　溶沟（五阳山组，淄川区寨里镇）

图2-20　溶穴（五阳山组，淄川区寨里镇）

溶孔则普遍发育于寒武—奥陶系灰岩、泥灰岩、白云岩、泥质白云岩中，分布范围极广。

7）石芽

本区主要为土下溶蚀揭露的石芽，其分布较广，在平缓的山坡及山麓均可见到，规模大者高可达1m多，石围数米。外形常呈巨砾状，岩面宽平，出露地表时间较长时，在岩面上可见极细小的斑状雨痕，绝大多数石芽仍保留着土下溶蚀时的特征（图2-21）。

石芽多发育于奥陶系五阳山组及北庵庄组地层中，主要分布于淄川区黑旺一带以及青州市邵庄一带。

图2-21 石芽（五阳山组，淄川区罗村镇）

2. *岩溶组合形态*

溶隙原野：主要发育于丘陵谷地的山麓地带，规模不大，长一般为100～500m，宽一般为30～150m，由溶沟、溶面、石芽等小形态组合而成，主要是在土下发育而后被揭露。溶沟不深，延伸也不好，溶面则较宽，切割肢解程度低，系比较干旱的气候条件下形成（图2-22）。

溶隙原野多发育于奥陶系五阳山组及北庵庄组地层中，主要分布于淄川区黑旺至罗村一带以及青州市邵庄一带。

### （二）地表岩溶发育的一般特征

地表岩溶受地形地貌、地层岩性、地质构造等因素的影响与控制，在地表水的长期作用下使其岩溶发育、演化，其特征如下：

地表岩溶以溶穴、溶孔、溶槽、溶蚀裂隙为主，其发育方向与地表水流方向一致，地形坡度小，岩层倾角平缓的岩层裸露的低山、丘陵区，普遍发育规模不等的溶孔、溶穴、

图 2-22　溶隙原野（五阳山组，淄川区寨里镇）

溶沟等，构成岩溶地貌景观。

地表岩溶多为顺层发育，呈扁平状，沿层面及节理裂隙方向延伸。在淄河河谷，受地质构造影响与控制，发育有溶蚀漏斗及落水洞。

## 二、地下岩溶

### （一）地下岩溶形态

地下岩溶多沿构造带、灰岩破碎带发育。研究区内淄河断裂带为岩溶水强径流带，在淄河断裂带内地下岩溶较为发育。据钻孔揭露，地下岩溶多为溶穴、溶孔及溶蚀裂隙。

1. 溶穴

溶穴多发育在灰岩及白云岩中，沿节理裂隙及层理面呈扁平状，洞径大者达 15 ~ 20cm。

2. 溶孔

溶孔多发育在泥灰岩、泥质白云岩及灰岩夹层中，部分呈蜂窝状或网络状，孔径为 0.5 ~ 5cm，孔洞互相连通。地下水的垂直运动及水交替作用越强烈，岩溶越发育（图 2-23、图 2-24）。

图 2-23　溶孔（五阳山组，临淄区金山镇勘探井）

图 2-24　蜂窝状溶孔（土峪组，临淄区金山镇勘探井）

3. 溶蚀裂隙

溶蚀裂隙多发育在灰岩地层中，多沿层理发育，浅部溶蚀裂隙较宽，深部变窄，发育程度随深度的增加而减弱（图 2-25）。

图 2-25　溶蚀裂隙（北庵庄组，临淄区金山镇勘探井）

## （二）地下岩溶发育的一般特征

地下岩溶受地层岩性、地质构造等因素的影响与控制，并在地下水的长期作用下使其岩溶发育、演化。地下岩溶以溶蚀裂隙、溶孔及溶穴为主。泥灰岩、白云岩多发育溶蚀裂隙及蜂窝状、网络状溶蚀小孔。灰岩多发育较大的溶蚀裂隙及溶孔。地下岩溶与地层岩性关系密切，而且与地下水的运动直接相关。地下水的积极循环带，水交替作用强烈，岩溶多为溶孔及溶蚀裂隙。深部地下水运动缓慢，水交替作用较弱，一般发育溶蚀裂隙，地下岩溶的发育随深度的增加而逐渐减弱。

1. 大武地区岩溶发育特征

大武富水段位于大武岩溶水次级子系统的排泄区，地下岩溶发育标高一般为-80～0m，其下-230～-130m地下岩溶多为溶孔和溶蚀裂隙，岩溶不发育。岩溶的发育随深度的增加而降低（图2-26）。

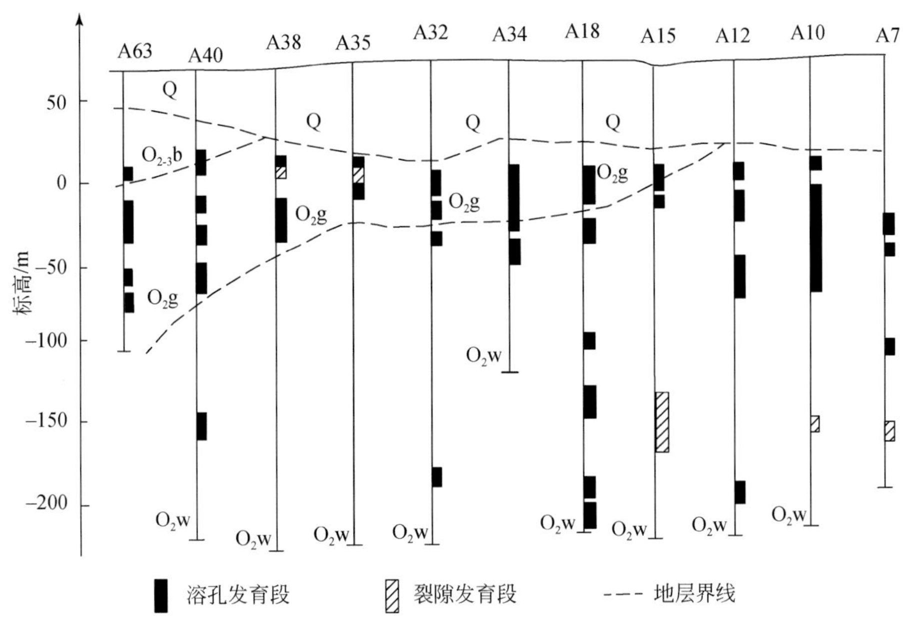

图2-26　大武地区岩溶发育图

大武富水段勘探井揭露地层主要为八陡组、阁庄组、五阳山组。八陡组主要发育溶孔，阁庄组主要发育溶孔和溶穴，五阳山组主要发育溶孔、溶穴。溶孔直径为0.05～2cm，多呈蜂窝状、网格状。溶穴直径为2～20cm，有单个互不相通的孔洞，也有呈串珠状排列的孔洞。岩层中以溶孔为主，面岩溶率为0.248%～22.17%，充填程度从全充填到非充填，主要的充填物为黏土，夹有砂粒等。

2. 刘征地区岩溶发育特征

刘征富水段位于大武岩溶水次级子系统的径流-排泄区，勘探井揭露地层为五阳山组、土峪组、北庵庄组、三山子组及炒米店组。裂隙岩溶较发育，岩溶发育形态有溶蚀裂隙、溶孔、蜂窝状溶孔和溶穴。

受边河断层的影响，该富水地段内含水层分为两个类型。

（1）揭露边河断层的：岩溶发育带一般在标高-150～-50m之间，局部地段可达-200m。岩溶含水层发育深度为91.60～368.54m，主要含水层为奥陶系马家沟群土峪组，裂隙岩溶极为发育。五阳山组岩心完整，裂隙岩溶发育不明显。土峪组泥质白云岩受断层错动影响，岩心极破碎，裂隙岩溶及蜂窝状溶孔发育。LK6号孔土峪组含水层厚度达29.22m（图2-27）。

（2）未穿过边河断层的：岩溶发育带一般在标高-200～0m之间，主要含水层为奥陶

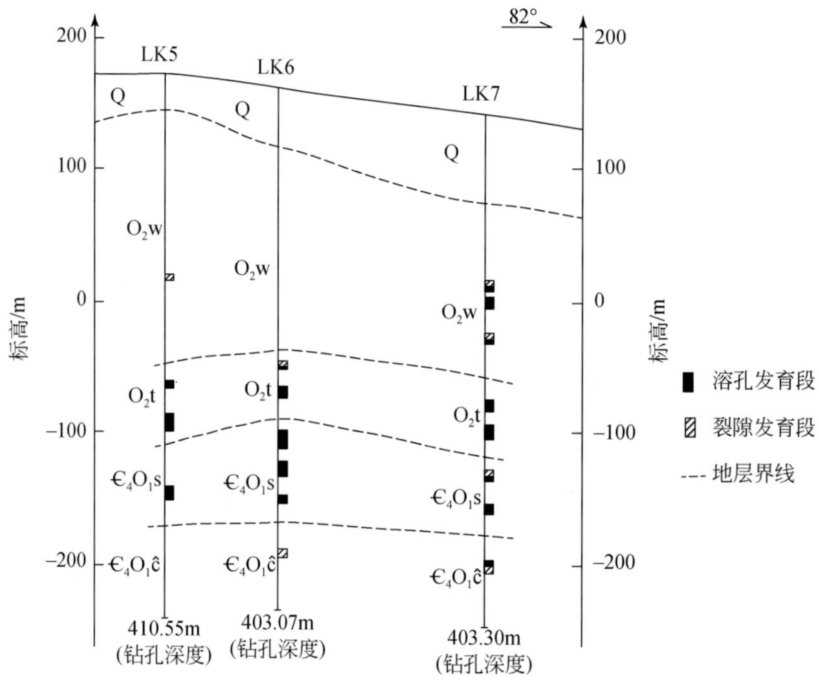


图 2-27　刘征地区穿过边河断层岩溶发育图

系马家沟群五阳山组，发育溶蚀裂隙及蜂窝状溶孔。LK9 号孔五阳山组含水层厚度达 38.9m（图 2-28）。

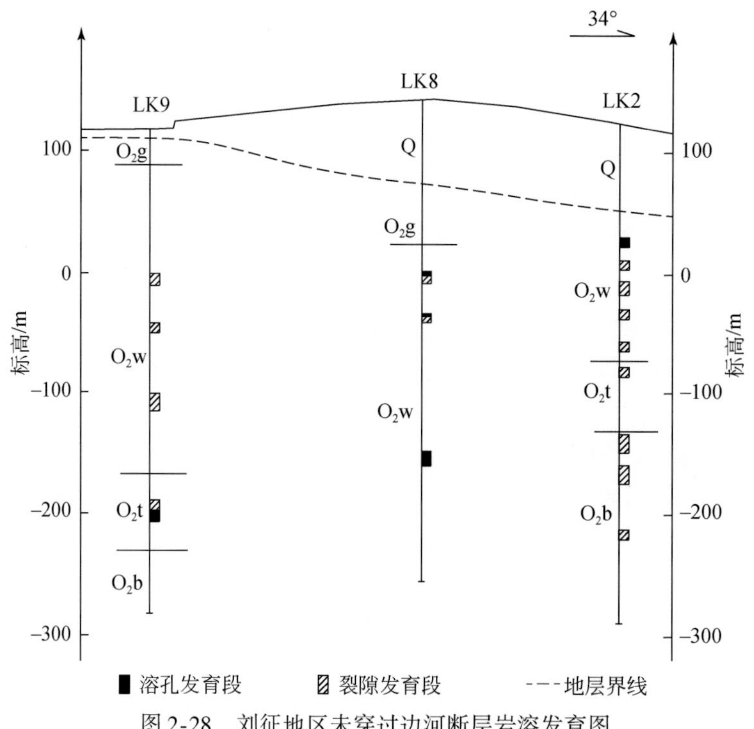


图 2-28　刘征地区未穿过边河断层岩溶发育图

3. 源泉地区岩溶发育特征

源泉富水段位于源泉岩溶水次级子系统的排泄区，地下岩溶发育形态以溶蚀裂隙、溶孔及溶穴为主。泥灰岩、泥质白云岩多发育蜂窝状、网络状溶蚀小孔，灰岩多发育较大的溶蚀裂隙、溶孔及溶穴。

地下岩溶与地层岩性关系密切，而且与地下水的运动直接相关。在地下水的积极循环带，水交替作用强烈，岩溶多发育溶穴及溶蚀裂隙。深部地下水运动缓慢，水交替作用较弱，一般发育有溶蚀裂隙，地下岩溶随深度的增加而逐渐减弱。标高在 50 ~ 180m 的岩溶带，岩溶多发育溶蚀裂隙及蜂窝状溶孔，标高在 -45 ~ -10m 的岩溶带多发育溶孔及溶穴（图 2-29）。

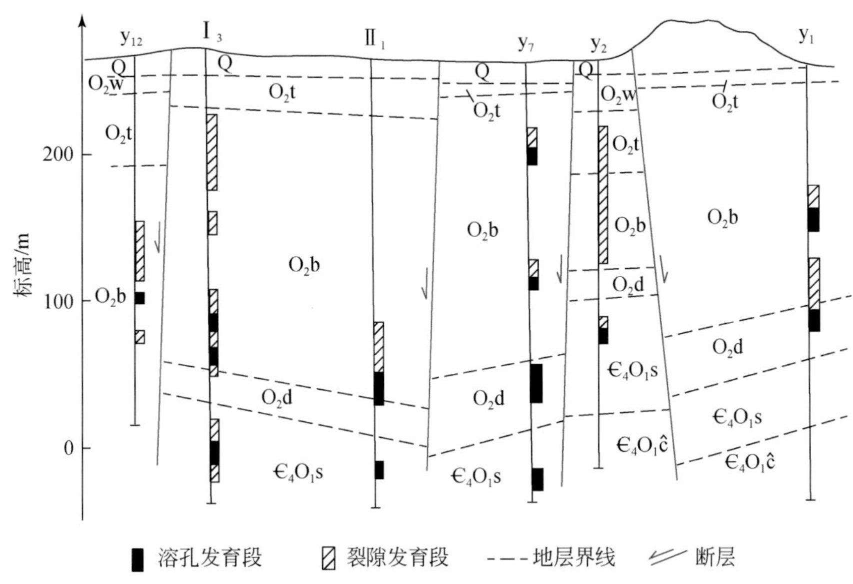


图 2-29　源泉地区岩溶发育图

## 三、岩溶发育的影响因素

岩溶发育的主要影响因素包括岩性结构、地质构造及水动力条件。

### （一）岩性结构

地层岩性为区内岩溶发育的主要影响因素之一，碳酸盐岩岩性特征对岩溶发育特征影响重大。研究区内碳酸盐岩除了石炭—二叠纪地层夹有薄层灰岩外，主要赋存于寒武—奥陶纪地层。

1. 碳酸盐岩岩性特征

区内寒武—奥陶系碳酸盐岩，按成分划分主要有不纯碳酸盐岩、灰岩和白云岩及其过渡类型。按结构成因划分，中寒武统主要为鲕状灰岩，上寒武统主要为竹叶状灰岩，下奥陶统主要为中细晶白云岩，中奥陶统主要为泥晶灰岩及角砾状含泥质灰岩。

由表 2-1，区内碳酸盐岩纯化学溶解速度，灰岩明显大于白云岩类，而且随着岩石中白云石含量的增加，溶解速度逐渐降低。但机械破坏量则是白云岩类明显大于灰岩类，而且随着白云石含量的增加，机械破坏量逐渐增大。因此，虽然灰岩溶蚀速度（包括化学溶解和物理破坏）大于白云岩，但溶蚀速度最大的却是白云岩。

**表 2-1　不同类型岩石的相对溶解速度**

| 层位 | 岩性 | 比溶解度 | 比溶蚀度 | 机械破坏量/% |
|---|---|---|---|---|
| 阁庄组、八陡组 | 泥晶灰岩 | 0.93 | 0.91 | 0.04 |
| | 含泥质灰岩 | 0.83 | 1.15 | 24.93 |
| 三山子组—五阳山组 | 中细晶白云岩 | 0.46 | 0.62 | 27.95 |
| 张夏组 | 鲕状灰岩 | 0.98 | 1.00 | 4.63 |

注：比溶解度表示溶蚀强度，比溶蚀度表示溶蚀速度。

2. *岩溶发育地层*

岩溶发育地层按结构成因划分有中寒武统鲕状灰岩、上寒武统竹叶状灰岩、下奥陶统中细晶白云岩、中奥陶统泥晶灰岩及角砾状含泥质灰岩。

根据区域内岩溶洞穴的统计，在区域上发育于中、下奥陶统泥晶灰岩中的岩溶洞穴最多，其次发育于中寒武统鲕状灰岩中，发育于下寒武统灰岩中的较少。

### （二）地质构造

地质构造是碳酸盐岩岩溶发育的主要影响因素之一。断层破碎带或影响带内，岩层破碎，形成孔隙，有利于地下水的径流与富集，一般大的构造断裂带往往成为地表水垂直入渗带（集水廊道）及地下水强径流带。例如，开元洞位于青龙山断层影响带内，同时为淄河两条支流的交汇处，来自西南方向的地下径流向北东方向运动过程中长期侵蚀可溶岩层形成溶洞。

### （三）水动力条件

在地下水强径流带、地下水与地表水垂直交换带以及外源水与奥陶纪地层接触带上，饱和度较低的外源水易溶蚀侵蚀形成较大的洞穴。例如，朝阳洞位于禹王山断裂带内，西侧为泰山群老变质岩，东侧为奥陶系灰岩，来自禹王山断裂带以西的外源水长期溶蚀可溶岩层形成溶洞。

# 第三章　沣水泉域岩溶水系统

## 第一节　岩溶水系统划分

### 一、岩溶水系统内涵

岩溶水系统早期也称“岩溶水盆地”和“岩溶流域”，很多地区因为以典型的岩溶大泉排泄，也称作“岩溶泉域”。其实质是对具有明确边界、连续岩溶含水层、统一岩溶水流场、相对独立循环的岩溶水汇集体的统称。其汇集范围不仅包括岩溶水补给范围，同时包括与岩溶水具密切关系的其他类型地下水、地表水可控汇集区。

北方岩溶水主要以相对独立、规模不等的岩溶水系统进行循环，岩溶水系统控制着岩溶水的循环、分布埋藏与富集规律，控制着水化学特征，控制着岩溶含水层脆弱性程度以及岩溶水文地质环境问题的类型、发展演化趋势。鉴于岩溶水系统在水资源开发利用与管理中的重要性，以系统为对象开展的岩溶水系统划分，边界位置及其水文地质性质，系统结构类型、资源要素构成及其转化关系，岩溶水补、径、蓄、排循环规律，系统对人类开发利用活动响应等研究工作一直是北方岩溶水研究中的主要内容。

岩溶水系统结构及其流场的复杂性和特殊性一直是国内外研究的难点问题。自20世纪70年代以来，随着本地区经济的快速发展与人口的增加，水资源的供需矛盾日益突出。大量不科学地集中开采地下水，破坏了岩溶水系统的自然均衡状态。通过对边界、区域含水层介质和水动力特征等基础水文地质条件的综合分析，在此基础上开展沣水泉域岩溶水系统划分，研究岩溶水系统边界与联系，对于本地区地下水开发利用与保护具有重要意义。

### 二、岩溶水系统划分原则

岩溶水系统划分所采用的方案大同小异，但由于工作目的以及空间尺度的不同，有些方案强调系统的级别，从而出现了大系统、系统以及子系统的概念；而有些则注重于岩溶含水层系统，其边界划分主要关注岩溶含水层的分布埋藏而忽略与岩溶水密切相关的其他水资源类型的补排关系。本次在综合考虑前人研究成果的基础上，对沣水泉域岩溶水系统从岩溶水系统的概念出发进行划分，注重岩溶水资源管理及指导意义，强调岩溶水边界和补排关系的明确、岩溶含水层的连续、岩溶水流场的统一、岩溶水系统水资源要素的有机关联程度等要素。

从宏观地质单元来讲，一级岩溶水系统主要受地貌、构造及一级和二级地表水系流域范围控制，一级岩溶水系统内水文地质条件、水动力特征及水化学特征符合区域水循环基本规律。一级岩溶水系统内可包含若干规模相当的次级盆地或流域，次一级岩溶水系统间没有或有少量物质和能量交换。如果次一级岩溶水系统中，人类活动对平行或相交于地下水流线界线的影响很小，可将其定为人为流量边界；如果是人类活动影响不到的界线，可将它们定为隔水边界。系统划分过程中除隔水边界、地下分水岭边界外，还采用了以下边界：

（1）地表分水岭边界：岩溶水系统内地表河流是重要的岩溶水补给源，当这些地表流域范围清晰明确，将流域分水岭确定为地表分水岭边界。

（2）岩溶含水层深埋滞流性边界：本次研究将奥陶系灰岩顶板埋藏深度达到400m、岩溶水循环缓慢的地带，确定为滞流性边界。

（3）潜流边界：相对阻水但仍有一定量水流通过的边界。

（4）推测边界：由于勘探、研究程度较低，一些不能确定具体位置或不能确定其水文地质性质的边界。

## 三、沣水泉域岩溶水系统划分

沣水泉域岩溶水系统南部边界为鲁山一线的地表分水岭，为零流量边界；西南部边界为禹王山断裂，为研究区深大断裂，为零流量边界；东部边界以上五井断裂为界、东北部边界以安乐店断裂、益都断裂为界，均为阻水断裂，为零流量边界；西、西北及北部边界为奥陶系灰岩顶板埋深400m等值线，为滞流性边界。

### （一）岩溶水子系统

综合考虑水系与地貌、断裂构造透水性、地下水运动特征及人类活动干预，沣水泉域岩溶水系统可划分为孝妇河、淄河和弥河3个相对独立的岩溶水子系统。每一个岩溶水子系统都具有较为明确的水文地质边界和相对独立的岩溶水补径排条件。以上3个岩溶水子系统间的水文地质边界大体上以相互间的地表分水岭及断裂为界。

#### 1. 孝妇河岩溶水子系统

孝妇河岩溶水子系统位于沣水泉域岩溶水系统的西部，自西南向东北展布，其水文地质边界：南边界为博山区的石马断层（阻水性质），可以看作零流量边界；东边界南段为淄河与孝妇河地表分水岭、梨峪口断裂，向北接弱透水的金岭断层，由零流量边界及潜流边界组成；西北、北边界为奥陶系灰岩顶板埋深400m等值线，为滞流性边界；西南边界为禹王山断裂带，为零流量边界。

#### 2. 淄河岩溶水子系统

淄河岩溶水子系统位于沣水泉域岩溶水系统的中部。其水文地质边界为：西南部、南部边界为地表分水岭，为零流量边界；西部边界自南向北依次为禹王山断裂、石马断层、淄河流域与孝妇河流域的地表分水岭、梨峪口断裂及金岭断层，由零流量边界及潜流边界组成；东部边界地表分水岭向北接益都断裂，为零流量边界；北部边界为奥陶系灰岩顶板埋深400m等值线、安乐店断裂，由零流量边界及滞流性边界组成。

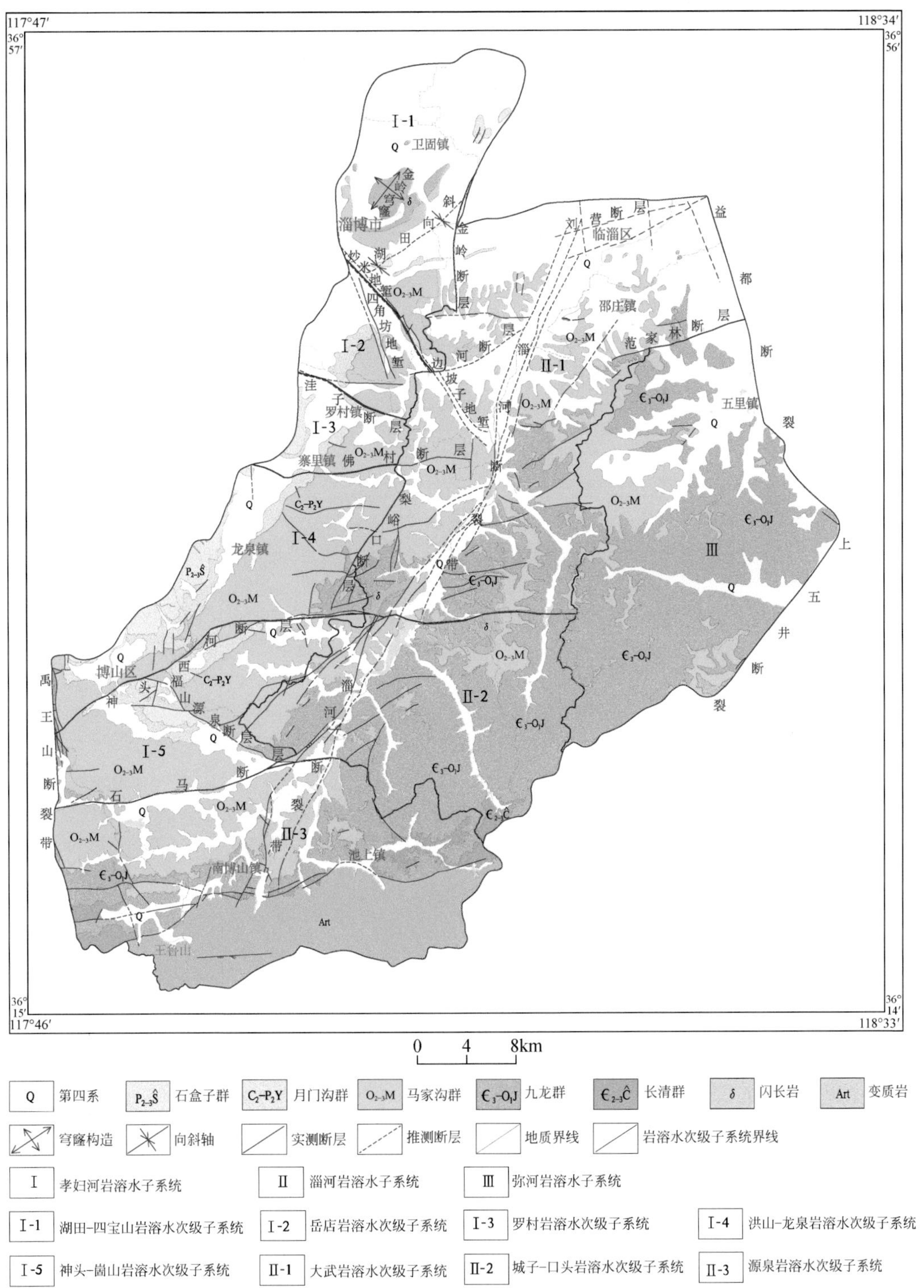


图 3-1　沣水泉域岩溶水系统划分图

3. 弥河岩溶水子系统

弥河岩溶水子系统位于沣水泉域岩溶水系统的东部。其水文地质边界：西部、南部、北部边界均为地表分水岭，为零流量边界；东边界为南部的上五井断裂向北接益都断裂，可以看作零流量边界。

## （二）岩溶水次级子系统

综合考虑地貌、地质构造、地下水运动特征及人类活动干预，可以将孝妇河岩溶水子系统进一步划分为湖田-四宝山、岳店、罗村、洪山-龙泉、神头-崮山 5 个岩溶水次级子系统，将淄河岩溶水子系统进一步划分为大武、城子-口头、源泉 3 个岩溶水次级子系统（图 3-1、表 3-1）。

**表 3-1　沣水泉域岩溶水系统划分一览表**

| 岩溶水子系统 | 岩溶水次级子系统 | 代号 | 面积/$km^2$ | 水文地质特征 |
|---|---|---|---|---|
| 孝妇河岩溶水子系统 | 湖田-四宝山 | Ⅰ-1 | 207.67 | 位于孝妇河岩溶水子系统北部，北起孝妇河岩溶水子系统北部边界，南至炒米地堑，东部为孝妇河岩溶水子系统与淄河岩溶水子系统的分界线，西部为孝妇河岩溶水子系统的西部边界。区内有湖田、辛安店水源地，主要含水层为八陡组、阁庄组、五阳山组灰岩及白云岩，单井涌水量为 1000 ~ 3000$m^3$/d。岩溶水水化学类型以含 Cl 型水为主，TDS（total dissolved solid，溶解性总固体）一般为 432.95 ~ 977.45mg/L，总硬度为 349.5 ~ 1571.62mg/L |
| | 岳店 | Ⅰ-2 | 73.18 | 位于孝妇河岩溶水子系统中北部，北起炒米地堑，南至洼子断裂，东部为孝妇河岩溶水子系统与淄河岩溶水子系统的分界线，西部为孝妇河岩溶水子系统的西部边界。区内有沣水、岳店水源地，含水层为八陡组及阁庄组灰岩及白云岩，单井涌水量为 1000 ~ 3000$m^3$/d。岩溶水水化学类型以 $HCO_3$ · $SO_4$-Ca · Mg 型水为主，TDS 一般为 598 ~ 1122.60mg/L，总硬度为 415.75 ~ 717.28mg/L |
| | 罗村 | Ⅰ-3 | 55.90 | 位于孝妇河岩溶水子系统中部，北起洼子断层，南为佛村断层及其延伸部分，东部为孝妇河岩溶水子系统与淄河岩溶水子系统的分界线，西部为孝妇河岩溶水子系统的西部边界。含水层为八陡组及阁庄组灰岩、白云岩，单井涌水量为 1000 ~ 3000$m^3$/d。岩溶水水化学类型以 $HCO_3$ · $SO_4$-Ca · Mg 型水为主，TDS 一般为 371.22 ~ 552.4mg/L，总硬度为 319.81 ~ 427.17mg/L |
| | 洪山-龙泉 | Ⅰ-4 | 219.13 | 北为佛村断层及其延伸部分，南至神头-西河断层，东部为孝妇河岩溶水子系统与淄河岩溶水子系统的分界线，西部为孝妇河岩溶水子系统的西部边界。区内有龙泉水源地，含水层为八陡组及阁庄组灰岩及白云岩，单井涌水量为 1000 ~ 3000$m^3$/d。岩溶水水化学类型以 $HCO_3$ · $SO_4$-Ca · Mg 型水为主，TDS 一般为 622.99 ~ 2629.31mg/L，总硬度为 461.43 ~ 2055.89mg/L |

续表

| 岩溶水子系统 | 岩溶水次级子系统 | 代号 | 面积/$km^2$ | 水文地质特征 |
| --- | --- | --- | --- | --- |
| 孝妇河岩溶水子系统 | 神头-崮山 | Ⅰ-5 | 196.70 | 位于孝妇河岩溶水子系统南部，北部边界为神头-西河断裂，南至孝妇河岩溶水子系统南部边界（石马断层）；西为禹王山断裂带，东部为孝妇河岩溶水子系统与淄河岩溶水子系统的分界线。区内有神头、秋谷水源地，含水层为八陡组、阁庄组、五阳山组灰岩及白云岩，单井涌水量一般大于5000$m^3$/d。岩溶水水化学类型以$HCO_3$·$SO_4$-Ca·Mg型为主，TDS一般为348.33～539.52mg/L，总硬度为278.69～424.88mg/L |
| 淄河岩溶水子系统 | 大武 | Ⅱ-1 | 613.02 | 位于淄河岩溶水子系统北部，北部边界为淄河岩溶水子系统北边界，南部边界为太河岩体及局子峪断裂；东边界南段为淄河岩溶水子系统与弥河岩溶水子系统的边界线，北段为益都断裂，西边界为淄河岩溶水子系统与孝妇河岩溶水子系统的分界线。区内有大武、刘征、北下册水源地，岩溶含水层为阁庄组、五阳山组、土峪组灰岩及泥质白云岩，单井涌水量为1000～8000$m^3$/d，其中大武水源地单井涌水量最大，可达3000～8000$m^3$/d。岩溶水水化学类型以$HCO_3$-Ca型水为主，在堠皋一带石油类含量较高，TDS一般为253.6～1359.6mg/L，总硬度为182.75～822.36mg/L |
|  | 城子-口头 | Ⅱ-2 | 313.05 | 位于淄河岩溶水子系统中部。北部为岩溶水次级子系统南边界；东部边界北段为淄河岩溶水子系统与弥河岩溶水子系统的分界线，南段为地表分水岭；南部为地表分水岭；西部边界为淄河岩溶水子系统与孝妇河岩溶水子系统分界线。区内有城子-口头水源地，含水层为五阳山组、北庵庄组、三山子组灰岩及白云岩，单井涌水量一般大于5000$m^3$/d。岩溶水水化学类型以$HCO_3$·$SO_4$-Ca型及$HCO_3$-Ca·Mg型为主。TDS一般为281.46～355.38mg/L，总硬度为180.46～290.11mg/L |
|  | 源泉 | Ⅱ-3 | 459.91 | 位于淄河岩溶水子系统的南部。其北部边界西段为石马断裂，东段为区域内的地表分水岭；南部边界为鲁山一线的地表分水岭，西部边界为禹王山断裂带，东部边界为地表分水岭。区内有源泉、天津湾、谢家店水源地，主要含水层为北庵庄组、三山子组灰岩及白云岩，单井涌水量为3000～80000$m^3$/d。岩溶水水化学类型以$HCO_3$-Ca型及$HCO_3$-Ca·Mg型为主。TDS一般为266.33～508.13mg/L，总硬度为217.01～404.33mg/L |
| 弥河岩溶水子系统 |  | Ⅲ | 450.47 | 主要为基岩裸露山区，西部、南部、北部边界均为地表分水岭，东边界为南部的上五井断裂向北接益都断裂。主要含水层为三山子组、炒米店组、张夏组灰岩及白云岩，单井涌水量一般小于1000$m^3$/d。岩溶水水化学类型以$HCO_3$-Ca·Mg型为主。TDS一般为310.25～523.54mg/L，总硬度为158.64～319.87mg/L |

孝妇河岩溶水子系统内各岩溶水次级子系统边界主要由炒米地堑、洼子断层、佛村断层、神头-西河断裂组成，这几条断裂具有一定的阻水性，为潜流边界。淄河岩溶水子系统内各岩溶水次级子系统边界包括太河岩体、局子峪断裂及地表分水岭，由零流量边界及潜流边界组成。

## 第二节　岩溶水的循环

岩溶水的循环运动特征受地形地貌、地质构造、气象、水文和人类活动等因素的影响。总体上来讲，大气降水是研究区内岩溶水的主要补给来源，多年监测结果显示，岩溶水水位动态变化与降水关系密切，岩溶水动态特征与降水量变化基本一致，本区岩溶水具有短期集中补给、长期消耗的特点。在沣水泉域岩溶水系统内，岩溶水因其所处不同的子系统或所处系统内的不同部位，其循环运动特征又具有明显差异。

### 一、孝妇河岩溶水子系统

淄博向斜东翼、孝妇河以东，沿博山—龙泉—岳店—沣水一带，呈北东向条带状分布着大面积的奥陶系灰岩，大气降水是该区地下水的主要补给来源，地下水由南东向北西运动，至石炭纪地层阻挡转化为承压水，地下水汇集后形成多个富水地段。天然状态下，地下水以泉的形式排泄，如沣水泉、神头泉群、秋谷泉群、渭头河泉群、良庄泉群等。现状条件下，人工开采、矿区排水等是区内岩溶水的主要排泄方式，由于人工开采与矿坑排水等因素影响，泉水大多干涸，仅神头、秋谷泉群在丰水年季节性出流。

### 二、淄河岩溶水子系统

淄河岩溶水子系统内，岩溶水的主要补给来源有两个方面：其一是大气降水的入渗补给，在补给区，大面积的寒武—奥陶系灰岩出露，为大气降水的入渗补给创造了有利的条件，来自补给区的地下水向淄河断裂带汇集，然后沿淄河断裂带向下游径流；其二是淄河地表水的渗漏补给，淄河是淄博市的最大河流，汇水面积范围广，径流量大，河谷地层为透水性强的碳酸盐岩类地层，河水大量渗漏补给裂隙岩溶水，素有“淄河十八漏”之称，可见河水对地下水补给作用强烈。

淄河两侧的低山丘陵灰岩裸露区，在接受大气降水和地表水补给后，岩溶水作垂直运动，由于岩层倾向北西，且岩性不均一，地下水在垂直运动中遇到相对隔水层受阻而变为顺层流动。当沟谷切割此地层时，地下水沿节理裂隙或层面流出形成季节性下降泉。由于丘陵区地下水位埋藏较深，且向下游补给作用强烈，多形成缺水的丘陵山区。在灰岩隐伏区，由于受到上游地下水补给，地下水水平循环作用强烈，裂隙岩溶极为发育，多为溶孔、溶穴，并形成巨厚的含水层，水量丰富，动态稳定，地下水总体流向北、北东。地下水在运动过程中遇到煤系地层阻挡，水位抬升，地下水富集，形成了条带状富水区，如区内的大武水源地等。

对于淄河岩溶水子系统来说，淄河断裂带为两侧地下水汇集排泄带，淄河断裂带由于构造的作用和处于地形低洼地带，成为地下水的强富水区。由南向北形成了源泉、天津湾、城子-口头、北下册、刘征、大武等富水段，而大武水源地成为淄河岩溶水子系统裂隙岩溶水的最终排泄区。天然状态下以径流排泄为主，现主要为人工开采排泄。

该系统岩溶水与淄河之间的补排关系密切，淄河渗漏补给地下水，太河水库修建并拦蓄之后，仅在水库放水时有表流渗漏补给地下水，导致岩溶水补给量的骤减。另外，水源地的大量开采，导致了局部流场的变化。1977 年以前，山前地带灰岩岩溶水水位高于第四系孔隙水水位，岩溶水通过第四系“天窗”顶托补给及径流补给淄河冲洪积扇孔隙水，目前的状况恰恰相反，由于岩溶水的大量开采、补给来源的减少，第四系孔隙水反补岩溶水，人工开采已成为区内最主要的排泄方式。

## 三、弥河岩溶水子系统

该系统主要为基岩裸露山区，出露寒武—奥陶系灰岩及页岩。大气降水是该区岩溶水的主要补给来源，在接受大气降水补给后，地下水作垂直运动，地下水在垂直运动中遇到相对隔水层受阻而变为水平运动，受重力作用，地下水顺地势由高处向低处汇流，岩溶水由西南向东或东北运动。天然状态下，岩溶水以地下径流形式向下游排泄；现状条件下，人工开采是区内岩溶水的主要排泄方式。

# 第三节　岩溶水的富集

弥河岩溶水子系统岩溶水循环深度较浅，以重力水为主，呈无压或微承压状态，对该系统的岩溶水分布埋藏与富集不作详细叙述。

孝妇河和淄河岩溶水子系统内，岩溶水的补给区、径流区及排泄区配置齐全，这两个岩溶水子系统水文地质研究程度高，先后勘察发现了很多水源地，大部分分布在岩溶水的排泄区，少数处于岩溶水的径流区。这些水源地多已建成集中开采供水水源地。另外，还有少数富水地段尚未开展供水水文地质勘察工作（如黑旺富水地段），具有一定的勘察前景；或者完成勘察尚未集中开采的水源地（如刘征水源地）。本节将只论述已集中开采的水源地的基本条件，尚未勘察或完成勘察尚未集中开采的富水地段放在后续章节中展开论述。

## 一、孝妇河岩溶水子系统

孝妇河岩溶水子系统内，由南向北主要分布有神头、沣水-岳店及湖田-辛安店水源地。

### 1. 神头水源地

神头水源地位于博山城区南部，孝妇河的上游，受神头-西河断层控制，呈带状东西向分布，沿神头-西河断层走向分布有神头泉群（图 3-2）。该水源地的富水区范围较大，主要开采目的层为奥陶系八陡组、阁庄组灰岩及白云岩（图 3-3），含水层顶板埋深 80 ~

110m，底板埋深 180 ~ 250m，单井涌水量一般大于 5000$m^3$/d。神头水源地原建有城市供水水源地，后因保泉（神头泉群）需要，将自来水公司大部分水井封堵弃用。2015 年再建应急供水备用水源地，现有水井 3 眼。该水源地开采区范围内分布有较多的工矿企业，现状主要用户为白杨河电厂。2010 ~ 2015 年，平均开采量为 0. 87 万 $m^3$/d，2015 年开采量为 0. 91 万 $m^3$/d。

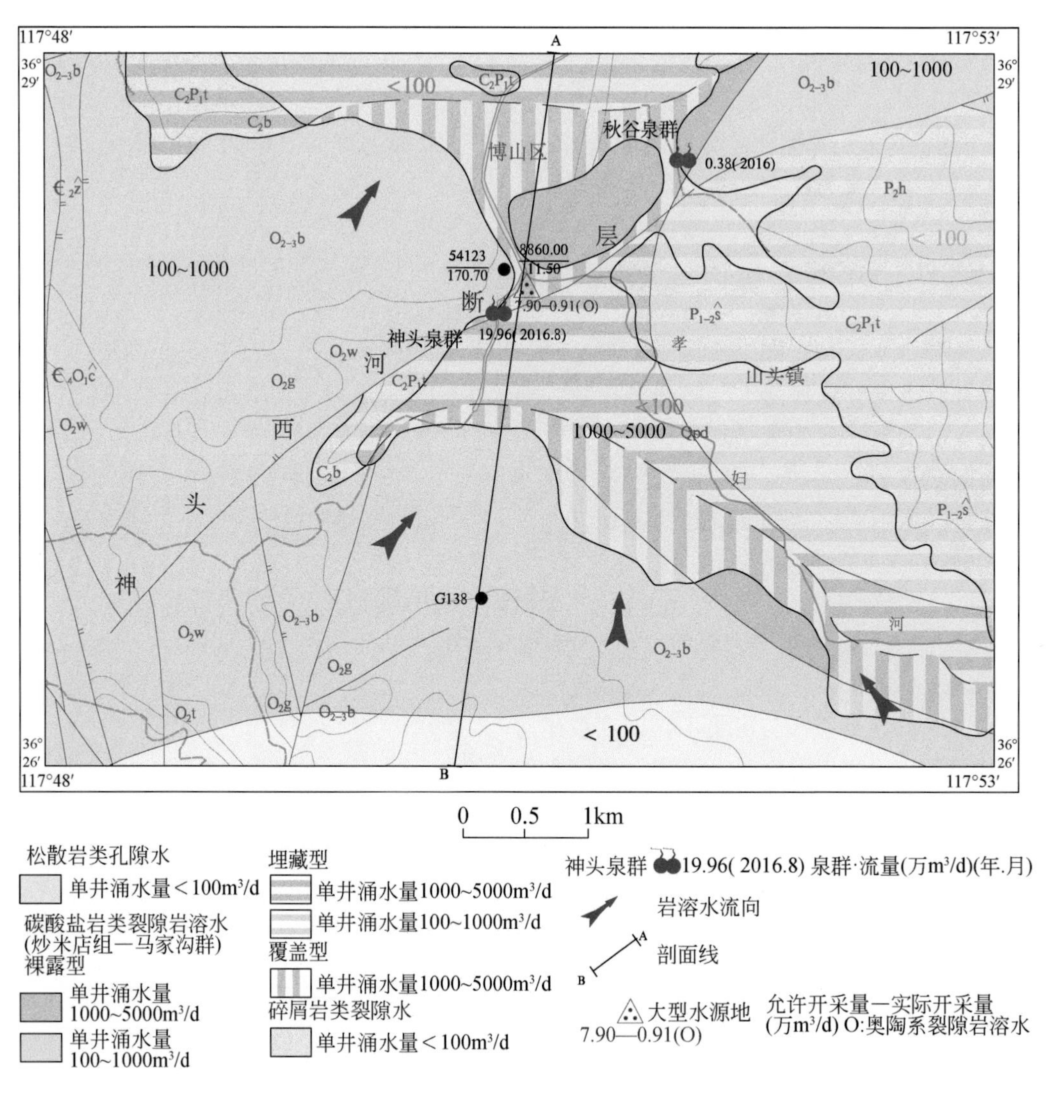


图 3-2　神头水源地水文地质图

岩溶水水化学类型以 $HCO_3$ · $SO_4$ - Ca · Mg 型为主，矿化度为 429. 31 ~ 612. 10mg/L，总硬度为 337. 95 ~ 470. 68mg/L，pH 为 7. 5 ~ 7. 8。

2. 沣水–岳店水源地

沣水–岳店水源地包括沣水、岳店、张化 3 个水源地，同位于岳店岩溶水次级子系统内。北东部边界为炒米地堑，南部边界为洼子断层，西部边界为奥陶系灰岩顶板埋深400m等值线，为三角形断块富水区。

沣水水源地位于沣水镇范王村南，含水层为八陡组、阁庄组、五阳山组灰岩及白云岩，单井涌水量为1000～2000$m^3/d$。为山东铝厂水源地，现有开采井3眼，可开采量为1.2万$m^3/d$。

岳店水源地位于南定镇岳店村北，含水层为八陡组、阁庄组灰岩及白云岩，单井涌水量为1000～3000$m^3/d$。为山东铝厂主要水源地，共有开采井6眼，可开采量为1.55万$m^3/d$，2003年停采。

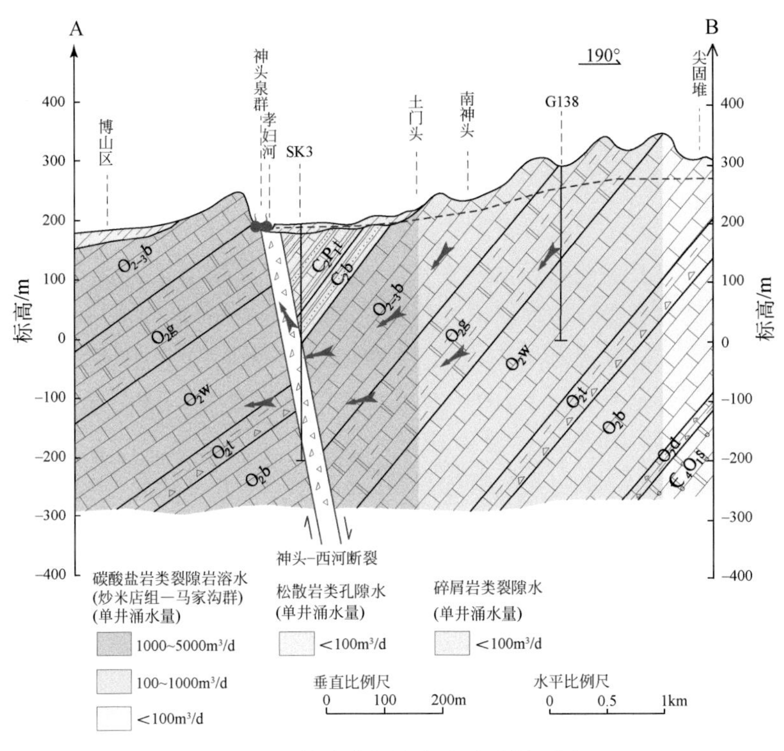


图3-3　神头水源地水文地质剖面图

张化水源地位于沣水镇坦克团东南，含水层为八陡组、阁庄组、五阳山组灰岩及白云岩，单井涌水量为1000～3000$m^3/d$。可开采量为0.97万$m^3/d$，共有开采井7眼，供周边企业工业用水。

岩溶水水化学类型以$HCO_3 \cdot SO_4$-$Ca \cdot Mg$型为主，矿化度一般为708～815mg/L，总硬度为433～477mg/L，pH在7.6左右。

3. *湖田−辛安店水源地*

湖田−辛安店水源地位于张店区湖田镇一带，包括湖田和辛安店两处水源地。

湖田水源地位于湖田镇东部，含水层为八陡组、阁庄组及五阳山组灰岩及白云岩，单井涌水量为1000～3000$m^3/d$。共有开采井5眼，可开采量为3.10万$m^3/d$。因其水质受到污染，目前该水源地主要供应工业用水。

辛安店水源地位于湖田镇东北部，含水层为八陡组、阁庄组及五阳山组灰岩及白云岩，单井涌水量为1000～2000$m^3$/d。现有开采井3眼，可开采量为0.50万$m^3$/d。因其水质受到污染，目前该水源地作为工业用水水源使用。

岩溶水水化学类型以$HCO_3 \cdot SO_4$-Ca型为主，矿化度一般为683～847mg/L，总硬度为414～566mg/L，pH在7.6左右。

## 二、淄河岩溶水子系统

淄河岩溶水子系统内，淄河断裂带为最大的导控水构造，严格控制着岩溶水径流排泄路径，为两侧岩溶水汇集排泄带，淄河断裂带由于构造作用和处于地形低洼地带，成为岩溶水的富水地段。由南向北形成了源泉、天津湾、城子-口头、北下册、大武等水源地，而大武水源地是淄河岩溶水子系统岩溶水的最终排泄区。此外，在大武水源地东侧山前地带分布有齐陵水源地。

### 1. 源泉水源地

源泉水源地位于博山区东部源泉村东南、淄河东侧（图3-4）。主要含水层为北庵庄组、三山子组灰岩及白云岩，含水层顶板埋深为45～61m，厚度为40～90m，单井涌水量为5000～10000$m^3$/d。2006年投产，主要供博山城区生活及工业用水，允许开采量为3万$m^3$/d，多年平均开采量为2.1万$m^3$/d，2015年开采量为2.88万$m^3$/d。

岩溶水水化学类型为$HCO_3$-Ca型及$HCO_3$-Ca·Mg型，矿化度一般为436～573mg/L，总硬度为193～355mg/L，pH在7.5左右。

### 2. 天津湾水源地

天津湾水源地位于博山区东部的天津湾一带（图3-4），为福山-源泉断层与淄河断裂带南段分支断裂的构造复合部位。主要含水层为阁庄组、五阳山组灰岩及白云岩，含水层顶板埋深68～147.53m，厚度为10.05～34.45m，单井涌水量大于5000$m^3$/d。1991年投入运行，主要供给博山城区生活及工业用水，允许开采量为3万$m^3$/d，多年平均开采量为1.76万$m^3$/d，2015年开采量为2.23万$m^3$/d。

岩溶水水化学类型为$HCO_3$-Ca型及$HCO_3$-Ca·Mg型，矿化度一般为280～320mg/L，总硬度为249.6～285.3mg/L，pH为7.2～7.7。

### 3. 城子-口头水源地

城子-口头水源地位于淄川区东南部口头村南淄河东侧（图3-4）。该水源地地处淄河断裂带内，与上游源泉水源地同处淄河地堑区。主要含水层为五阳山组、北庵庄组、三山子组灰岩及白云岩（图3-5），含水层顶板埋深28～50m，含水层厚度为31.37～57.05m，单井涌水量一般大于5000$m^3$/d。现为淄川区主要的供水水源，允许开采量为2.55万$m^3$/d，多年平均开采量为3.44万$m^3$/d，2015年开采量为3.55万$m^3$/d。

岩溶水水化学类型为$HCO_3$-Ca型及$HCO_3$-Ca·Mg型，矿化度一般在500mg/L左右，总硬度一般在300mg/L左右，pH在8.0左右。

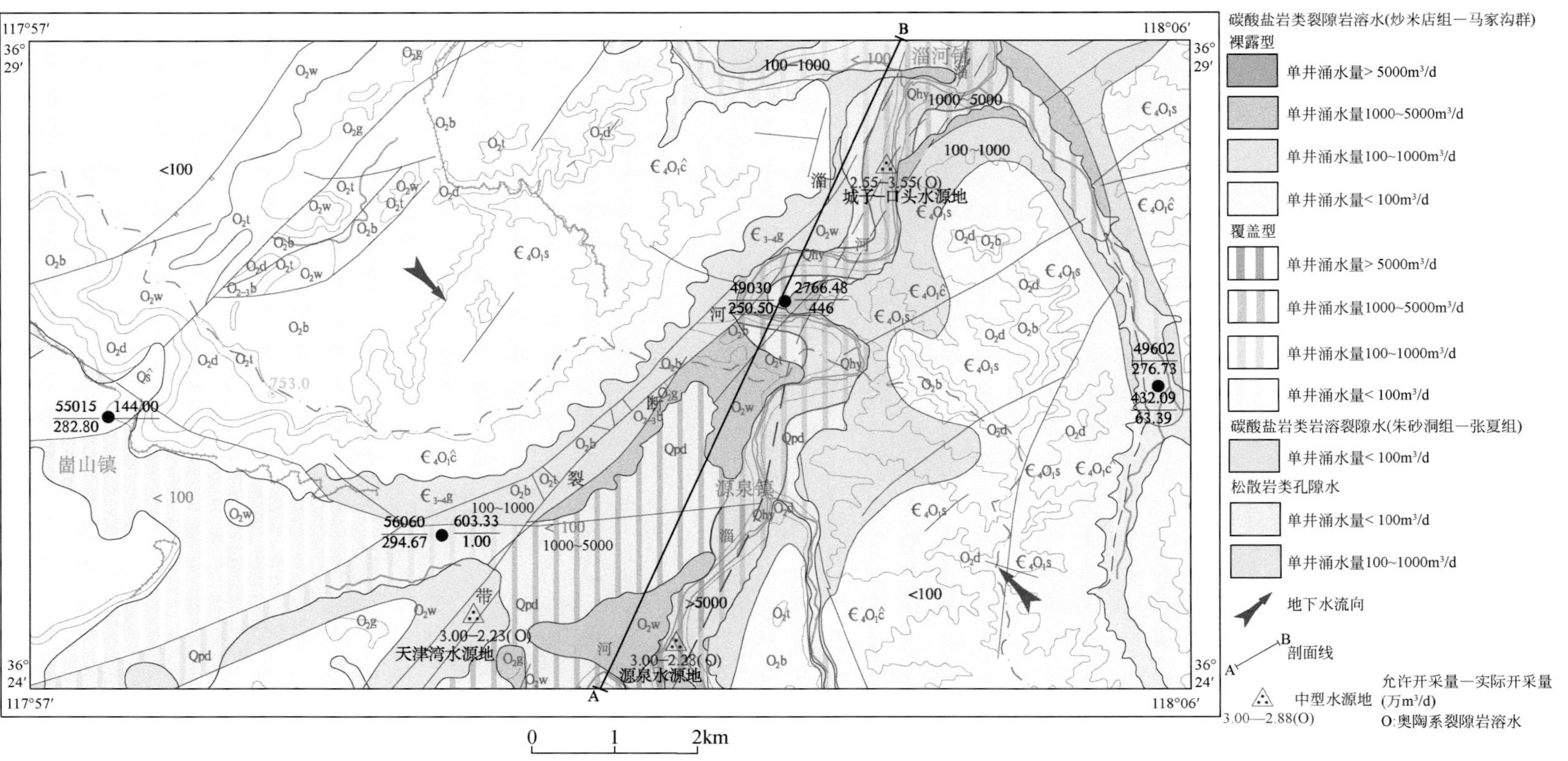


图3-4　源泉、城子-口头水源地水文地质图

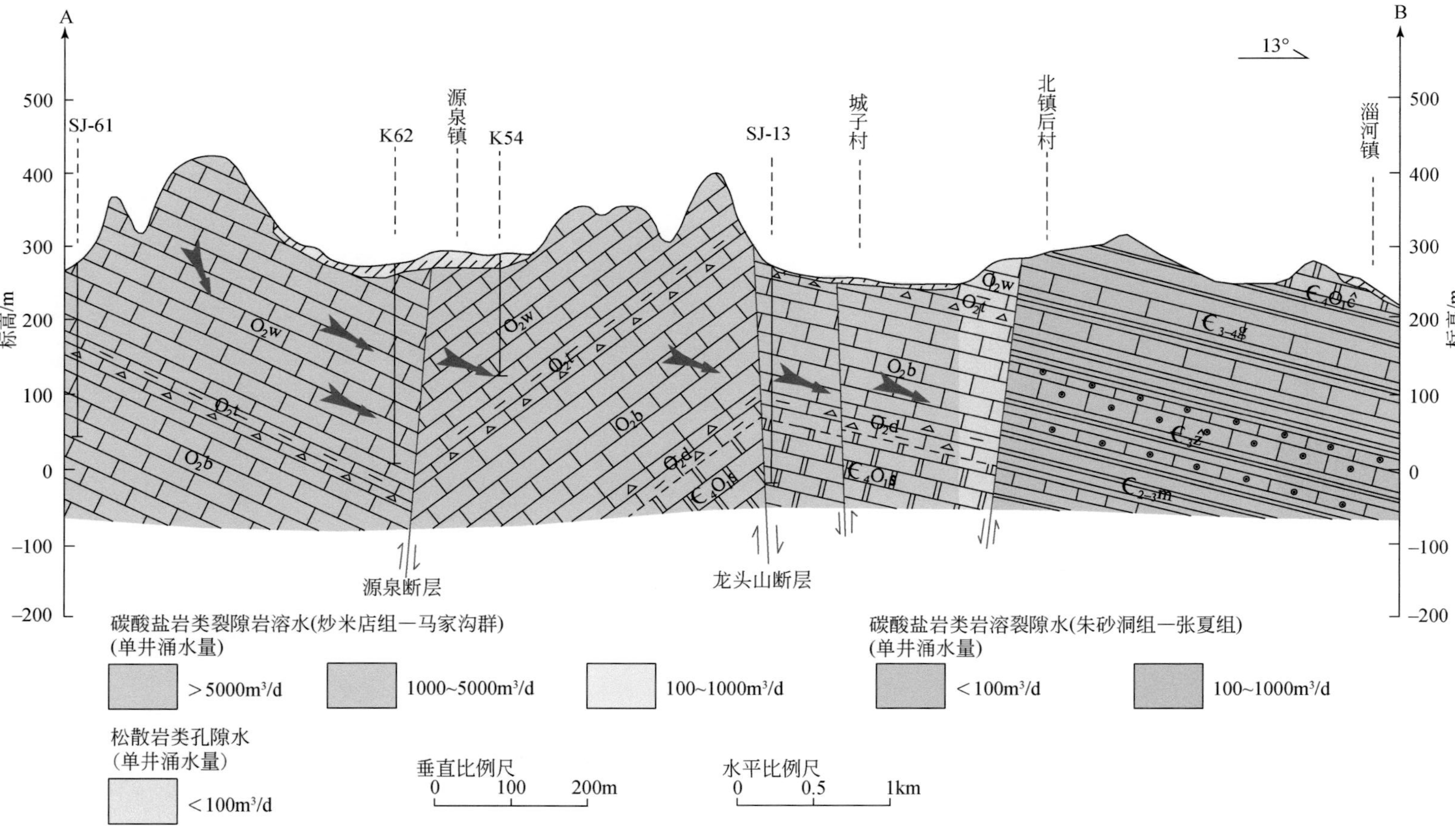


图3-5　源泉、城子—口头水源地水文地质剖面图

4. 北下册水源地

北下册水源地位于淄川区东南部太河水库大坝西坝端北侧。该水源地地处淄河断裂带内，南靠太河水库，主要含水层为五阳山组灰岩。含水层顶板埋深 18.82m，厚 25 ~ 30m，单井涌水量为 4464 ~ 5184$m^3$/d。现为淄川区的主要供水水源，允许开采量为 3 万 $m^3$/d，多年平均开采量为 3.01 万 $m^3$/d，2015 年开采量为 3.17 万 $m^3$/d。

岩溶水水化学类型为 $HCO_3$-Ca 型及 $HCO_3$-Ca · Mg 型，矿化度一般小于 500mg/L，总硬度为 225 ~269mg/L，pH 在 8.0 左右。

5. 大武水源地

大武水源地地处淄河岩溶水子系统的排泄区，位于淄河流域的山前地带，富水区面积约 27$km^2$，包括南仇、大武、辛店三个富水段。

（1）南仇富水段：主要含水层为五阳山组灰岩和土峪组泥质白云岩，含水层顶板埋深 50m，含水层厚度为 40 ~60m，单井涌水量一般为 2000 ~6000$m^3$/d。

（2）大武富水段：含水层为五阳山组灰岩和阁庄组泥质白云岩，含水层顶板埋深 79m，含水层厚度为 40 ~50m，单井涌水量一般为 3000 ~8000$m^3$/d。

（3）辛店富水段：处于淄河冲洪积扇首部与中部接壤地带，王朱以北上覆第四系砂砾石层，厚度为 80 ~100m，砂砾石层与下伏灰岩间分布有黏土层，构成上下叠置的两类含水岩组，王朱以南第四系砂砾石层逐渐变薄，厚 30 ~50m，直接覆盖在灰岩上，孔隙水与岩溶水上下串通连为一体，第四系含水层为砂砾石层，顶板埋深 20 ~30m，厚 30 ~50m；下伏奥陶系灰岩，含水层为五阳山组灰岩和阁庄组泥质白云岩，含水层顶板埋深53 ~ 152m，单井涌水量一般为 1000 ~5000$m^3$/d。

大武水源地是北方地区特大型岩溶水水源地，水源地允许开采量达 40 万 $m^3$/d，是淄博市主要城市及工业供水水源地，担负着向张店、临淄和中国石化齐鲁石化公司、华能辛店发电有限公司等国家骨干企业的城市生产用水及部分乡镇工农业生产用水。

大武水源地自投产以来，开采程度一度很高。1980 年有开采井 130 眼，随着经济社会发展需水量迅速增长，开采井不断增加，2000 年达到 265 眼，现状开采井数为 221 眼。大武水源地的供水范围涉及城市生活用水、工业用水、乡镇企业和农村生活用水以及农业灌溉用水，供水量大而面广，开采模式主要为集中开采。集中开采区分布在大武–西夏、辛北、一化–炼厂–二化地段，该地段裂隙岩溶发育，汇水与储水条件优越，开采量占整个水源地开采量的 80% 以上。多年平均开采量为 38.38 万 $m^3$/d，2015 年开采量为 35.91 万 $m^3$/d。

岩溶水水化学类型为 $HCO_3$-Ca · Mg 型及 $HCO_3$-Ca 型，矿化度一般小于 500mg/L，总硬度为 277 ~330mg/L，pH 为 7.5 ~7.7。

6. 齐陵水源地

齐陵水源地位于临淄区齐陵镇一带，该地区地下水的补给、径流及排泄以及含水层的埋藏条件、水位标高等，均保持相对独立的特征，齐陵水源地与西侧大武水源地存在着间接的水力联系。主要含水层岩性南北有差异，南部为炒米店组上部灰岩，北部为五阳山组灰岩。含水层顶底板埋深南部为 84 ~ 185m，北部为 181 ~ 240m。单井涌水量为 1000 ~ 5000$m^3$/d 或大于 5000$m^3$/d。

岩溶水水化学类型以 $HCO_3$-Ca 型为主，矿化度一般为500～600mg/L，总硬度为290～313mg/L，pH 在 7.6 左右。

## 第四节　岩溶水化学及同位素特征

### 一、岩溶水水化学特征

沣水泉域岩溶水阴离子水化学类型包括 $HCO_3$ 型、$HCO_3 \cdot SO_4$ 型、$SO_4 \cdot HCO_3$ 型、$SO_4$ 型、$Cl \cdot SO_4$ 型、$Cl \cdot HCO_3$ 型、Cl 型及 $NO_3 \cdot HCO_3$ 型共 8 类，主要为 $HCO_3$ 型、$HCO_3 \cdot SO_4$ 型、$SO_4 \cdot HCO_3$ 型、$SO_4$ 型和 $Cl \cdot SO_4$ 型。阳离子水化学类型有 Ca 型、Ca · Mg 型、Ca · Na 型和 Na 型 4 类，主要类型是 Ca 型及 Ca · Mg 型。

枯丰期岩溶水水化学类型及各组分含量也有一定差异。

#### （一）$HCO_3$型水

$HCO_3$ 型水呈面状分布，枯水期 $HCO_3$ 型岩溶水主要分布于孝妇河岩溶水子系统的南部、大武岩溶水次级子系统的东北部、城子-口头岩溶水次级子系统的大部、源泉岩溶水次级子系统的东部及弥河岩溶水子系统的大部（图 3-6）。岩溶水溶解性总固体为 292.41～648.45mg/L，总硬度为 196.45～504.84mg/L。

丰水期 $HCO_3$ 型岩溶水主要分布于大武岩溶水次级子系统的东北部、城子-口头岩溶水次级子系统的东部、源泉岩溶水次级子系统的东部及弥河岩溶水子系统的大部（图 3-7）。与枯水期相比，丰水期 $HCO_3$ 型岩溶水分布范围明显集中，略有减小。岩溶水溶解性总固体为 266.32～468.87mg/L，总硬度为 189.6～356.35mg/L。

这些地区多位于补给区或者为径流途径不长的岩溶水子系统及次级子系统，由于岩溶水在这些地区的补给条件相对简单，多数为降水直接补给，同时补给较充沛，岩溶水中阳离子类型以 Ca 型为主，其次为 Ca · Mg 型及 Na 型。

#### （二）$HCO_3 \cdot SO_4$型水

$HCO_3 \cdot SO_4$ 型水呈面状分布，枯水期 $HCO_3 \cdot SO_4$ 型水主要分布于研究区北部罗村至王寨盆地一线以北至湖田一带。溶解性总固体为 289.33～634.34mg/L，总硬度为 191.88～516.26mg/L。

丰水期 $HCO_3 \cdot SO_4$ 型水主要分布于研究区中北部寨里至王寨盆地一线以北至湖田一带。与枯水期相比，丰水期 $HCO_3 \cdot SO_4$ 型水分布范围更广。溶解性总固体为 253.60～570.71mg/L，总硬度为 182.75～438.59mg/L。

这些地区多位于煤系地层覆盖区及周边，地下水中 $SO_4^{2-}$ 的物质来源主要为煤系地层 $FeS_2$，在有氧、有水条件下形成 $SO_4^{2-}$。阳离子水化学类型主要为 Ca 型，其次为 Ca · Mg 型及 Na 型。

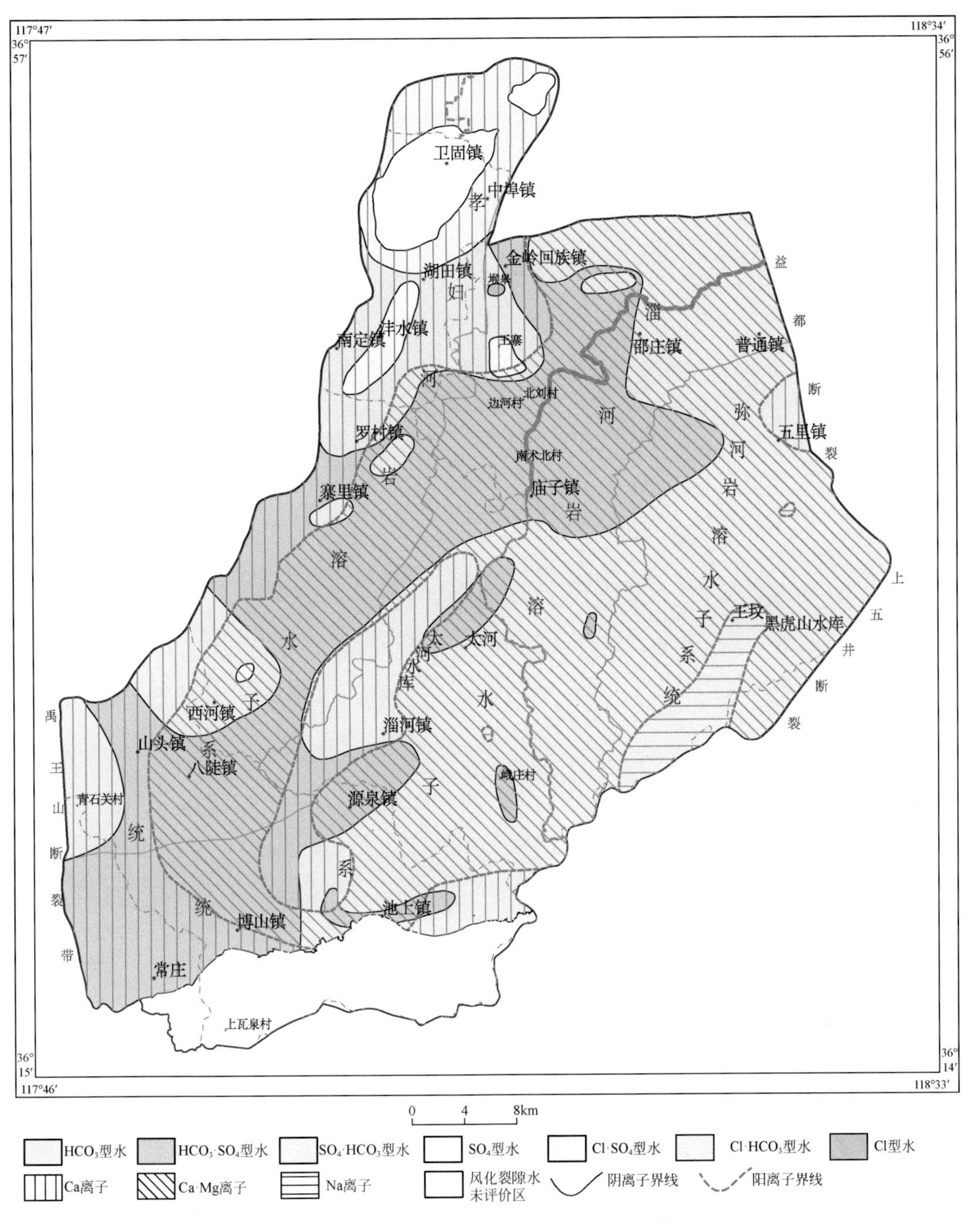


图 3-6　枯水期岩溶水水化学类型分区图

### （三）$SO_4 \cdot HCO_3$型水

$SO_4 \cdot HCO_3$型水呈面状分布，枯水期 $SO_4 \cdot HCO_3$型水主要分布于孝妇河岩溶水子系统的中北部。溶解性总固体为 487.28～1182.93mg/L，总硬度为 383.77～635.04mg/L。

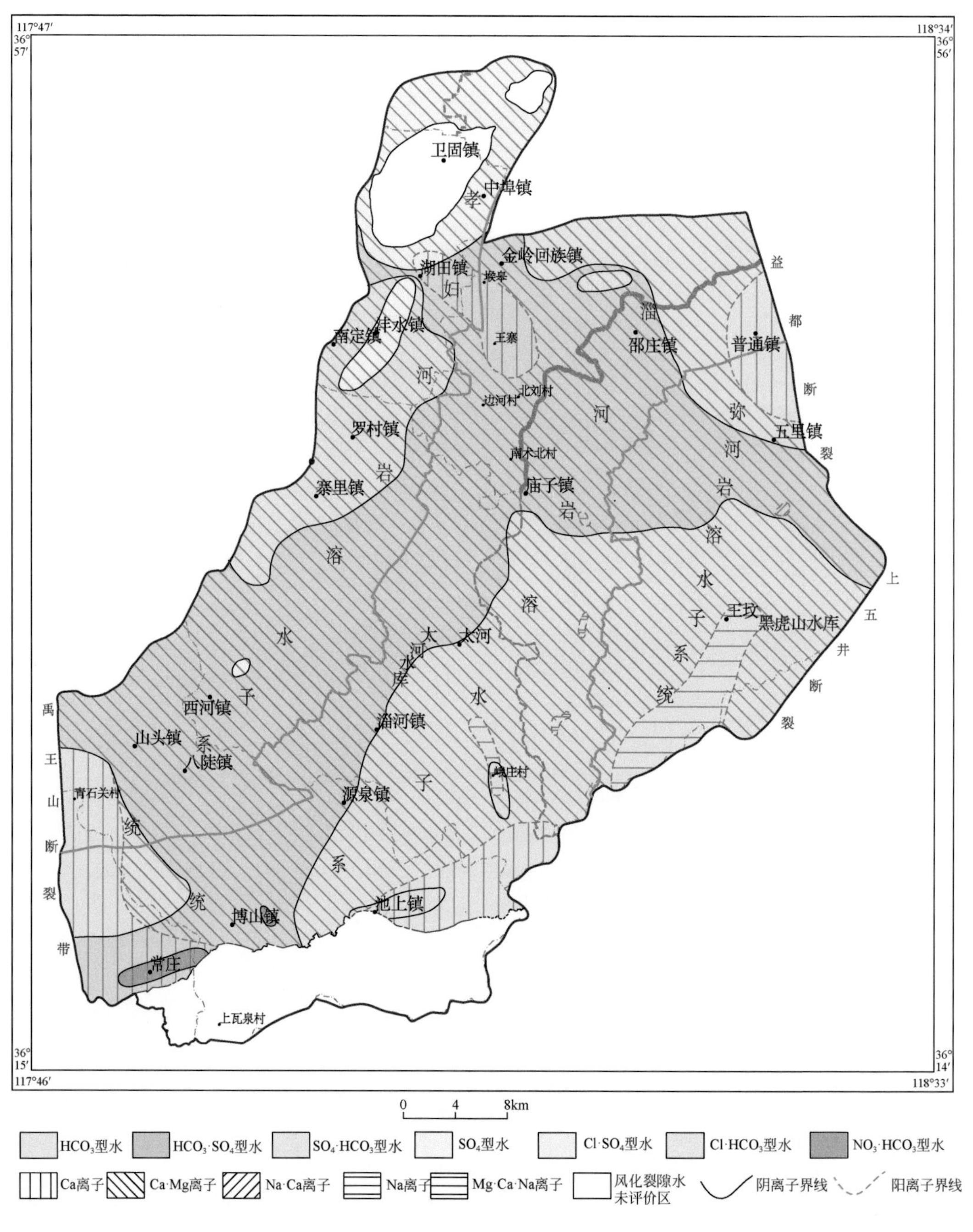


图 3-7　丰水期岩溶水水化学类型分区图

丰水期 $HCO_3 \cdot SO_4$型水主要分布于孝妇河岩溶水子系统的中北部、源泉岩溶水次级子系统的西部及大武岩溶水次级子系统的北部。溶解性总固体为 432.95 ~ 895.54mg/L，总硬度为 340.36 ~ 500.27mg/L。

这些地区多位于煤矿开采区，地下水中 $SO_4^{2-}$ 的物质来源主要为煤系地层 $FeS_2$，在有氧、有水条件下形成 $SO_4^{2-}$。阳离子水化学类型主要为 Ca · Mg 型。

#### （四）$SO_4$型水

$SO_4$型水呈条带状分布，枯水期及丰水期 $SO_4$型水分布范围基本一致，主要分布于孝妇河岩溶水子系统的北部岳店—湖田一带。枯水期水溶解性总固体为 856.62 ~ 877.18mg/L，总硬度为 1130.76 ~ 1646.88mg/L。丰水期溶解性总固体为 966.30 ~ 1122.60mg/L，总硬度为 419.13 ~ 717.28mg/L。

岳店—湖田一带位于煤矿集中开采区，该地区内煤矿企业较多，开采密集，地下水中 $SO_4^{2-}$ 的物质来源主要为煤系地层 $FeS_2$，在有氧、有水条件下形成 $SO_4^{2-}$。阳离子水化学类型均为 Ca · Mg 型。

#### （五）含 Cl 型（Cl · $SO_4$型、Cl · $HCO_3$型、Cl 型）水

含 Cl 型（Cl · $SO_4$型、Cl · $HCO_3$型、Cl 型）岩溶水枯水期及丰水期分布范围基本一致，主要分布在湖田-四宝山岩溶水次级子系统内。该地区内化工企业众多，岩溶水中的 $Cl^-$ 主要来源于工业企业的污染，阳离子水化学类型为 Ca 型，岩溶水溶解性总固体为 861.39 ~ 2158.83mg/L，总硬度为 598.49 ~ 1517.62mg/L。

其他水化学类型岩溶水主要以点状散布在区内各岩溶水子系统中。

岩溶水上述特征表明区内岩溶水环境已经变得复杂，岩溶水原始环境遭到一定程度的破坏，研究区西北部区域污染较为严重，存在进一步恶化的趋势。

## 二、岩溶水化学的形成与演化

#### （一）气候因素

研究区属大陆性季风气候区，多年平均降水量为 639.2mm，多年平均蒸发量为 1144.22mm，岩溶水的主要补给来源为大气降水，岩溶水化学组分在大气圈中已形成，经历蒸发作用、包气带的水-岩相互作用、溶滤作用和大陆盐化作用后，形成最终岩溶水化学组分。研究区绝大部分地区为碳酸盐岩裸露区，变质岩分布范围较小，第四纪地层主要分布于山前及沟谷地带，厚度较小，溶滤作用结果多形成溶解性总固体较小的 $HCO_3$-Ca 型水。

#### （二）含水介质和水动力条件

岩溶水的化学组分是地下水在径流过程中在一定条件下（温度、压力、氧化还原条件等）与含水层的矿物之间化学反应的结果，所以由不同矿物构成的含水层中的水的化学性质存在差别，同一含水层中也会因水的停留时间或径流路径不同而变化，因此含水介质与水动力条件影响地下水的化学成分。

研究区位于淄博单斜的碳酸盐岩地区，主要为寒武—奥陶系碳酸盐岩裂隙岩溶水及

岩溶裂隙水，岩溶发育，地下水径流通畅，岩溶水水位埋深变化较大，从南部山区的10m到北部山前地区近200m。地下水化学类型主要为$HCO_3$-Ca型及$HCO_3 \cdot SO_4$-Ca型，水化学类型在南部山区较简单，至北部山前地带受矿坑水串层污染及化工企业污染，出现$HCO_3 \cdot SO_4$（$SO_4 \cdot HCO_3$、$SO_4$）型水及含Cl型（$Cl \cdot SO_4$型、$Cl \cdot HCO_3$型、Cl型）水。

## 三、岩溶水环境同位素特征

### （一）氢氧稳定同位素

大气降水改变了岩溶水的氢氧稳定同位素组成，因此，氢氧稳定同位素的组成及其变化可以用来研究岩溶水的补给、径流、排泄条件，从而指示岩溶水水质及污染过程。

*1. 孝妇河岩溶水子系统氢氧稳定同位素特征*

本次研究对孝妇河岩溶水子系统内大气降水、泉水、孝妇河河水、煤井矿坑水及岩溶水分别取了氢氧同位素分析水样，各水样氢氧同位素组成见表3-2、图3-8。

**表3-2　孝妇河岩溶水子系统氢氧稳定同位素分析结果一览表**

| 编号 | 取水类型 | 取样地点 | δD/‰ | $\delta^{18}O$/‰ |
|---|---|---|---|---|
| S1 | 大气降水 | 张店区沣水镇 | −80 | −12.2 |
| S2 | 大气降水 | 淄川区罗村镇 | −93 | −13.9 |
| H1 | 河水 | 孝妇河博山段 | −70 | −11.1 |
| H2 | 河水 | 孝妇河淄川段 | −69 | −10.8 |
| Q1 | 泉水 | 神头泉 | −71 | −11.2 |
| Q2 | 泉水 | 秋谷泉群 | −69 | −10.5 |
| Q3 | 泉水 | 小田庄泉 | −72 | −11.7 |
| Q4 | 泉水 | 石马泉 | −71 | −11.3 |
| G64 | 煤井矿坑水 | 罗村东北煤井 | −69 | −10.4 |
| G69 | 煤井矿坑水 | 河东村西煤井 | −68 | −10.7 |
| G58 | 煤井矿坑水 | 聂村2号 | −68 | −10.4 |
| G20 | 岩溶水 | 东高村3号 | −68 | −10.5 |
| G34 | 岩溶水 | 高东村1号 | −67 | −10.4 |
| G83 | 岩溶水 | 大张庄 | −70 | −10.9 |
| G88 | 岩溶水 | 槲坡村 | −72 | −11.3 |
| G134 | 岩溶水 | 大黑山后 | −72 | −11.2 |
| G52 | 岩溶水 | 小旦村东原饮用井 | −67 | −10.5 |
| G77 | 岩溶水 | 罗村2号井 | −68 | −10.6 |
| G112 | 岩溶水 | 翟家崖 | −72 | −11.2 |

续表

| 编号 | 取水类型 | 取样地点 | δD/‰ | $\delta^{18}$O/‰ |
|---|---|---|---|---|
| G132 | 岩溶水 | 东庄村 | −72 | −11.5 |
| G124 | 岩溶水 | 后峪村 | −73 | −11.4 |
| G103 | 岩溶水 | 台头村 2 号井 | −71 | −11.4 |
| G1 | 岩溶水 | 卫固村 | −66 | −10.6 |
| G99 | 岩溶水 | 韩圣东山上蟠桃园 | −72 | −11.4 |
| G167 | 岩溶水 | 山铝 | −71 | −11.1 |

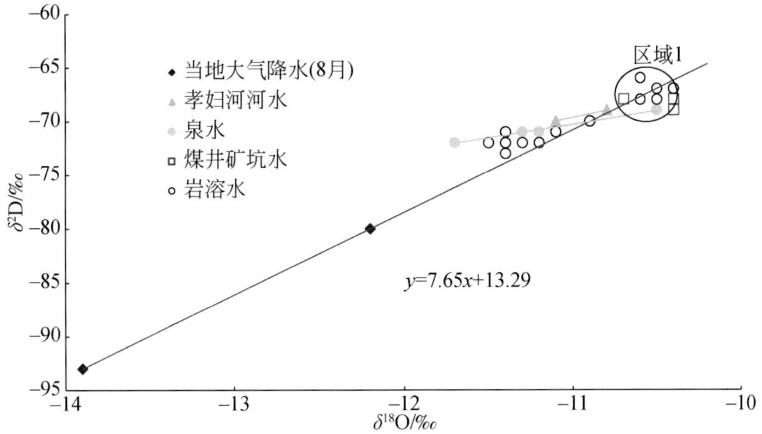

图 3-8　孝妇河岩溶水子系统氢氧稳定同位素分布与关系图

由表 3-2 及图 3-8 分析可知：

（1）区内岩溶水、地表水、泉水及矿坑水大致集中沿雨水线分布，反映了本区岩溶水、地表水、泉水及矿坑水主要补给来源为大气降水。

与全球雨水线方程 $\delta D=8\delta^{18}O+10$ 相比，区内雨水线斜率明显偏小，大陆效应明显，反映了研究区远离海面，受蒸发作用（大气中的湿度、风速等）影响而与全球雨水线偏离。

（2）泉水为孝妇河上游的主要补给水源，其中以神头泉群为主。

（3）秋谷泉群氢氧同位素组成与煤矿矿坑水中氢氧同位素组成基本一致，验证了秋谷泉成因：岩溶水在八陡组灰岩与煤系地层接触带处因阻挡承压，沿接触带溢出地表成泉。

（4）岩溶水的氢氧同位素主要沿大气降水线分布，说明大气降水仍是其主要补给来源，其中有 5 个岩溶水点（东高村三号、高东村一号、小旦村东原饮用井、罗村二号井、卫固村）氢氧同位素组成与煤矿矿坑水中氢氧同位素组成十分接近，指示了上述点位岩溶水受到了矿坑水的串层污染。

2. 淄河及弥河岩溶水子系统氢氧稳定同位素特征

本次研究对淄河及弥河岩溶水子系统内大气降水、泉水及各地区岩溶水分别取了氢氧同位素分析水样，各水样氢氧同位素组成见表 3-3、图 3-9。

**表 3-3　淄河及弥河岩溶水子系统氢氧稳定同位素分析结果一览表**

| 编号 | 取水类型 | 取样地点 | δD/‰ | $\delta^{18}O$/‰ |
|---|---|---|---|---|
| S3 | 大气降水 | 博山鲁山山顶 | -40 | -5.6 |
| K234 | 泉水 | 博山上瓦泉 | -62 | -8.6 |
| K222 | 岩溶水 | 博山北刑村 | -62 | -8.6 |
| K193 | 岩溶水 | 博山郑家庄 | -63 | -8.8 |
| K158 | 岩溶水 | 博山南沙村 2 号井 | -65 | -9.2 |
| K131 | 岩溶水 | 博山邀兔村 3 号井 | -64 | -9.0 |
| K148 | 岩溶水 | 博山五福峪村 4 号井 | -64 | -9.0 |
| Q10 | 泉水 | 博山下龙湾泉 | -63 | -8.8 |
| K206 | 岩溶水 | 博山陡沟村 1 号井 | -64 | -8.8 |
| K179 | 岩溶水 | 博山西陈疃 2 号 | -67 | -9.4 |
| H3 | 河水 | 博山小峰口大桥 | -62 | -8.4 |
| K154 | 岩溶水 | 博山南坡村 2 号井 | -70 | -9.8 |
| K32 | 岩溶水 | 博山城子村 1 号井 | -65 | -9.1 |
| YQ1 | 岩溶水 | 博山源泉水源地 2 号井 | -65 | -9.1 |
| K102 | 泉水 | 淄川山桥村 | -67 | -9.7 |
| K104 | 岩溶水 | 淄川杨家庄村 | -68 | -9.6 |
| K61 | 岩溶水 | 淄川响泉 1 号井 | -66 | -9.1 |
| K39 | 岩溶水 | 淄川峨庄村 1 号井 | -62 | -8.5 |
| K13 | 岩溶水 | 淄川石沟村深井 | -75 | -10.4 |
| K243 | 岩溶水 | 青州赵家崖头村 2 号 | -70 | -10.0 |
| K245 | 岩溶水 | 临朐钓鱼台村供水中心 | -78 | -10.7 |
| K248 | 岩溶水 | 临朐台头村 | -69 | -9.5 |
| K247 | 岩溶水 | 临朐孙旺村 | -66 | -9.4 |
| K256 | 岩溶水 | 青州北魏南村 | -66 | -9.2 |
| K251 | 岩溶水 | 青州后石臯村 | -65 | -9.2 |
| K252 | 岩溶水 | 青州郄圈村 | -65 | -9.2 |
| K265 | 岩溶水 | 临淄齐陵水源地 | -63 | -8.7 |
| OX1 | 岩溶水 | 临淄奥信 | -65 | -8.9 |
| W42 | 岩溶水 | 临淄杨家上庄 | -66 | -9.1 |
| LW1 | 岩溶水 | 临淄廖坞村 | -66 | -9.3 |
| W55 | 岩溶水 | 青州庙子村北 | -64 | -8.8 |
| W48 | 岩溶水 | 临淄坡子供水站 | -63 | -8.5 |
| W49 | 岩溶水 | 青州南树店村北 | -62 | -8.5 |

续表

| 编号 | 取水类型 | 取样地点 | δD/‰ | $\delta^{18}O$/‰ |
|---|---|---|---|---|
| W63 | 岩溶水 | 青州马岭杭村南 | -64 | -9.1 |
| W24 | 岩溶水 | 临淄胶厂 14 号 | -61 | -8.4 |
| W2 | 岩溶水 | 临淄堠皋 4 号 | -59 | -8.1 |
| W6 | 岩溶水 | 临淄辛水 6 号 | -61 | -8.5 |
| W71 | 岩溶水 | 青州西李家峪 | -66 | -9.4 |
| W15 | 岩溶水 | 临淄韩家 | -60 | -8.2 |
| W11 | 岩溶水 | 临淄刘家终 | -64 | -8.6 |
| W29 | 岩溶水 | 青州董庄 | -65 | -9.1 |
| W46 | 岩溶水 | 青州泰和矿业 | -62 | -8.6 |
| XZ1 | 岩溶水 | 临淄西张水厂 | -61 | -8.3 |
| W59 | 岩溶水 | 青州南后峪 | -65 | -9.2 |
| W62 | 岩溶水 | 青州大牟家 | -66 | -9.2 |
| W76 | 岩溶水 | 青州西富旺 | -69 | -9.6 |
| W64 | 岩溶水 | 淄川赵家庄 | -65 | -9.3 |
| W79 | 岩溶水 | 淄川北下册 | -61 | -8.3 |

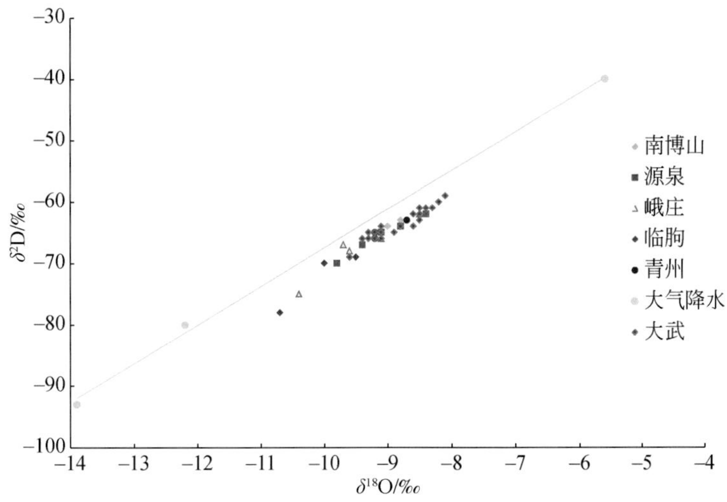


图 3-9　淄河及弥河岩溶水子系统氢氧稳定同位素分布与关系图

由表 3-3 及图 3-9 分析可知：

（1）区内岩溶水及泉水大致集中沿雨水线分布，反映了本区岩溶水及泉水主要补给来源为大气降水。

（2）与全球雨水线方程 $\delta D=8\delta^{18}O+10$ 相比，区内雨水线斜率明显偏小，大陆效应明显，反映了研究区远离海面，受蒸发作用（大气中的湿度、风速等）影响而与全球雨水线偏离。

（3）各地区岩溶水氢氧同位素相差不大，且岩溶水氢氧同位素组成与大气雨水线较为接近，说明其补给条件类似，表明该区域内岩溶水接受大气降水迅速，径流途径短，岩溶水循环速度较快，多数位于补给径流区。

## （二）硫同位素

研究区岩溶水中硫酸盐的来源主要来自奥陶系马家沟群土峪组与东黄山组中的膏溶角砾岩以及石炭—二叠纪地层中的硫铁矿。硫同位素在地下水循环过程中具有良好的稳定性，可以作为示踪剂来进行研究。

本次工作对孝妇河岩溶水子系统奥陶系灰岩裸露区岩溶水井、煤系地层覆盖区岩溶水井、煤井矿坑水进行硫同位素分析取样工作，各水样硫同位素组成见表3-4、图3-10。

**表3-4　孝妇河岩溶水子系统硫同位素分析结果一览表**

| 编号 | 取样井类型 | 取水层位 | 位置 | $\delta^{34}S$/‰ | 硫酸盐含量/(mg/L) |
|---|---|---|---|---|---|
| G64 | 煤井 | 矿坑水 | 淄川区罗村东北煤井 | −7.4 | 1260.17 |
| G69 | 煤井 | 矿坑水 | 淄川区河东村西煤井 | −5.2 | 1719.61 |
| G60 | 煤系地层覆盖区岩溶水井 | 岩溶水 | 淄川区北韩村2号井 | 2.4 | 879.48 |
| G52 | 煤系地层覆盖区岩溶水井 | 岩溶水 | 淄川区小旦村东原饮用井 | 1.4 | 576.00 |
| G20 | 煤系地层覆盖区岩溶水井 | 岩溶水 | 张店区东高村3号 | 2.1 | 128.64 |
| G34 | 煤系地层覆盖区岩溶水井 | 岩溶水 | 张店区高东村1号 | 1.5 | 138.09 |
| G83 | 煤系地层覆盖区岩溶水井 | 岩溶水 | 淄川区大张庄 | −0.5 | 124.97 |
| G88 | 煤系地层覆盖区岩溶水井 | 岩溶水 | 淄川区槲坡村 | 0.2 | 138.09 |
| G134 | 煤系地层覆盖区岩溶水井 | 岩溶水 | 博山区大黑山后 | 0.9 | 241.53 |
| G144 | 煤系地层覆盖区岩溶水井 | 岩溶水 | 博山区和平村 | 2.6 | 97.14 |
| G146 | 煤系地层覆盖区岩溶水井 | 岩溶水 | 博山区岱西村 | 1.3 | 72.46 |
| G145 | 煤系地层覆盖区岩溶水井 | 岩溶水 | 博山区南庄村 | 2.3 | 202.15 |
| G67 | 煤系地层覆盖区岩溶水井 | 岩溶水 | 淄川区河东村2号井 | 0.5 | 223.68 |
| G77 | 煤系地层覆盖区岩溶水井 | 岩溶水 | 淄川区罗村2号井 | −0.4 | 132.84 |
| G132 | 煤系地层覆盖区岩溶水井 | 岩溶水 | 博山区东庄村 | 1.6 | 112.89 |
| G124 | 煤系地层覆盖区岩溶水井 | 岩溶水 | 博山区后峪村 | 0.7 | 160.14 |
| G138 | 煤系地层覆盖区岩溶水井 | 岩溶水 | 博山区水峪村1号井 | 1.4 | 109.21 |
| G47 | 煤系地层覆盖区岩溶水井 | 岩溶水 | 张店区四角坊村 | 1.4 | 238.12 |
| G103 | 灰岩裸露区岩溶水井 | 岩溶水 | 淄川区台头村2号井 | 7.2 | 166.97 |

续表

| 编号 | 取样井类型 | 取水层位 | 位置 | $\delta^{34}S/‰$ | 硫酸盐含量/(mg/L) |
|---|---|---|---|---|---|
| G99 | 灰岩裸露区岩溶水井 | 岩溶水 | 淄川区韩圣村东 | 6.1 | 106.59 |
| G45 | 灰岩裸露区岩溶水井 | 岩溶水 | 张店区张炳旭村 4 号井 | 4.9 | 179.05 |
| G91 | 灰岩裸露区岩溶水井 | 岩溶水 | 淄川区贾石村 | 4.7 | 106.59 |
| G13 | 灰岩裸露区岩溶水井 | 岩溶水 | 张店区上湖村 2 号井 | 6.4 | 373.32 |
| G158 | 灰岩裸露区岩溶水井 | 岩溶水 | 张店区中石马 1 号 | 4.5 | 189.02 |

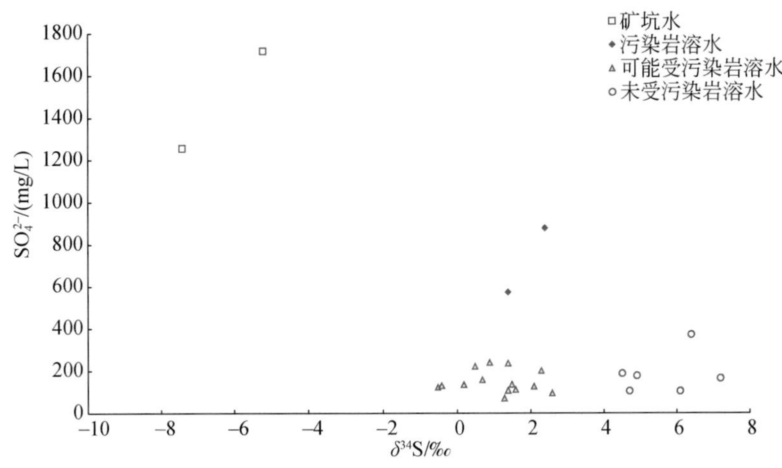


图 3-10　孝妇河岩溶水子系统地下水硫同位素与硫酸盐关系图

由表 3-4 及图 3-10 分析可知：

（1）矿坑水中 $\delta^{34}S$ 值最低，为−5.2～7.4。灰岩裸露区岩溶水井 $\delta^{34}S$ 值最高，一般大于4。煤系地层覆盖区岩溶水井 $\delta^{34}S$ 值则为两者之间，煤系地层覆盖区岩溶水井 $\delta^{34}S$ 值与灰岩裸露地区岩溶水井差别较小，与矿坑水差别较大。

（2）煤系地层覆盖区岩溶水补给来源主要为灰岩裸露地区岩溶水的径流补给，但同时也有少量矿坑水的补给，可以认为：煤系地层覆盖区岩溶水受到矿坑水的串层污染，其中两个岩溶水点受矿坑水串层污染较严重。

## 第五节　岩溶水动态特征

岩溶水水位动态受自然因素及人为因素共同影响，自然因素主要为季节或年度降水量，人为因素主要为人工开采。下面主要从孝妇河岩溶水子系统、淄河岩溶水子系统两个子系统进行论述。

## 一、孝妇河岩溶水子系统

### （一）补给区岩溶水动态特征

补给区岩溶水动态受大气降水影响明显，水位年内变幅较大，年际变幅则受到枯、丰水年的影响。如博山区河中村岩溶水动态曲线（图 3-11）所示：1990 ~ 2015 年 26 年间，年内最高水位一般出现在 8 月，井水自流，年内最低水位一般出现在 3 月、4 月；1990 ~ 1998 年，降水充沛，岩溶水水位年内变幅一般在 25m 左右；1999 ~ 2002 年，降水量减少，岩溶水水位年内变幅增大，最大可达 35m，年际变幅增大；2003 ~ 2005 年 3 个丰水年，岩溶水水位恢复较高水平；2006 ~ 2013 年岩溶水位动态与 1992 ~ 1998 年岩溶水水位动态相似；2013 ~ 2015 年降水量连年偏少，岩溶水水位也呈持续下降趋势。

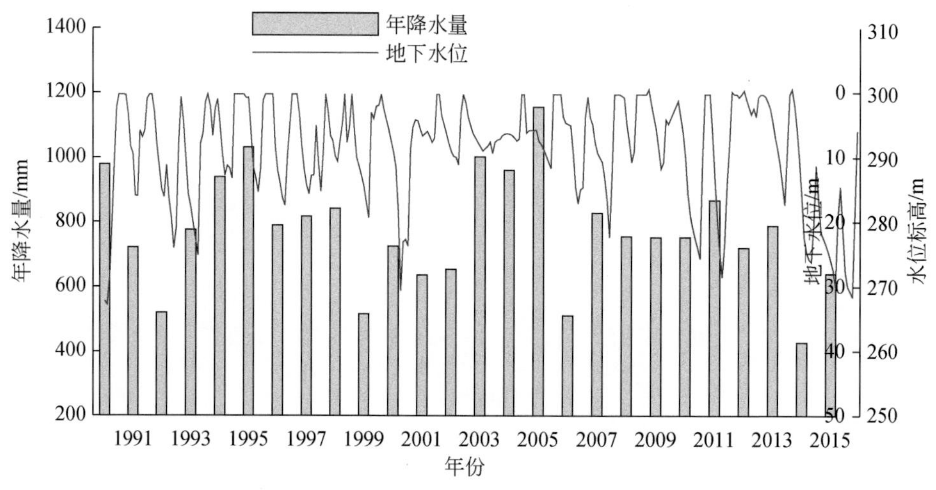


图 3-11　博山区河中村岩溶水动态曲线

### （二）径流区岩溶水动态特征

径流区岩溶水水位受大气降水影响明显，水位年内变化较大，年内最低水位一般出现在 6 月，最高水位一般出现在 11 月，有明显的滞后效应，且受到人为开采活动的影响。淄川区韩圣村岩溶水动态曲线（图 3-12）所示：1991 ~ 1993 年，降水逐年减少，而岩溶水水位有上升的趋势，说明该段时间区域内人工开采量减少，使岩溶水水位上升；1993 ~ 2003 年为平水年，岩溶水水位保持一段时间平稳后持续下降，于 2001 年 8 月出现最低水位 45.73m；2004 ~ 2015 年岩溶水水位与降水量变化基本一致。降水量增加，岩溶水水位整体呈上升趋势；降水量降低，岩溶水水位整体呈下降趋势。

### （三）排泄区岩溶水动态特征

排泄区有沣水–岳店、湖田–辛安店等水源地，其岩溶水动态特征呈现受大气降水及人

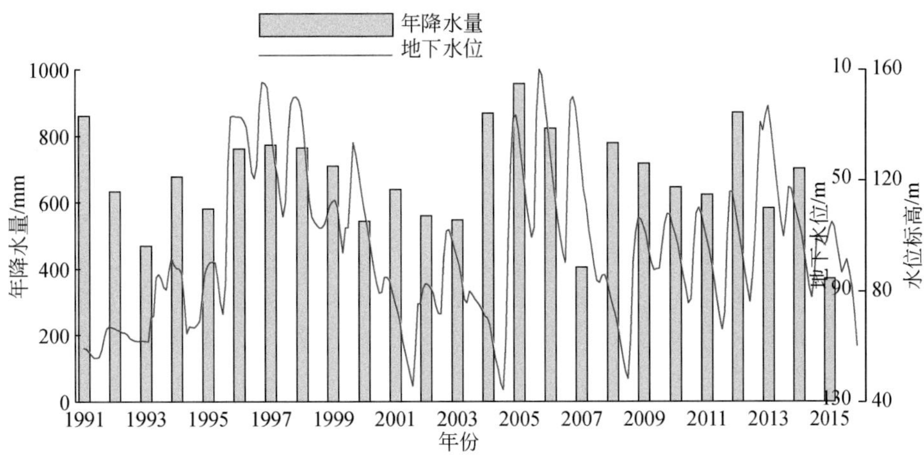


图 3-12　淄川区韩圣村岩溶水动态曲线

工开采影响的明显特征。一个水文年内水位较降水反应滞后，水位年变幅较大，一般为 10～55m，水位年际变化受枯、丰水年影响。张店区沣水镇张炳村岩溶水动态曲线（图 3-13）显示：1989 年特枯年其岩溶水水位降到最低点，1990～1999 年，降水较充沛，水位呈较稳定态势，高水位稳定在 30m 左右；2000～2003 年出现连枯年，水位维持在较低水平，高水位稳定在 15m 左右；2004～2005 年为丰水年，岩溶水位恢复至高水平；受 2006 年降水量大幅减少影响及区域地下水开采增加双重影响，2007 年之后其岩溶水位持续下降。

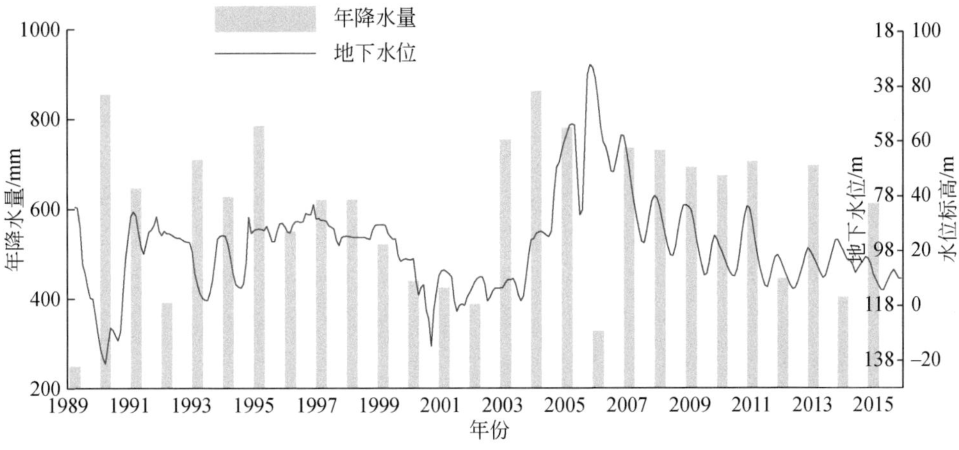


图 3-13　张店区沣水镇张炳村岩溶水动态曲线图

## 二、淄河岩溶水子系统

### （一）补给区岩溶水动态特征

补给区的动态特征可由淄川区蓼坞村岩溶水动态曲线（图 3-14）得到反映。其地下水动态受大气降水影响明显，水位年际变化受枯、丰水年影响，一个水文年内的变化受到大气降水季节性变化影响明显，同时，从长时间序列来看，岩溶水动态还受到人类活动的影响。1995～2005 年，岩溶水水位呈稳定状态，在经历 2006～2007 年地下水位短暂地上升后，2008～2015 年水位呈持续下降趋势。

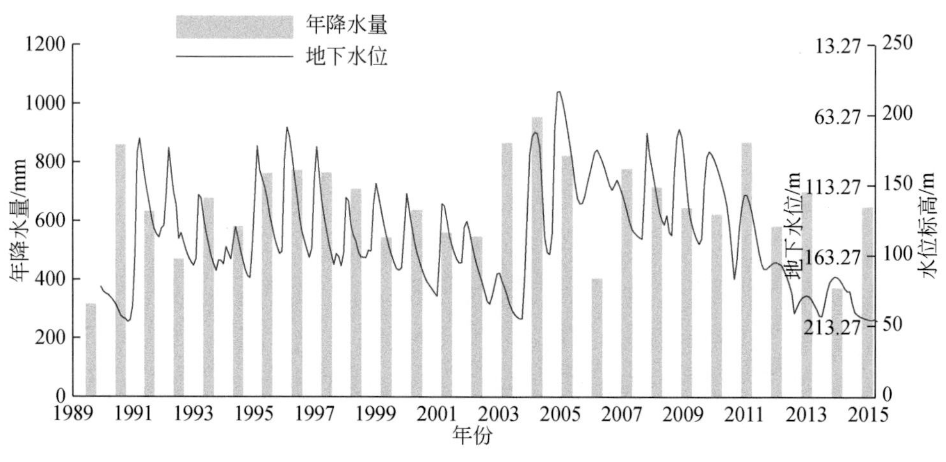


图 3-14　淄川区蓼坞村岩溶水动态曲线图

### （二）径流区岩溶水动态特征

径流区位于淄河河谷，分布有天津湾、源泉、城子-口头、北下册等水源地。其岩溶水动态除受大气降水影响外，也受径流补给和人工开采影响。

天津湾水源地位于淄河上游，属于淄河岩溶水子系统补给-径流区。其岩溶水动态如图 3-15 所示，年内水位动态总体表现为枯水期水位下降，丰水期水位上升。自 1990～2009 年岩溶水水位基本保持稳定，其水位年变幅较小，为 8～30m。2011～2013 年水源地开采量减少，岩溶水位处在高水位状态；2014 年博山区为特枯年，天津湾水源地开采量大幅增加，水源地岩溶水水位呈快速下降趋势；2015 年丰水期来临之后，水源地水位开始迅速回升。

北下册水源地位于淄河流域中部，属于淄河岩溶水子系统的径流区。其岩溶水动态受大气降水、地表水渗漏、人工开采共同影响。由于水源地位于太河水库北侧淄河河谷内，得到太河水库的渗漏补给，起到充分的调蓄补偿作用，岩溶水与地表水互为依存，密不可分。如图 3-16 所示，水源地最高水位受到河水水位的限制，最高水位近乎一条水平的直

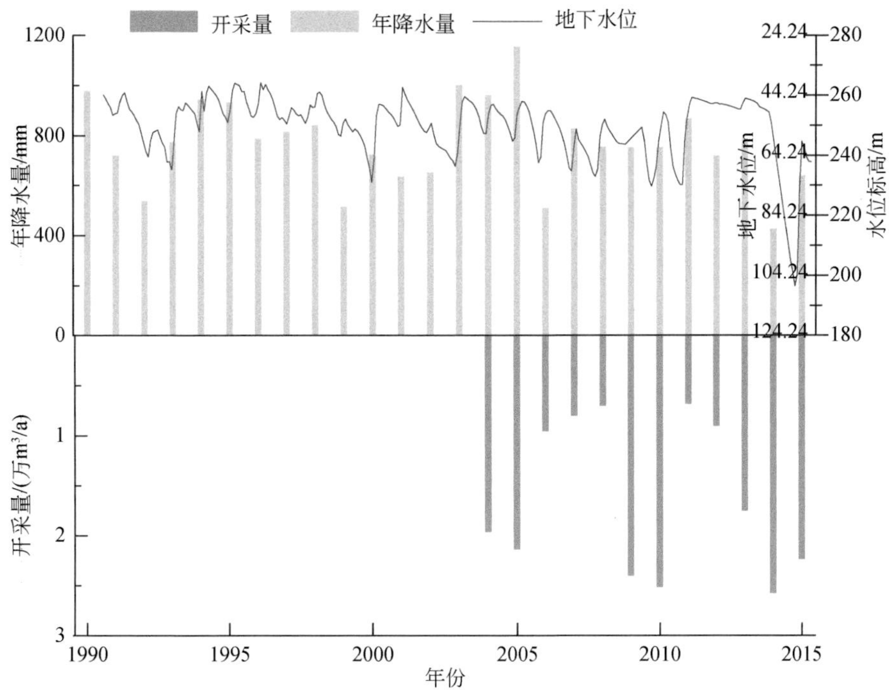


图 3-15　天津湾水源地岩溶水动态曲线

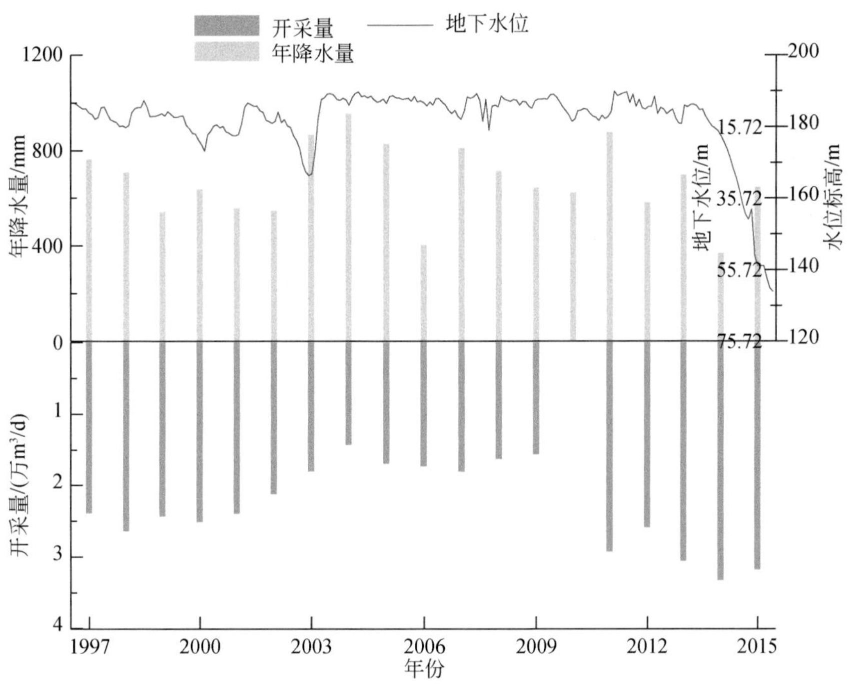


图 3-16　北下册水源地岩溶水动态曲线

线，除 2003 年、2014 年、2015 年分别出现一次较低水位外，水位基本长期保持在 180 ~ 190m，反映了河水对岩溶水的调节作用；2014 ~ 2015 年，由于降水量大幅减少，太河水库水位持续下降导致渗漏补给量减少，而岩溶水开采量不变，导致水源地岩溶水水位呈快速下降趋势。

### （三）排泄区岩溶水动态特征

大武水源地位于淄河岩溶水子系统最终排泄区，根据大武水源地 1989 ~ 2015 年动态观测资料，位于排泄区的大武水源地岩溶水动态主要受大气降水及人工开采双重制约，水位保持多年稳定（图 3-17），反映出大武水源地作为我国北方罕见的特大型岩溶水水源地的强大调蓄功能。

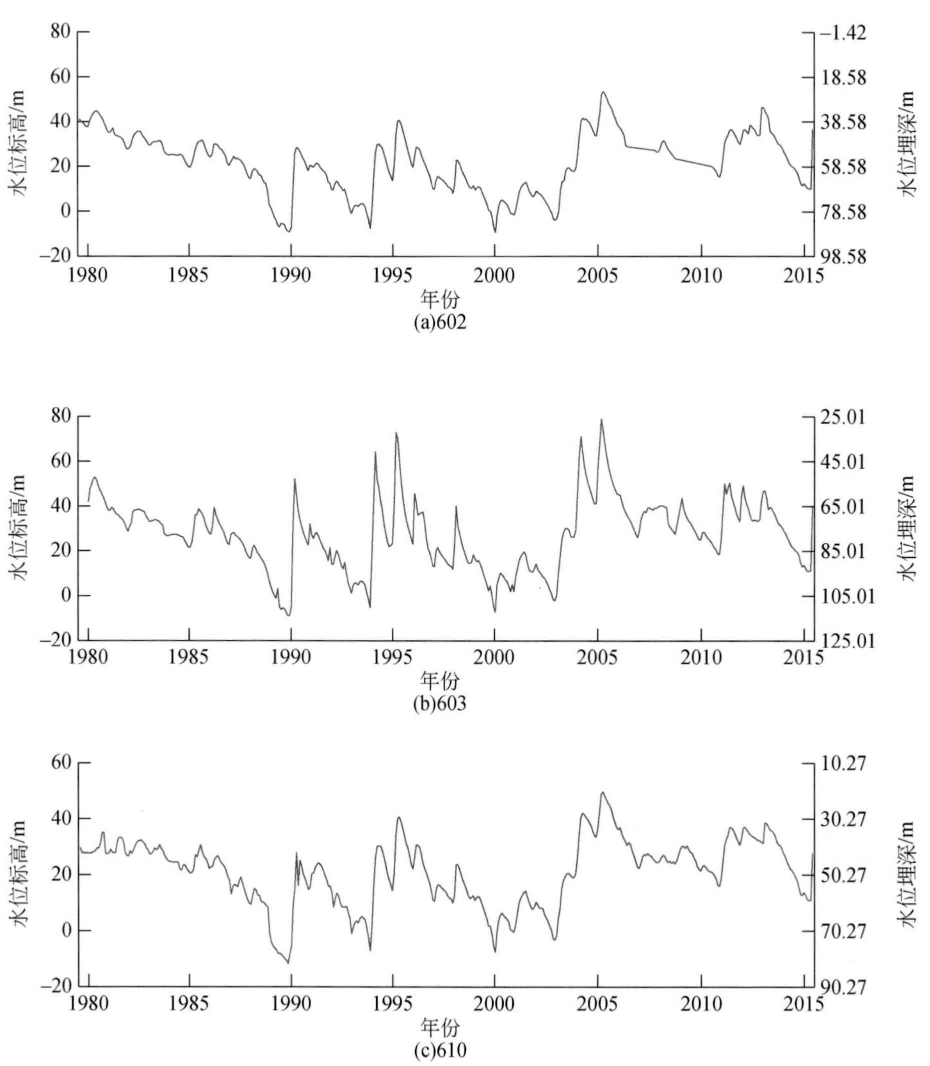


图 3-17　大武水源地岩溶水动态曲线图

因淄博市引黄工程一期竣工，大武水源地自 2001 年下半年开始减采，自 2002 年起，大武水源地岩溶水水位整体呈上升趋势，水位维持在高水位并达到新的动态平衡。2006 年及 2007 年临淄区降水量均为全市最低水平，其中 2006 年降水量与特枯年 1989 年相近，岩溶水水位并未降至历史最低水平，而是在较高水平运行，表明大武水源地减采，对区域岩溶水动态影响显著。2011 年“引太入张”工程试运行，大武水源地开采量继续减少，大武水源地水位回升并基本保持动态平衡，岩溶水位保持在 31.13 ~46.71m，水位年变幅在 15m 左右。2014 ~2015 年，连续的两个枯水年造成太河水库干涸，大武水源地大幅增加开采量，水源地岩溶水水位下降，至 2015 年丰水期来临水位开始回升（图 3-18）。

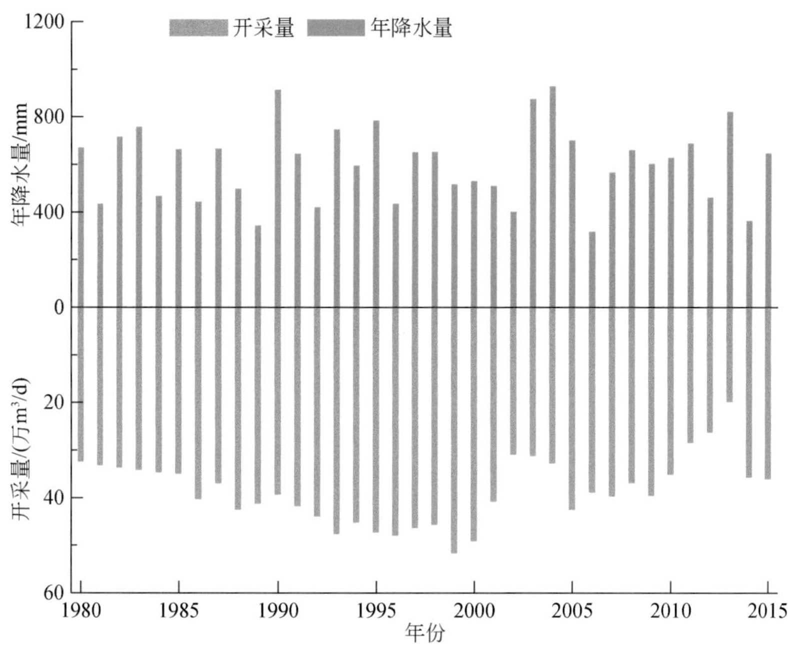


图 3-18　大武水源地降水与开采动态曲线图

## 第六节　泉　　水

由于地质构造、地层岩性、地下水的运动及地形条件等因素的影响，区内的西部及北部山前奥陶系灰岩与石炭系接触带，即神头—渭头河—沣水—大武山前地带一带有大量泉水出露，多为上升泉。

在淄河岩溶水子系统上游，由于多组构造影响，沿淄河断裂带与淄河河谷也有大量泉水出露，多为上升泉。

另外，本区南部、东南部由寒武系与古老的花岗片麻岩组成的中低山区，山势陡峻，沟谷深切，丰水期裂隙水沿层面溢出成泉，旱季干涸，属季节性下降泉。此类泉水较多，但涌水量不大。

# 一、泉水概况、成因及动态

根据泉水的分布位置，可以将泉水大致划分为以下几个区域：孝妇河岩溶水子系统山前地带、淄河岩溶水子系统大武岩溶水次级子系统山前地带、淄河断裂带及淄河河谷、南部及东南部山区。

## （一）孝妇河岩溶水子系统山前地带

由于地质构造、地层岩性、地下水的运动及地形条件等因素的影响，在孝妇河岩溶水子系统的山前地带，有大量泉水出露，多为上升泉，除神头泉群外，其余泉水均出露于奥陶系八陡组灰岩与石炭系接触带附近。

1. 沣水泉

沣水泉位于淄博市张店区寨子村东南，泉水出露标高为74m，为一上升泉，流量为14200$m^3/d$（1953年枯水期）、45848$m^3/d$（1953年丰水期），曾为中国铝业山东分公司水源地之一，20世纪60年代后期，因区域大量开采地下水，泉水已断流。

该泉东南部山区出露奥陶系八陡组、阁庄组灰岩及白云岩，岩层倾向北西，倾角11°~25°，至沣水泉东南则倾伏于石炭系之下。东南部低山丘陵区裸露灰岩接受大气降水补给后，沿地层倾向向北西径流，遇石炭系阻挡，岩溶水开始承压，在寨子村东南遇到一小型断层，岩溶水沿断层破碎带上升，出露成泉（图3-19）。

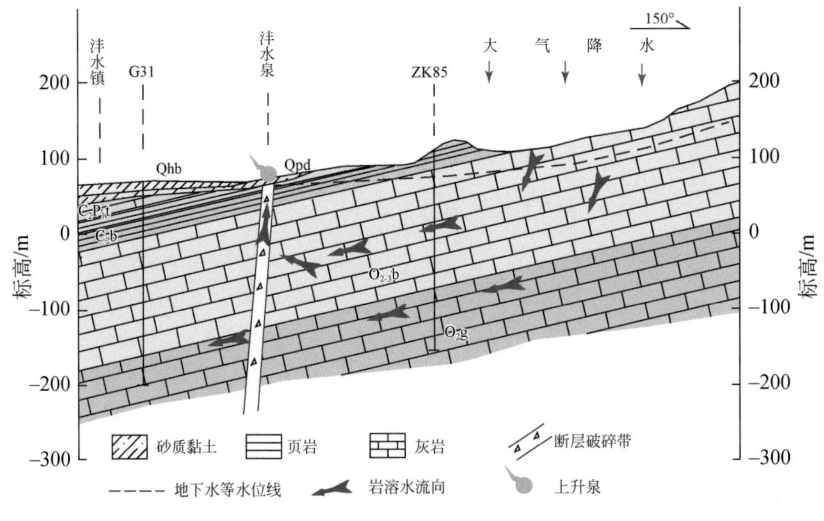


图3-19 沣水泉成因剖面图

2. 神头泉群

神头泉群位于博山区北神头村西南，沿孝妇河西岸自北向南分布，该泉群包括文姜泉（又名灵泉）、大洪泉、雪浪泉、凤凰泉等，均属于上升泉。泉水沿神头–西河断层出露于奥陶系八陡组灰岩中。断裂的上盘为煤系地层，下盘为奥陶系八陡组灰岩，神头泉群总涌水量为 26784 ~ 177120m³/d（1966 年资料）。

神头泉群为神头–崮山岩溶水次级子系统的天然排泄点之一。南部灰岩山区岩溶水沿岩石倾向向北西向径流。另有禹王山断裂以西的广大变质岩山区形成的地表径流，流至上游白杨河段强烈渗漏，沿构造破碎带向北运动，汇集于神头。

煤系地层的相对阻隔使岩溶水具承压性，岩溶水沿断裂破碎带溢出成泉（图 3-20）。大量变质岩山区汇入的外源地下水加剧构造带的裂隙岩溶发育程度，形成地下暗河通道。因此，神头泉群泉水最为壮观。2013 年实测最大流量为 9.97 万 m³/d。

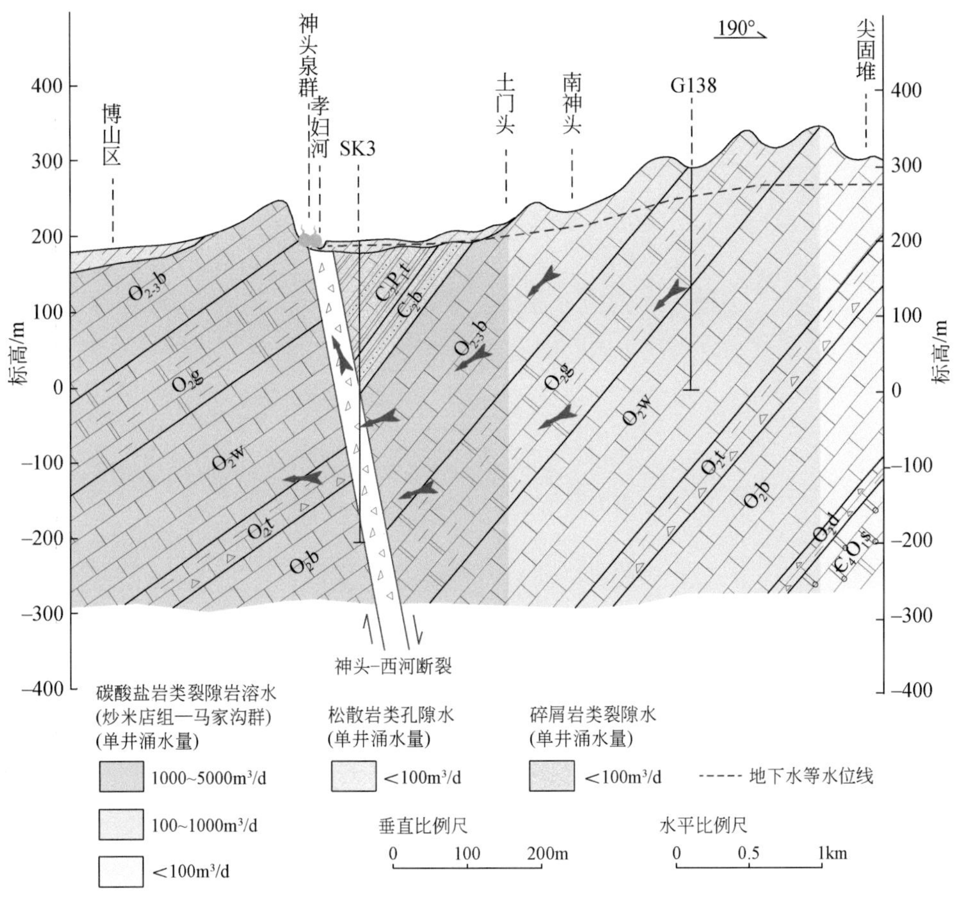


图 3-20　神头泉群水文地质剖面图

3. 秋谷泉群

秋谷泉群位于博山区东南秋谷村，泉群沿孝妇河支流秋谷河河谷分布，原该泉群较多，自南向北有七股泉、星泉、姑子庵泉、秋谷泉（又称范泉）等，均为上升泉。其中，范泉、星泉出露于秋谷河东岸的八陡组灰岩中，七股泉、姑子庵泉出露于第四系冲洪积层中，但覆盖层较薄，下伏仍为八陡组灰岩。

1960 年以后，泉群成为淄博颜料厂、博山硫磺厂、水泥厂等单位供水水源地，日开采量达 11000m³/d，由于开采量的不断增加，区域岩溶水水位大幅下降，多数泉已经消亡，目前仅有秋谷泉（范泉）在丰水期短暂出流。

泉群南侧为八陡组灰岩组成的低山，呈北东向展布，标高 260 ~ 300m。北侧为石炭—二叠纪地层组成的丘陵。泉群恰处于侵蚀构造地形与构造剥蚀地形的交界处，泉群总涌水量为 1252.8 ~ 28598.4m³/d，一般为 7992m³/d（1956 年资料）。

泉群周围八陡组灰岩岩溶发育，在高出河床 5 ~ 40m 的山坡上，发育有洞径为 0.5 ~ 5m 的溶洞群。泉群西北八陡组灰岩以北西倾向隐伏于煤系地层之下，地下水接受南部灰岩山区的补给，地下水运动过程中受煤系地层的阻挡转化为承压性质，在承压区深远部位无良好的排泄条件下迫使水位抬高，沿奥陶系灰岩与石炭系接触带外溢成泉（图 3-21）。

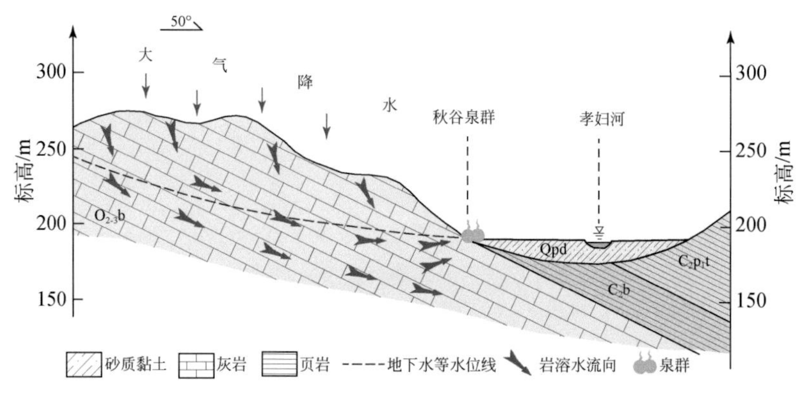


图 3-21　秋谷泉群成因剖面图

4. 已消亡泉及泉群

20 世纪 60 年代，随着工农业的迅速发展，区内大量建井开采岩溶水，引起区域岩溶水水位大幅下降。70 年代，部分泉及泉群永久性断流。80 年代以后，在农村及城市经济建设过程中，部分泉及泉群泉眼被填平，导致泉及泉群永久性消亡。

1）良庄泉群

良庄泉群位于博山城区东北良庄村南 500m 处的九曲河中，泉口出露标高为 206m，属上升泉。泉群南侧为八陡组灰岩组成的低山，北侧为煤系地层组成的丘陵，泉群沿山麓地带出露于八陡组灰岩中。泉群涌水量一般为 6912m³/d（1956 年资料）。

泉的成因和秋谷泉群基本相同，八陡组灰岩裂隙岩溶水接受南部灰岩山区补给，受煤系地层的阻挡开始承压，灰岩岩溶水沿奥陶系灰岩与石炭系接触带，于九曲河谷最低处溢出，形成上升泉。

自 1958 年以来博山制酸厂、农药厂、山东耐火材料厂等单位先后利用此泉作为供水水源地，开采量达 38500m³/d，随着开采量的日益增加，地下水位大幅下降，20 世纪 70 年代以后，泉水断流。80 年代以后，在城市经济建设过程中，泉群泉眼被填平，泉群永久性消亡。

2）渭头河泉群

渭头河泉群位于渭头河村中，沿蟠阳河两岸流出地表，出露处岩层为奥陶系八陡组灰岩，其标高为185m。该处奥陶系八陡组灰岩岩溶发育，向西倾伏于石炭系之下，地下水接受东部山区大气降水补给，受煤系地层的阻挡富集于此带，灰岩裂隙岩溶水沿地表低洼处（蟠阳河河谷）溢出，属上升泉，流量为2448$m^3$/d（1953年9月）。

1956年，洪山制修厂、发电厂、技工学校等单位均用该泉群作为水源地供水。20世纪60年代以后，由于开采量的增加，区域岩溶水位下降，泉水断流，80年代以后，泉群泉眼被填平，泉群永久性消亡。

### （二）淄河岩溶水子系统大武岩溶水次级子系统山前地带

在淄河岩溶水子系统大武岩溶水次级子系统北部，奥陶系五阳山组、阁庄组、八陡组灰岩及泥质白云岩均埋藏于厚度为50～70m的第四系之下。灰岩岩溶极为发育，多发育溶孔、溶穴，向北倾伏于第四系及石炭系之下。该带地下水受南部低山丘陵区灰岩地下水补给，因受石炭系阻截，地下水便富集于山前地带灰岩含水层中，具承压性的裂隙岩溶水溢出地表成泉。

1. 柳行泉

柳行泉位于柳行村西北，泉水由第四系流出，为南部奥陶系灰岩岩溶水溢出地表成泉，为上升泉，流量不大，季节性变化。

2. 乌河头泉群

乌河头泉群位于矮槐树村、于家庄之间，为乌河发源地，泉水由第四系流出，为南部奥陶系灰岩岩溶水溢出地表成泉，为上升泉。

20世纪60年代以后，随着工农业的飞速发展，区内对地下水的需求量也日益增加，岩溶水开始被大量、集中开发利用。辛店、南仇、大武富水段开采井陆续开采使用，主要供应辛店电厂、齐鲁石化等企业工业用水。因大量开采岩溶水，区域岩溶水水位下降，柳行泉及乌河头泉群于20世纪60年代断流，后期工业建设过程中，泉及泉眼被填平，柳行泉及乌河头泉群永久性消亡。

### （三）淄河断裂带及淄河河谷

在淄河岩溶水子系统上游源泉、城子–口头岩溶水次级子系统内，由于多组地质构造影响，沿淄河断裂带与淄河河谷处有多处泉水出露。

1. 龙湾泉群

龙湾泉群位于博山区源泉镇泉河头村南，分上、下龙湾泉，均为上升泉，两泉相距300m，其泉水汇入淄河。

泉群处于淄河两条支流的汇合处，东南侧为海拔400m的青龙山，西北侧为淄河漫滩，在地貌上属奥陶系灰岩侵蚀构造地形，由于两条支流同时对青龙山的侵蚀，而造成极为单薄的脊状山，泉的出露标高分别为270.0m和269.0m。泉群周围岩溶十分发育，沿泉水出露高程有一层成串的水平溶洞，泉群总涌水量为34560～172800$m^3$/d，一般为95000$m^3$/d，水温为 15℃，水质良好，其动态季节性变化显著。

泉群一带地质条件较为复杂，两泉之间有一走向北东的青龙山断裂通过，上盘地层为奥陶系北庵庄组顶部灰岩、土峪组泥质白云岩以及五阳山组底部灰岩；下盘地层为五阳山组灰岩，断裂带内有大量的方解石和铁矿脉充填，从断裂结构面力学性质上显示了先张后压再扭的特征，所以此断裂起了相对阻水之作用，致使上、下龙湾泉基本无水力联系。

上龙湾泉：位于青龙山断裂的下盘，出露于奥陶系五阳山组灰岩中，该泉北侧有一条近东西走向的断裂隐伏于第四系之下，下庄、邀兔崖等处河水严重漏失，大量的地表水渗入地下，沿其流向汇集于淄河断裂带，地下水受断裂带的控制向北运动至泉河头村南，因东西向断裂的阻挡迫使地下水位抬高，地下水溢出地表成泉（图 3-22）。

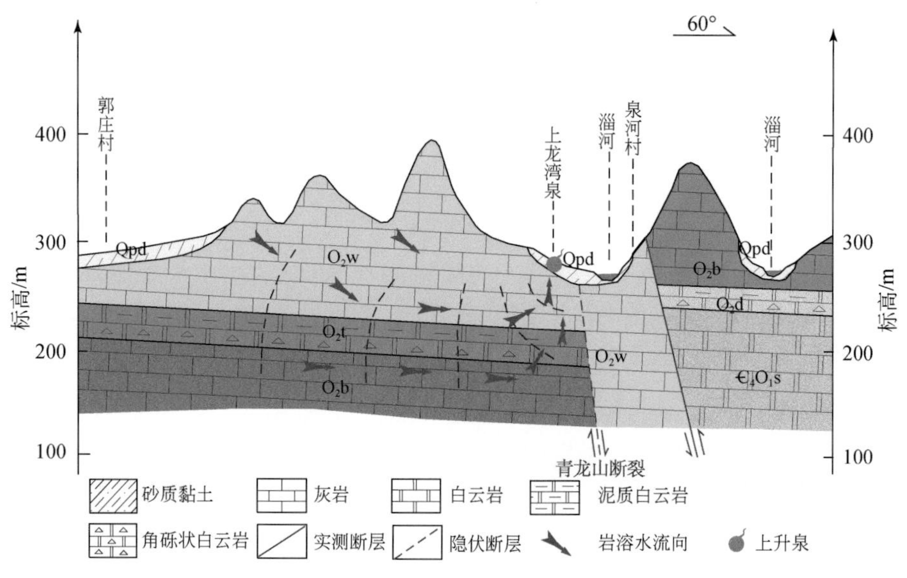


图 3-22　上龙湾泉成因剖面图

下龙湾泉：位于青龙山断裂上盘，出露于奥陶系五阳山组灰岩地层中，其西侧为青龙山断裂，北侧相距 10m 处有一近东西向断裂，与青龙山断裂正交，对地下径流起阻隔作用。东南部方向的地下水沿青龙山断裂（北东）方向运动。东西向断裂在其断裂带及影响带内起到导水作用，断层带及影响带外起相对阻水作用，地下水沿断层破碎带溢出地表成泉（图 3-23）。

2. 谢家店泉群

谢家店泉群位于博山区博山镇谢家店村东南 100m 的淄河河床内，属上升泉，出露地层为奥陶系北庵庄组灰岩，泉流量变幅大，动态特征受气象因素影响明显。据资料，1981 年前谢家店泉群常年涌水，涌水量可达 250 ~ 43200$m^3$/d，1981 年以后该泉转变为季节性泉，仅在雨季涌水。

以往资料认为：谢家店泉群为南博山及北博山方向地下水径流在运动过程中，遇谢家店断层阻挡，迫使地下水位抬高，地下水沿岩层破碎带溢出成泉。

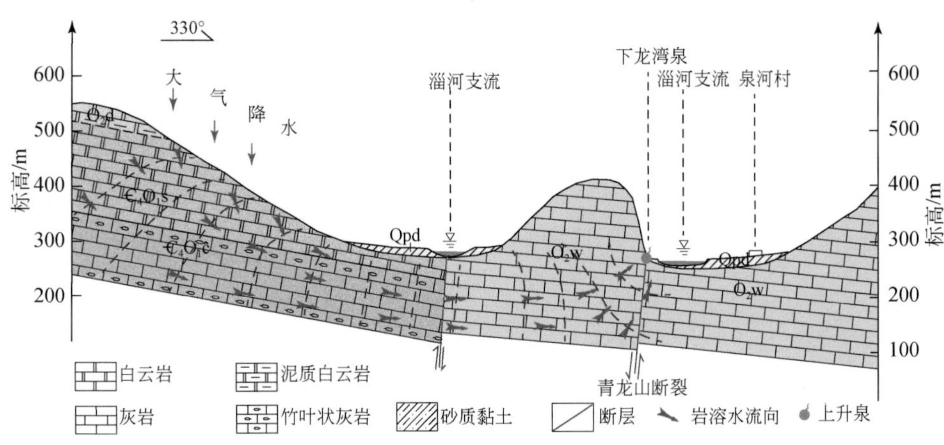


图3-23　下龙湾泉成因剖面图

近几年的研究认为：谢家店断层为导水断层，南博山及北博山方向岩溶水在运动过程中，遇谢家店断层，岩溶水沿断层破碎带溢出成泉。但是该理论对地下水富集于谢家店的原因未能解释清楚。

本次研究对谢家店泉群成因有了更深刻的认识：谢家店泉群为谢家店富水地段的天然排泄点，谢家店断层与盆泉-北博山断层南侧向斜交汇于此，裂隙岩溶极发育。北博山方向岩溶水沿盆泉-北博山断层及其影响带向东径流，南博山方向岩溶水沿谢家店断层向北径流，交汇于谢家店村东。西部及南部岩溶水在向下游径流途中，受下游邀兔地段的阻挡作用，岩溶水流动受阻，于谢家店地区富集、承压，沿谢家店断层破碎带溢出成泉，泉水沿淄河河床上涌，形成泉群（图3-24）。

3. 已消亡泉及泉群

城子泉群：位于淄川区城子村西南约300m处，淄河的西岸，属上升泉。泉口出露标高为242.06m。泉群周围受地质构造纵横切割，条件较为复杂，西侧为走向北东的龙头山断裂，北侧为走向近东西的压扭性断裂，将龙头山断裂错断，该泉群出露于两条断裂交接部位南侧奥陶系五阳山组灰岩中，泉群总涌水量为4.8万～10万$m^3/d$（20世纪50年代资料），季节变化显著。

20世纪70年代以后，区内大量开采岩溶水，岩溶水水位下降，城子泉群断流。

## （四）南部及东南部山区

在研究区南部、东南部有寒武纪地层与古老的花岗片麻岩组成的中低山区，山势陡峻，沟谷深切，雨季裂隙水或岩溶裂隙水沿层面溢出成泉，旱季干涸，属季节性下降泉。此类泉水较多，但涌水量不大。

1. 接触泉

此类泉均为沿不同岩层层面接触处流出，上部为可溶性岩层（灰岩等），下部一般为相对隔水层（页岩、泥质白云岩等），水量不大，随季节变化，部分泉水供村庄生活用水。

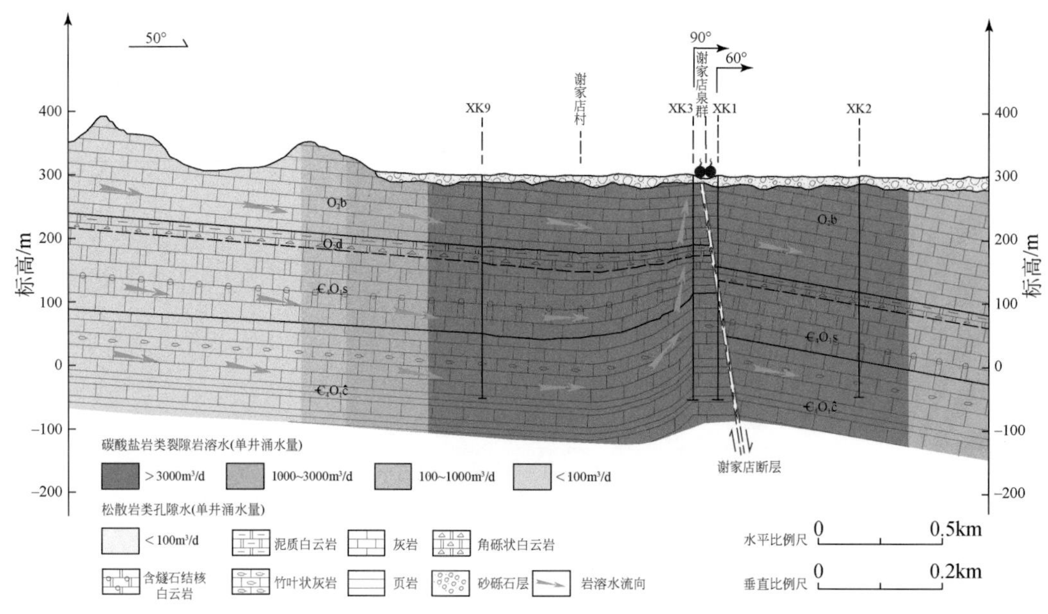


图 3-24　谢家店泉群水文地质剖面图

（1）山桥村泉：位于山桥村东山沟内，于张夏组灰岩与馒头组页岩接触处溢出，村民修池引水供应生活用水（图 3-25）。

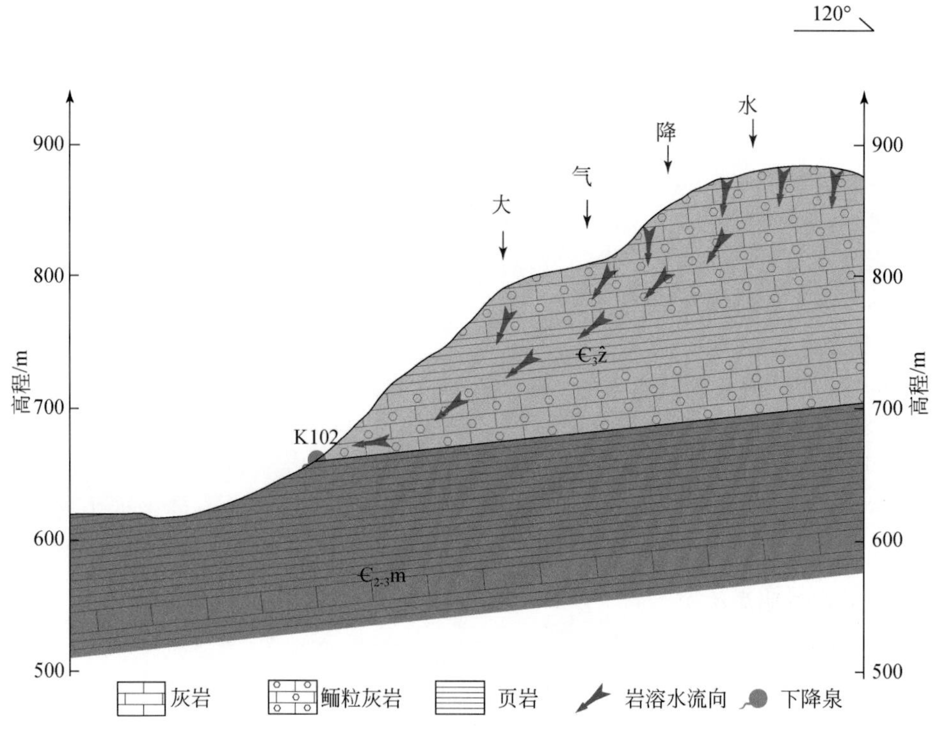


图 3-25　山桥村泉成因剖面图

（2）西股村泉：位于西股村南山脚下，于炒米店组灰岩与崮山组页岩接触面出流，当地村民建水池供应生活用水（图3-26）。

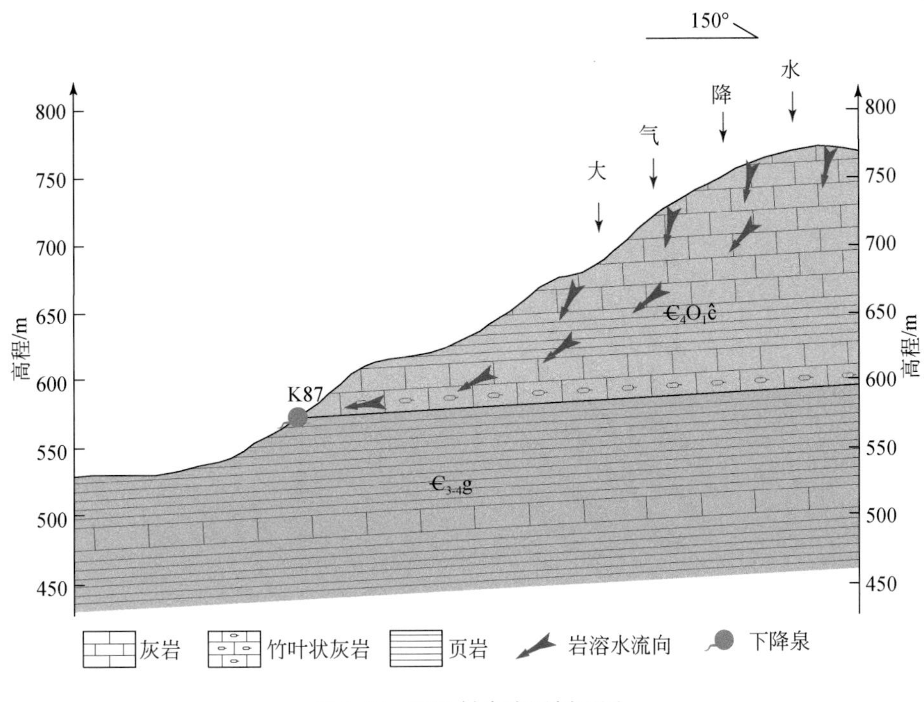


图3-26　西股村泉成因剖面图

2. 溢流泉

南部山区上层潜水或风化裂隙水接受大气降水补给后，沿地形倾向径流，因断层接触相对隔水层，透水性急剧变弱，上层潜水或风化裂隙水流动受阻而溢出地表成泉，见图3-27～图3-29。

## 二、泉水出露因素

泉水是地下水的天然露头，在研究区内不但反映了不同岩溶水系统地下水径流排泄条件，而且还基本代表着天然状态下所在岩溶水系统的天然资源量。天然状态下，泉水涌水量的大小，反映了区域补给量的多寡。泉水的类型系由地下水的埋藏条件及水理性质所决定。泉水分布又与地质构造、地层岩性、地形地貌等因素密切相关。现将研究区泉水的出露条件及其分布规律分析归纳如下。

1. 泉水出露与地质构造的关系

地质构造不但对泉水分布起着主要控制作用，而且构造破碎带又为泉水溢出提供了必要的条件。例如神头泉群中神头泉、雪浪泉、大洪泉、凤凰泉等，均沿神头-西河断裂分布，其汇水范围受禹王山断裂、石马断层、福山-源泉断层控制。龙湾泉群等沿淄河断裂

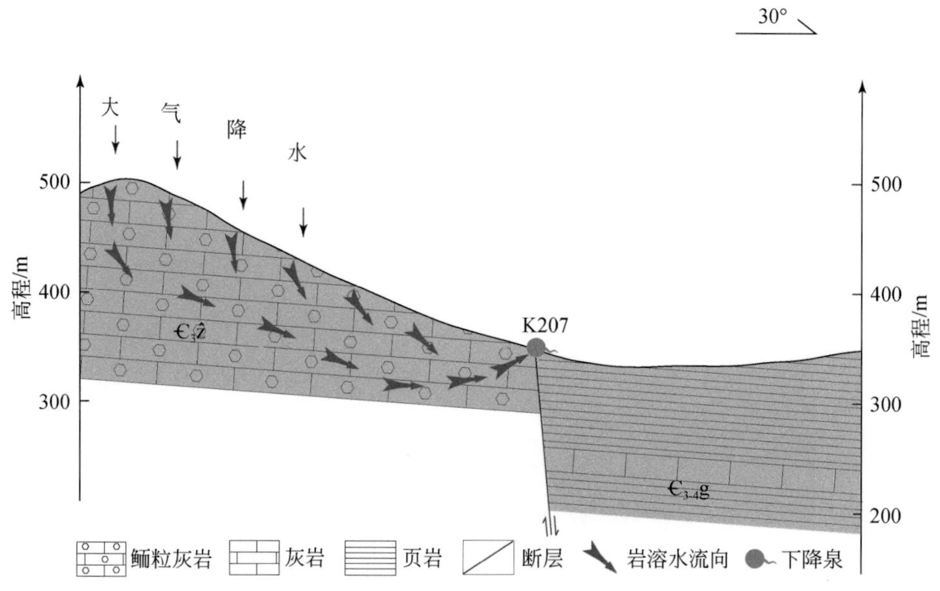


图 3-27　下小峰泉成因剖面图

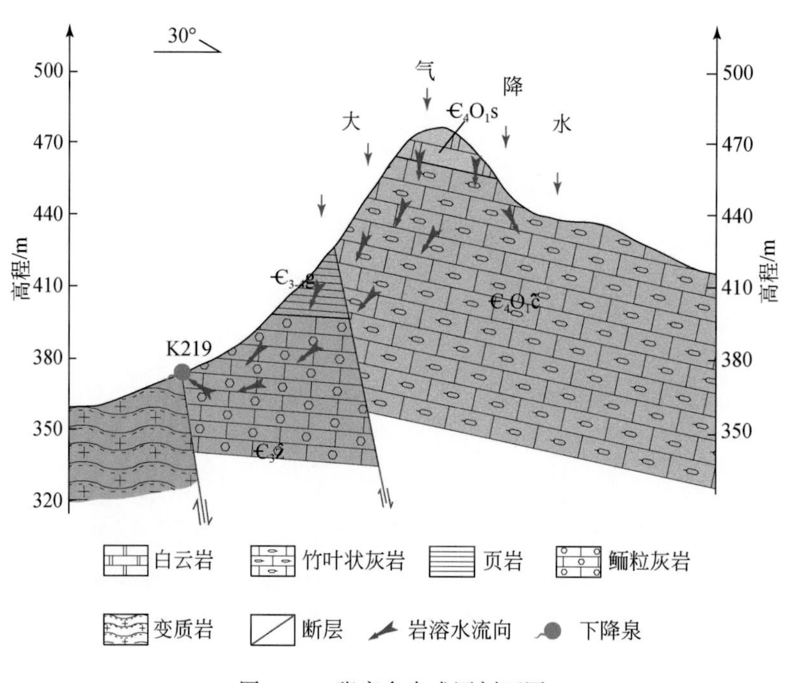


图 3-28　张家台泉成因剖面图

带分布，其汇水范围宽阔，地下水集聚于淄河断裂带，地下径流条件受青龙山、龙头山等断裂严格控制。上述泉水均属地下水沿断层破碎带的低洼地带溢出地表成泉。

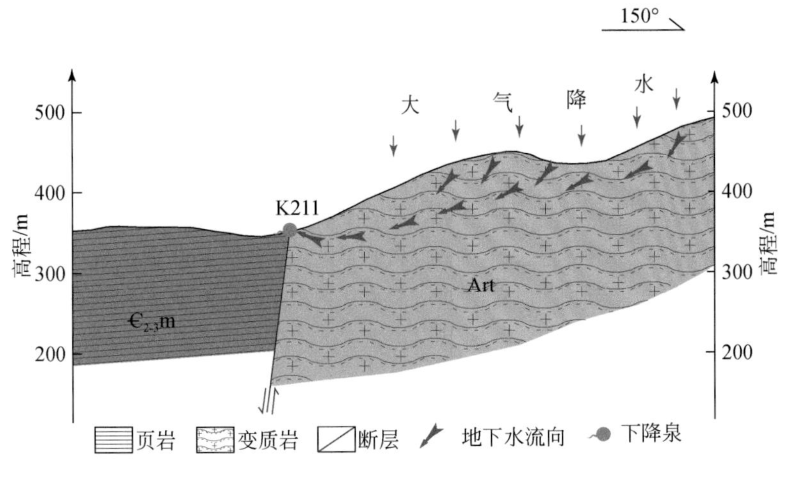


图 3-29　中小峰泉成因剖面图

2. 泉水出露与含水层埋藏及地下水运动条件的关系

区内埋藏型的隐伏灰岩，地层呈单斜产状，沿灰岩与煤系地层接触带易有泉水分布，如沣水泉、秋谷泉群、良庄泉群及渭头河泉群。在其汇水范围内的裸露灰岩，不但分布广泛，而且地表岩溶发育易于降水入渗。地下水径流运动过程中遇煤系地层造成区域性受阻，水位抬高承压，地下水沿灰岩与煤系地层接触带低凹带溢出地表成泉，此类泉水沿淄博向斜东翼构成泉水溢出带。

3. 泉水出露与局部隔水岩层的关系

在重峦叠嶂、峡谷幽深的寒武—奥陶系灰岩组成的中低山区，沿其沟谷或顺岩层倾向之山麓有泉水出露，尤其是丰水期，降水量充足，大量下降泉开始涌水。泉水的形成条件，多属于山顶是灰岩裸露的盖帽，下伏有页岩、泥灰岩或是灰岩与页岩、泥灰岩相间组成的单面山。降水沿灰岩裂隙或地表岩溶垂直下渗，于相对隔水层沿其层面流动，于沟谷切割处或山麓溢出地表成泉，成下降泉。此类泉水流量甚小，旱季干涸。

4. 泉水出露与地层岩性的关系

研究区内沣水、神头、秋谷、龙湾、谢家店等泉及泉群均发育于厚层质纯的灰岩中(北庵庄组、五阳山组、八陡组灰岩)，其补给区地表岩溶较发育，可快速接受大气降水的补给。泉及泉群附近地下岩溶较发育，可构成地下水的储水空间。因此泉群附近地下灰岩含水层较为发育，形成在一定范围内具有一定开发价值的灰岩富水区，如神头水源地、源泉水源地、谢家店富水地段等。

5. 泉水出露与地形地貌的关系

南部山区泉群，沿淄河出露的标高为 240 ~ 295m，沿孝妇河出露的高程为 187 ~ 197m。均与最低相对侵蚀基准面相一致。因此，流量较大的泉群多沿河谷分布，如神头、秋谷、龙湾、谢家店等泉群。由于区域性地表径流，地下径流依附于地形地貌条件，地下水富水带亦受其控制，故地形地貌也是泉水出露重要因素。在高程 400m 以上的山区，亦有泉水出露，但多属于季节性下降泉。

综上，泉水的出露并非单一的某种因素所致，而是涉及地质构造、地层、岩性、地形、地貌、气象、水文多种因素综合作用的结果，各种因素又是相互制约的，也是缺一不可的。

## 第七节　饮用天然矿泉水

研究区饮用天然矿泉水资源主要分布在淄川区东南部峨庄—太河一带，该地区饮用天然矿泉水生产开发历时较长，有3家饮用天然矿泉水厂、19家山泉水厂。其饮用天然矿泉水中富含锶、锂元素。

### 一、矿泉水概况

淄川区东南部饮用天然矿泉水资源分布面积约177.95km$^2$，其水文地质边界为：西部边界为淄河断裂带、南部边界为苇园-尹家峪断裂、东部边界为淄河与弥河岩溶水子系统分水岭，为一相对独立的单斜构造水文地质单元（图3-30）。

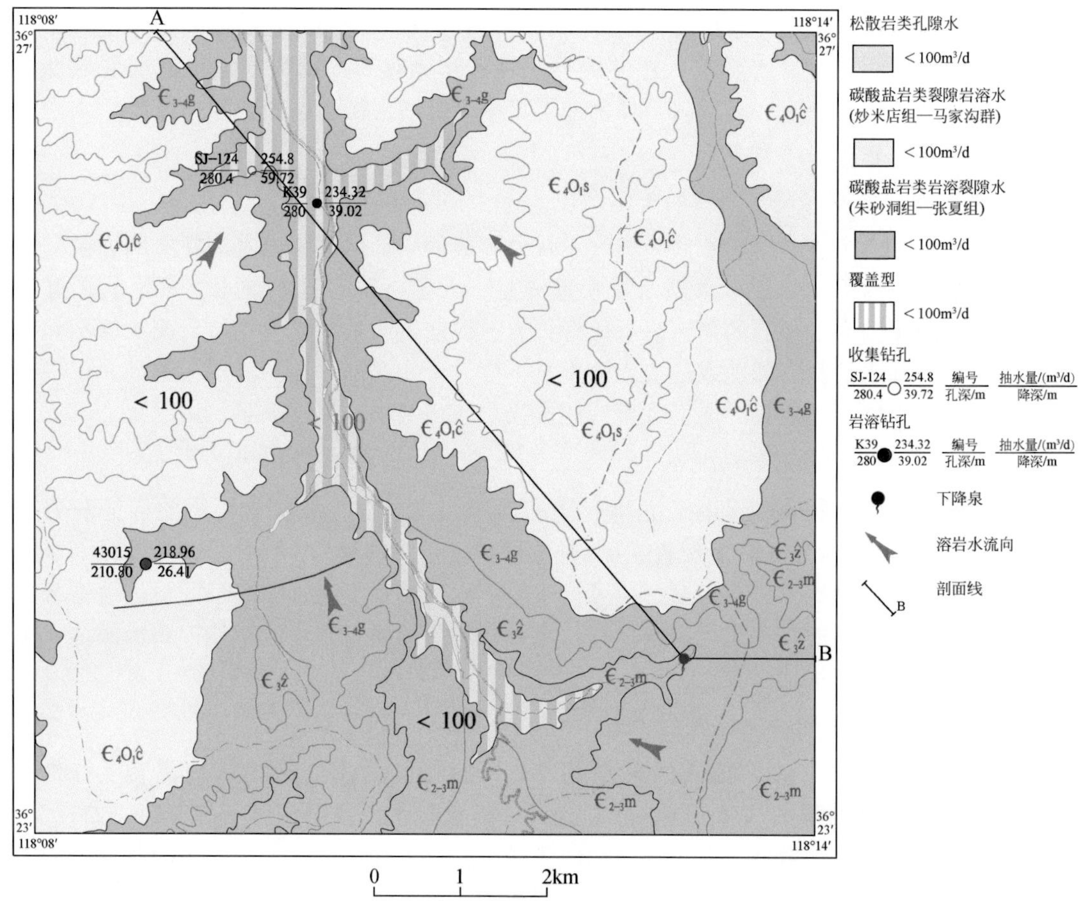


图3-30　饮用天然矿泉水分布区水文地质略图

饮用天然矿泉水赋存于碳酸盐岩类岩溶裂隙含水层中，主要含水层为寒武系张夏组鲕状灰岩，单井涌水量为200～700m³/d，水温一般为17～20℃，pH为7.8～9，总硬度在450mg/L左右，矿化度为368.88～757.7mg/L，水化学类型一般为$HCO_3$-Ca·Mg型、$HCO_3$-Na型、$HCO_3$·$SO_4$-Ca·Mg型，锶型饮用天然矿泉水平均检出值为0.46mg/L。

## 二、补给、径流及排泄条件

饮用天然矿泉水分布区处于相对独立的水文地质单元内，峨庄河谷呈北北西向，其补给范围主要分布在南、东及北侧山区，与区域地形地貌形态相一致，流域内接受周围山区大气降水补给后，一部分以地表径流形式流入沟谷汇入太河水库，另一部分垂直下渗进入岩溶含水层，以地下径流形式向北西运动。主要含水层张夏组鲕状灰岩于南端出露地表，直接接受大气降水补给，含水层向北倾伏于崮山组之下，岩溶水在向北西运动中逐步承压，至北部遇太河岩体阻挡，岩溶水水位升高。在承压水头足够大的情况下，岩溶水溢出地表成泉，开采井均有自流现象，构成岩溶水自流区域。其排泄主要为人工开采（矿泉水厂开采、农业开采）、泉水排泄、向下游径流排泄（图3-31）。

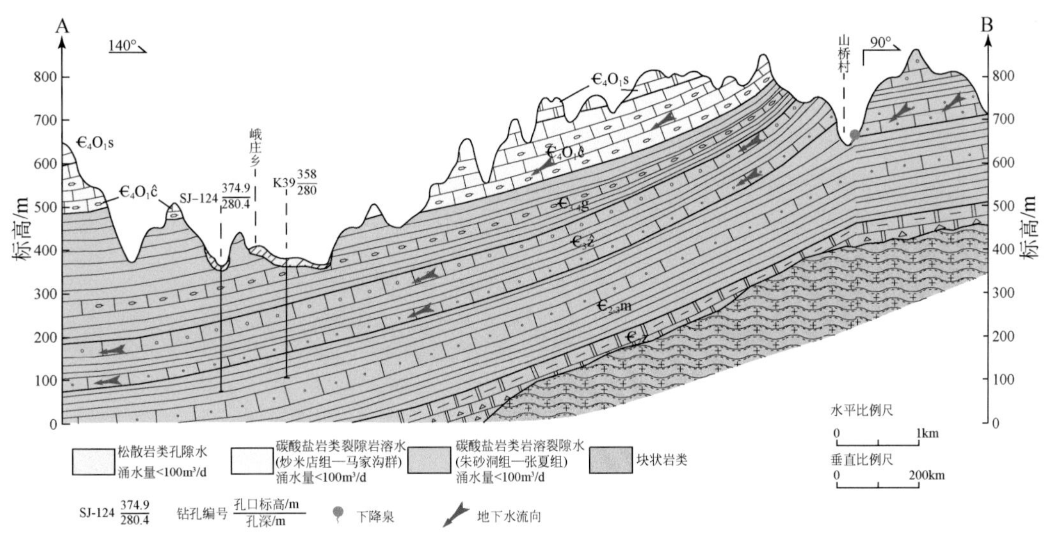


图3-31　饮用天然矿泉水分布区水文地质剖面图

## 三、水位、水质动态特征

1. 水位动态

饮用天然矿泉水分布的峨庄区域多年平均岩溶水水位标高278.69m，多年平均最高水位280.98m，多年平均最低水位276.3m，多年平均水位变幅5.55m；淄河镇区域多年平均岩溶水水位标高228.47m，多年平均最高水位233.00m，多年平均最低水位225.65m，多年平均水位变幅 5. 30m；太河区域多年平均岩溶水水位 180. 41m，多年平均最高水位 188. 59m，多年平均最低水位 169. 56m，多年平均水位变幅 12. 27m。

影响矿泉水水位动态的因素有气象和人为两大因素，其中，大气降水为主导因素，人为开采是次要因素。水位升降主要取决于大气降水的季节转换，丰水期水位为年内最高，枯水期水位最低，水位变幅相对较小，一般为 5 ~ 10m。

现状补给开采条件下，不存在区域性、大范围的岩溶水降落漏斗。整体看，饮用天然矿泉水分布区岩溶水水位动态较稳定，补给与开采处于相对平衡状态。

2. 水质动态

区内饮用天然矿泉水开发利用已有多年，根据水质资料进行水质稳定性分析，详见表 3-5。

**表 3-5　饮用天然矿泉水主要组分年际变化对照表**　（单位：mg/L）

| 编号 | 时间 | 锶 | 锂 | $Ca^{2+}$ | $Na^{+}$ | $HCO_3^-$ | $SO_4^{2-}$ | $Cl^-$ | 总硬度 | 矿化度 |
|---|---|---|---|---|---|---|---|---|---|---|
| 石佛山 | 2001 年 9 月 | 0. 38 | 0. 38 | 5. 66 | 141. 5 | 292. 05 | 48. 64 | 15. 19 | 33. 98 | 542. 48 |
| | 2013 年 1 月 | 0. 5 | 0. 21 | 8. 64 | 147. 5 | 271. 49 | 68. 26 | 15. 32 | 21. 57 | 542. 64 |
| | 变幅 | 0. 12 | 0. 17 | 2. 98 | 6 | 20. 56 | 19. 62 | 0. 13 | 12. 41 | 0. 16 |
| 西岛坪 | 2005 年 4 月 | 2. 01 | 0. 10 | 28. 94 | 81. 00 | 381. 24 | 36. 23 | 8. 75 | 175. 11 | 579. 40 |
| | 2013 年 | 1. 04 | 0. 05 | 50. 19 | 43. 75 | 268. 41 | 74. 56 | 11. 49 | 211. 64 | 495. 94 |
| | 变幅 | 0. 97 | 0. 05 | 21. 25 | 37. 25 | 112. 83 | 38. 33 | 2. 74 | 36. 53 | 83. 46 |
| 正洋 | 2004 年 6 月 | 2. 00 | 0. 07 | 30. 47 | 33. 50 | 307. 67 | 19. 29 | 5. 18 | 212. 04 | 444. 96 |
| | 2008 年 | 1. 30 | <0. 005 | 25. 98 | 58. 00 | 231. 03 | 38. 68 | 9. 26 | 143. 23 | 417. 3 |
| | 变幅 | 0. 7 | 0. 07 | 4. 49 | 24. 50 | 76. 64 | 19. 39 | 4. 08 | 68. 81 | 27. 66 |

石佛山饮用天然矿泉水自 2001 年成井至 2013 年的 13 年中，饮用天然矿泉水类型未变，均属锶锂复合型饮用天然矿泉水，但锶元素含量趋于增高，增高幅度为 0. 12mg/L，锂元素含量略有降低，下降幅度为 0. 17mg/L。

西岛坪饮用天然矿泉水自 2005 年至 2013 年的 9 年中，饮用天然矿泉水类型未变，均为锶型饮用天然矿泉水，但锶元素含量有所降低，下降幅度为 0. 97mg/L。

正洋饮用天然矿泉水自 2004 年至 2008 年的 5 年中，饮用天然矿泉水属锶型饮用天然矿泉水，但锶元素含量有所降低，下降幅度为 0. 7mg/L。

从以上三个不同地段的饮用天然矿泉水井水质动态看到，饮用天然矿泉水主要矿物元素指标年际含量虽有增加或降低，但含量变化较小，饮用天然矿泉水类型并未改变。除此之外，饮用天然矿泉水中的 $Ca^{2+}$、$Na^{+}$、$HCO_3^-$、$SO_4^{2-}$、$Cl^-$、总硬度、矿化度等常规组分增减幅度同样不大，区内饮用天然矿泉水水质年际变化较小，其水质动态较稳定。

## 四、矿泉水成因机理

饮用天然矿泉水形成机理与其赋存的地层沉积特征、大地构造特征及自然地理条件紧密相关。

1. 地层沉积特征

矿泉水所处地区在古生代早–中寒武世时，沉积了以灰岩、泥质灰岩、泥质白云岩及页岩为主的地层，张夏组鲕状灰岩中含有大量的锶、锂等微量元素，为锶、锂型矿泉水的形成提供了丰富的物质来源。

区内锶在页岩、灰岩及鲕状灰岩全部检出。鲕状灰岩锶含量很高，均值为0.443‰，石灰岩次之，均值含量为0.438‰，页岩最低，均值含量为0.341‰。鲕状灰岩和灰岩中锶含量远大于地壳中平均丰度0.375‰（表3-6）。

**表3-6　区内页岩、灰岩、鲕状灰岩中锶含量统计表**

| 项目 | 最大值/‰ | 最小值/‰ | 平均值/‰ | 地壳平均丰度值/‰ |
|---|---|---|---|---|
| 页岩 | 0.492 | 0.179 | 0.341 | 0.375 |
| 灰岩 | 0.543 | 0.292 | 0.438 | |
| 鲕状灰岩 | 0.526 | 0.340 | 0.443 | |

注：摘自《淄博市淄川区矿泉水开发利用与保护研究》。

2. 大地构造特征

矿泉水所处区域为一相对独立的水文地质单元，其南、东、北三个方向地势高，中西部地势相对较低，南侧、东侧及北侧的寒武系碳酸盐岩接受大气降水的入渗补给后，岩溶水沿灰岩层面裂隙岩溶由东南向西北运动、循环交替条件良好，岩溶水处于淋滤作用和溶解作用的强径流环境中，有利于锶、锂的溶解及迁移。

此外，锶、锂与富含$CO_2$的水相互作用，大大增加了在水中的溶解度，水中锶和锂含量可显著增高。研究资料显示：在断裂附近，富含$CO_2$的大气降水更容易渗入含水层之中而形成游离状态的$CO_2$，地下水中锶、锂含量明显偏高。

3. 自然地理条件

本区地处中低山区，植被茂密，人烟相对稀少，腐殖质经低矿化近中性的大气降水淋滤后，形成富含腐殖酸的偏酸性水入渗地下，对地下岩层产生溶解、溶滤作用，寒武系碳酸盐岩属易溶岩石，特别是在酸性溶液作用侵蚀下更易溶解，随着溶解过程的进行，岩石中的锶、锂元素大量进入地下水中，造成了地下水中锶、锂元素的富集。

综上所述，在以上三个主导因素的共同作用下，岩溶水在运移过程中，锶、锂含量不断增加，形成饮用水天然矿泉水矿藏。

# 第四章　富水地段供水水文地质条件

淄河岩溶水子系统内尚有三处富水地段具有勘察前景或集中开采条件，由南向北分别为谢家店富水地段、黑旺富水地段和刘征水源地。谢家店富水地段和刘征水源地已完成水文地质勘察工作，但尚未进行集中开采；黑旺富水地段尚未开展供水水文地质勘察工作，具有一定的勘察前景。以上三处具有勘察前景或集中开采潜力，可作为本研究区岩溶水开发利用的重点地段。

## 第一节　刘征水源地

### 一、富水地段形成条件

刘征水源地地处淄河断裂带和边河断层的构造复合部位，面积为5.99km$^2$，属于大武岩溶水次级子系统的径流-排泄区。刘征水源地共分为两个富水段，分别为西张-福山富水段和刘征东富水段（图4-1），分别受边河断层及淄河断裂带控制。西张-福山富水段沿西张—福山一线呈北东向展布，即沿边河断层和北刘征断层的构造断裂破碎带发育；刘征东富水段主要沿淄河断裂带呈南北向展布。两富水段之间由富水性相对较差的中间地带分隔。

西张-福山富水段位于边河断层和北刘征断层的影响交汇带，是一个呈北东向展布，富水性强，分布相对稳定的富水地段，面积2.90km$^2$。刘征东富水段位于福山南沿淄河断裂带向南至北刘征东一带，其展布方向受淄河断裂带控制，面积3.09km$^2$。

### 二、岩溶含水层特征

1. 西张-福山富水段

富水段内主要含水层为奥陶系五阳山组灰岩、土峪组泥质白云岩、寒武—奥陶系三山子组白云岩、寒武系炒米店组灰岩。裂隙岩溶十分发育，富水性强。单井涌水量一般大于5000m$^3$/d，水位降深一般小于0.5m，最大为6.17m（表4-1）。该富水段水位埋深较大，一般为82.47～134.80m。

受边河断层控制，富水段内含水层分为两个类型。

揭露边河断层的勘探井主要含水层为奥陶系土峪组泥质白云岩，含水层发育深度为91.60～368.54m，土峪组泥质白云岩受边河断层影响，岩心破碎、岩溶裂隙及溶孔极发育。

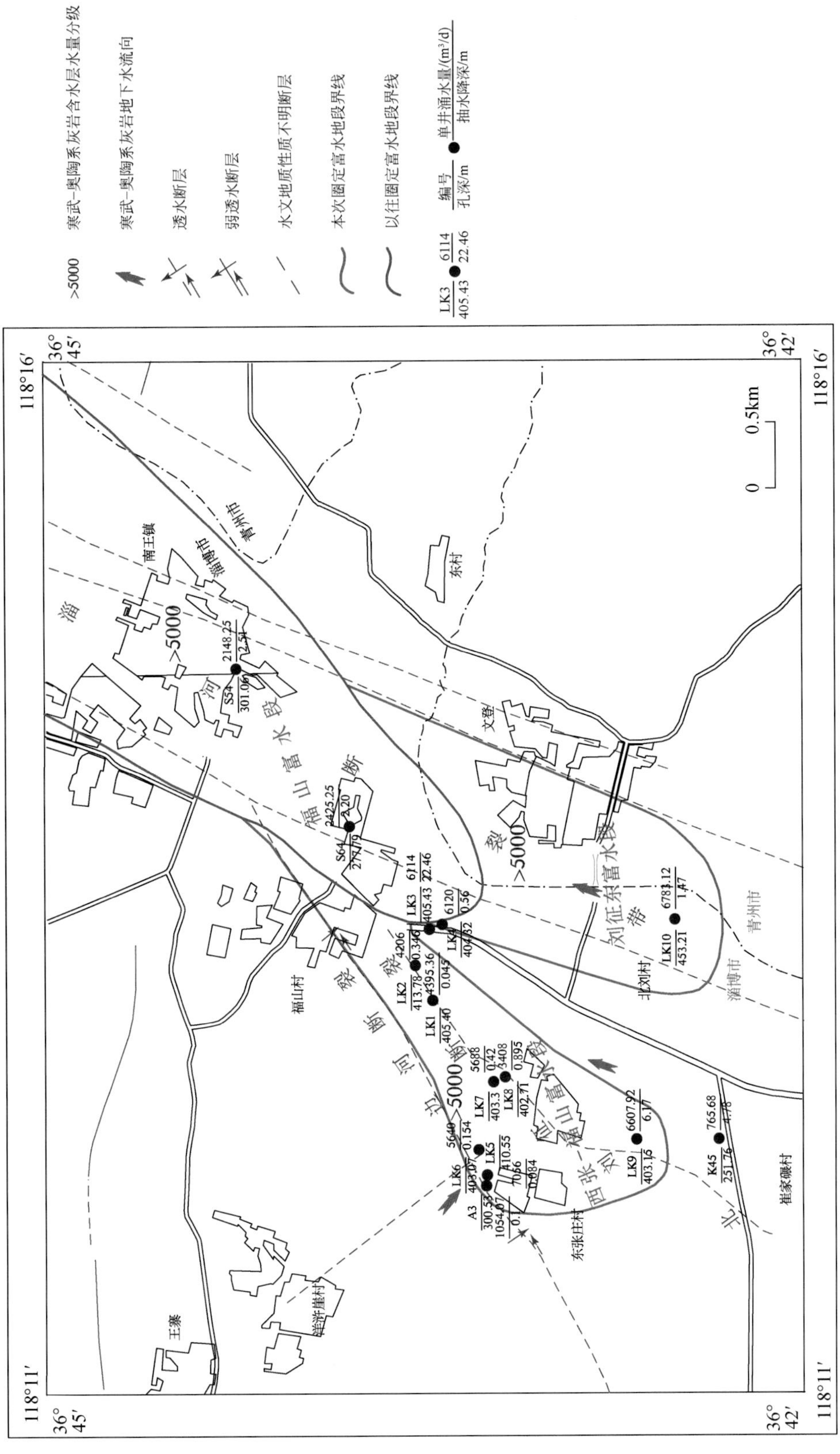

图4-1　刘征水源地富水性分区图

**表 4-1 西张-福山富水段单井抽水试验成果表**

| 孔号 | 孔深/m | 水位埋深/m | 抽水流量/($m^3$/d) | 水位降深/m | 单位涌水量/[$m^3$/(d·m)] |
|---|---|---|---|---|---|
| LK1 | 405. 4 | 98. 06 | 4395. 36 | 0. 045 | 97674. 67 |
| LK2 | 413. 78 | 84. 41 | 4206 | 0. 346 | 12156. 07 |
| LK5 | 410. 3 | 134. 80 | 7056 | 0. 13 | 54276. 92 |
| LK6 | 403. 07 | 124. 56 | 5640 | 0. 21 | 26857. 14 |
| LK7 | 402. 01 | 104. 75 | 5688 | 0. 42 | 13542. 86 |
| LK8 | 402. 71 | 88. 21 | 3408 | 0. 925 | 3684. 32 |
| LK9 | 403. 15 | 82. 47 | 6607. 92 | 6. 17 | 1070. 98 |

未穿过边河断层的勘探井主要含水层为奥陶系五阳山组灰岩，含水层发育深度为86. 05 ~ 398. 00m。五阳山组灰岩溶蚀裂隙发育，发育大量溶孔及蜂窝状溶孔。

2. 刘征东富水段

刘征东富水段主要含水层为奥陶系五阳山组灰岩，裂隙岩溶发育，岩溶形态有溶蚀裂隙、溶孔、蜂窝状溶孔和溶穴，单井涌水量一般大于5000$m^3$/d。

## 三、岩溶水运动特征

大气降水是岩溶水的主要补给来源，它最直接、最迅速、最集中地抬高岩溶水的水位，增加岩溶水的储存量。富水地段南部广大的低山丘陵区，灰岩广泛分布，接受大气降水后，岩溶水由东、西分水岭向淄河断裂带汇集，沿淄河断裂带由南至北汇集于刘征地区，并继续向北径流至大武富水地段（图 4-2）。淄河渗漏补给也是富水地段的重要补给来源。淄河素有“十八漏”之称，在汛期及太河水库放水时产生的表流，渗漏补给岩溶含水层。

西张-福山富水段以北的王寨盆地是大武岩溶水次级子系统，更是西张-福山富水段的特殊补给区。王寨盆地接受大气降水后，岩溶水由四周向中间汇集，由北西向南东径流，在洋浒崖一带通过隐伏断层径流补给西张-福山富水段。该富水段目前岩溶水开采量较小，主要排泄方式为向北部大武富水地段径流排泄。

刘征东富水段岩溶水的补给来源主要为大气降水入渗补给和淄河渗漏补给。该富水段位于淄河滩及两岸，该地区地势低洼，岩溶水径流方向为自南向北。该富水段目前岩溶水开采量较小，岩溶水排泄以向北径流排泄为主。

## 四、岩溶水水化学特征

西张-福山富水段岩溶水水化学类型主要为 $SO_4$ · $HCO_3$-Ca 型、$HCO_3$ · $SO_4$-Ca 型和 $HCO_3$-Ca 型。

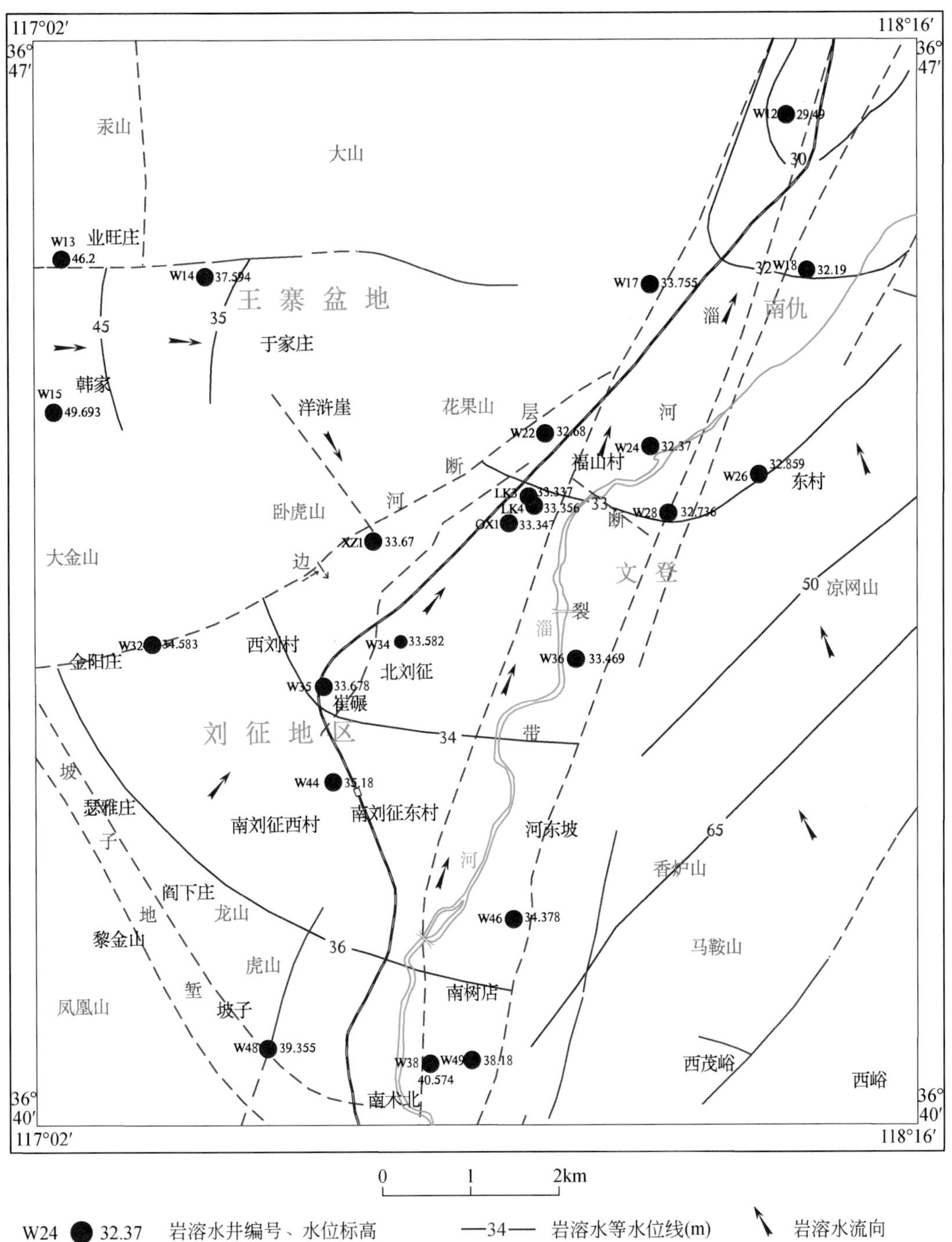


图 4-2　刘征地区岩溶水流场图（2014 年 6 月）

穿过边河断层的 LK1、LK5、LK6 和 LK7 号勘探井水质明显较未穿过边河断层的 LK2、LK9 号勘探井水质差。穿过边河断层的勘探井矿化度为 709.25～1021.8mg/L，总硬度为

417.93～607.15mg/L，$NO_3^-$为34.59～53.37mg/L，COD为0.83～3.55mg/L；未穿过边河断层的勘探井矿化度为506.44～693.23mg/L，总硬度为312.13～436.23mg/L，$NO_3^-$为23.05～35.70mg/L，COD为0.5～5.08mg/L（表4-2）。穿过边河断层的勘探井总硬度、硝酸盐和COD部分地段都有超标，水质较差。未穿过边河断层的勘探井岩溶水水质较好。

**表4-2　西张-福山富水段岩溶水水化学成分统计表**　（单位：mg/L）

| 项目 | LK2 | LK9 | LK1 | LK5 | LK6 | LK7 |
|---|---|---|---|---|---|---|
| $Cl^-$ | 35.68～46.54 | 21.72～34.13 | 57.40～69.81 | 66.71～80.67 | 86.88～103.45 | 62.06～93.09 |
| $SO_4^{2-}$ | 118.55～183.03 | 52.38～112.26 | 165.42～214.76 | 215.04～236.72 | 297.75～324.57 | 214.76～292.85 |
| $NO_3^-$ | 26.82～35.70 | 23.05～29.89 | 34.59～39.36 | 45.24～50.38 | 44.49～53.37 | 40.79～46.60 |
| 总硬度 | 355.52～436.23 | 312.13～344.39 | 417.93～489.8 | 499.35～538.27 | 568.88～607.15 | 466.82～568.88 |
| 矿化度 | 580.49～693.23 | 506.44～535.51 | 709.25～796.67 | 811.27～867.16 | 929.44～1021.8 | 778.56～957.78 |
| COD | 0.50～5.08 | 0.64～4.06 | 0.83～4.49 | 0.97～3.23 | 1.88～3.55 | 0.71～2.88 |
| 水化学类型 | $HCO_3 \cdot SO_4$-Ca·Mg | $HCO_3$-Ca·Mg | $HCO_3 \cdot SO_4$-Ca | $SO_4 \cdot HCO_3$-Ca | $SO_4 \cdot HCO_3$-Ca | $SO_4 \cdot HCO_3$-Ca |

注：取样时间2012年6月24日～2012年8月3日。

刘征东富水段岩溶水水化学类型主要为$HCO_3 \cdot SO_4$-Ca·Mg型，矿化度一般为442.92～472.80mg/L，总硬度为276.58～295.92mg/L，$NO_3^-$在30mg/L左右，COD一般为1～5mg/L，水质较好。

## 五、刘征水源地与大武水源地的关系

刘征水源地主要含水层为奥陶系五阳山组灰岩及土峪组泥质白云岩，单井涌水量一般大于5000$m^3$/d。大武水源地南仇富水段含水层亦为奥陶系五阳山组灰岩及土峪组泥质白云岩，涌水量一般大于5000$m^3$/d。因此，刘征水源地和大武水源地南仇富水段同属一个含水层。

刘征水源地岩溶水水位相较于大武水源地南仇富水地段稍高，但总体来说，两者岩溶水水位相近，水力坡度小，因此，刘征水源地与大武水源地南仇富水段为一个整体。

因此，刘征水源地是大武水源地不可分割的部分，其与大武水源地是整体和局部的关系，刘征水源地是大武水源地富水区在南仇富水段边缘地带继续沿断裂破碎带“过度”延伸而形成的，处于大武岩溶水次级子系统的径流-排泄区。

## 六、综述

刘征水源地位于淄河岩溶水子系统的径流-排泄区，大武水源地的上游，水质良好。根据水源地勘察结论，水源地允许开采量为5.5万$m^3$/d，按照此开采量开采时，刘征水源地的开采不会引起大武富水地段地下水回流倒灌问题，开采安全性可以得到保障。

# 第二节　黑旺富水地段

## 一、富水地段形成条件

黑旺地区位于大武岩溶水次级子系统上游补给径流区。原建有黑旺铁矿，该铁矿为一露天开采的铁矿山，1958 年投产，2004 年闭坑，多年的连续开采，在地表形成一个巨大的矿坑，沿北东-南西向展布，长度 1500m，宽 450m，深度 100 余米。

黑旺地区地处淄河上游三条河谷交汇部位，东侧为仁河河谷，中间为发育在淄河断裂带上的淄河河谷，西侧为沿葫芦台断层发育的山间沟谷，为地表水、地下水的汇集部位（图 4-3）。

淄河断裂带是本区岩溶水的主要导控水构造，其严格控制着岩溶水的赋存和运动条件。据已有资料，在本区，淄河断裂带的西侧两支主干断裂规模较大，其影响范围可宽达 200m 以上，在其两侧影响带内，岩溶裂隙发育。

葫芦台断层在本区西北部发育，近东西向展布。据以往资料，葫芦台断层两侧岩溶水水位存在明显水位差，断层南盘岩溶水水位高于断层北盘岩溶水水位，枯水期水位相差 6.21m，丰水期水位相差 4.69m，葫芦台断层具有相对阻水性。

淄河断裂带和葫芦台断层于黑旺村东北斜交复合。构造复合部位岩层破碎，岩溶裂隙发育，形成一定规模的地下水储水空间，为岩溶水的赋存运移提供了空间条件。同时，葫芦台断层也为岩溶水提供了构造导通条件，使淄河断裂带富水地段有了沿构造复合部位向西延伸的可能。黑旺村 S96 孔可以证实上述分析，该井孔深 185.92m，降深 1.3m，单井涌水量为 1308.1$m^3$/d。

葫芦台断层南侧的岩溶水向北径流过程中，受到该断层的阻挡，流向折向东；淄河断裂带内岩溶水由南向北径流，岩溶水于两条断裂的复合部位汇集。在其北部庙子镇一带，淄河断裂带收敛，断裂带宽度变窄，致使本区岩溶水向北径流受阻，岩溶水于此处汇集。

综上分析，沿淄河断裂带、淄河断裂带与葫芦台断层构造复合部位，形成黑旺富水地段（图 4-4）。

## 二、岩溶含水层特征

根据黑旺铁矿水文地质资料，主要含水层为奥陶系北庵庄组灰岩裂隙岩溶含水层和寒武—奥陶系三山子组白云岩裂隙岩溶含水层。

### 1. 北庵庄组灰岩裂隙岩溶含水层

北庵庄组厚度为 110～180m，平均厚度为 140m，岩性为深灰色质纯灰岩。北庵庄组灰岩中溶孔和溶蚀裂隙均较发育。溶孔和溶蚀裂隙主要沿节理裂隙面和层面发育，沿节理裂隙发育的溶孔水力联系要好一些，沿层面发育的则相对差一些。根据矿山开采期间矿区钻孔北庵庄组分层抽水试验，单位涌水量为 0.55～90.92$m^3$/（h·m），富水性不均匀。受

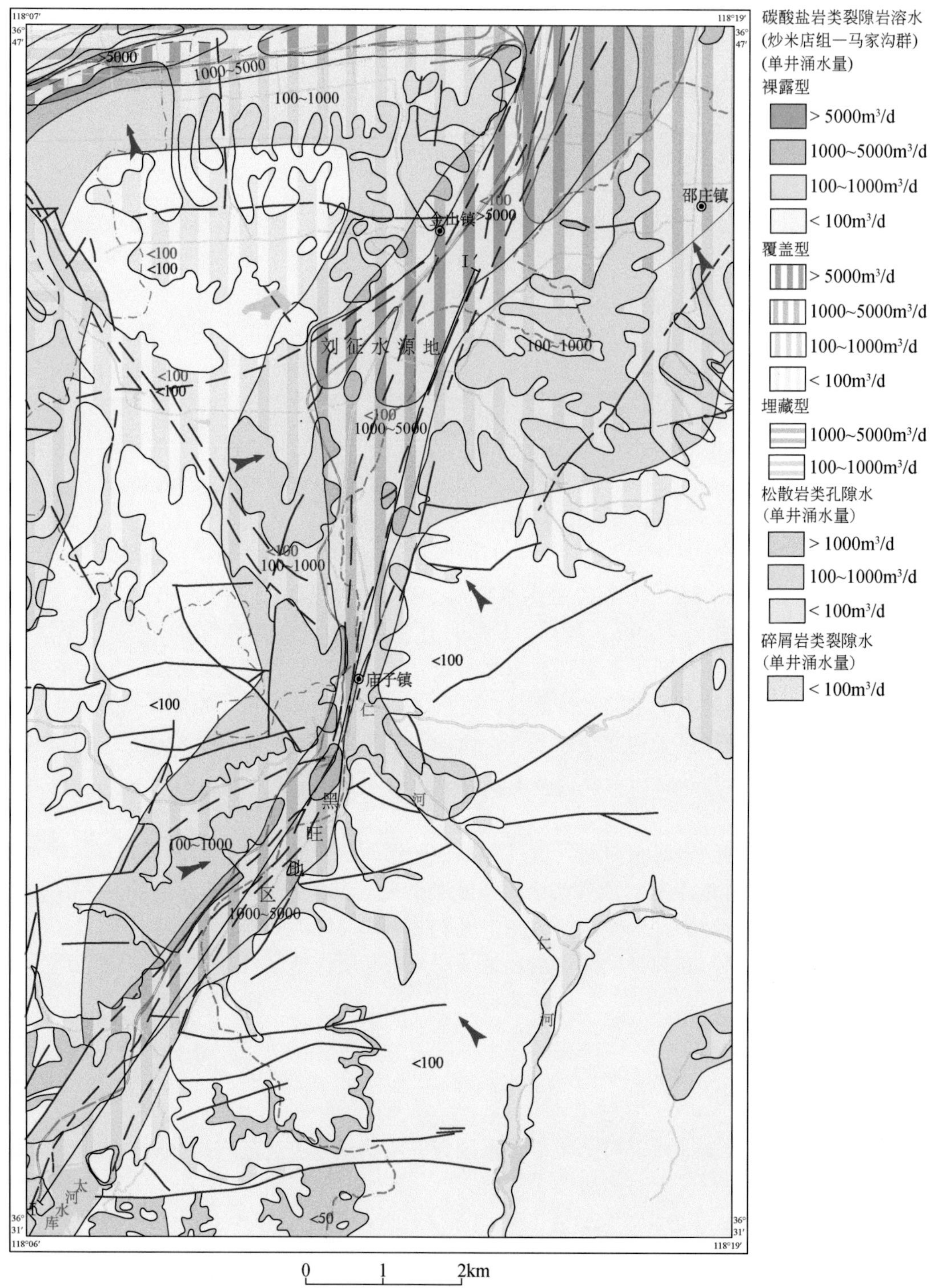


图 4-3　黑旺-刘征富水地段水文地质图

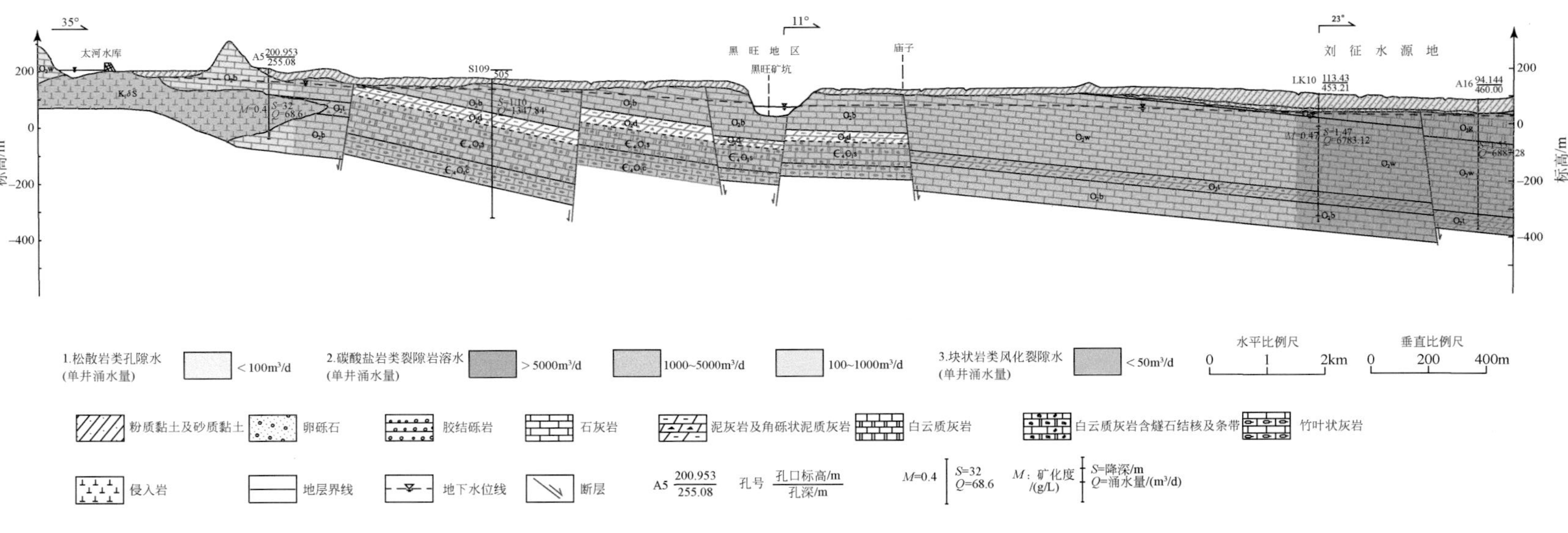


图4-4　黑旺-刘征富水地段水文地质剖面图

构造破碎影响，强富水段一般都沿淄河断裂带两侧分布。

2. 三山子组白云岩裂隙岩溶含水层

三山子组岩性主要为灰白色白云岩，厚度为56m。溶孔较发育，孔径多为1～4cm。本层在断裂构造不发育地段，岩性稳定，裂隙不发育，不利于地下水运移及储存。在断裂构造影响带，岩溶裂隙强烈发育，可形成富水性强的含水层。

1989年恰逢历史上的特枯年，当年9月，矿坑地下水位下降，造成矿坑干枯，为保证生产用水和生活用水，黑旺铁矿在矿坑内施工一眼应急水井。该井开孔为北庵庄组地层，进入三山子组岩层7.2m进行抽水，涌水量为2107$m^3$/d；揭穿三山子组地层后，涌水量超过2万$m^3$/d。随着雨季的到来，矿坑地下水位迅速回升，该井转为自流井，涌水量为60576$m^3$/d。由此可见三山子组白云岩裂隙岩溶含水层的富水性之强。

## 三、黑旺铁矿排水量分析

1. 黑旺铁矿历年矿坑涌水量

1961～2004年中，最大涌水量为5398.22万$m^3$（1995年），最小涌水量为166.03万$m^3$（1971年），44年平均涌水量为2479.92万$m^3$（表4-3）。从表中可以看出，矿坑涌水量与开采水平关系密切，采深越大，矿坑涌水量越大，两者正相关。1981～1989年平均涌水量较前期不增反减，主要受帷幕注浆工程和特枯年影响。

**表4-3 黑旺铁矿历年矿坑涌水量一览表**

| 年份 | 涌水量/万$m^3$ | 降水量/mm | 开采深度/m |
|---|---|---|---|
| 1961 | 727.37 | 756.10 | 20 |
| 1962 | 1526.34 | 814.00 | 21 |
| 1963 | 2712.52 | 769.50 | 21 |
| 1964 | 3342.74 | 1201.20 | 31 |
| 1965 | 2891.08 | 429.80 | 31 |
| 1966 | 2711.67 | 746.80 | 31 |
| 1967 | 2072.26 | 645.00 | 31 |
| 1968 | 582.43 | 491.90 | 46 |
| 1969 | 1831.08 | 731.70 | 46 |
| 1970 | 2005.81 | 665.60 | 46 |
| 1971 | 166.03 | 748.20 | 46 |
| 1972 | 1535.64 | 616.90 | 46 |
| 1973 | 2214.48 | 691.70 | 46 |
| 1974 | 3306.67 | 760.10 | 46 |
| 1975 | 3357.99 | 578.00 | 46 |

续表

| 年份 | 涌水量/万 $m^3$ | 降水量/mm | 开采深度/m |
|---|---|---|---|
| 1976 | 3076. 55 | 669. 30 | 56 |
| 1977 | 1732. 50 | 475. 70 | 56 |
| 1978 | 2310. 52 | 840. 70 | 56 |
| 1979 | 2181. 81 | 602. 30 | 56 |
| 1980 | 2978. 04 | 734. 40 | 66 |
| 1981 | 1613. 63 | 475. 30 | 66 |
| 1982 | 1130. 00 | 674. 40 | 66 |
| 1983 | 1512. 47 | 608. 20 | 66 |
| 1984 | 892. 55 | 660. 50 | 76 |
| 1985 | 1924. 22 | 673. 20 | 76 |
| 1986 | 2895. 88 | 431. 80 | 76 |
| 1987 | 2228. 63 | 649. 50 | 86 |
| 1988 | 1802. 85 | 543. 50 | 86 |
| 1989 | 551. 63 | 315. 40 | 86 |
| 1990 | 3255. 07 | 859. 80 | 86 |
| 1991 | 4072. 95 | 632. 50 | 86 |
| 1992 | 3240. 37 | 469. 20 | 86 |
| 1993 | 1603. 96 | 677. 10 | 106 |
| 1994 | 4057. 09 | 580. 30 | 106 |
| 1995 | 5398. 22 | 761. 20 | 106 |
| 1996 | 4079. 16 | 772. 40 | — |
| 1997 | 3078. 58 | 764. 60 | — |
| 1998 | 3915. 54 | 708. 80 | — |
| 1999 | 3249. 03 | 543. 50 | — |
| 2000 | 2735. 30 | 638. 00 | — |
| 2001 | 3187. 00 | 559. 80 | — |
| 2002 | 3443. 60 | 547. 30 | 170 |
| 2003 | 3236. 00 | 867. 50 | 170 |
| 2004（1～7 月） | 2659. 18 | — | 170 |
| 平均 | 2479. 92 | 660. 06 | |

注：表中采深以西岸地表为参照，2003 年对应开采水平+5m，对应淄河河床采深 135m。

2. 涌水量与降水量的关系

根据黑旺铁矿涌水量与降水量的关系图（图 4-5），可以看出，黑旺铁矿涌水量与降水量关系密切，涌水量受到降水量的控制，降水量大，涌水量大，反之亦然。如开采前期的 1961～1970 年，1964 年降水量最大，其涌水量也最大；1989 年是特大干旱年，降水量为 315. 4mm，对应的年涌水量仅为 551. 63 万 $m^3$。

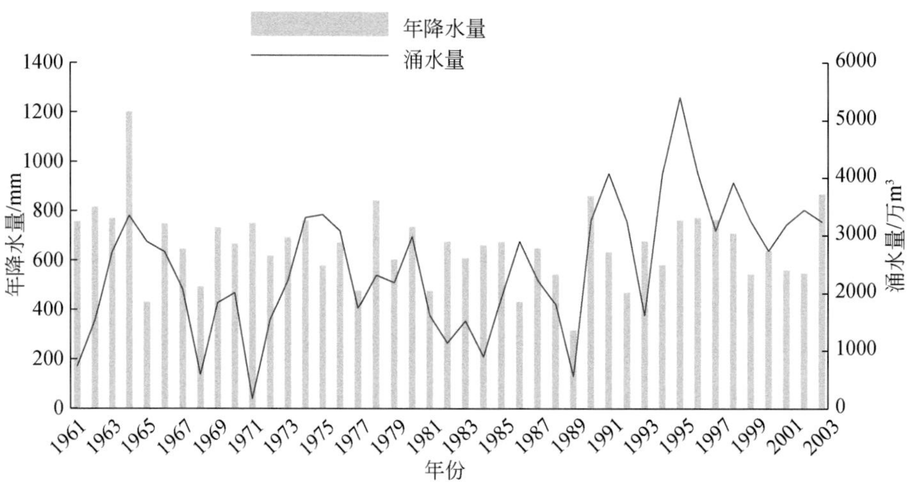


图 4-5　黑旺铁矿涌水量与降水量关系曲线图

3. *矿坑涌水量分析*

黑旺矿坑多年平均涌水量为 2479. 92 万 $m^3/a$，即 6. 79 万 $m^3/d$，该数据可以作为黑旺地区岩溶水开采量计算评价的旁证资料，矿坑涌水量客观反映了本区岩溶水在特定条件的出水能力。

但用矿坑多年涌水量作为评价本区岩溶水允许开采量的计算依据显然不妥。原因有以下三点：

（1）矿坑涌水量是黑旺铁矿维持生产强排水条件下的涌水量，是以维持矿山生产为目的。

（2）矿坑排水没有排出大武岩溶水次级子系统之外，矿坑排水主要排到采坑一侧淄河河滩内，部分矿坑排水沿排水隧道排至上游马岭杭一带淄河河滩。

这一带淄河第四系河床以卵砾石为主，厚度较薄，第四系以下为奥陶系灰岩，裂隙岩溶发育，河床渗漏能力较强，致使部分矿坑排水入渗回补矿坑，因此，矿坑涌水量数据内含部分重复水量。

（3）矿坑水多年平均涌水量是在多年平均降水量条件下的计算结果，在降水量特枯年份，其多年平均涌水量显然偏大，水量无法得到保障。

## 四、岩溶水水质特征

据水质分析资料，pH 为 8. 0，矿化度为 461. 47mg/L，总硬度为 283. 2mg/L，重金属、氰化物及挥发酚均未超标。

现状条件下，黑旺地区岩溶水水质良好。

## 五、综述

从黑旺地区水文地质条件、黑旺矿坑涌水量、岩溶水水质等方面分析，黑旺富水地段具有勘探开发集中供水水源地的前景，预测可提交允许开采量 2 万 $m^3/d$。

# 第三节　谢家店富水地段

谢家店富水地段地处博山区博山镇谢家店村，位于淄河岩溶水子系统的补给-径流区，是一个呈近东西向展布，富水性强，分布相对稳定的富水地段，该富水地段分布主要受盆泉-北博山断层控制。其范围为北部以盆泉-北博山断层为界，南至地层倾角转折处，西至北博山村，东至邀兔村东南，为近东西向展布的狭长地带，面积为 1. 14km² (图 4-6)。

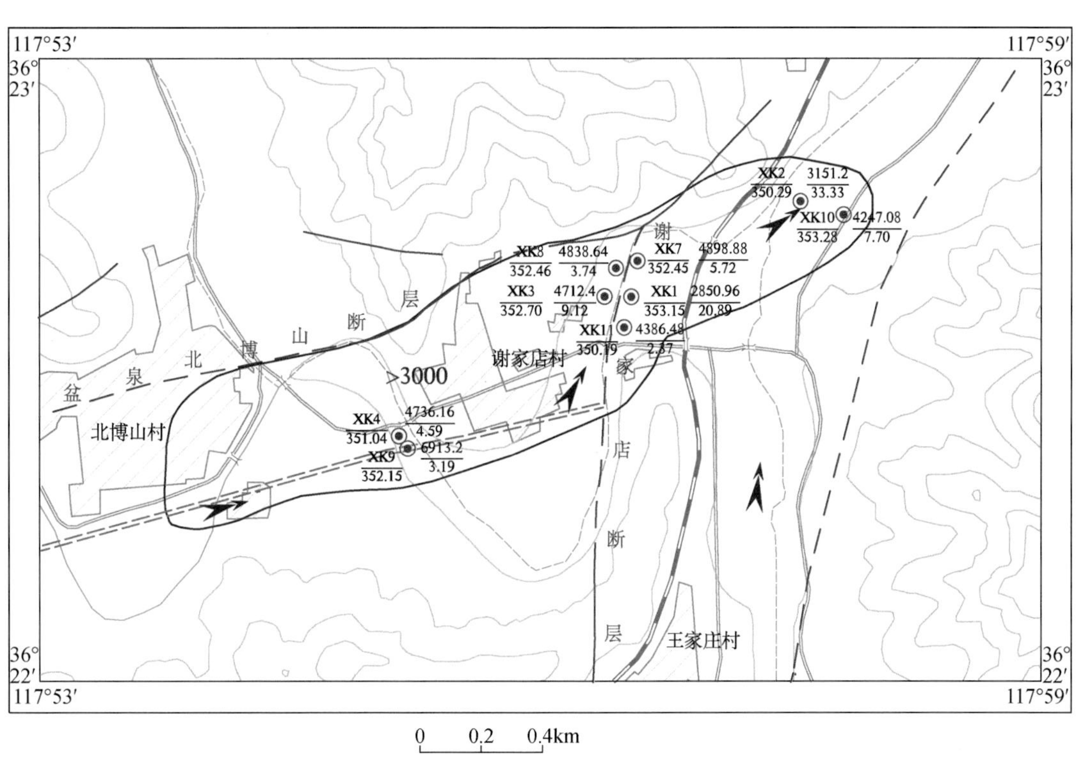


图 4-6　谢家店富水地段划分图

# 一、富水地段形成条件

谢家店富水地段是位于淄河流域最上游的岩溶水富水地段，其形成条件可概括为：广泛出露的可溶性碳酸盐岩是富水地段形成的基础条件；地形有利，有利于地表水的汇集，多条河流交汇于此，为岩溶水在谢家店地区富集创造了有利条件；断裂构造发育，地下岩层破碎，增大了地下岩溶发育空间；补给面积大，三水转化迅速，补给充沛。

1. 地层条件

谢家店地区西部及南部主要出露寒武—奥陶系，其主要岩性为灰岩、白云岩、泥质白云岩等，大面积分布的可溶性碳酸盐岩为地下岩溶发育提供了基础条件。

2. 地形地貌及水文条件

谢家店富水地段上游补给区地形主要为中低山区，整体地势表现为南高北低，西南高东北低，中部地区山峦起伏、沟谷纵横，形成以淄河河谷为中心的地堑式地形。在本区共发育三条淄河支流，西支发源于莱芜区禹王山山麓，受地形控制沿山间沟谷自西向东径流，南部两条支流发源于鲁山山脉，受地形控制自南向北径流，南部两条支流于谢家店村上游的王家庄村南部汇流，并于谢家店村东北部与西支流交汇（图 4-7）。

谢家店富水地段地处淄河南部支流与西部支流的交汇部位，为上游岩溶水与地表水径流排泄的出口部位，为岩溶水在谢家店地区富集创造了有利条件。谢家店泉群出露于此处。据资料，1981 年前谢家店泉群常年涌水，涌水量可达 250 ~ 43200$m^3$/d，1981 年以后该泉转变为季节性泉，仅在雨季涌水。

谢家店泉群主要汇集南博山与北博山两个方向的地下水径流及两条地表水径流的渗漏补给，西部及南部地下水在沿淄河河谷向北东方向运动过程中，遇邀兔地区非富水区相对阻挡，地下水径流受阻，于谢家店地区富集、承压，水位抬升，沿断层破碎带上涌成泉，沿断层交汇处形成富水地段（图 4-8）。

3. 断裂构造条件

断裂构造对谢家店富水地段的形成具有控制性的意义，主要起到导水、储水作用。谢家店地区主要发育构造为盆泉–北博山断层、谢家店断层。

1）盆泉–北博山断层

本次研究发现，盆泉–北博山断层南侧在挤压过程中，形成不对称向斜，北翼较陡，南翼平缓，在南翼边缘为地层倾角转折带，形成了东西向张裂隙发育带。向斜形成的张裂隙为地下岩溶的发育提供了条件。

在构造作用下，断层带内及南盘影响带岩层构造裂隙极为发育，两侧灰岩山区地表水、地下水径流汇集到断裂带内，加剧了断层带内地下水的水动力条件，加强了灰岩裂隙岩溶发育程度，使得盆泉–北博山断层自身成为汇集地下水、储存地下水的场所，同时也是地下水向东径流的良好通道。

综上所述，谢家店富水地段的展布完全受盆泉–北博山断层及伴生向斜控制。沿盆泉支流方向发育的盆泉–北博山断层及伴生向斜构造，使得盆泉–北博山断层影响带大大扩

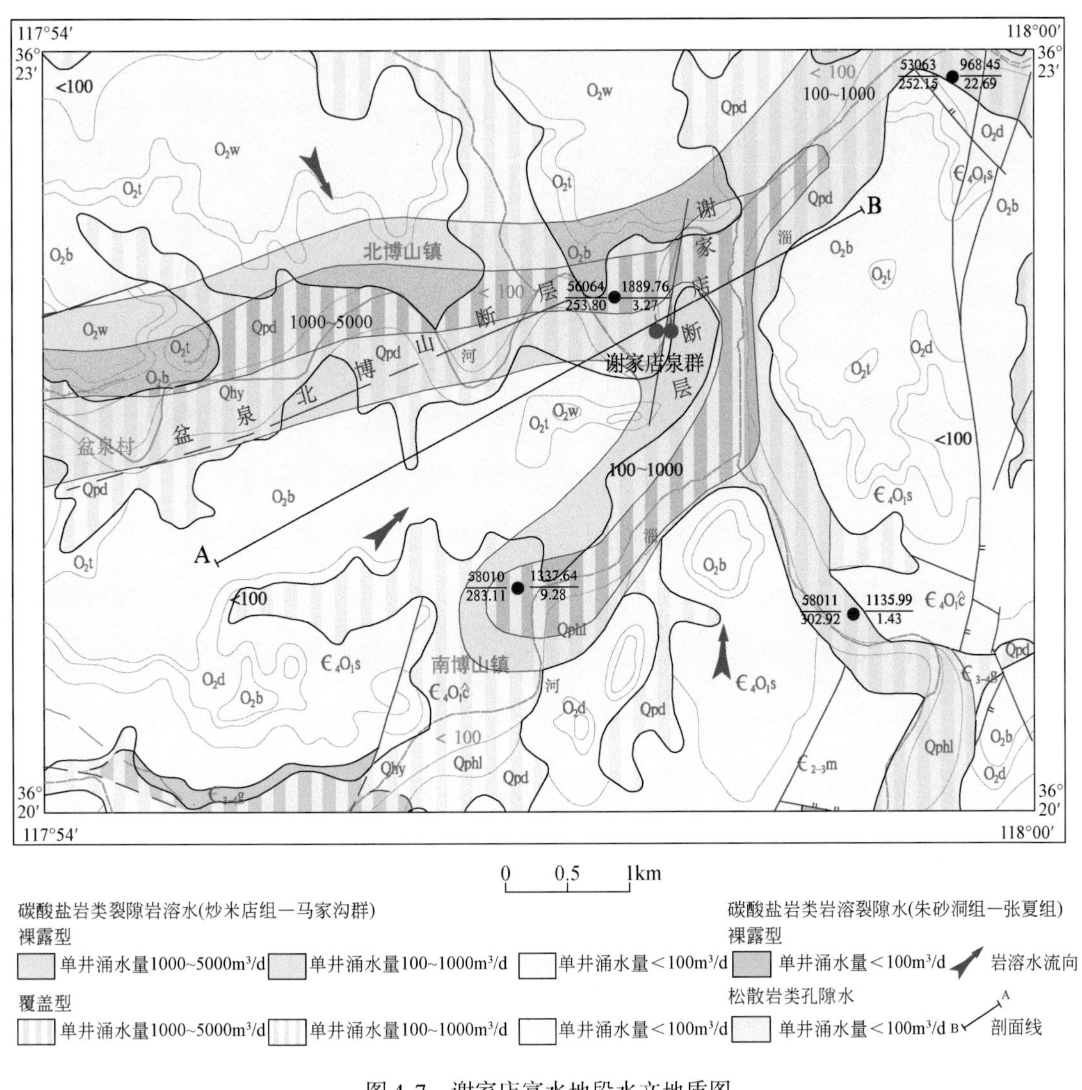


图 4-7　谢家店富水地段水文地质图

大，成为区域上的主要导水通道，同时也大大增加了谢家店地区的储水空间。

2）谢家店断层

谢家店断层为发育于谢家店东淄河支流中近南北向的一条高角度正断层，南起王家庄，北至谢家店村东北，断层带岩层破碎，为谢家店泉群出露的主要岩溶水通道，同时也增加了谢家店富水地段的储水空间。

4. 补给条件

谢家店地区补给条件良好，南部灰岩补给区面积较大，此外，在谢家店地区西部及南部的莱芜和庄、常庄以及南博山地区分布有大面积的变质岩山区，扩大了补给区的范围。岩溶水补给源较充沛。

富水地段内地表水、孔隙水以及岩溶水联系密切，三水转化迅速，补给迅速直接。

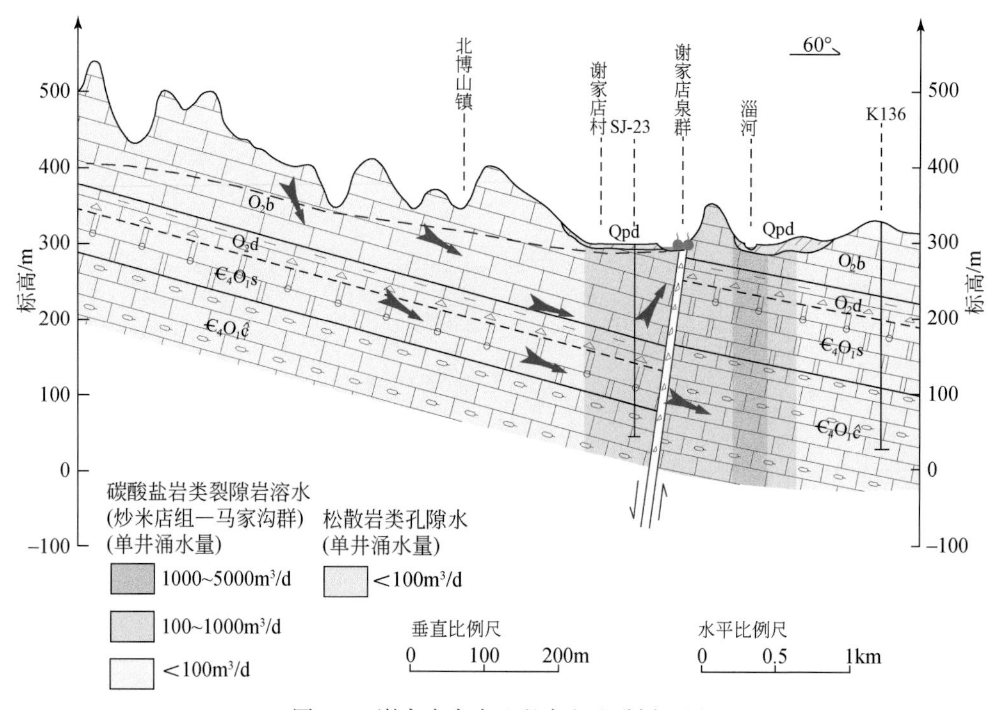


图 4-8　谢家店富水地段水文地质剖面图

## 二、岩溶含水层特征

谢家店富水地段勘探井揭露地层为北庵庄组、土峪组、三山子组及炒米店组。揭露含水层岩心破碎，裂隙岩溶发育，岩溶形态有溶蚀裂隙、蜂窝状溶孔。

谢家店富水地段西部，岩溶含水层发育深度为 14.67 ~ 314.61m，主要含水层为北庵庄组及炒米店组灰岩、泥质条带灰岩，裂隙岩溶极为发育。如 XK9 号孔，岩溶含水层为 13 层，顶底板埋深为 21.05 ~ 314.61m，厚度为 38.75m。其中，北庵庄组含水层为 5 层，厚度为 13.26m，发育大量垂向溶蚀裂隙及溶孔；三山子组含水层为 3 层，厚度为 9.88m，一般发育溶蚀裂隙；炒米店组含水层为 5 层，厚度为 15.61m，主要发育水平方向溶蚀裂隙。

谢家店富水地段中部，主要含水层为奥陶系北庵庄组及炒米店组灰岩、泥质条带灰岩，含水层发育深度为 16.95 ~ 341.15m。如 XK7 号孔，含水层顶底板埋深为 15.44 ~ 316.86m，含水层厚度为 51.55m。其中，北庵庄组含水层为 4 层，厚度为 12.17m，主要发育垂向溶蚀裂隙；三山子组含水层为 2 层，厚度为 25.15m，一般发育溶蚀裂隙；炒米店组含水层为 4 层，厚度为 14.23m，溶蚀裂隙及溶孔均较发育。

谢家店富水地段东部，主要含水层为奥陶系北庵庄组及三山子组灰岩、白云岩，含水层发育深度为 32.3 ~ 341.0m。如 XK10 号孔，含水层顶底板埋深为 32.3 ~ 341.0m，含水层厚度为 60.88m。其中，北庵庄组含水层为 8 层，厚度为 25.46m，主要发育垂向及水平溶蚀裂隙；三山子组含水层为 4 层，厚度为 19.63m，主要发育溶孔及蜂窝状溶孔；炒米店组含水层为 2 层，厚度为 15.79m，主要发育溶蚀裂隙（图 4-9）。

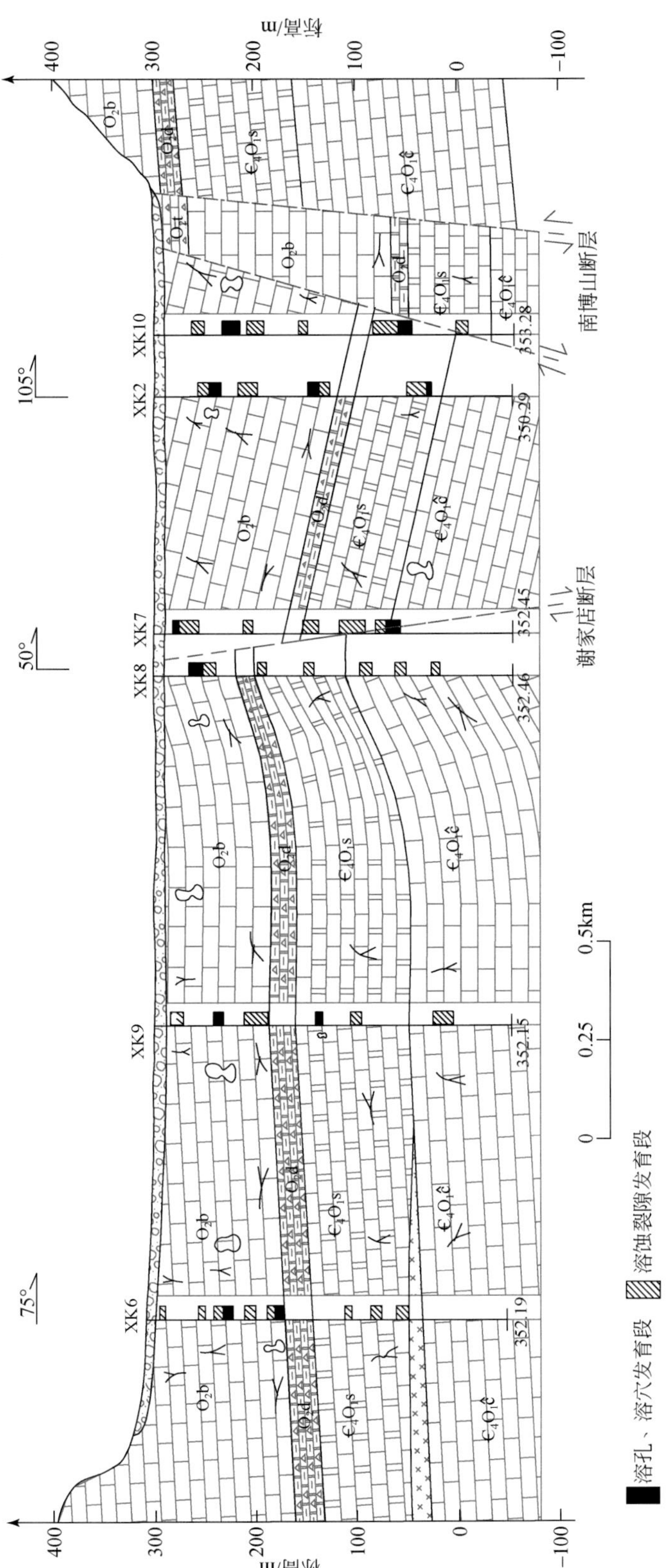


图4-9　谢家店富水地段岩溶发育剖面图

## 三、岩溶水运动特征

区内地下水，一靠大气降水渗入补给，二靠地表水渗漏补给。地下水的运动条件比较复杂，“三水”转化关系显著。

大气降水是岩溶水的主要补给来源，它最直接、最迅速、最集中地抬高岩溶水的水位，增加岩溶水的储存量。淄河渗漏补给也是该富水地段的重要补给来源。淄河素有“十八漏”之称，在汛期及石马水库放水时产生的表流，渗漏补给岩溶含水层。

盆泉方向灰岩山区接受大气降水后，岩溶水向东径流，南博山方向灰岩山区接受大气降水后，岩溶水向北东向径流，两者交汇于谢家店村东，岩溶水在向下游径流途中遇邀兔地区非富水区相对阻挡，地下水径流受阻，于谢家店地区富集、承压，水位抬升，沿谢家店断层破碎带上涌成泉，成为淄河表流，其表流于邀兔崖北又复入渗地下，转化为地下径流，并继续向北向东径流至天津湾富水地段及源泉富水地段。

在谢家店富水地段集中开采利用前，岩溶水排泄方式主要为谢家店泉群涌水及向北部天津湾、源泉富水地段径流排泄及少量人工开采。

## 四、岩溶水水化学特征

谢家店富水地段岩溶水水化学类型主要为 $HCO_3$-Ca 型及 $HCO_3$ · $SO_4$-Ca · Mg 型（表 4-4）。溶解性总固体为 430.0 ~ 555.0mg/L，总硬度为 363.04 ~ 444.86mg/L，pH 为 7.4 ~ 8.2。根据水质资料，所检项目符合生活饮用水标准。

**表 4-4　富水地段岩溶水水化学统计表**　　　　（单位：mg/L）

| 井号 | $Cl^-$ | $SO_4^{2-}$ | $NO_3^-$ | 总硬度 | TDS | COD | 水化学类型 | 备注 |
|---|---|---|---|---|---|---|---|---|
| XK6 | 31.79 | 104.52 | 94.05 | 435.85 | 555.00 | 0.51 | $HCO_3$-Ca 型 | 富水地段西部 |
| XK4 | 21.53 ~ 23.33 | 88.86 ~ 100.86 | 40.87 ~ 41.79 | 385.31 ~ 397.38 | 456.00 ~ 470.00 | 0.31 ~ 0.53 | $HCO_3$ · $SO_4$-Ca · Mg 型 | |
| XK9 | 21.71 | 110.73 | 43.59 | 392.31 | 499.62 | 0.32 | $HCO_3$ · $SO_4$-Ca 型 | |
| XK1 | 25.32 ~ 27.14 | 106.13 ~ 122.11 | 32.49 ~ 44.18 | 365.52 ~ 394.30 | 452.00 ~ 483.00 | 0.32 ~ 0.43 | $HCO_3$ · $SO_4$-Ca 型 | 富水地段中部 |
| XK3 | 17.49 ~ 25.32 | 84.05 ~ 103.26 | 32.61 ~ 37.80 | 395.82 ~ 414.55 | 465.00 ~ 491.44 | 0.31 ~ 0.53 | $HCO_3$-Ca 型 | |
| XK7 | 18.09 ~ 21.53 | 76.13 ~ 100.86 | 32.57 ~ 34.33 | 376.46 ~ 412.10 | 455.00 ~ 475.00 | 0.31 ~ 0.46 | $HCO_3$-Ca 型 | |
| XK8 | 19.50 | 101.82 | 35.40 | 381.30 | 445.00 | 0.67 | $HCO_3$ · $SO_4$-Ca · Mg 型 | |
| XK11 | 24.57 | 92.37 | 37.88 | 382.81 | 465.00 | 0.50 | $HCO_3$-Ca 型 | |

续表

| 井号 | $Cl^-$ | $SO_4^{2-}$ | $NO_3^-$ | 总硬度 | TDS | COD | 水化学类型 | 备注 |
|---|---|---|---|---|---|---|---|---|
| XK2 | 21.53～23.75 | 86.45～119.06 | 30.27～36.33 | 363.04～404.74 | 430.00～469.00 | 0.31～1.07 | $HCO_3 \cdot SO_4$-Ca·Mg 型 | 富水地段东部 |
| XK10 | 26.01 | 106.96 | 54.80 | 444.86 | 525.00 | 0.43 | $HCO_3$-Ca 型 | |

## 五、岩溶水动态特征

谢家店地区岩溶水水位主要受大气降水影响。随着降水量的增加，岩溶水水位升幅增大，遇连续枯水年岩溶水水位持续下降，尤其在特枯年份，岩溶水水位下降幅度较快；遇到丰水年，尤其是特丰年，岩溶水水位快速回升并基本得到恢复；在平水年，水位呈现出波动态势。岩溶水水位的升降相对于降水的时间具有一定的滞后性，这与岩溶水补给的客观规律相一致。

1989 年为特枯年，岩溶水水位在低水位运行，达到历史最低水位，水位埋深最大 59.66m。1990 年之后水位迅速回升，1992 年枯水年水位又持续下降，水位埋深最大 40.06m，之后遇连续丰水年，岩溶水水位持续上升，之后分别于 1999～2003 年水位受枯水年影响大幅下降，2003～2013 年，其岩溶水水位在高水位运行，2014～2015 年受连续枯水年影响，岩溶水水位持续下降。2016 年丰水期来临后，岩溶水水位又开始迅速回升（图 4-10）。

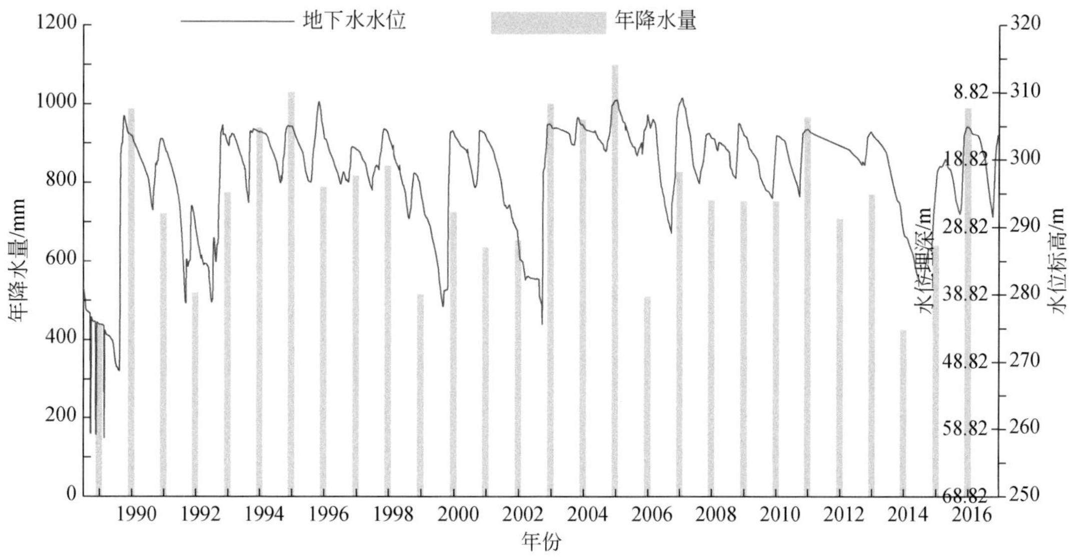


图 4-10　博山镇北博山村岩溶水动态曲线

## 六、富水地段与源泉、天津湾水源地的关系

谢家店富水地段下游分布有天津湾及源泉两个岩溶水水源地，与谢家店富水地段距离分别为5.7km、7.7km。天津湾水源地位于源泉镇天津湾村一带。源泉水源地位于源泉镇东南、淄河东侧（图4-11）。

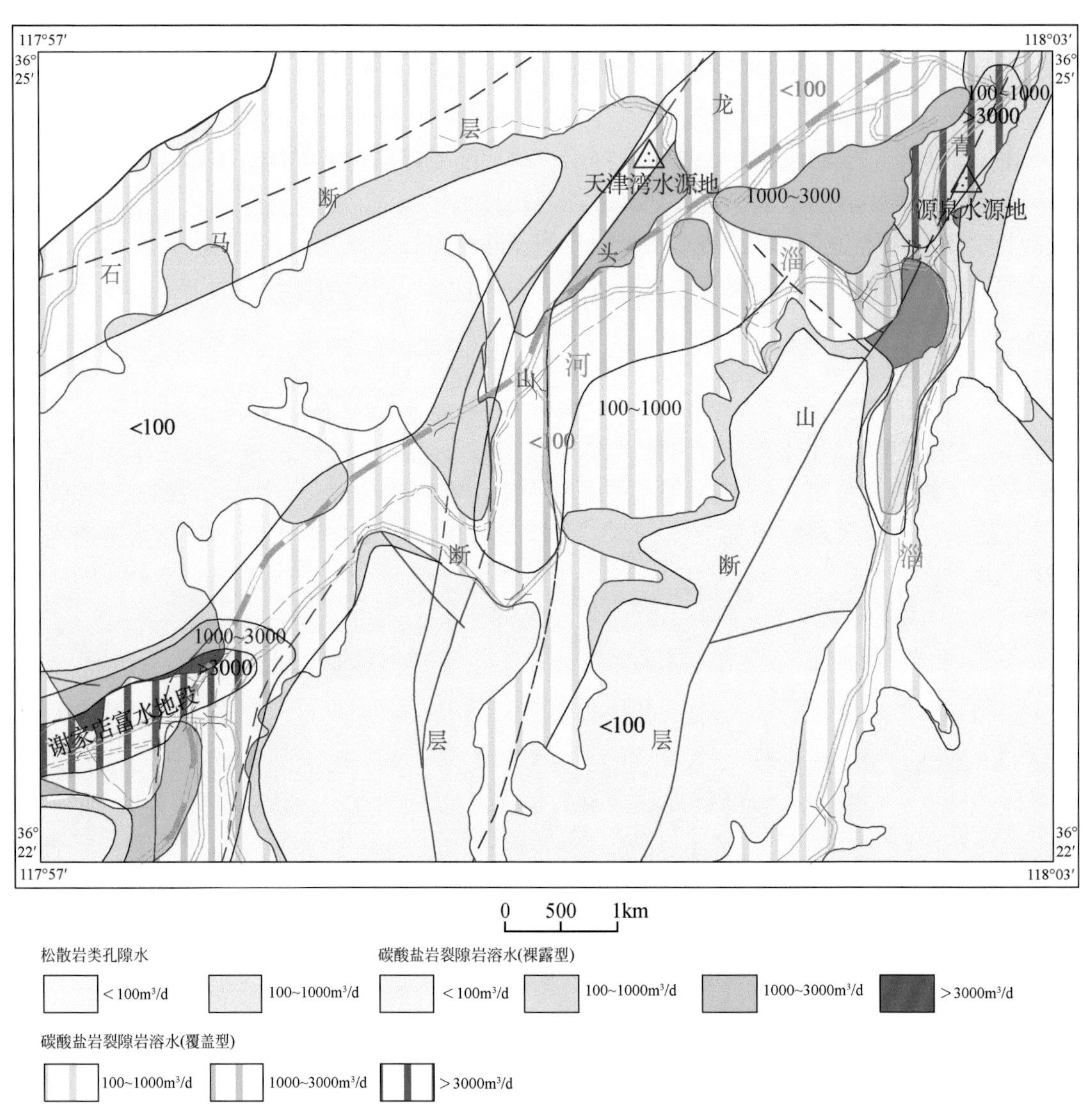


图4-11　天津湾、源泉水源地分布位置图

谢家店富水地段与天津湾、源泉水源地，均位于淄河岩溶水子系统上游，均为受断裂构造控制的富水地段。其中天津湾水源地为受龙头山断裂控制的富水地段，源泉水源地为受青龙山断层控制的富水地段，而谢家店富水地段为受盆泉–北博山断层控制的富水地段，

这三个富水地段为受不同断裂构造控制的富水地段。

谢家店富水地段与天津湾、源泉水源地中间存在一个相对非富水地段，即邀兔地段，根据邀兔地段勘探井抽水试验资料，使用额定涌水量 $32m^3/h$ 水泵抽水，勘探井水位在 5min 左右下降至泵头（140m 深），富水性极差。

枯水期、丰水期及开采性抽水试验期间水位统测资料显示，谢家店富水地段与天津湾、源泉水源地水位标高差别明显，是断裂构造切割形成水文地质断块不同部位阶梯水位的反映（图 4-12）。

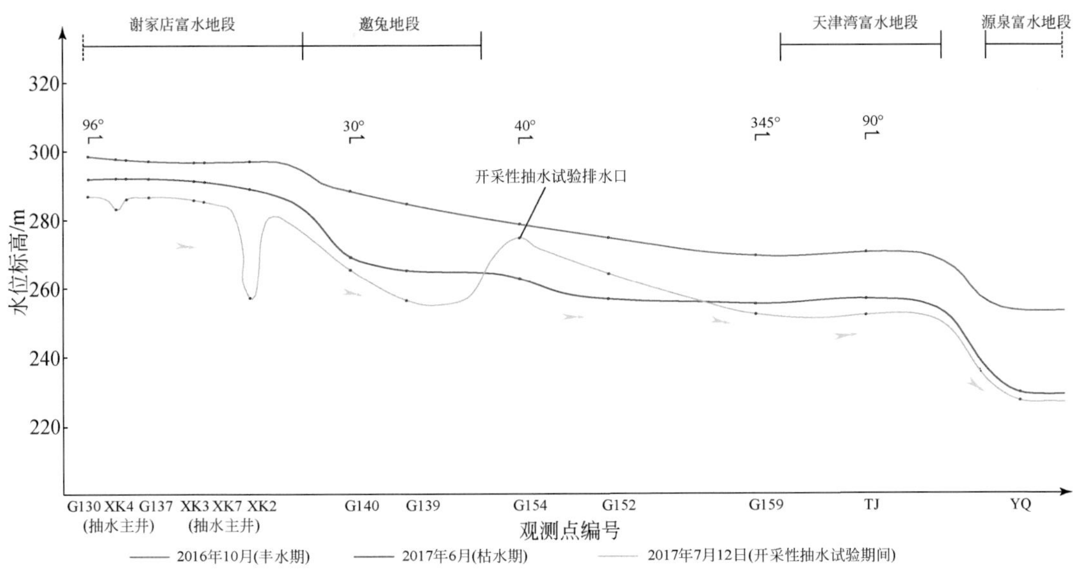


图 4-12　谢家店-天津湾-源泉水位标高剖面图

谢家店泉群出露也证明了邀兔非富水地段的存在，岩溶水在向下游径流途中，受邀兔非富水地段的相对阻挡作用，岩溶水流动受阻，沿谢家店断层破碎带（淄河河床）与盆泉-北博山断层交汇位置溢出成泉，泉水沿淄河河床上涌，形成泉群。

谢家店富水地段位于天津湾、源泉水源地的上游，地表水渗漏为谢家店富水地段与天津湾、源泉水源地的共同补给来源之一，谢家店富水地段增加岩溶水开采量势必会减少向下游地表水径流量。

综上所述，谢家店水源地与下游的源泉水源地及天津湾水源地，地理位置相距较远，为受不同断裂构造控制的富水地段。在地下水关系上相对独立，从地表水关系上是上下游关系，谢家店富水地段与源泉水源地、天津湾水源地基本无地下水力联系。

## 七、综述

谢家店富水地段分布范围较小，储水空间相对较小，在枯水期，谢家店富水地段地下水资源量主要来自外围广大补给区的侧向径流补给量。在枯水期，岩溶水位持续下降，遇丰水期即迅速回升，因此，谢家店地区具备良好的补给条件和一定的调蓄能力，在枯水期适当地疏干储存量后，在丰水期可以得到充分的补偿。

从谢家店地区水文地质条件、水位动态特征、岩溶水水质等方面分析，谢家店富水地段具有勘探开发集中供水水源地的前景，预测可提交允许开采量 1.5 万 $m^3/d$。

# 第五章　岩溶水水量评价

本次岩溶水水量评价使用数值法和水均衡法进行计算，在计算资源量的基础上，对各岩溶水系统的开采潜力进行评价。

由于弥河岩溶水子系统缺乏长期动态监测资料，且该子系统相对于孝妇河岩溶水子系统和淄河岩溶水子系统更加独立，本次研究中，对孝妇河岩溶水子系统和淄河岩溶水子系统进行岩溶水资源量计算，对弥河岩溶水子系统进行天然补给量计算。

## 第一节　水文地质概念模型

水文地质概念模型是岩溶水水量评价的基础，是在对区域水文地质条件充分认识的基础上，对区域水文地质边界条件、地下水补径排关系、地下水动态、含水岩组水力性质等进行概化，得到的抽象物理模型，用于岩溶水资源量的计算及其科学开发利用。

### 一、含水层结构概化

研究区内含水层可划分为松散岩类孔隙水含水层、碎屑岩类裂隙水含水层、碳酸盐岩类裂隙岩溶水含水层和块状岩类风化裂隙水含水层。

在进行数值法计算时，综合研究区内含水层结构特征、岩溶发育特征等因素，将研究区内含水层在垂向上由上到下分为第四系松散岩类孔隙水含水层、石炭—二叠系弱透水层、寒武—奥陶系裂隙岩溶水含水层。块状岩类风化裂隙水含水层仅在研究区内南部和东北部局部出现，因此不在垂向上为其单独设层。

### 二、边界条件概化

孝妇河、淄河岩溶水子系统的边界及水力性质表述如下。

南部边界：南部边界为鲁山一线的地表分水岭，可视为隔水边界。

西南部边界：西南部与禹王山断裂接触，禹王山断裂为一右行走滑断层；东盘为下降盘，出露奥陶系灰岩，为区内主要的含水岩组；西盘出露侵入岩，为块状岩类风化裂隙含水岩组，是区域内的富水性极差的含水岩组。因此，禹王山断裂为一条阻水断裂，可以将西南部边界视为隔水边界。

东南部边界：东南部边界地表分水岭，可视为隔水边界。

东北部边界：东北部以益都断裂为界。陈家店以北，上盘地层为白垩系、侏罗系，下盘为二叠系、石炭系，断距在1000m以上；陈家店以南，上盘为中生代地层，下盘为寒武系，相对断距大于1500m。由于东盘地层岩性阻水，西南地区灰岩地下水径流至此而富集。因此，东北部边界可视为隔水边界。

西部边界：西部以奥陶系灰岩顶板埋深 400m 等值线为界。在以往的研究中，根据钻孔勘探资料，认为奥陶系灰岩顶板埋深 400m 以下，岩溶不发育，岩溶水流动缓慢，为滞流性边界。

北部边界：孝妇河岩溶地下水系统的北部，少量岩溶水绕过金岭穹窿向北径流，因此将孝妇河岩溶水子系统北部边界视为流量边界。淄河岩溶水子系统北部为奥陶系灰岩顶板埋深 400m 等值线及安乐店断层，为滞流性边界和隔水边界。

使用上述边界条件用水均衡法进行水资源量计算。

在用数值法进行地下水资源量计算时，为提高计算精度，模型模拟范围应尽量避免人为边界，而尽量选择隔水边界。因此，将西部边界向西延伸至禹王山断裂带，北部边界向北延伸至齐广断裂（图 5-1、表 5-1）。

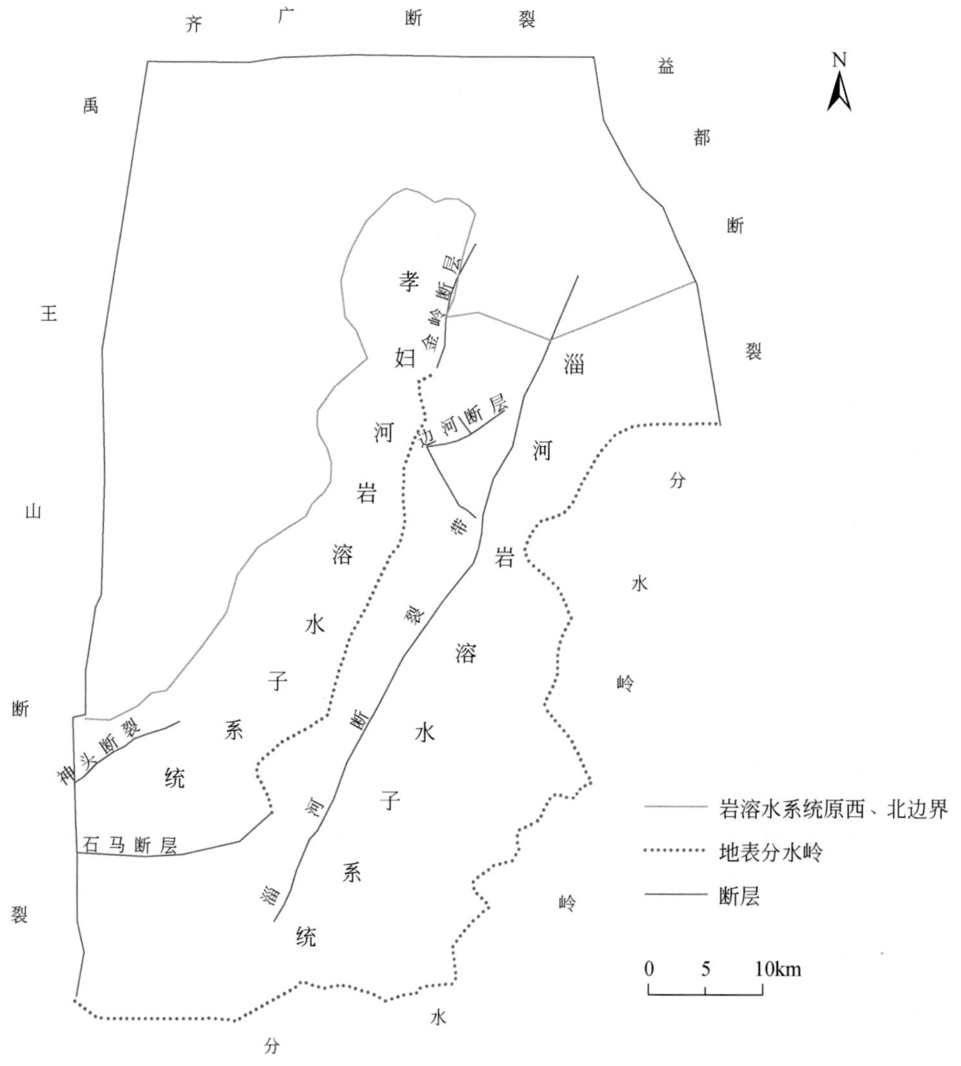


图 5-1　水资源量计算范围示意图

表 5-1　数值模型边界概化表

| 边界名称 | 边界条件 | 边界概化 |
| --- | --- | --- |
| 东、东北部边界 | 淄河、弥河岩溶水子系统的地表分水岭以及益都断裂 | 隔水边界 |
| 西部边界 | 禹王山断裂 | 隔水边界 |
| 南部边界 | 地表分水岭鲁山山脉 | 隔水边界 |
| 北部边界 | 齐广断裂 | 隔水边界 |
| 上边界 | 大气降水入渗补给 | 补给边界 |
| 下边界 | 灰岩厚 500m 底板 | 隔水边界 |

齐广断裂是本区内的深大断裂，为阻水断裂，即北边界为隔水边界。

禹王山断裂带两盘岩性有奥陶系灰岩接触，但断裂东盘灰岩顶板埋深已达 2300m，在此深度上，可视为岩溶微发育，岩溶水滞流。因此，向西延伸至禹王山断裂的部分可视为阻水断裂，即西边界为隔水边界。

## 三、裂隙介质概化

1. 含水介质概化

使用数值法计算地下水资源量时，需对岩溶裂隙介质进行概化。岩溶裂隙介质的概化，国内外研究尚处于探索阶段，没有形成成熟的理论和方法。目前，应用较广的概化模型有等效多孔介质模型、双重介质模型以及三重介质模型。3 种模型各有优缺点和适用条件。在使用时，应结合不同的水文地质条件，选择相应的模型。

沣水泉域岩溶水系统地下岩溶发育虽然在空间上存在不均一性的特点，但是根据钻孔资料和前人研究成果，区内不存在地下暗河和大尺度的岩溶导水裂隙，含水介质以裂隙为主，属于典型的北方岩溶水系统。结合前人的研究成果，本次数值法计算地下水资源量选用等效多孔介质模型进行概化。

2. 断层概化

区内断层发育众多，对区域地下水流动影响较大的有淄河断裂带、金岭断层、神头断层、边河断层和炒米庄地堑，尤其淄河断裂带对整个岩溶水系统影响最大。淄河断裂带为一个导水能力极强的导水通道和集水廊道。金岭断层为一弱透水断层，对地下水的流动起着一定的阻水作用，为孝妇河岩溶水子系统和淄河岩溶水子系统的北部边界。神头-西河断裂，由于断层带岩性破碎，地下水沿破碎带上升，形成神头泉群。边河断裂和炒米庄地堑控制刘征地区独特的地下水径流场。

使用数值法求解时，采用 FEFLOW 中 Discrete Festures 项对其进行刻画，沿断层方向，赋予其远大于两侧灰岩山区的渗透系数和孔隙度，以横向上给相对较小值的方法来刻画。金岭断层则赋予比两侧灰岩小的渗透系数和孔隙度。

此外，孝妇河与淄河岩溶水子系统地表分水岭，属于零流量边界，实际渗透系数应该较小，所以也按照弱透水断层的方式进行处理。

## 四、地下水流动特征概化

根据研究区岩溶水系统岩溶含水介质的非均质性与各向异性以及地下水补径排动态变化特征，研究区岩溶水流动系统可概化为非均质各向异性的三维非稳定流模型。

# 第二节 近天然条件和现状条件下的水均衡

## 一、近天然条件下的水均衡

沣水泉域岩溶水系统在天然条件下，以泉排泄为主要排泄方式。由于孝妇河岩溶水子系统和淄河岩溶水子系统在北部有弱透水的金岭断层阻隔，两子系统通过金岭断层有一定的水力联系，因此在进行水均衡计算时，将两个子系统一起计算。

孝妇河岩溶水子系统山前出露不透水的煤系地层，山区岩溶水径流至此，受煤系地层阻隔，地下水上升出露成泉，使泉水沿山前地带呈串珠状分布（图 5-2）。历史上，孝妇河岩溶水子系统中自上游至下游，出露的泉概述如下：

（1）神头泉群：位于博山区北神头村西南，包括雪浪泉、大洪泉、文姜泉等，均属上升泉。泉群总流量为 4. 594 万 ~21. 8 万 $m^3/d$，仅丰水期涌水。

（2）秋谷泉群：位于博山区东南秋谷村，泉群沿孝妇河支流秋谷河分布，自南而北有七股泉、星泉、姑子庵泉、范泉。泉群总流量为 0. 522 万 ~2. 41 万 $m^3/d$，仅丰水期涌水。

（3）朱龙泉群：成因同秋谷泉，泉流量为 0. 17 万 ~1. 74 万 $m^3/d$，现已消失。

（4）道里河泉：位于博山夏庄煤矿一立井井口南，道里河河沟中，泉水沿煤系与八陡组灰岩接触面裂隙中流出。流量为 0 ~0. 72 万 $m^3/d$，现已消失。

（5）良庄泉群：位于博山区良庄村南 500m 处的九曲河中，泉群沿八陡组灰岩三组裂隙溢出。流量为 0. 12 万 ~0. 72 万 $m^3/d$。目前，由于该地区内矿坑排水及工业开采地下水，泉已消失。

（6）北万山泉：位于博山区白塔镇北万山村东山沟中，成泉条件与良庄泉群、道里河泉一致，流量为 0 ~0. 279 万 $m^3/d$，现已消失。

（7）渭头河泉群：位于淄川区口头镇渭头河村中，沿蟠阳河两岸流出地表。泉流量为 0. 2448 ~2. 448$m^3/d$，现已消失。

（8）台头泉：位于淄川区龙泉镇台头村东沟 $O_{2-3}b$ 地层与煤系地层的接触带上。流量为 0 ~1. 624 万 $m^3/d$，现已消失。

（9）龙口泉群：位于淄川区龙泉镇龙口庄一带，沿蟠阳河东侧有 8 处泉眼，总流量为 0. 252 万 ~4. 86 万 $m^3/d$，现已消失。

（10）沣水泉：位于张店区沣水村东南，历史上流量为 1. 42 万 ~4. 585 万 $m^3/d$（1953 年 9 月）。原为山东铝厂水源地，由于大量开采地下水，现泉已消失。

（11）柳行泉群：位于临淄区金岭镇西南柳行村南，泉口标高 65m。流量为 0. 35 万 ~

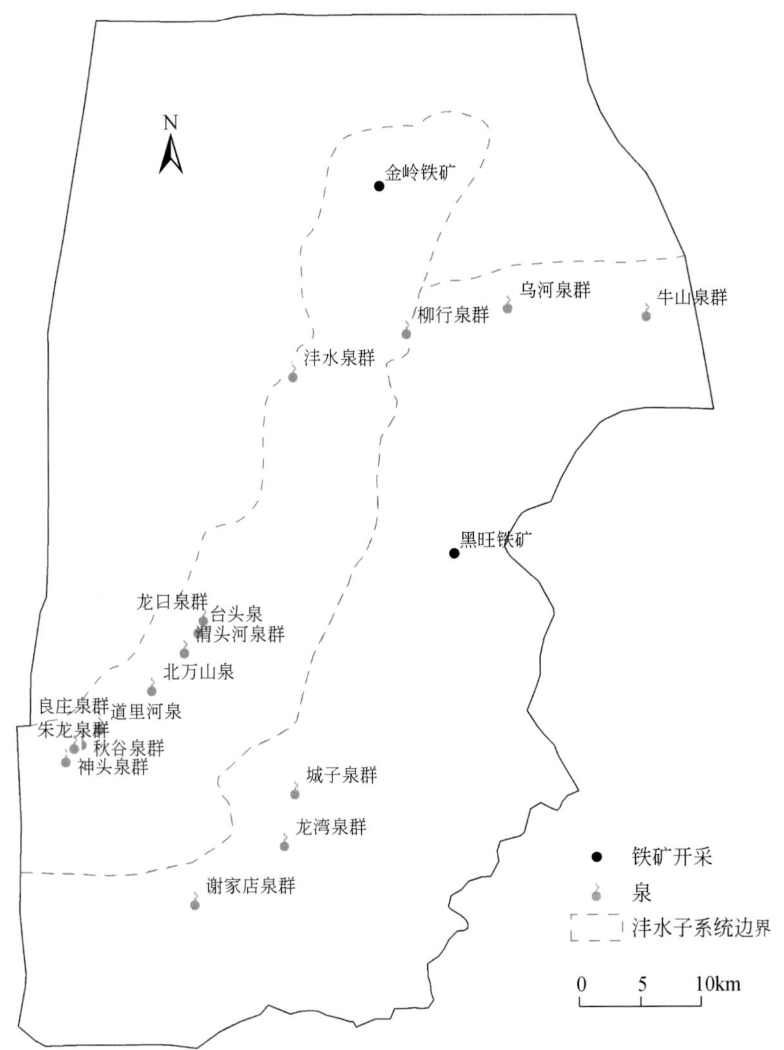


图 5-2　孝妇河、淄河岩溶水子系统天然条件排泄一览图

2.16 万 $m^3/d$，现泉已枯竭。

除泉排泄外，位于孝妇河岩溶水子系统北部的金岭铁矿矿区也采排岩溶水，根据 20 世纪 60 年代资料，矿山排水量为 4.43 万 $m^3/d$。

淄河岩溶水子系统内有本区的主要导水构造——淄河断裂带。淄河断裂带纵贯南北，是区内岩溶水的集水廊道和导水通道。本系统内泉也沿淄河断裂带出露。由上游至下游依次为：

（1）谢家店泉群：位于博山区博山镇谢家店村东淄河河谷内，流量为 0.0254 万 ~ 4.32 万 $m^3/d$，变幅较大，动态特征受气象因素影响明显。

（2）龙湾泉群：位于博山区源泉镇泉河头村东南，淄河东西支流的交汇处。于青龙山断裂两侧分别出露两股泉水。上龙湾泉位于青龙山断裂下盘，出露于奥陶系灰岩地层中，泉流量为1.1万 $m^3/d$（1983年6月21日测）；下龙湾泉位于青龙山断裂上盘，出露于奥陶系灰岩地层中。上、下龙湾泉无水力联系。

（3）城子泉群：位于淄川区太河镇城子村西南，流量为0.95万 $m^3/d$（1984年4月27日测），现已干涸。

（4）乌河泉群：沿乌河源头出露，流量一般为6.91万 $m^3/d$，现已消失。

（5）牛山泉群：位于临淄区淄河大铁桥东南牛山山前，流量为0.43万～6.91万 $m^3/d$，现已枯竭。

根据1983～1984年资料，以上诸泉除龙湾、城子泉群常年有水外，绝大部分已枯竭，部分只在丰水期时复涌，它们在一定程度上反映了沣水泉域岩溶山区寒武—奥陶系裂隙岩溶水的自然排泄量。总涌水量枯水期可达9.15万 $m^3/d$，丰水期可达159.33万 $m^3/d$（表5-2）。

**表5-2　泉水历史流量表**（20世纪60年代资料）

| 泉名 | 位置 | 泉口标高/m | 泉流量/（万 $m^3/d$） | | | 备注 |
|---|---|---|---|---|---|---|
| | | | 最小 | 最大 | 一般 | |
| 雪浪泉 | 博山区神头村西 | 195.578 | 0 | 9.6 | 0.072 | 神头泉群 |
| 大洪泉 | 博山区神头村中 | 190.483 | 0.72 | 2.32 | 0.864 | |
| 文姜泉 | 博山区神头村东 | 192.44 | 3.83 | 9.6 | 4.32 | |
| 柳林泉 | 博山区李家窑村南 | 182.586 | 0.04 | 0.28 | 0.06 | |
| 朱龙泉 | 博山区第一医院东北角 | 196.633 | 0.17 | 1.74 | 0.24 | 朱龙泉群 |
| 范泉 | 博山区原图书馆内 | 192.586 | 0.07 | 0.45 | 0.08 | 秋谷泉群 |
| 姑子庵泉 | 博山区秋谷姑子庵 | 191.717 | 0.45 | 0.79 | 0.45 | |
| 星泉 | 博山区秋谷沟东岸 | 196.486 | 0 | 0.51 | 0 | |
| 七股泉 | 博山区秋谷沟西岸 | 201.349 | 0 | 0.66 | 0.1 | |
| 良庄泉 | 博山区良庄南沟 | 199.533 | 0.12 | 0.72 | 0.36 | 良庄泉群 |
| 道里河泉 | 博山区道里河头 | 199.93 | 0 | 0.072 | 0 | |
| 北万山泉 | 博山区万山庄南 | 185.51 | 0 | 0.28 | 0.11 | |
| 渭头河泉 | 淄川区渭头河庄西 | 185 | 0.25 | 2.45 | 0.43 | 渭头河泉群 |
| 台头泉 | 淄川区台头村南 | 167.47 | 0 | 1.62 | 0.43 | |
| 龙口泉群 | 淄川区龙口庄西 | 148.90 | 0.25 | 4.86 | 0.907 | 龙口泉群 |
| 沣水泉 | 张店区沣水镇南 | 74 | 0.40 | 4.58 | 0.72 | 沣水泉 |
| 柳行泉 | 临淄区金岭镇西南 | 65 | 0.35 | 2.16 | 0.43 | |
| 牛山泉 | 临淄区淄河铁桥东南 | 70 | 0.43 | 6.91 | 1.44 | |

续表

| 泉名 | 位置 | 泉口标高/m | 泉流量/（万 $m^3$/d） | | | 备注 |
|---|---|---|---|---|---|---|
| | | | 最小 | 最大 | 一般 | |
| 乌河泉群 | 临淄区矮槐树庄东 | 60 | 2.07 | 109.73 | 6.91 | |
| 其他 | 大小泉点24处 | | | | 0.178 | |
| 合计 | | | 9.15 | 159.33 | 18.20 | |

注：数据来源于《山东省淄博市供水水文地质调查研究报告》。

淄河岩溶水子系统中游的黑旺铁矿也有岩溶水采排，1960～1987年多年平均矿坑排水量为1960.05万 $m^3$/a，即5.37万 $m^3$/d，其中约30%矿坑排水回渗地下，重新补给岩溶水。

由表5-2可知，泉流量在枯水期、平水期、丰水期差别较大，因此在计算时，应分时段计算。

计算数据选用20世纪60年代的数据，该时段内无大型水源地开采，岩溶水主要排泄方式为泉排泄和铁矿开采排水排泄。

计算泉流量为 $Q_{泉}=18166.05$ 万 $m^3/a=49.77$ 万 $m^3/d$。

铁矿排水量为 $Q_{矿}=Q_{金岭}+Q_{黑旺}\times 0.7=4.43$ 万 $m^3/d+5.37$ 万 $m^3/d\times 0.7\approx 8.19$ 万 $m^3/d$。

则排泄总量 $Q_{排}=49.77$ 万 $m^3/d+8.19$ 万 $m^3/d=57.96$ 万 $m^3/d$。

因此，20世纪60年代近天然条件下的岩溶水总排泄量为57.96万 $m^3$/d。

## 二、现状条件下的水均衡

现状条件下，区内岩溶水的排泄方式分为自然排泄和人工开采排泄两大类。自然排泄为泉排泄，人工开采排泄可分为水源地集中开采、工业零散开采、农业零散开采、矿山排水以及乡镇零星开采（图5-3）。

2013～2015年，孝妇河岩溶水子系统内泉水大部分断流，仅有神头、秋谷泉群在2013年丰水期时涌水，2013年总流量为561.60万 $m^3$。淄河岩溶水子系统中泉水在研究时段内全部断流，无泉水出流。

孝妇河岩溶水子系统中，岩溶水的主要人工开采方式有水源地集中开采、工业零散开采和矿山排水。水源地开采主要集中在神头-秋谷、洪山、龙泉、湖田、辛安店、四宝山等地；工业开采呈零星分布；矿坑排水为金岭铁矿矿山排水；系统内基本无农业开采。

淄河岩溶水子系统内，岩溶水的人工开采方式为水源地集中开采、工业零散开采和农业开采。水源地开采主要包括源泉、天津湾、城子-口头、北下册、齐陵及大武等水源地；工业零散开采主要为峨庄一带水厂的生产用水开采；农业开采集中于博山源泉地区、麻庄-南坡地区、郑家庄地区、谢家店-郭庄地区。黑旺铁矿于2004年闭坑后，再无矿坑排水。

孝妇河、淄河两个子系统内，村镇自备井开采也是区内岩溶水的主要开采方式之一。

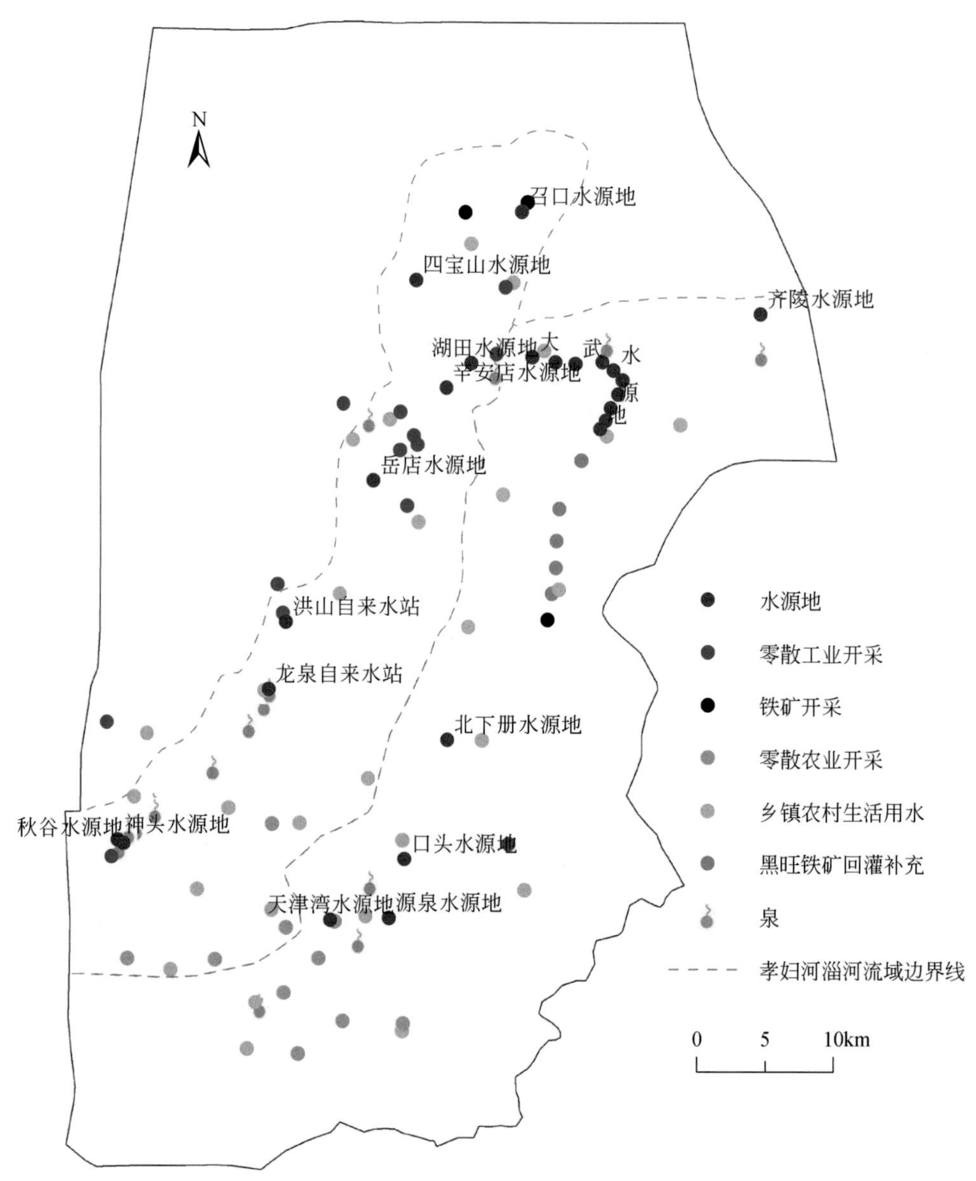


图 5-3　孝妇河、淄河岩溶水子系统现状条件排泄一览图

## 第三节　基础参数与数据

### 一、降雨时间序列与降水量

沣水泉域岩溶水系统主要通过大气降水入渗补给，因此，在计算岩溶地下水资源量

时，需选择合理的降雨时间序列。

通过收集、分析降雨资料，拟选用 2000 ~ 2015 年的降雨资料进行地下水资源量计算。同时，根据沣水泉域岩溶水系统所覆盖的行政区域不同，选择淄博市博山区、淄川区、临淄区、张店区以及潍坊市青州市的降雨资料进行分区计算。

通过查阅文献，当降水量较小时，其雨水大部分消耗于包气带，很少补给含水层，甚至补给量为零，成为无效补给。当降水量较大时，雨水通过溶隙、裂隙等直接补给含水层，这时降雨甚至可以全部补给岩溶地下水。因此，为了符合实际补给特征，通过查阅文献和对比降水量-水位动态曲线，得出当月降水量小于 15mm 时，可视为无效降雨。据此，对降水量数据进行筛选。

根据不同的水资源量计算方法，选择的降水量也不相同。使用水均衡法时，选择 1964 ~ 2015 年的多年平均有效降水量进行计算（表 5-3）；使用数值法时，则使用 2000 ~ 2015 年的精确到每个月的降水量，并在模型赋值时对其有效降水量进行筛选（图 5-4 ~ 图 5-7）。

**表 5-3　各区年平均降水量一览表**　（单位：mm）

| 区县 | 博山区 | 淄川区 | 临淄区 | 张店区 | 青州市 |
|---|---|---|---|---|---|
| 1964 ~ 2015 年均有效降水量 | 693.90 | 641.14 | 588.42 | 574.32 | 697.60 |

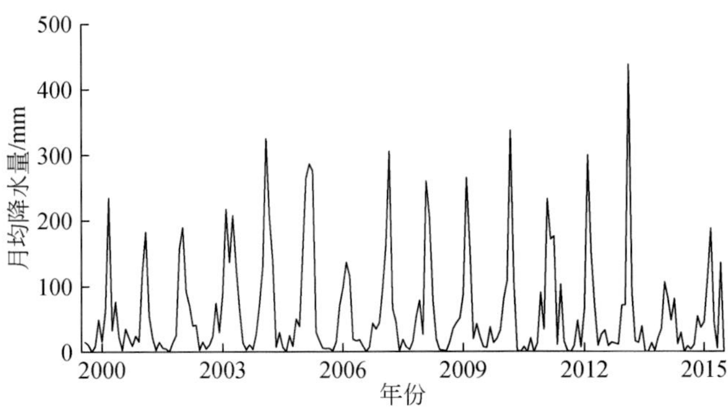


图 5-4　2000 ~ 2015 年博山区月均降水量曲线

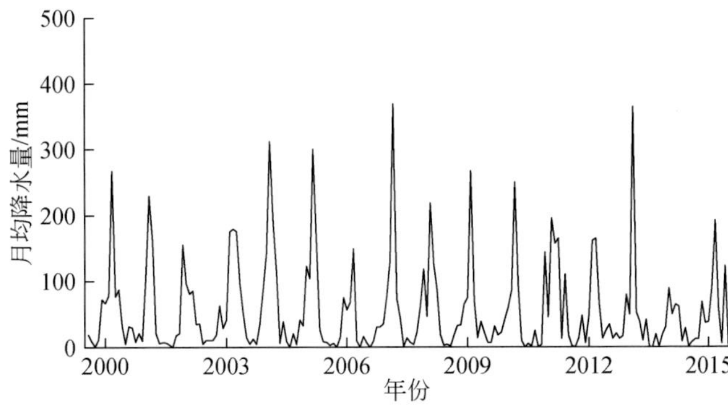


图 5-5　2000 ~ 2015 年淄川区月均降水量曲线

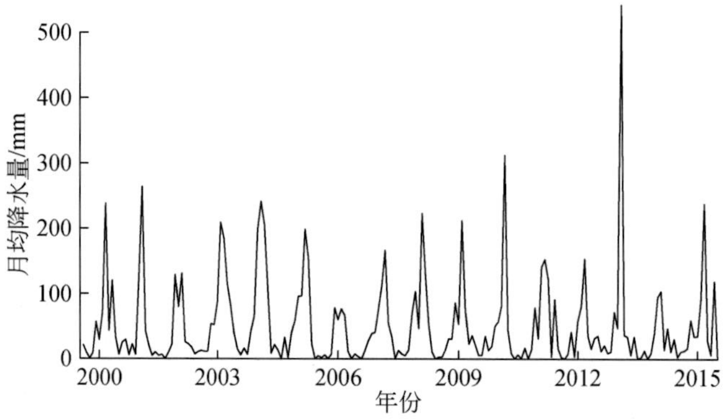


图 5-6　2000 ~ 2015 年临淄区月均降水量曲线

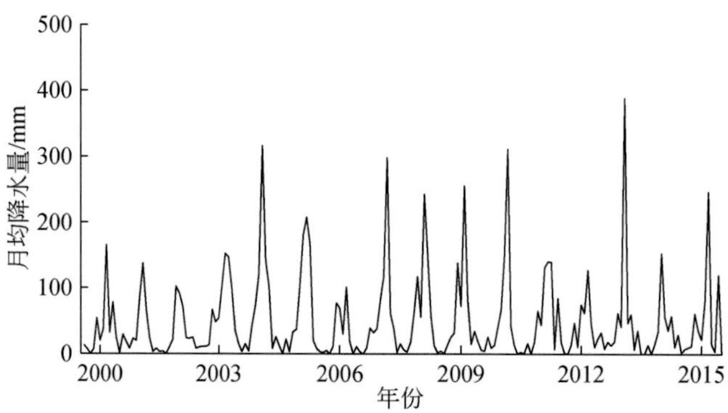


图 5-7　2000 ~ 2015 年张店区月均降水量曲线

## 二、降雨入渗系数分区

根据地形地貌、地层岩性及降水量统计资料将研究区划分为 14 个区（图 5-8），参考《淄博市水资源公告》，对降雨入渗系数进行分区赋值。

沣水泉域灰岩地层大面积裸露，仅在西部、北部及弥河岩溶水子系统的东北部被第四系及煤系地层覆盖。其中，孝妇河岩溶水子系统的北部、西部上覆相对隔水的石炭—二叠系，淄河岩溶水子系统的北部和弥河岩溶水子系统的东北部上覆第四系。该区域岩溶含水层不直接接受大气降水入渗补给，故入渗系数为 0。

淄河河谷地段位于淄河断裂带中，有“淄河十八漏”之称，垂向入渗系数较大，丰水期时不仅接受大气降水直接入渗补给，还接受两侧灰岩山区地表水汇流、入渗补给，所以淄河河谷地段入渗系数要相对较大。

本次岩溶地下水资源量评价采用水均衡法和数值法两种方法进行计算。使用水均衡法进行计算时，仅考虑岩溶裂隙含水层：裸露区直接接受大气降水补给；覆盖区岩溶含水层

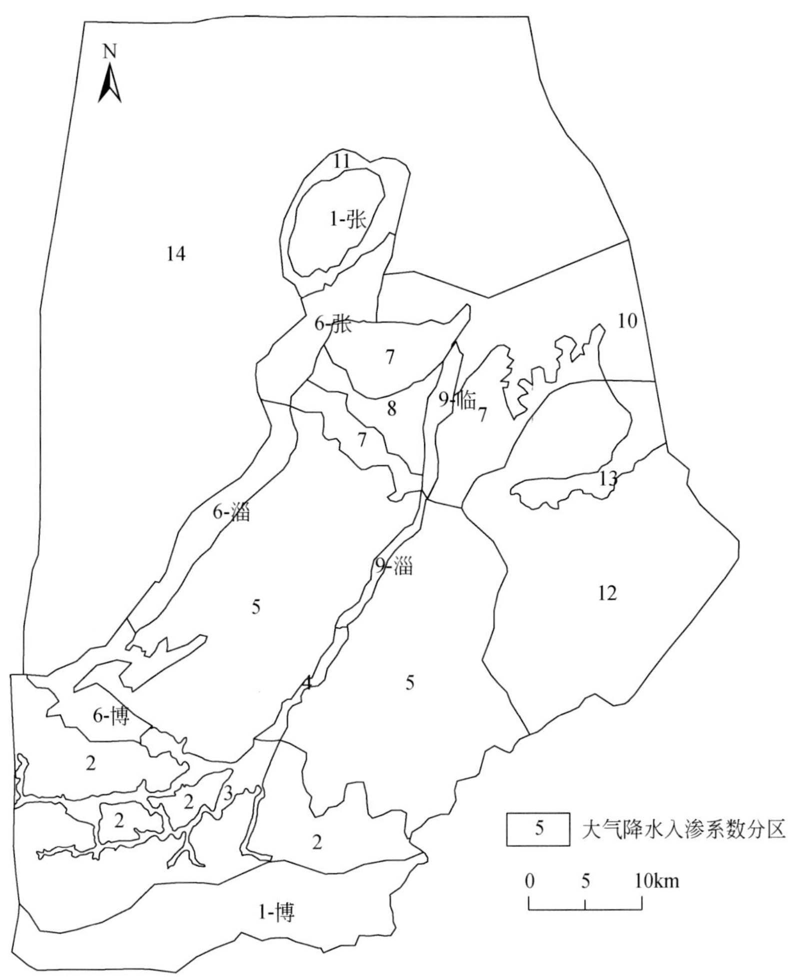


图 5-8　降水入渗系数分区图

可通过第四系下渗，间接接受大气降水补给；埋藏区，由于上覆石炭—二叠系弱透水层的阻水作用，不接受大气降水入渗补给。使用数值法计算时，根据实际地层考虑不同含水层的降雨入渗补给情况，对不同区域分区赋值（表 5-4）。

**表 5-4　降水入渗系数说明表**

| 编号 | 分区说明 | 水均衡法系数 | 数值法系数 | 面积/km$^2$ |
|---|---|---|---|---|
| 1 | 岩浆岩分布区 | 0.07 | 0.07 | 242.34 |
| 2 | 孝妇河-淄河岩溶水子系统上游灰岩裸露区 | 0.32 | 0.32 | 340.55 |
| 3 | 太河水库上游淄河河谷强渗漏区 | 1 | 1 | 63.65 |
| 4 | 太河水库上游淄河河谷弱渗漏区 | 1 | 1 | 11.58 |
| 5 | 孝妇河-淄河岩溶水子系统中游灰岩裸露区 | 0.28 | 0.28 | 715.53 |

续表

| 编号 | 分区说明 | 水均衡法系数 | 数值法系数 | 面积/km² |
|---|---|---|---|---|
| 6 | 石炭—二叠系弱透水层裸露区 | 0 | 0.25 | 173.31 |
| 7 | 孝妇河-淄河岩溶水子系统下游灰岩裸露区 | 0.32 | 0.32 | 176.02 |
| 8 | 孝妇河-淄河岩溶水子系统山前平原区 | 0.32 | 0.32 | 41.62 |
| 9 | 太河水库下游淄河河谷渗漏区 | 1.5 | 1.5 | 29.66 |
| 10 | 淄河岩溶水子系统冲积平原区 | 0.27 | 0.27 | 162.17 |
| 11 | 孝妇河岩溶水子系统北部灰岩裸露区 | 0.3 | 0.3 | 42.58 |
| 12 | 弥河岩溶水子系统灰岩裸露区 | 0.32 | 0.32 | 419.76 |
| 13 | 弥河岩溶水子系统山前平原区 | 0.32 | 0.32 | 43.98 |
| 14 | 石炭—二叠系弱透水层覆盖区 | 0 | 0.27 | 1437.37 |

## 三、排泄量统计

2013～2015年，孝妇河岩溶水子系统内泉水大部分断流，仅神头、秋谷泉群在2013年丰水期时涌水，总流量为561.60万$m^3$。淄河岩溶水子系统中的泉在研究时段内全部断流，无泉水出流。

孝妇河岩溶水子系统中，岩溶水人工开采主要方式包括水源地开采、工业零散开采和矿山排水（图5-3），各项开采量如表5-5所示。

**表5-5 2013～2015年孝妇河岩溶水子系统人工开采一览表**

| 开采类别 | 开采地区 | 日均开采量/（万$m^3$/d） |
|---|---|---|
| 水源地开采 | 神头-秋谷 | 0.94 |
| | 洪山 | 0.88 |
| | 龙泉 | 2.77 |
| | 湖田 | 1.72 |
| | 辛安店 | 0.17 |
| | 四宝山 | 2.24 |
| 工业零散开采 | 博山地区 | 2.32 |
| | 淄川地区 | 1.12 |
| | 张店地区 | 0.57 |
| 矿山排水 | 金岭铁矿 | 0.16 |
| 总计 | | 12.89 |

淄河岩溶水子系统内，岩溶水的人工开采方式为水源地开采、工业零散开采、农业开采（图5-3），各项开采量如表5-6所示。

表 5-6　2013～2015 年淄河岩溶水子系统人工开采一览表

| 开采类别 | 开采地区 | 日均开采量/（万 $m^3/d$） |
|---|---|---|
| 水源地开采 | 源泉 | 2.48 |
| | 天津湾 | 2.18 |
| | 城子-口头 | 3.49 |
| | 北下册 | 3.18 |
| | 齐陵 | 0.08 |
| | 大武 | 30.43 |
| 工业零散开采 | 峨庄矿泉水厂 | 0.02 |
| | 堠皋排水井 | 5.00 |
| 农业开采 | 源泉地区 | 0.068 |
| | 麻庄-南坡地区 | 0.07 |
| | 郑家庄地区 | 0.01 |
| | 谢家店-郭庄地区 | 0.93 |
| 总计 | | 47.94 |

使用数值法进行地下水资源量计算时，洪山、龙泉、湖田、四宝山、齐陵 5 个水源地开采量每月基本恒定，因此使用的开采数据与水均衡法使用的数据一致。其他水源地开采动态变化较大，按照实际动态开采量赋值（图 5-9、图 5-10）。

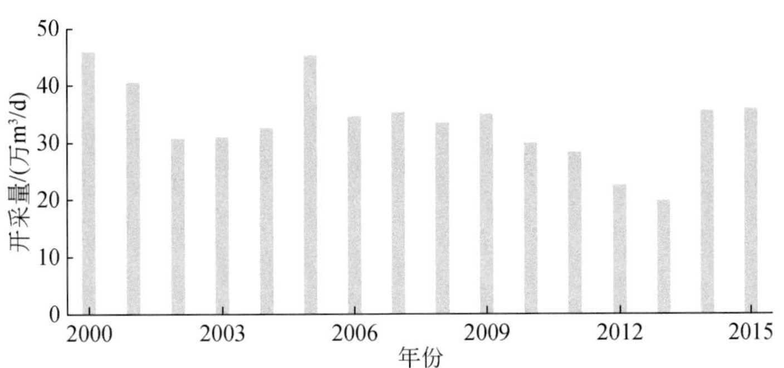


图 5-9　大武水源地 2000～2015 年开采动态曲线

乡镇零星开采按照人口日均用水量 60L 计算，通过统计各乡镇的农业人口数量，计算其开采量（表 5-7）。

同时，淄河岩溶水子系统内历史上有黑旺铁矿进行开采，矿山开采的同时对岩溶水进行疏干排水，黑旺铁矿于 2004 年闭矿。根据查阅以往资料，黑旺铁矿开采期间矿山平均排水量为 6.77 万 $m^3/d$。数值法依此进行刻画。

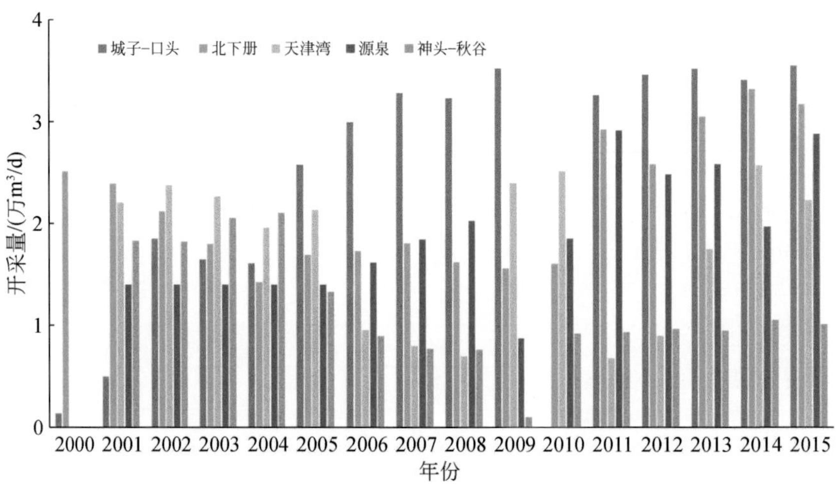


图 5-10　其他主要水源地 2000 ~ 2015 年开采动态曲线

**表 5-7　孝妇河及淄河岩溶水子系统乡镇零星开采统计**

| 乡镇 | 人口/万人 | 开采量/（万 $m^3$/d） | 乡镇 | 人口/万人 | 开采量/（万 $m^3$/d） |
|---|---|---|---|---|---|
| 沣水镇 | 4 | 0.24 | 夏家庄镇 | 3 | 0.18 |
| 中埠镇 | 1.3 | 0.078 | 八陡镇 | 4.1 | 0.246 |
| 卫固镇 | 1.4 | 0.084 | 崮山镇 | 2.1 | 0.126 |
| 南定镇 | 9.8 | 0.588 | 源泉镇 | 1.6 | 0.096 |
| 罗村镇 | 5.7 | 0.342 | 石马镇 | 2.3 | 0.138 |
| 寨里镇 | 3.4 | 0.204 | 北博山镇 | 2.6 | 0.156 |
| 龙泉镇 | 4.3 | 0.258 | 南博山镇 | 2.4 | 0.144 |
| 西河镇 | 5.38 | 0.3228 | 池上镇 | 2.2 | 0.132 |
| 东坪镇 | 1.5 | 0.09 | 边河乡 | 3 | 0.18 |
| 张庄乡 | 1.4 | 0.084 | 金岭回族自治镇 | 1.6 | 0.096 |
| 黑旺镇 | 2.4 | 0.144 | 南王镇 | 7.3 | 0.438 |
| 淄河镇 | 3.8 | 0.228 | 邵庄镇 | 2.4 | 0.144 |
| 峨庄乡 | 1.5 | 0.09 | 庙子镇 | 4.1 | 0.246 |
| 白塔镇 | 4.2 | 0.252 | 合计 |  | 5.33 |

# 四、含水层划分及渗透系数分区

使用数值法进行水资源量计算时，需考虑含水层的非均质性和各向异性，划分含水层并对渗透系数进行分区赋值。

综合研究区内含水层结构特征、岩溶发育特征等因素，将研究区内含水层在垂向上由上到下划分为第四系孔隙水含水层、石炭—二叠系弱透水层、寒武—奥陶系碳酸盐岩岩溶裂隙水含水层。块状岩类风化裂隙水含水层仅在研究区南部和东北部局部出现，因此不在垂向上为其单独设层。

模拟区内地下岩溶由浅到深，发育程度由强到弱，在垂向上具有分带性，因此需要对岩溶裂隙含水层再进行分层处理。根据最新的钻孔资料，为了能更加真实地在模型中刻画岩溶含水层在平面上和垂向上的分布特征，本次模型中将整体厚度为500m的岩溶含水层以100m等厚共分为五层，且认为灰岩埋深300m以下裂隙发育程度逐渐减弱。故将埋深100～300m（模型中第3～5层含水层）地层的水文地质参数赋值一致，而第6层与第7层渗透系数的取值根据含水层的一种普遍规律：渗透系数随深度衰减，在第3～5层取值的基础上分别按照衰减系数0.05与0.003进行赋值（图5-11～图5-13，表5-8）。

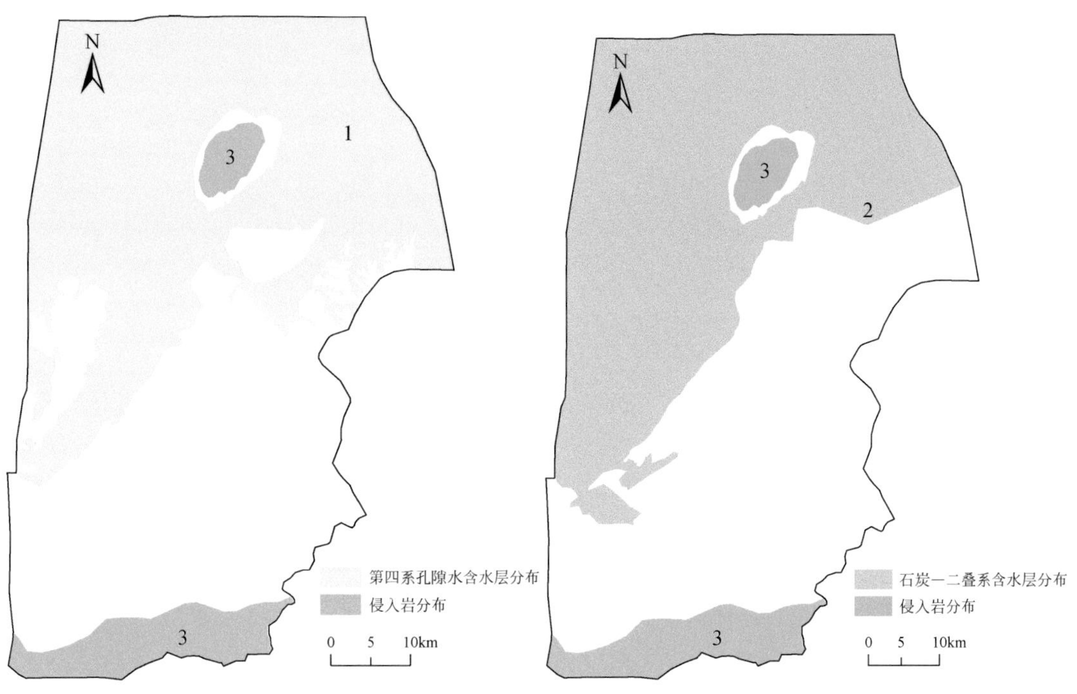


图5-11　第四系孔隙水含水层分布区　　图5-12　石炭—二叠系含水层分布区

孝妇河岩溶水子系统西部存在典型闭坑煤矿区煤系地层水串层污染岩溶水的现象。根据已有研究区煤矿调查资料，串层通道主要是通过贯穿煤系地层和下部岩溶含水层的开采井，由于采矿过程发生井壁破损产生裂缝，或者套管破损从而实现渗流，而并非一般认为的直接通过井筒贯穿两个含水层，所以为更合理地刻画串层污染过程，本次通过调节串层点石炭—二叠系弱透水层的垂向渗透系数 $K_{zz}$ 来刻画串层通道。通过井孔调查资料以及岩溶水 $SO_4^{2-}$ 等值线图中 $SO_4^{2-}$ 浓度异常点，判断串层井位置，通过自然水位差，自动控制地下水的串层和反向串层过程。

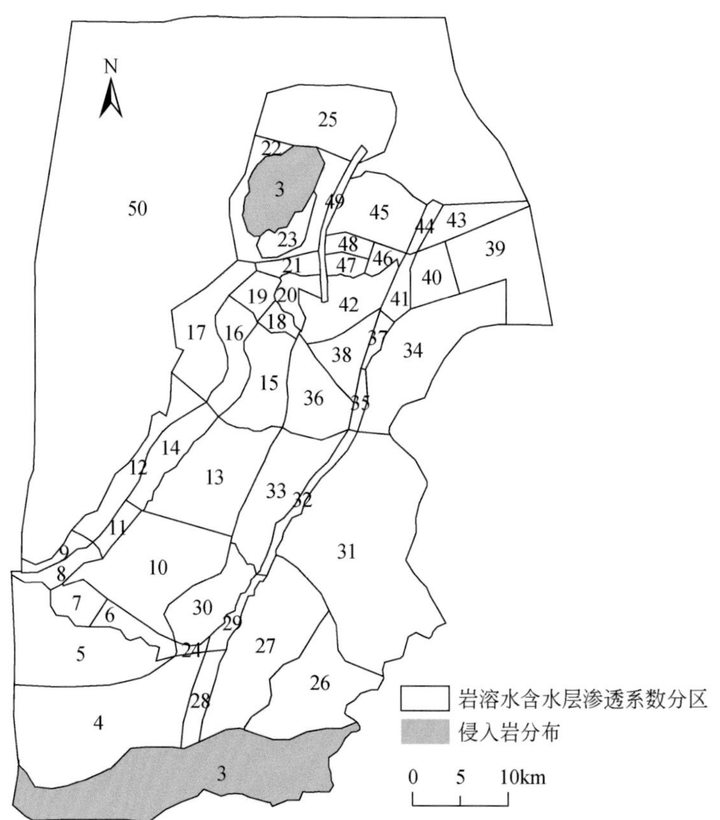


图 5-13　岩溶含水层参数分区图

**表 5-8　渗透系数赋值表**

| 层号-分区编号 | $K_{xx}$/(m/d) | $K_{yy}$/(m/d) | $K_{zz}$/(m/d) | $\mu_s$/$m^{-1}$ | $\mu_d$ |
|---|---|---|---|---|---|
| 1 | 10 | 10 | 5 | $5.00\times10^{-4}$ | 0.1 |
| 2 | 0.1 | 0.1 | 0.1 | $1.00\times10^{-4}$ | 0.01 |
| 3 | 0.001 | 0.001 | 0.001 | $1.00\times10^{-5}$ | 0.001 |
| 3-4 | 1 | 2 | 1 | $1.00\times10^{-4}$ | 0.03 |
| 3-5 | 1 | 3 | 1 | $1.00\times10^{-4}$ | 0.01 |
| 3-6 | 3 | 3 | 1 | $5.00\times10^{-4}$ | 0.02 |
| 3-7 | 10 | 5 | 5 | $8.00\times10^{-4}$ | 0.02 |
| 3-8 | 10 | 20 | 5 | $8.00\times10^{-4}$ | 0.02 |
| 3-9 | 10 | 20 | 5 | $8.00\times10^{-4}$ | 0.02 |
| 3-10 | 4 | 3 | 1 | $1.00\times10^{-4}$ | 0.01 |
| 3-11 | 20 | 30 | 2 | $2.00\times10^{-4}$ | 0.03 |

续表

| 层号-分区编号 | $K_{xx}$/(m/d) | $K_{yy}$/(m/d) | $K_{zz}$/(m/d) | $\mu_s/m^{-1}$ | $\mu_d$ |
|---|---|---|---|---|---|
| 3-12 | 30 | 50 | 5 | $3.00\times10^{-4}$ | 0.03 |
| 3-13 | 3 | 4 | 0.5 | $1.00\times10^{-4}$ | 0.01 |
| 3-14 | 20 | 30 | 5 | $2.00\times10^{-4}$ | 0.03 |
| 3-15 | 2 | 3 | 0.5 | $1.00\times10^{-4}$ | 0.01 |
| 3-16 | 30 | 50 | 4 | $5.00\times10^{-4}$ | 0.03 |
| 3-17 | 40 | 40 | 5 | $5.00\times10^{-4}$ | 0.03 |
| 3-18 | 50 | 30 | 5 | $2.00\times10^{-4}$ | 0.05 |
| 3-19 | 100 | 50 | 5 | $2.00\times10^{-4}$ | 0.05 |
| 3-20 | 1 | 1 | 1 | $1.00\times10^{-4}$ | 0.03 |
| 3-21 | 120 | 120 | 5 | $6.00\times10^{-4}$ | 0.03 |
| 3-22 | 30 | 30 | 5 | $2.00\times10^{-4}$ | 0.03 |
| 3-23 | 10 | 10 | 5 | $1.00\times10^{-4}$ | 0.03 |
| 3-24 | 10 | 5 | 1 | $2.00\times10^{-4}$ | 0.03 |
| 3-25 | 30 | 30 | 2 | $2.00\times10^{-4}$ | 0.02 |
| 3-26 | 0.5 | 1 | 0.5 | $1.00\times10^{-4}$ | 0.03 |
| 3-27 | 1 | 2 | 1 | $1.00\times10^{-4}$ | 0.03 |
| 3-28 | 2 | 2 | 2 | $1.00\times10^{-4}$ | 0.03 |
| 3-29 | 4 | 2 | 1 | $3.00\times10^{-4}$ | 0.03 |
| 3-30 | 2 | 3 | 1 | $2.00\times10^{-4}$ | 0.03 |
| 3-31 | 3 | 5 | 0.5 | $1.00\times10^{-4}$ | 0.02 |
| 3-32 | 20 | 30 | 1 | $1.00\times10^{-4}$ | 0.03 |
| 3-33 | 30 | 50 | 2 | $4.00\times10^{-4}$ | 0.03 |
| 3-34 | 8 | 8 | 1 | $1.00\times10^{-4}$ | 0.03 |
| 3-35 | 100 | 200 | 10 | $2.00\times10^{-4}$ | 0.03 |
| 3-36 | 8 | 8 | 1 | $1.00\times10^{-4}$ | 0.03 |
| 3-37 | 200 | 400 | 10 | $2.00\times10^{-4}$ | 0.03 |
| 3-38 | 200 | 200 | 10 | $2.00\times10^{-4}$ | 0.02 |
| 3-39 | 20 | 10 | 1 | $2.00\times10^{-4}$ | 0.02 |
| 3-40 | 50 | 30 | 5 | $2.00\times10^{-4}$ | 0.02 |
| 3-41 | 400 | 800 | 10 | $2.00\times10^{-4}$ | 0.02 |
| 3-42 | 1 | 1 | 1 | $1.00\times10^{-4}$ | 0.03 |
| 3-43 | 40 | 40 | 5 | $2.00\times10^{-4}$ | 0.03 |

续表

| 层号-分区编号 | $K_{xx}$/(m/d) | $K_{yy}$/(m/d) | $K_{zz}$/(m/d) | $\mu_s/m^{-1}$ | $\mu_d$ |
|---|---|---|---|---|---|
| 3-44 | 40 | 40 | 5 | $2.00\times10^{-4}$ | 0.03 |
| 3-45 | 40 | 40 | 5 | $2.00\times10^{-4}$ | 0.03 |
| 3-46 | 900 | 1000 | 20 | $5.00\times10^{-4}$ | 0.05 |
| 3-47 | 600 | 400 | 10 | $5.00\times10^{-4}$ | 0.05 |
| 3-48 | 400 | 300 | 10 | $5.00\times10^{-4}$ | 0.05 |
| 3-49 | 0.1 | 0.1 | 0.1 | $1.00\times10^{-5}$ | 0.01 |
| 3-50 | 5 | 10 | 2 | $2.00\times10^{-4}$ | 0.02 |
| 4-4 | 1 | 2 | 1 | $1.00\times10^{-4}$ | 0.03 |
| 4-5 | 1 | 3 | 1 | $1.00\times10^{-4}$ | 0.01 |
| 4-6 | 3 | 3 | 1 | $5.00\times10^{-4}$ | 0.02 |
| 4-7 | 10 | 5 | 5 | $8.00\times10^{-4}$ | 0.02 |
| 4-8 | 10 | 20 | 5 | $8.00\times10^{-4}$ | 0.02 |
| 4-9 | 10 | 20 | 5 | $8.00\times10^{-4}$ | 0.02 |
| 4-10 | 4 | 3 | 1 | $1.00\times10^{-4}$ | 0.01 |
| 4-11 | 20 | 30 | 2 | $2.00\times10^{-4}$ | 0.03 |
| 4-12 | 30 | 50 | 5 | $3.00\times10^{-4}$ | 0.03 |
| 4-13 | 3 | 4 | 0.5 | $1.00\times10^{-4}$ | 0.01 |
| 4-14 | 20 | 30 | 5 | $2.00\times10^{-4}$ | 0.03 |
| 4-15 | 2 | 3 | 0.5 | $1.00\times10^{-4}$ | 0.01 |
| 4-16 | 30 | 50 | 4 | $5.00\times10^{-4}$ | 0.03 |
| 4-17 | 40 | 40 | 5 | $5.00\times10^{-4}$ | 0.03 |
| 4-18 | 50 | 30 | 5 | $2.00\times10^{-4}$ | 0.05 |
| 4-19 | 100 | 50 | 5 | $2.00\times10^{-4}$ | 0.05 |
| 4-20 | 1 | 1 | 1 | $1.00\times10^{-4}$ | 0.03 |
| 4-21 | 120 | 120 | 5 | $6.00\times10^{-4}$ | 0.03 |
| 4-22 | 30 | 30 | 5 | $2.00\times10^{-4}$ | 0.03 |
| 4-23 | 10 | 10 | 5 | $1.00\times10^{-4}$ | 0.03 |
| 4-24 | 10 | 5 | 1 | $2.00\times10^{-4}$ | 0.03 |
| 4-25 | 30 | 30 | 2 | $2.00\times10^{-4}$ | 0.02 |
| 4-26 | 0.5 | 1 | 0.5 | $1.00\times10^{-4}$ | 0.03 |
| 4-27 | 1 | 2 | 1 | $1.00\times10^{-4}$ | 0.03 |
| 4-28 | 2 | 2 | 2 | $1.00\times10^{-4}$ | 0.03 |

续表

| 层号-分区编号 | $K_{xx}$/(m/d) | $K_{yy}$/(m/d) | $K_{zz}$/(m/d) | $\mu_s$/$m^{-1}$ | $\mu_d$ |
|---|---|---|---|---|---|
| 4-29 | 4 | 2 | 1 | $3.00\times10^{-4}$ | 0.03 |
| 4-30 | 2 | 3 | 1 | $2.00\times10^{-4}$ | 0.03 |
| 4-31 | 3 | 5 | 0.5 | $1.00\times10^{-4}$ | 0.02 |
| 4-32 | 20 | 30 | 1 | $1.00\times10^{-4}$ | 0.03 |
| 4-33 | 30 | 50 | 2 | $4.00\times10^{-4}$ | 0.03 |
| 4-34 | 8 | 8 | 1 | $1.00\times10^{-4}$ | 0.03 |
| 4-35 | 100 | 200 | 10 | $2.00\times10^{-4}$ | 0.03 |
| 4-36 | 8 | 8 | 1 | $1.00\times10^{-4}$ | 0.03 |
| 4-37 | 200 | 400 | 10 | $2.00\times10^{-4}$ | 0.03 |
| 4-38 | 200 | 200 | 10 | $2.00\times10^{-4}$ | 0.02 |
| 4-39 | 20 | 10 | 1 | $2.00\times10^{-4}$ | 0.02 |
| 4-40 | 50 | 30 | 5 | $2.00\times10^{-4}$ | 0.02 |
| 4-41 | 400 | 800 | 10 | $2.00\times10^{-4}$ | 0.02 |
| 4-42 | 1 | 1 | 1 | $1.00\times10^{-4}$ | 0.03 |
| 4-43 | 40 | 40 | 5 | $2.00\times10^{-4}$ | 0.03 |
| 4-44 | 40 | 40 | 5 | $2.00\times10^{-4}$ | 0.03 |
| 4-45 | 40 | 40 | 5 | $2.00\times10^{-4}$ | 0.03 |
| 4-46 | 900 | 1000 | 20 | $5.00\times10^{-4}$ | 0.05 |
| 4-47 | 600 | 400 | 10 | $5.00\times10^{-4}$ | 0.05 |
| 4-48 | 400 | 300 | 10 | $5.00\times10^{-4}$ | 0.05 |
| 4-49 | 0.1 | 0.1 | 0.1 | $1.00\times10^{-5}$ | 0.01 |
| 4-50 | 5 | 10 | 2 | $2.00\times10^{-4}$ | 0.02 |
| 5-4 | 1 | 2 | 1 | $1.00\times10^{-4}$ | 0.03 |
| 5-5 | 1 | 3 | 1 | $1.00\times10^{-4}$ | 0.01 |
| 5-6 | 3 | 3 | 1 | $5.00\times10^{-4}$ | 0.02 |
| 5-7 | 10 | 5 | 5 | $8.00\times10^{-4}$ | 0.02 |
| 5-8 | 10 | 20 | 5 | $8.00\times10^{-4}$ | 0.02 |
| 5-9 | 10 | 20 | 5 | $8.00\times10^{-4}$ | 0.02 |
| 5-10 | 4 | 3 | 1 | $1.00\times10^{-4}$ | 0.01 |
| 5-11 | 20 | 30 | 2 | $2.00\times10^{-4}$ | 0.03 |
| 5-12 | 30 | 50 | 5 | $3.00\times10^{-4}$ | 0.03 |
| 5-13 | 3 | 4 | 0.5 | $1.00\times10^{-4}$ | 0.01 |

续表

| 层号-分区编号 | $K_{xx}$/(m/d) | $K_{yy}$/(m/d) | $K_{zz}$/(m/d) | $\mu_s/m^{-1}$ | $\mu_d$ |
|---|---|---|---|---|---|
| 5-14 | 20 | 30 | 5 | $2.00\times10^{-4}$ | 0.03 |
| 5-15 | 2 | 3 | 0.5 | $1.00\times10^{-4}$ | 0.01 |
| 5-16 | 30 | 50 | 4 | $5.00\times10^{-4}$ | 0.03 |
| 5-17 | 40 | 40 | 5 | $5.00\times10^{-4}$ | 0.03 |
| 5-18 | 50 | 30 | 5 | $2.00\times10^{-4}$ | 0.05 |
| 5-19 | 100 | 50 | 5 | $2.00\times10^{-4}$ | 0.05 |
| 5-20 | 1 | 1 | 1 | $1.00\times10^{-4}$ | 0.03 |
| 5-21 | 120 | 120 | 5 | $6.00\times10^{-4}$ | 0.03 |
| 5-22 | 30 | 30 | 5 | $2.00\times10^{-4}$ | 0.03 |
| 5-23 | 10 | 10 | 5 | $1.00\times10^{-4}$ | 0.03 |
| 5-24 | 10 | 5 | 1 | $2.00\times10^{-4}$ | 0.03 |
| 5-25 | 30 | 30 | 2 | $2.00\times10^{-4}$ | 0.02 |
| 5-26 | 0.5 | 1 | 0.5 | $1.00\times10^{-4}$ | 0.03 |
| 5-27 | 1 | 2 | 1 | $1.00\times10^{-4}$ | 0.03 |
| 5-28 | 2 | 2 | 2 | $1.00\times10^{-4}$ | 0.03 |
| 5-29 | 4 | 2 | 1 | $3.00\times10^{-4}$ | 0.03 |
| 5-30 | 2 | 3 | 1 | $2.00\times10^{-4}$ | 0.03 |
| 5-31 | 3 | 5 | 0.5 | $1.00\times10^{-4}$ | 0.02 |
| 5-32 | 20 | 30 | 1 | $1.00\times10^{-4}$ | 0.03 |
| 5-33 | 30 | 50 | 2 | $4.00\times10^{-4}$ | 0.03 |
| 5-34 | 8 | 8 | 1 | $1.00\times10^{-4}$ | 0.03 |
| 5-35 | 100 | 200 | 10 | $2.00\times10^{-4}$ | 0.03 |
| 5-36 | 8 | 8 | 1 | $1.00\times10^{-4}$ | 0.03 |
| 5-37 | 200 | 400 | 10 | $2.00\times10^{-4}$ | 0.03 |
| 5-38 | 200 | 200 | 10 | $2.00\times10^{-4}$ | 0.02 |
| 5-39 | 20 | 10 | 1 | $2.00\times10^{-4}$ | 0.02 |
| 5-40 | 50 | 30 | 5 | $2.00\times10^{-4}$ | 0.02 |
| 5-41 | 400 | 800 | 10 | $2.00\times10^{-4}$ | 0.02 |
| 5-42 | 1 | 1 | 1 | $1.00\times10^{-4}$ | 0.03 |
| 5-43 | 40 | 40 | 5 | $2.00\times10^{-4}$ | 0.03 |
| 5-44 | 40 | 40 | 5 | $2.00\times10^{-4}$ | 0.03 |
| 5-45 | 40 | 40 | 5 | $2.00\times10^{-4}$ | 0.03 |

续表

| 层号-分区编号 | $K_{xx}$/(m/d) | $K_{yy}$/(m/d) | $K_{zz}$/(m/d) | $\mu_s$/$m^{-1}$ | $\mu_d$ |
|---|---|---|---|---|---|
| 5-46 | 900 | 1000 | 20 | $5.00\times10^{-4}$ | 0.05 |
| 5-47 | 600 | 400 | 10 | $5.00\times10^{-4}$ | 0.05 |
| 5-48 | 400 | 300 | 10 | $5.00\times10^{-4}$ | 0.05 |
| 5-49 | 0.1 | 0.1 | 0.1 | $1.00\times10^{-5}$ | 0.01 |
| 5-50 | 5 | 10 | 2 | $2.00\times10^{-4}$ | 0.02 |
| 6-4 | 0.05 | 0.1 | 0.05 | $5.00\times10^{-6}$ | 0.015 |
| 6-5 | 0.05 | 0.15 | 0.05 | $5.00\times10^{-6}$ | 0.005 |
| 6-6 | 0.15 | 0.15 | 0.05 | $2.50\times10^{-5}$ | 0.01 |
| 6-7 | 0.5 | 0.25 | 0.25 | $4.00\times10^{-5}$ | 0.01 |
| 6-8 | 0.5 | 1 | 0.25 | $4.00\times10^{-5}$ | 0.01 |
| 6-9 | 0.5 | 1 | 0.25 | $4.00\times10^{-5}$ | 0.01 |
| 6-10 | 0.2 | 0.15 | 0.05 | $5.00\times10^{-6}$ | 0.005 |
| 6-11 | 1 | 1.5 | 0.1 | $1.00\times10^{-5}$ | 0.015 |
| 6-12 | 1.5 | 2.5 | 0.25 | $1.50\times10^{-5}$ | 0.015 |
| 6-13 | 0.15 | 0.2 | 0.025 | $5.00\times10^{-6}$ | 0.005 |
| 6-14 | 1 | 1.5 | 0.25 | $1.00\times10^{-5}$ | 0.015 |
| 6-15 | 0.1 | 0.15 | 0.025 | $5.00\times10^{-6}$ | 0.005 |
| 6-16 | 1.5 | 2.5 | 0.2 | $2.50\times10^{-5}$ | 0.015 |
| 6-17 | 2 | 2 | 0.25 | $2.50\times10^{-5}$ | 0.015 |
| 6-18 | 2.5 | 1.5 | 0.25 | $1.00\times10^{-5}$ | 0.025 |
| 6-19 | 5 | 2.5 | 0.25 | $1.00\times10^{-5}$ | 0.025 |
| 6-20 | 0.05 | 0.05 | 0.05 | $5.00\times10^{-6}$ | 0.015 |
| 6-21 | 6 | 6 | 0.25 | $3.00\times10^{-5}$ | 0.015 |
| 6-22 | 1.5 | 1.5 | 0.25 | $1.00\times10^{-5}$ | 0.015 |
| 6-23 | 0.5 | 0.5 | 0.25 | $5.00\times10^{-6}$ | 0.015 |
| 6-24 | 0.5 | 0.25 | 0.05 | $1.00\times10^{-5}$ | 0.015 |
| 6-25 | 1.5 | 1.5 | 0.1 | $1.00\times10^{-5}$ | 0.01 |
| 6-26 | 0.025 | 0.05 | 0.025 | $5.00\times10^{-6}$ | 0.015 |
| 6-27 | 0.05 | 0.1 | 0.05 | $5.00\times10^{-6}$ | 0.015 |
| 6-28 | 0.1 | 0.1 | 0.1 | $5.00\times10^{-6}$ | 0.015 |
| 6-29 | 0.2 | 0.1 | 0.05 | $1.50\times10^{-5}$ | 0.015 |
| 6-30 | 0.1 | 0.15 | 0.05 | $1.00\times10^{-5}$ | 0.015 |

续表

| 层号-分区编号 | $K_{xx}$/(m/d) | $K_{yy}$/(m/d) | $K_{zz}$/(m/d) | $\mu_s$/$m^{-1}$ | $\mu_d$ |
|---|---|---|---|---|---|
| 6-31 | 0. 15 | 0. 25 | 0. 025 | $5.00\times10^{-6}$ | 0. 01 |
| 6-32 | 1 | 1. 5 | 0. 05 | $5.00\times10^{-6}$ | 0. 015 |
| 6-33 | 1. 5 | 2. 5 | 0. 1 | $2.00\times10^{-5}$ | 0. 015 |
| 6-34 | 0. 4 | 0. 4 | 0. 05 | $5.00\times10^{-6}$ | 0. 015 |
| 6-35 | 5 | 10 | 0. 5 | $1.00\times10^{-5}$ | 0. 015 |
| 6-36 | 0. 4 | 0. 4 | 0. 05 | $5.00\times10^{-6}$ | 0. 015 |
| 6-37 | 10 | 20 | 0. 5 | $1.00\times10^{-5}$ | 0. 015 |
| 6-38 | 10 | 10 | 0. 5 | $1.00\times10^{-5}$ | 0. 01 |
| 6-39 | 1 | 0. 5 | 0. 05 | $1.00\times10^{-5}$ | 0. 01 |
| 6-40 | 2. 5 | 1. 5 | 0. 25 | $1.00\times10^{-5}$ | 0. 01 |
| 6-41 | 20 | 40 | 0. 5 | $1.00\times10^{-5}$ | 0. 01 |
| 6-42 | 0. 05 | 0. 05 | 0. 05 | $5.00\times10^{-6}$ | 0. 015 |
| 6-43 | 2 | 2 | 0. 25 | $1.00\times10^{-5}$ | 0. 015 |
| 6-44 | 2 | 2 | 0. 25 | $1.00\times10^{-5}$ | 0. 015 |
| 6-45 | 2 | 2 | 0. 25 | $1.00\times10^{-5}$ | 0. 015 |
| 6-46 | 45 | 50 | 1 | $2.50\times10^{-5}$ | 0. 025 |
| 6-47 | 30 | 20 | 0. 5 | $2.50\times10^{-5}$ | 0. 025 |
| 6-48 | 20 | 15 | 0. 5 | $2.50\times10^{-5}$ | 0. 025 |
| 6-49 | 0. 005 | 0. 005 | 0. 005 | $5.00\times10^{-7}$ | 0. 005 |
| 6-50 | 0. 25 | 0. 5 | 0. 1 | $1.00\times10^{-5}$ | 0. 01 |
| 7-4 | 0. 003 | 0. 006 | 0. 003 | $3.00\times10^{-7}$ | 0. 009 |
| 7-5 | 0. 003 | 0. 009 | 0. 003 | $3.00\times10^{-7}$ | 0. 003 |
| 7-6 | 0. 009 | 0. 009 | 0. 003 | $1.50\times10^{-6}$ | 0. 006 |
| 7-7 | 0. 03 | 0. 015 | 0. 015 | $2.40\times10^{-6}$ | 0. 006 |
| 7-8 | 0. 03 | 0. 06 | 0. 015 | $2.40\times10^{-6}$ | 0. 006 |
| 7-9 | 0. 03 | 0. 06 | 0. 015 | $2.40\times10^{-6}$ | 0. 006 |
| 7-10 | 0. 012 | 0. 009 | 0. 003 | $3.00\times10^{-7}$ | 0. 003 |
| 7-11 | 0. 06 | 0. 09 | 0. 006 | $6.00\times10^{-7}$ | 0. 009 |
| 7-12 | 0. 09 | 0. 15 | 0. 015 | $9.00\times10^{-7}$ | 0. 009 |
| 7-13 | 0. 009 | 0. 012 | 0. 0015 | $3.00\times10^{-7}$ | 0. 003 |
| 7-14 | 0. 06 | 0. 09 | 0. 015 | $6.00\times10^{-7}$ | 0. 009 |
| 7-15 | 0. 006 | 0. 009 | 0. 0015 | $3.00\times10^{-7}$ | 0. 003 |

续表

| 层号-分区编号 | $K_{xx}$/(m/d) | $K_{yy}$/(m/d) | $K_{zz}$/(m/d) | $\mu_s$/$m^{-1}$ | $\mu_d$ |
|---|---|---|---|---|---|
| 7-16 | 0.09 | 0.15 | 0.012 | $1.50\times10^{-6}$ | 0.009 |
| 7-17 | 0.12 | 0.12 | 0.015 | $1.50\times10^{-6}$ | 0.009 |
| 7-18 | 0.15 | 0.09 | 0.015 | $6.00\times10^{-7}$ | 0.015 |
| 7-19 | 0.3 | 0.15 | 0.015 | $6.00\times10^{-7}$ | 0.015 |
| 7-20 | 0.003 | 0.003 | 0.003 | $3.00\times10^{-7}$ | 0.009 |
| 7-21 | 0.36 | 0.36 | 0.015 | $1.80\times10^{-6}$ | 0.009 |
| 7-22 | 0.09 | 0.09 | 0.015 | $6.00\times10^{-7}$ | 0.009 |
| 7-23 | 0.03 | 0.03 | 0.015 | $3.00\times10^{-7}$ | 0.009 |
| 7-24 | 0.03 | 0.015 | 0.003 | $6.00\times10^{-7}$ | 0.009 |
| 7-25 | 0.09 | 0.09 | 0.006 | $6.00\times10^{-7}$ | 0.006 |
| 7-26 | 0.0015 | 0.003 | 0.0015 | $3.00\times10^{-7}$ | 0.009 |
| 7-27 | 0.003 | 0.006 | 0.003 | $3.00\times10^{-7}$ | 0.009 |
| 7-28 | 0.006 | 0.006 | 0.006 | $3.00\times10^{-7}$ | 0.009 |
| 7-29 | 0.012 | 0.006 | 0.003 | $9.00\times10^{-7}$ | 0.009 |
| 7-30 | 0.006 | 0.009 | 0.003 | $6.00\times10^{-7}$ | 0.009 |
| 7-31 | 0.009 | 0.015 | 0.0015 | $3.00\times10^{-7}$ | 0.006 |
| 7-32 | 0.06 | 0.09 | 0.003 | $3.00\times10^{-7}$ | 0.009 |
| 7-33 | 0.09 | 0.15 | 0.006 | $1.20\times10^{-6}$ | 0.009 |
| 7-34 | 0.024 | 0.024 | 0.003 | $3.00\times10^{-7}$ | 0.009 |
| 7-35 | 0.3 | 0.6 | 0.03 | $6.00\times10^{-7}$ | 0.009 |
| 7-36 | 0.024 | 0.024 | 0.003 | $3.00\times10^{-7}$ | 0.009 |
| 7-37 | 0.6 | 1.2 | 0.03 | $6.00\times10^{-7}$ | 0.009 |
| 7-38 | 0.6 | 0.6 | 0.03 | $6.00\times10^{-7}$ | 0.006 |
| 7-39 | 0.06 | 0.03 | 0.003 | $6.00\times10^{-7}$ | 0.006 |
| 7-40 | 0.15 | 0.09 | 0.015 | $6.00\times10^{-7}$ | 0.006 |
| 7-41 | 1.2 | 2.4 | 0.03 | $6.00\times10^{-7}$ | 0.006 |
| 7-42 | 0.003 | 0.003 | 0.003 | $3.00\times10^{-7}$ | 0.009 |
| 7-43 | 0.12 | 0.12 | 0.015 | $6.00\times10^{-7}$ | 0.009 |
| 7-44 | 0.12 | 0.12 | 0.015 | $6.00\times10^{-7}$ | 0.009 |
| 7-45 | 0.12 | 0.12 | 0.015 | $6.00\times10^{-7}$ | 0.009 |
| 7-46 | 2.7 | 3 | 0.06 | $1.50\times10^{-6}$ | 0.015 |
| 7-47 | 1.8 | 1.2 | 0.03 | $1.50\times10^{-6}$ | 0.015 |

续表

| 层号-分区编号 | $K_{xx}$/(m/d) | $K_{yy}$/(m/d) | $K_{zz}$/(m/d) | $\mu_s$/$m^{-1}$ | $\mu_d$ |
|---|---|---|---|---|---|
| 7-48 | 1.2 | 0.9 | 0.03 | $1.50\times10^{-6}$ | 0.015 |
| 7-49 | 0.0003 | 0.0003 | 0.0003 | $3.00\times10^{-8}$ | 0.003 |
| 7-50 | 0.015 | 0.03 | 0.006 | $6.00\times10^{-7}$ | 0.006 |

# 第四节　水均衡法计算资源量

## 一、补给量

根据上述章节，同时考虑降雨入渗系数分区和降水量分区，可得补给量计算分区，见表5-9、图5-14所示。

**表5-9　补给量计算一览表**

| 入渗编号 | 入渗系数取值 | 面积/$km^2$ | 有效降水量/mm | 补给量/万 $m^3$ |
|---|---|---|---|---|
| 1-张 | 0.07 | 50.19 | 574.32 | 201.78 |
| 1-博 | 0.07 | 192.15 | 693.9 | 933.33 |
| 2 | 0.32 | 340.55 | 693.9 | 7561.84 |
| 3 | 1 | 63.65 | 693.9 | 4416.67 |
| 4 | 1 | 11.58 | 641.14 | 742.44 |
| 5 | 0.28 | 715.53 | 641.14 | 12845.14 |
| 6-张 | 0.25 | 59.71 | 574.32 | 857.32 |
| 6-淄 | 0.25 | 54.93 | 641.14 | 880.45 |
| 6-博 | 0.25 | 58.67 | 693.9 | 1017.78 |
| 7 | 0.32 | 176.02 | 588.42 | 3314.36 |
| 8 | 0.32 | 41.62 | 588.42 | 783.68 |
| 9-淄 | 1.5 | 11.25 | 641.14 | 1081.92 |
| 9-临 | 1.5 | 18.41 | 588.42 | 1624.92 |
| 10 | 0.27 | 162.17 | 588.42 | 2576.45 |
| 11 | 0.3 | 42.58 | 574.32 | 733.64 |
| 12 | 0.32 | 419.76 | 697.6 | 9370.39 |
| 13 | 0.32 | 43.98 | 697.6 | 981.77 |
| 14 | 0 | 1437.37 | 574.32 | 0.00 |
| 合计 |  | 3900.12 |  | 49923.87 |

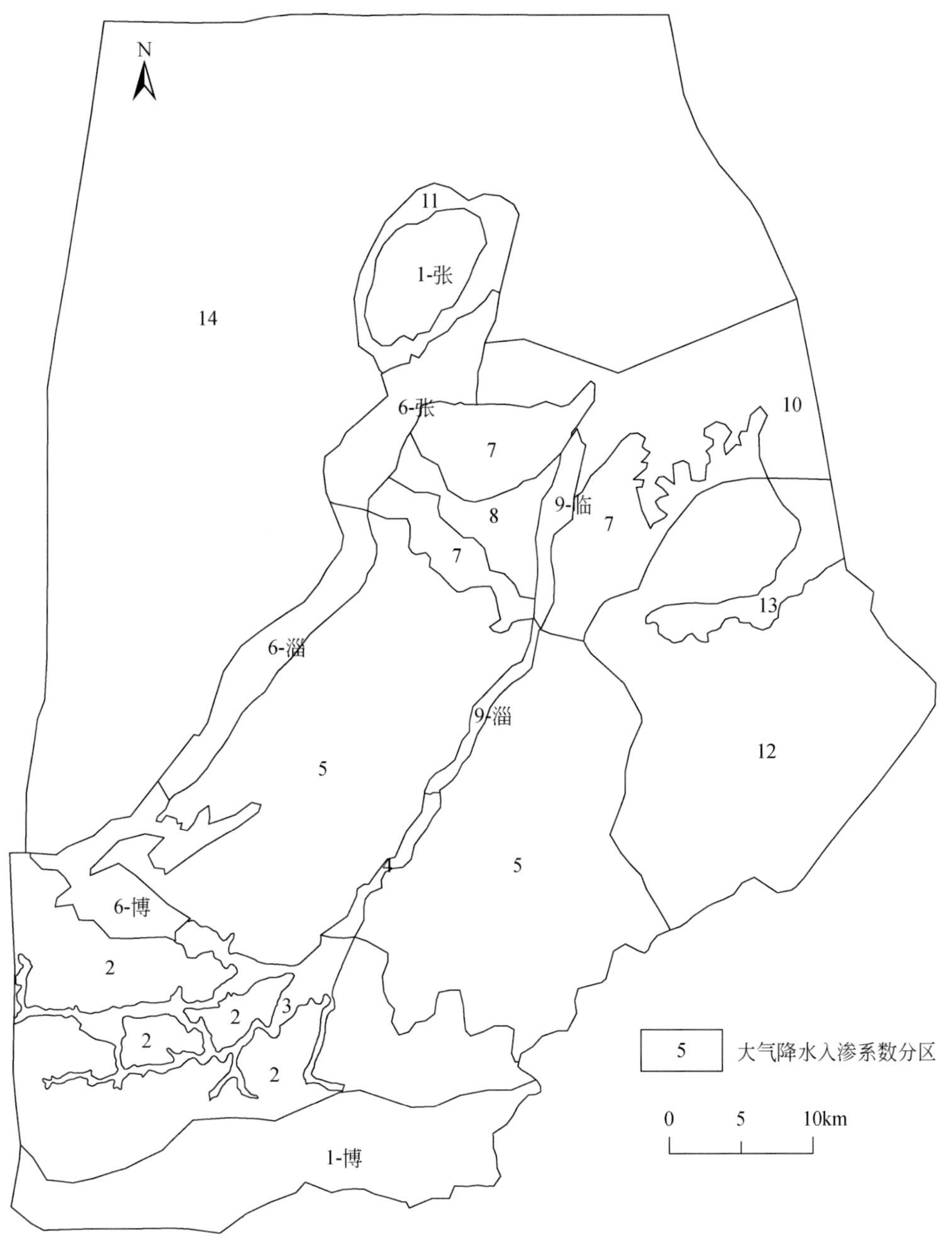


图 5-14　大气降水入渗系数分区图

由表 5-9 可知，沣水泉域岩溶水系统内，岩溶水多年平均补给量为 49923.87 万 $m^3$，即 136.78 万 $m^3/d$；其中孝妇河及淄河岩溶水子系统 39571.71 万 $m^3$，即 108.42 万 $m^3/d$，弥河岩溶水子系统 10352.16 万 $m^3$，即 28.36 万 $m^3/d$。

## 二、排泄量

分析各项排泄量，研究时段内，孝妇河及淄河岩溶水子系统年平均排泄量为 24335. 60 万 $m^3$，即 66. 67 万 $m^3/d$。

# 第五节　数值法计算资源量

## 一、数学模型

### （一）控制方程

对于系统内非均质各向异性岩溶裂隙介质，由于岩溶发育程度较低，可概化为等效连续介质模型，用地下水流连续性方程及其定解条件来描述。本次计算考虑到计算区内岩溶裂隙水的实际主流方向与计算坐标的方向不同，为简化数学模型，在进行计算时，对计算区进行坐标旋转，平面上将研究区逆时针旋转 52°，垂向上不做调整。根据达西渗流定律和渗流连续性方程，将研究区地下水流用以下方程和定解条件描述。

$$\begin{cases}\dfrac{\partial}{\partial x}\left(K_{xx}\dfrac{\partial H}{\partial x}\right)+\dfrac{\partial}{\partial y}\left(K_{yy}\dfrac{\partial H}{\partial y}\right)+\dfrac{\partial}{\partial z}\left(K_{zz}\dfrac{\partial H}{\partial z}\right)+\varepsilon=\mu_{s}\dfrac{\partial H}{\partial t} & (x,y,z)\in\Omega,t\geqslant 0\\ K_{xx}\left(\dfrac{\partial H}{\partial x}\right)^{2}+K_{yy}\left(\dfrac{\partial H}{\partial y}\right)^{2}-K_{zz}\dfrac{\partial H}{\partial z}+W=\mu_{d}\dfrac{\partial H}{\partial t} & (x,y,z)\in\Gamma_{0},t\geqslant 0\\ H(x,y,z,t)\mid_{t=0}=H_{0}(x,y,t) & (x,y,z)\in\Omega\\ K_{n}\dfrac{\partial H}{\partial n}\Big|_{\Gamma_{1}}=0 & (x,y,z)\in\Gamma_{1},t\geqslant 0\end{cases} \tag{5-1}$$

式中，$\Omega$ 为模拟范围；$H$ 为含水层水头，m；$K_{xx}$，$K_{yy}$，$K_{zz}$为 $x$，$y$，$z$ 方向上的渗透系数，m/d；$\mu_s$为单位储水系数（储水率），$m^{-1}$；$\mu_d$为重力给水度；$\varepsilon$ 为源汇项，m/d；$W$ 为降雨入渗补给强度；m/d；$\Gamma_0$为上边界；$\Gamma_1$为第一类边界；$K_n$为边界法线方向上的渗透系数，m/d；$n$ 为研究区边界外法线方向。

### （二）求解工具

本次模拟使用 FEFLOW6. 2 软件进行数学模型的计算。FEFLOW 是由德国水资源规划与系统研究院（WASY）开发的基于有限单元法的地下水模拟软件包。它广泛应用于地下水模拟中，是目前功能最为齐全的地下水模拟软件之一，可用于解决复杂的三维非稳定水流和溶质运移等问题。

### （三）时空离散

对于研究区平面，使用 Triangel 算法进行三角形网格剖分，平面剖分节点 16557 个，单元网格 31608 个，7 层共剖分 132456 个节点和 221256 个单元。其中对金岭断层、淄河断裂带、淄河岩溶水子系统和孝妇河岩溶水子系统分水岭、石马断裂、炒米庄地堑、边河断层、神头–秋谷泉群以及主要开采井进行局部网格加密（图 5-15）。

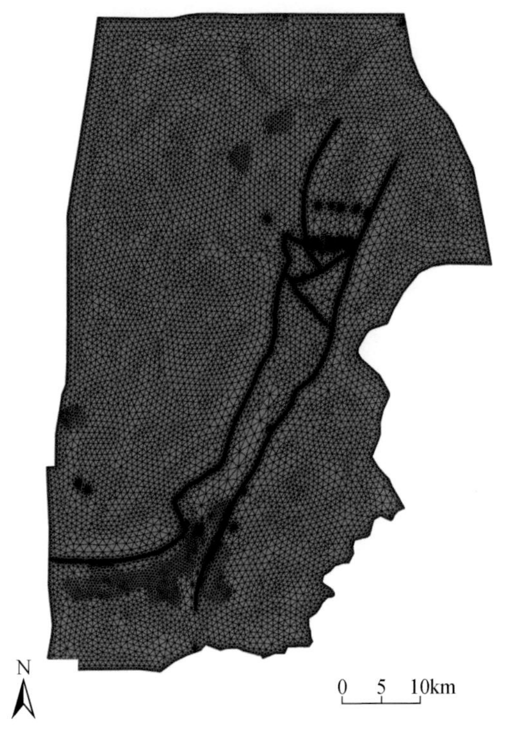


图 5-15　模拟区平面网格剖分图

利用研究区已有的钻孔资料，并根据区域地层资料进行合理的推断，对研究区内各含水层的底板标高进行有效的控制，再使用克里金（Kriging）法获得各个含水层的底板标高，同时生成研究区含水层结构的三维模型（图 5-16、图 5-17）。

根据研究区地下水位动态长期监测资料，本次模拟选取 2000 年 1 月 ~2009 年 12 月作为模拟识别期，2010 年 1 月 ~2015 年 12 月作为模型验证期。该时段历经平水年、枯水年、丰水年，计算时段具有代表性。本次选用水位数据为 5 天一测，降雨数据精确到月，故以月为一个应力期，时间步长由模型自动控制。

### （四）源汇项处理

1. 大气降水入渗补给

大气降水入渗补给是模拟区岩溶地下水的主要补给来源。按照图 5-14 对模拟区进行入渗系数分区，并按照表 5-8 对各分区进行赋值。

2. 人工开采排泄

研究区岩溶地下水各排泄方式具体概化方法如下：

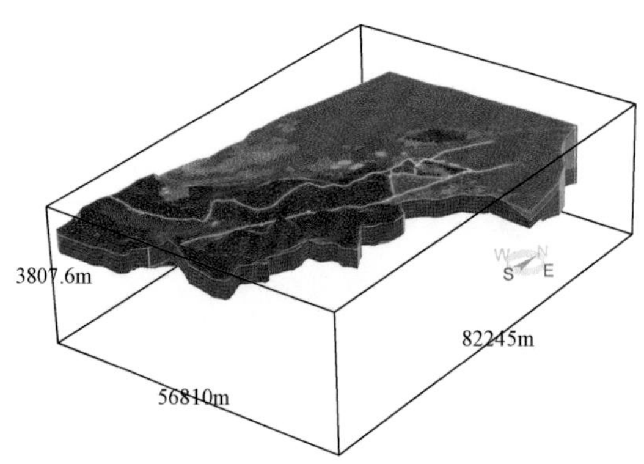


图 5-16 模拟区含水层结构三维模型示意图

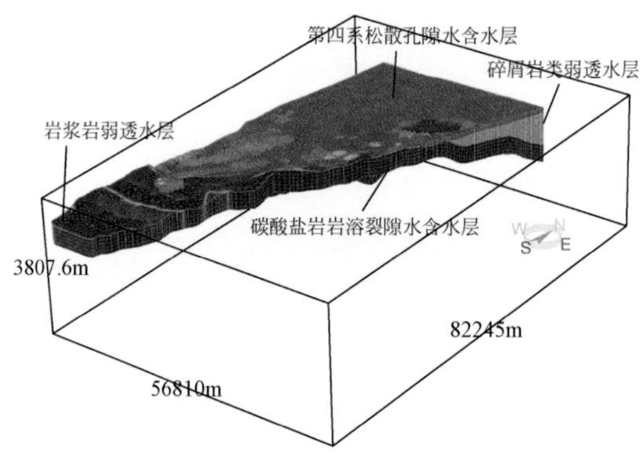


图 5-17 模拟区含水层结构三维切面示意图

（1）模拟期内仅神头、秋谷泉群和龙湾泉群有泉出流，在模型中将泉点位置设置为第一类水流边界中的 Seepage Face，即以该点地表高程为水头边界，水流只出不进，从而使泉点根据其水头与地表高程的关系自动计算泉流量以及泉的出露与枯竭。

（2）主要水源地开采有神头-秋谷、洪山、龙泉、湖田、辛安店、四宝山、源泉、天津湾、城子-口头、北下册、齐陵及大武等。根据历年开采量资料，在水源地位置设置一口或多口多层井，流量以时间序列的方式赋值。

（3）工业用水除了水源地供给外，部分厂区拥有自备井，列为零散工业开采，根据资料，在主要开采位置设置多层井。

（4）区内开采岩溶水的矿山主要为金岭铁矿和黑旺铁矿，设置为开采井；同时黑旺铁矿矿坑排水直接排入淄河，根据以往资料，其回渗量约占开采量的30%，所以在主要渗漏段以注水井的方式进行概化。

（5）零散农业开采主要分布在博山、淄川地区，以多层井形式进行概化。

（6）农村生活饮用水开采，根据乡镇位置布置多层井进行刻画。

## 二、模型识别

模型识别是地下水数值模拟中必不可少的一项工作，需要对研究区的水文地质参数、边界条件、源汇项等反复调整，其中各水文地质参数的识别是模型识别中最重要的一项工作。需要识别的参数主要包括各分区的渗透系数（$K_{xx}$，$K_{yy}$，$K_{zz}$）、给水度（$\mu_d$）、单位储水系数（$\mu_s$）、降雨入渗系数（$\alpha$）。

识别准则有：计算的地下水流场与实际地下水流场基本一致，即要求两者的地下水位基本吻合；计算的地下水位变化规律与实际地下水位变化规律基本一致，即要求两者的水位动态过程相吻合；识别后的水文地质参数、含水层结构、边界条件等符合实际水文地质条件。

### （一）初始条件

本次模拟根据研究区2000年1月1日的水位资料，结合地下水动态，采用克里金法对内初始水头进行插值，并人工校正，作为模型识别期的初始流场（图5-18～图5-20）。

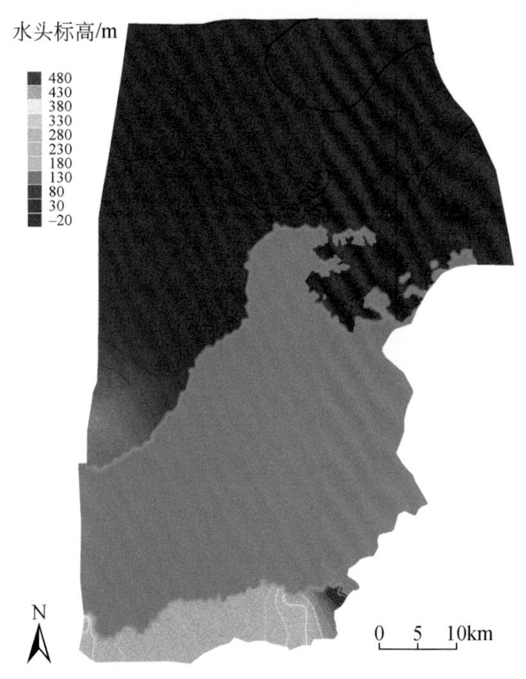


图5-18　第四系初始等水位线图

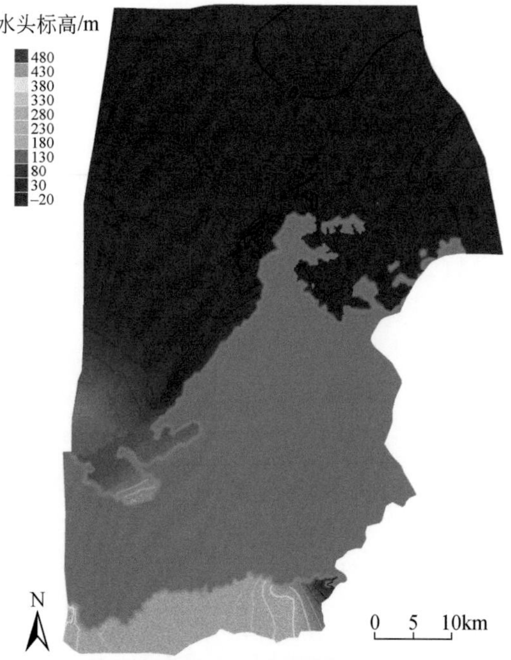


图 5-19　石炭—二叠系初始等水位线图

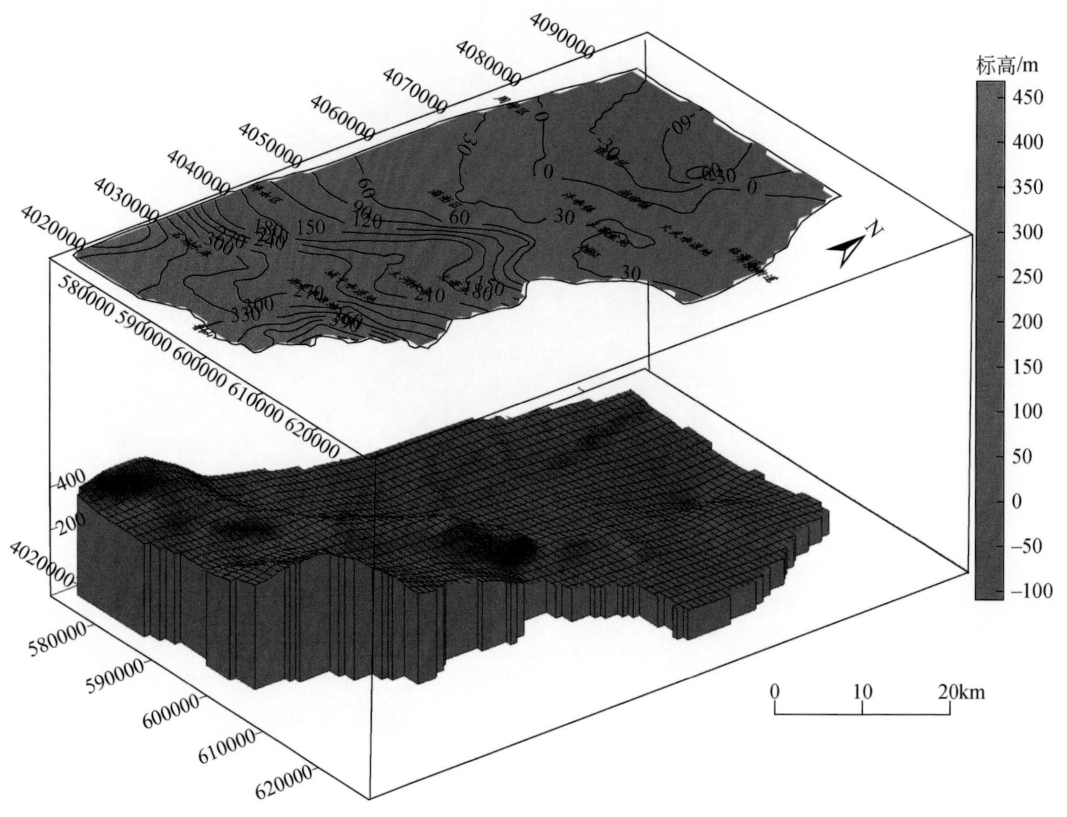


图 5-20　寒武—奥陶系含水层初始等水位线三维示意图

### （二）模型识别

本次模拟根据研究区内23个水位长期观测孔（图5-21）月平均水位资料进行拟合。识别后，其中22个观测孔拟合效果较好，拟合曲线如图5-22所示。

图5-21　水位观测孔分布图

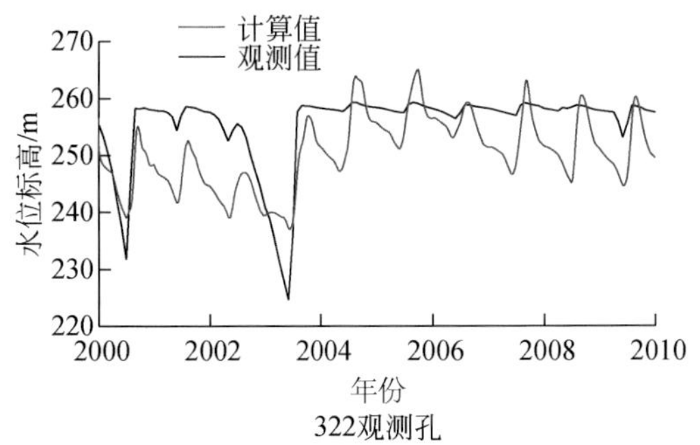


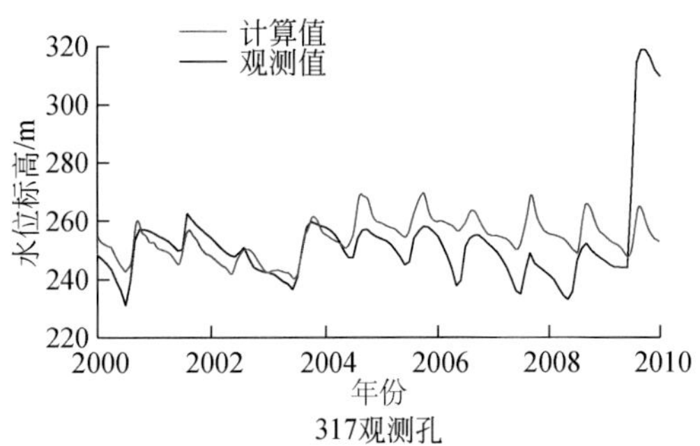

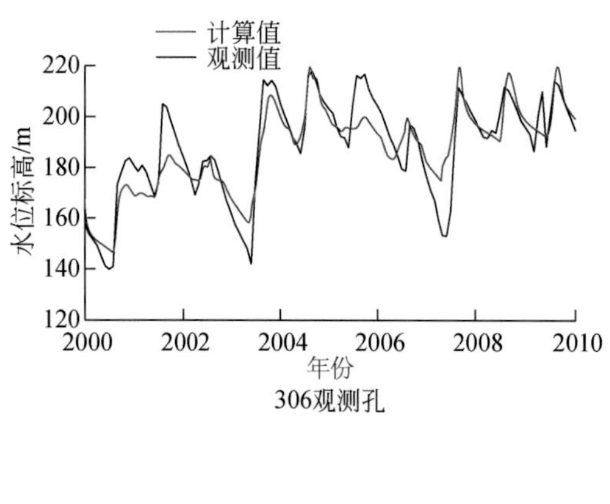

306观测孔

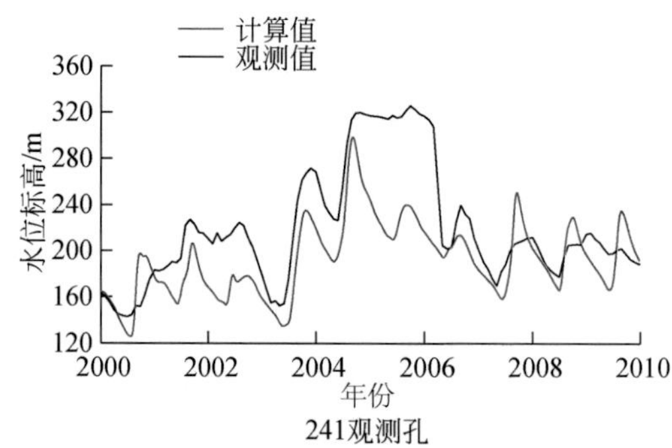

241观测孔

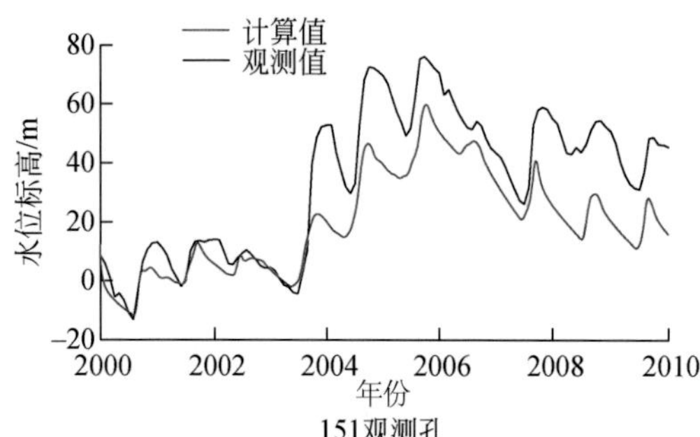

151观测孔

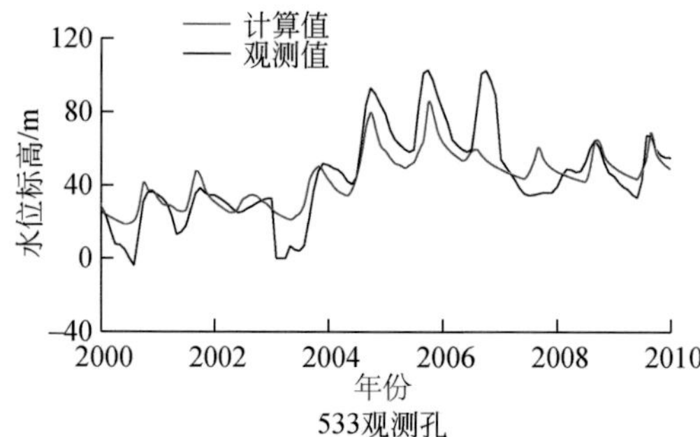

533观测孔

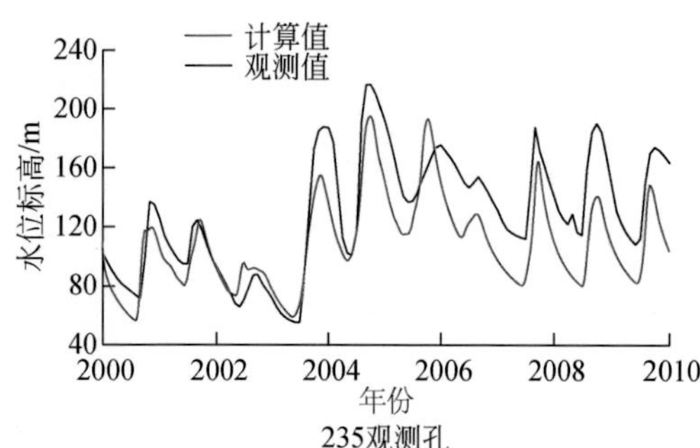

235观测孔

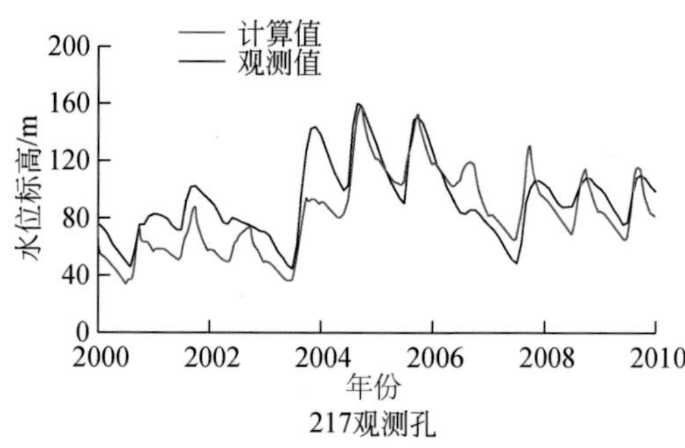

217观测孔

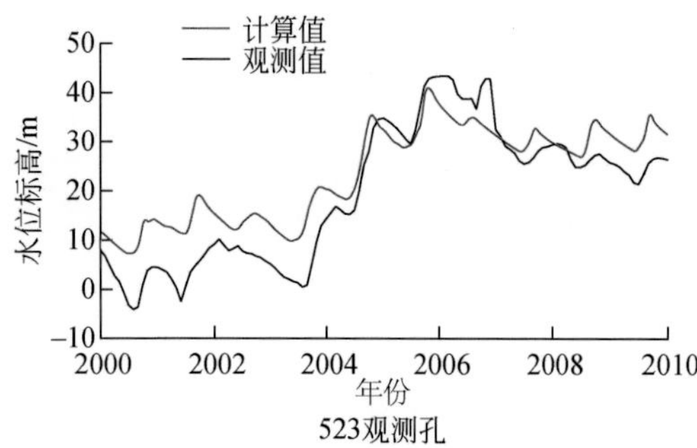

523观测孔

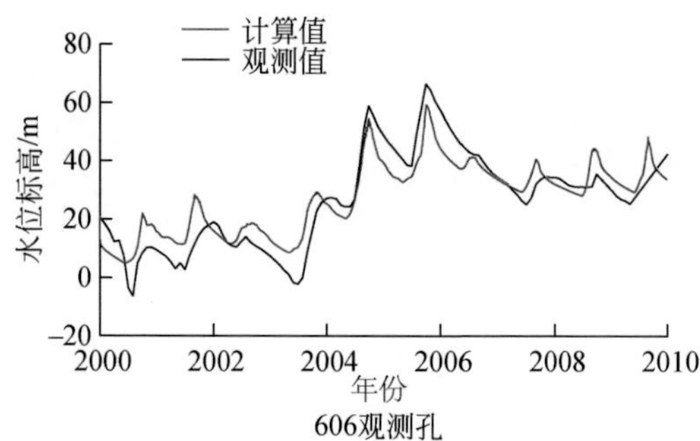

606观测孔

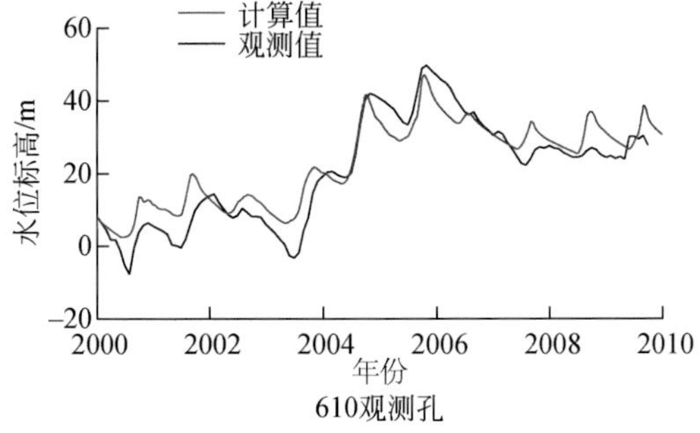

610观测孔

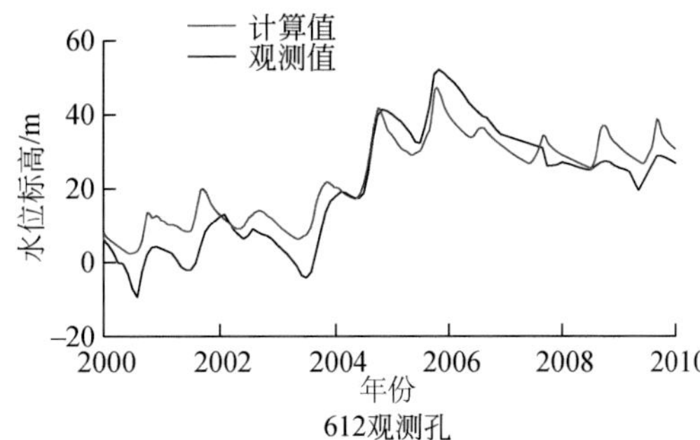

612观测孔

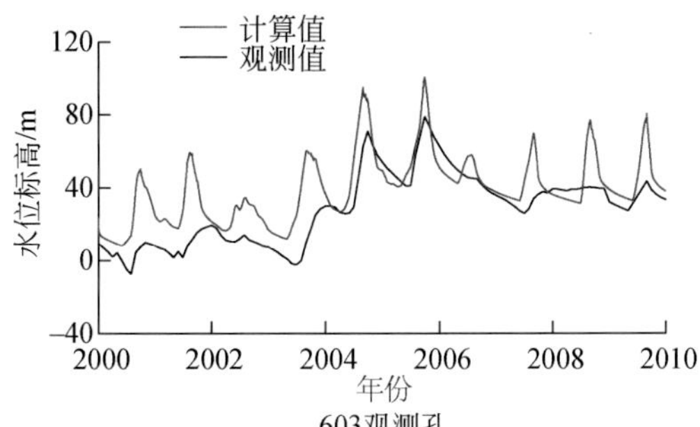

603观测孔

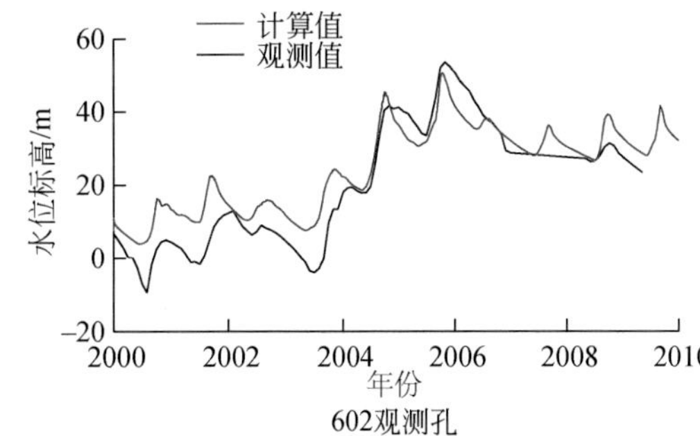

602观测孔

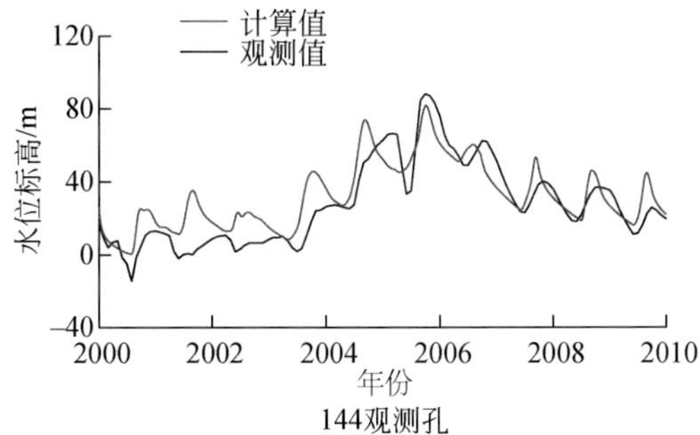

144观测孔

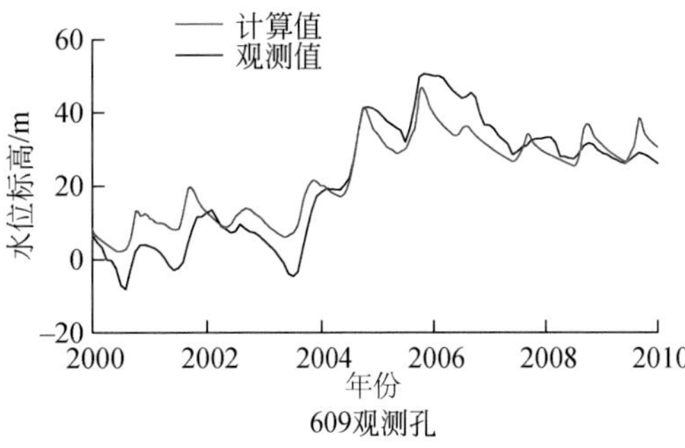

609观测孔

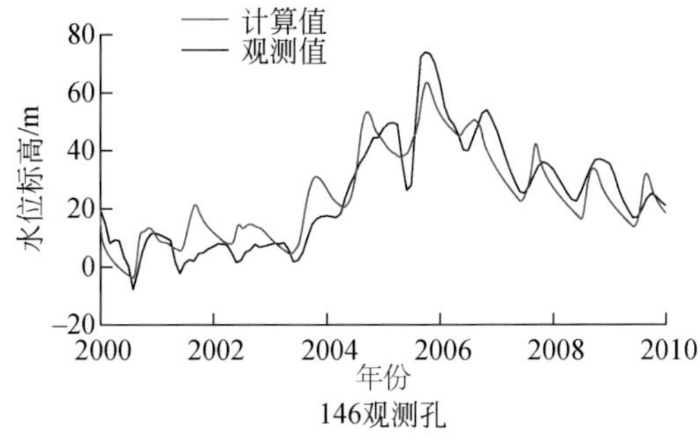

146观测孔

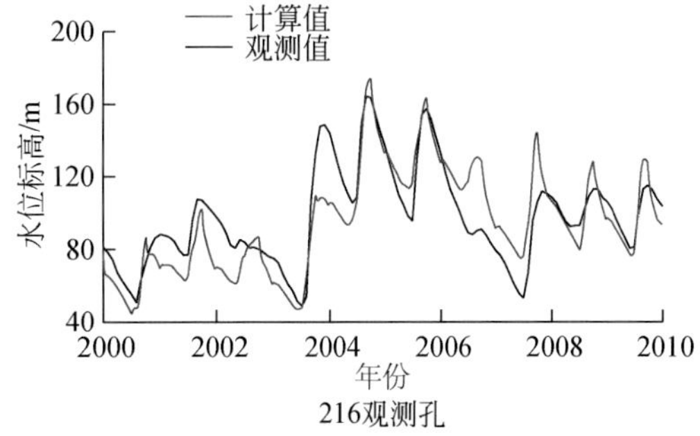

216观测孔

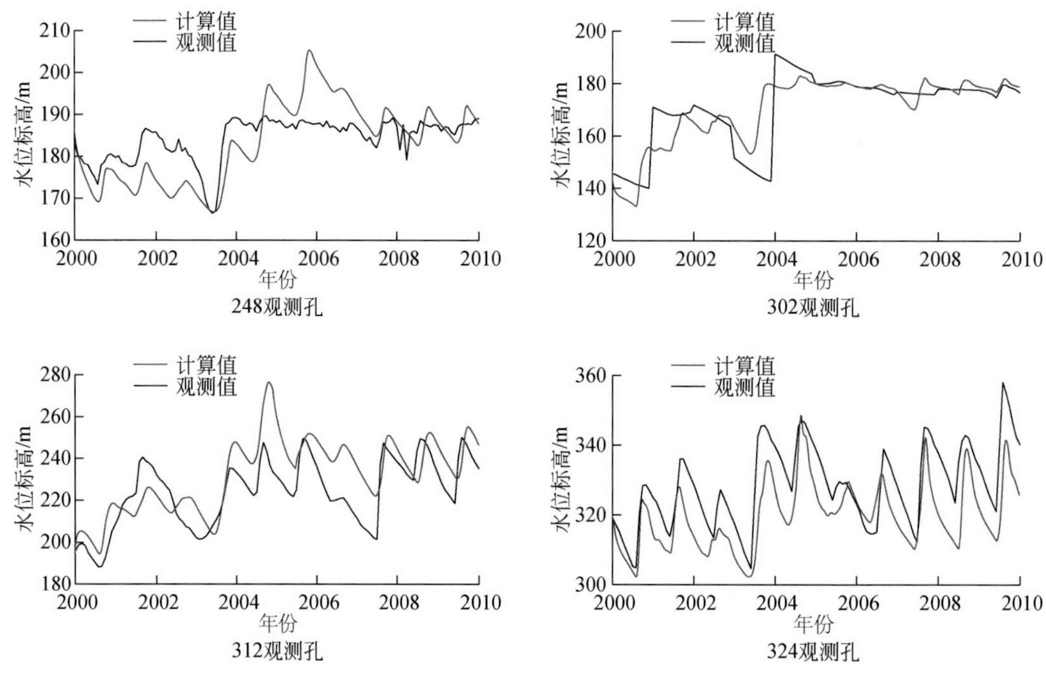


图 5-22　识别期岩溶含水层观测孔水位拟合曲线

根据图 5-22 观测孔水位拟合曲线，本次模型识别观测孔整体拟合效果较好，可反映出实际水位变化趋势，虽然标准偏差达 16.14，部分余差较大，但相比各观测孔模拟期间的实际水位变幅（表 5-10），还是很小，而且根据水位校准散点图可以看出（图 5-23），水位观测值和计算值集中分布在 45°线附近，相关系数达 0.99，所以可以达到拟合要求。

**表 5-10　识别期末观测孔水位校准结果**　（单位：m）

| 观测孔编号 | 观测水位（$H_0$） | 计算水位（$H_C$） | 余差（$H_C-H_0$） | 实测最大水位变幅 |
|---|---|---|---|---|
| 144 | 12.61 | 14.20 | 1.59 | 102.81 |
| 146 | 16.63 | 11.75 | -4.88 | 81.55 |
| 609 | 21.37 | 27.10 | 5.73 | 58.66 |
| 612 | 21.38 | 27.25 | 5.87 | 61.50 |
| 523 | 21.39 | 28.99 | 7.60 | 47.53 |
| 610 | 22.48 | 27.29 | 4.82 | 57.39 |
| 606 | 25.00 | 30.16 | 5.15 | 72.89 |
| 533 | 33.07 | 44.32 | 11.25 | 106.86 |
| 151 | 32.20 | 9.29 | -22.91 | 89.18 |
| 216 | 80.80 | 77.58 | -3.22 | 115.43 |
| 217 | 67.67 | 66.82 | -0.85 | 115.70 |
| 235 | 109.05 | 84.25 | -24.80 | 161.68 |

续表

| 观测孔编号 | 观测水位（$H_O$） | 计算水位（$H_C$） | 余差（$H_C-H_O$） | 实测最大水位变幅 |
|---|---|---|---|---|
| 306 | 169.56 | 181.74 | 12.18 | 77.87 |
| 248 | 184.47 | 183.43 | -1.04 | 23.35 |
| 241 | 204.62 | 171.05 | -33.58 | 183.00 |
| 312 | 224.45 | 234.11 | 9.66 | 61.88 |
| 322 | 256.51 | 246.24 | -10.26 | 34.71 |
| 317 | 295.22 | 249.45 | -45.77 | 87.47 |
| 324 | 330.42 | 320.61 | -9.81 | 53.57 |

注：平均误差=-4.91；标准偏差=16.14；相关系数=0.99。

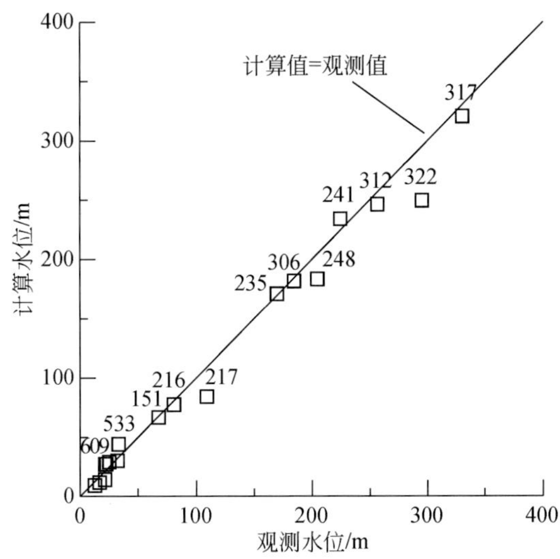


图 5-23　识别期末水位校准结果散点图

### （三）模型验证

在模型识别的基础上，更改补径排条件，进行模型参数和地质结构的验证。由于识别期末研究区地下水等水位线拟合较好，为减少水位插值产生误差影响，所以验证期直接使用识别期末地下水计算水位作为其初始水位。最终拟合效果见图 5-24。

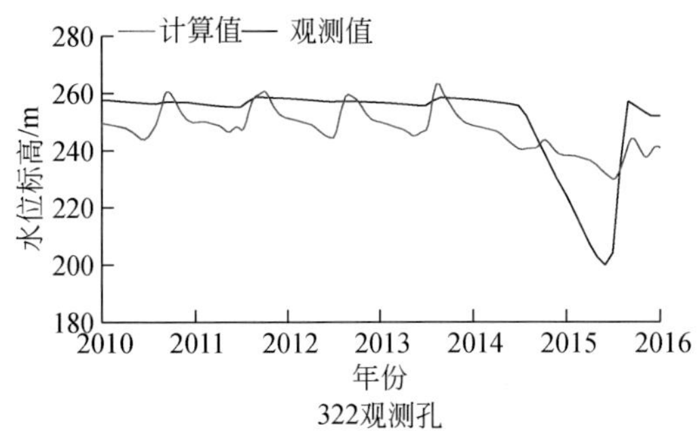


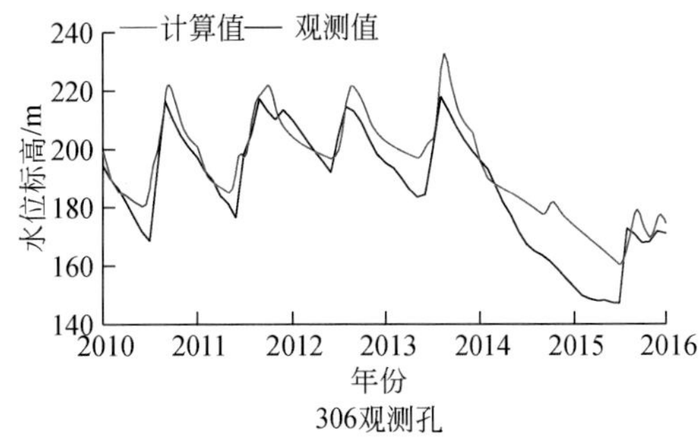

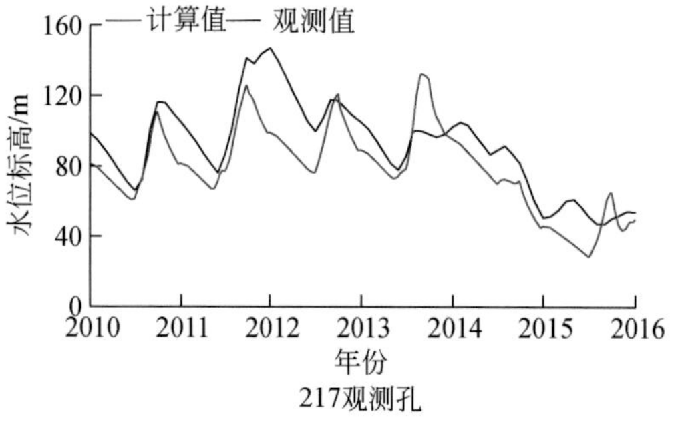


217观测孔

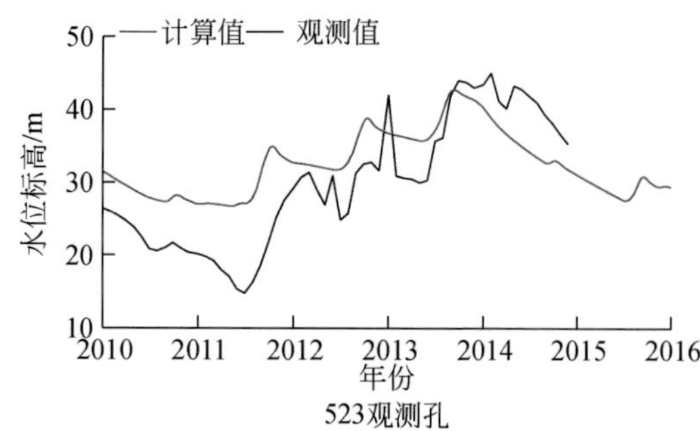


523观测孔

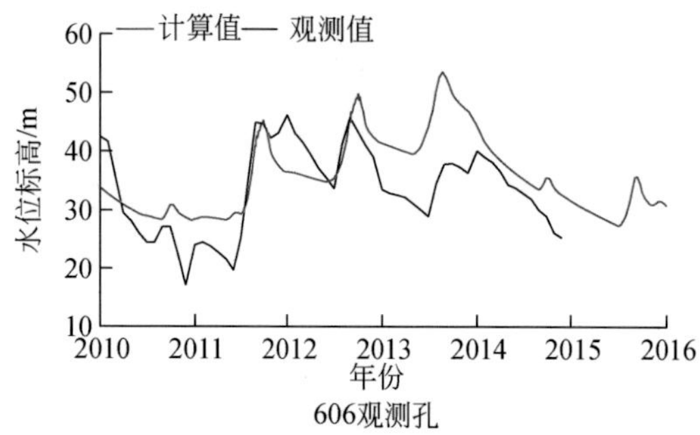


606观测孔

610观测孔

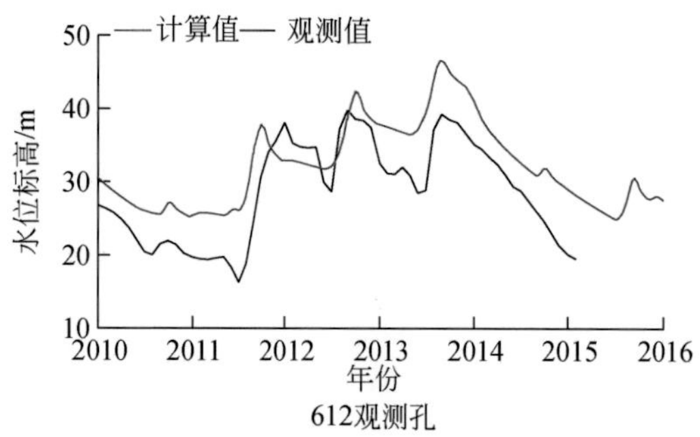


612观测孔

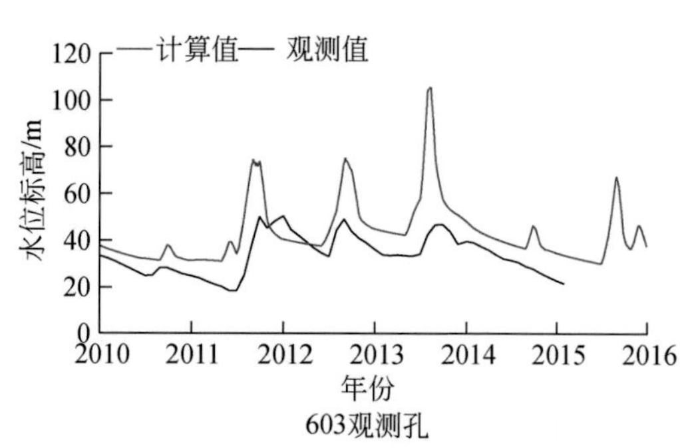


603观测孔

602观测孔

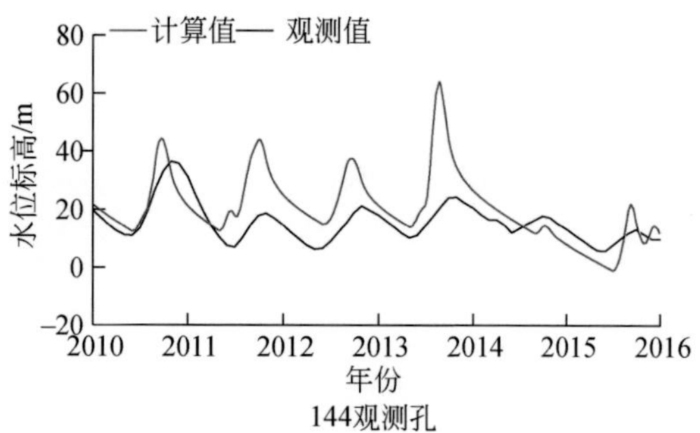


144观测孔

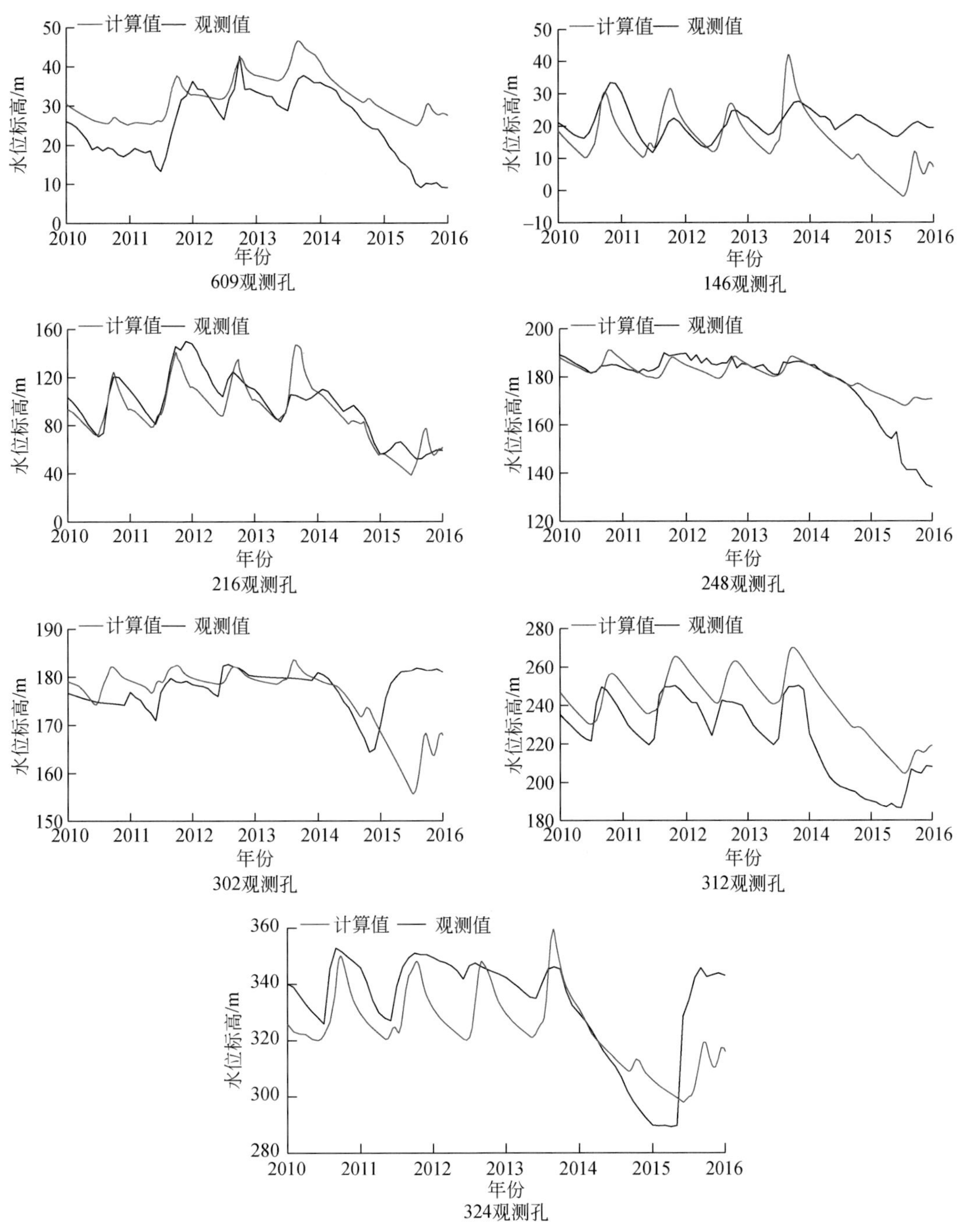


图 5-24　验证期岩溶含水层观测孔水位拟合曲线

从观测孔水位拟合曲线（图 5-24）以及岩溶含水层流场拟合图（图 5-25）可以看出：模型计算岩溶水整体流动趋势基本符合实际地下水流动特征，观测孔水位动态曲线拟合效果较好，计算水位值与观测点的实际观测水位值动态变化基本一致（图 5-26、表 5-11），基本能够反映出客观实际情况。但也由于受到研究区范围较大、地层结构与水文地质条件复杂、对研究区调查程度欠佳等诸多因素的影响，在建模的过程中，对局部刻画不是十分精细，从而造成部分时段模拟结果误差较大。

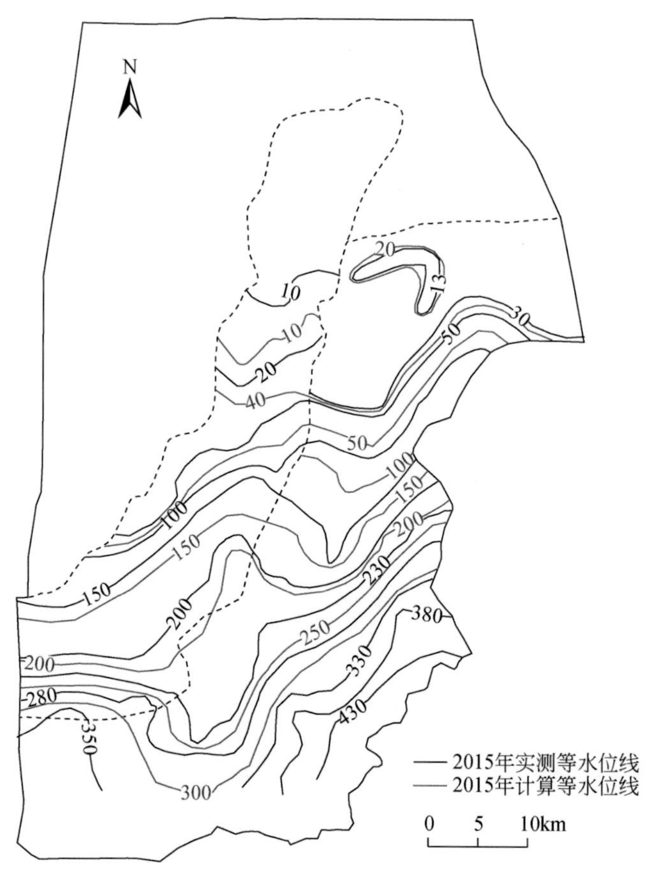


图 5-25 岩溶含水层水平面流场拟合图

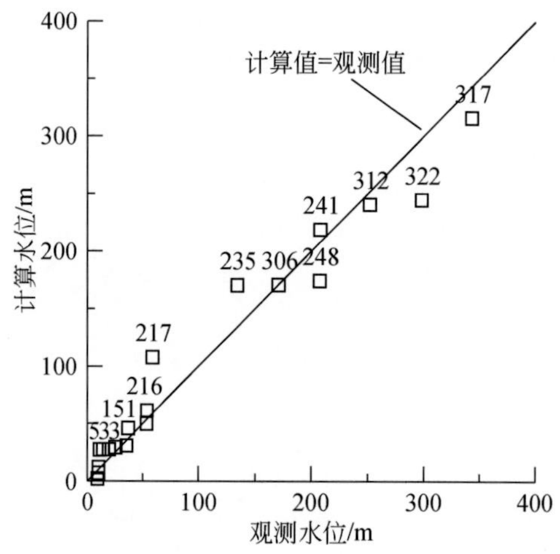


图 5-26 验证期末水位校准结果散点图

**表 5-11　验证期末各观测孔水位校准结果**　（单位：m）

| 观测孔编号 | 观测水位（$H_0$） | 计算水位（$H_C$） | 余差（$H_C-H_0$） | 实测最大水位变幅/m |
|---|---|---|---|---|
| 144 | 9.97 | 12.06 | 2.09 | 30.73 |
| 146 | 19.40 | 7.15 | -12.25 | 21.66 |
| 609 | 9.00 | 27.41 | 18.41 | 33.74 |
| 612 | 10.00 | 27.57 | 17.57 | 29.82 |
| 523 | 35.33 | 29.47 | -5.86 | 30.28 |
| 610 | 11.00 | 27.61 | 16.61 | 27.70 |
| 606 | 25.31 | 30.84 | 5.53 | 29.09 |
| 533 | 14.00 | 46.05 | 32.05 | 59.16 |
| 151 | 36.73 | 2.27 | -34.47 | 30.64 |
| 216 | 59.00 | 61.54 | 2.54 | 97.99 |
| 217 | 54.00 | 50.01 | -3.99 | 99.97 |
| 235 | 53.64 | 107.76 | 54.12 | 109.79 |
| 306 | 171.00 | 174.23 | 3.23 | 70.80 |
| 248 | 134.00 | 170.60 | 36.60 | 55.94 |
| 241 | 207.53 | 170.34 | -37.19 | 23.22 |
| 312 | 208.00 | 218.91 | 10.91 | 63.72 |
| 322 | 252.00 | 240.78 | -11.22 | 58.82 |
| 317 | 298.00 | 244.77 | -53.23 | 62.76 |
| 324 | 343.00 | 315.86 | -27.15 | 63.65 |

注：平均误差=0.75；标准偏差=26.72；相关系数=0.97。

## （四）参数识别结果及讨论

### 1. 参数识别结果

模型识别后主要参数见表 5-12 与表 5-13。

**表 5-12　识别后降雨入渗系数一览表**

| 编号 | 分区说明 | 数值法系数 | 面积/$km^2$ |
|---|---|---|---|
| 1 | 岩浆岩分布区 | 0.07 | 242.34 |
| 2 | 孝妇河-淄河岩溶水子系统上游灰岩裸露区 | 0.32 | 340.55 |
| 3 | 太河水库上游淄河河谷强渗漏区 | 1 | 63.65 |
| 4 | 太河水库上游淄河河谷弱渗漏区 | 1 | 11.58 |
| 5 | 孝妇河-淄河岩溶水子系统中游灰岩裸露区 | 0.28 | 715.53 |
| 6 | 石炭—二叠系弱透水层裸露区 | 0.25 | 173.31 |
| 7 | 孝妇河-淄河岩溶水子系统下游灰岩裸露区 | 0.32 | 176.02 |

续表

| 编号 | 分区说明 | 数值法系数 | 面积/km$^2$ |
|---|---|---|---|
| 8 | 孝妇河-淄河岩溶水子系统山前平原区 | 0. 32 | 41. 62 |
| 9 | 太河水库下游淄河河谷渗漏区 | 1. 5 | 29. 66 |
| 10 | 淄河岩溶水子系统冲积平原区 | 0. 27 | 162. 17 |
| 11 | 孝妇河岩溶水子系统北部灰岩裸露区 | 0. 3 | 42. 58 |
| 12 | 石炭—二叠系弱透水层覆盖区 | 0. 27 | 1437. 37 |
| 13 | 弥河岩溶水子系统灰岩裸露区 | — | 419. 76 |
| 14 | 弥河岩溶水子系统山前平原区 | — | 43. 98 |

**表 5-13　各水文地质参数识别后参数一览表**

| 分区编号 | $K_{xx}$/(m/d) | $K_{yy}$/(m/d) | $K_{zz}$/(m/d) | $\mu_s$/m$^{-1}$ | $\mu_d$ |
|---|---|---|---|---|---|
| 1 | 5. 000 | 2. 500 | 1. 250 | $1.00\times10^{-6}$ | 0. 10 |
| 1-3 | 0. 010 | 0. 010 | 5. 000 | $1.00\times10^{-6}$ | 0. 10 |
| 2 | 0. 000 | 0. 000 | 0. 000 | $1.00\times10^{-6}$ | 0. 10 |
| 2-3 | 0. 010 | 0. 010 | 5. 000 | $1.00\times10^{-6}$ | 0. 10 |
| 3-3 | 0. 100 | 0. 100 | 10. 000 | $1.00\times10^{-8}$ | 0. 10 |
| 3-4 | 20. 000 | 10. 000 | 10. 000 | $6.00\times10^{-7}$ | 0. 150 |
| 3-5 | 0. 500 | 0. 500 | 0. 100 | $1.50\times10^{-5}$ | 0. 150 |
| 3-6 | 1. 500 | 0. 750 | 5. 000 | $4.80\times10^{-6}$ | 0. 150 |
| 3-7 | 20. 000 | 1. 000 | 10. 000 | $2.67\times10^{-7}$ | 0. 150 |
| 3-8 | 20. 000 | 10. 000 | 50. 000 | $2.00\times10^{-6}$ | 0. 072 |
| 3-9 | 2. 000 | 1. 000 | 1. 000 | $8.00\times10^{-6}$ | 0. 072 |
| 3-10 | 1. 200 | 0. 600 | 0. 120 | $6.67\times10^{-6}$ | 0. 110 |
| 3-11 | 0. 240 | 0. 120 | 0. 120 | $2.00\times10^{-5}$ | 0. 072 |
| 3-12 | 1. 000 | 0. 050 | 0. 050 | $2.00\times10^{-6}$ | 0. 096 |
| 3-13 | 0. 400 | 1. 000 | 0. 200 | $3.30\times10^{-6}$ | 0. 335 |
| 3-14 | 5. 000 | 0. 250 | 0. 250 | $1.80\times10^{-6}$ | 0. 335 |
| 3-15 | 1. 000 | 0. 100 | 0. 020 | $1.30\times10^{-6}$ | 0. 192 |
| 3-16 | 3. 000 | 0. 150 | 0. 150 | $3.33\times10^{-7}$ | 0. 480 |
| 3-17 | 6. 000 | 0. 300 | 0. 300 | $1.00\times10^{-5}$ | 0. 100 |
| 3-18 | 20. 000 | 10. 000 | 10. 000 | $2.00\times10^{-6}$ | 0. 300 |
| 3-19 | 20. 000 | 10. 000 | 1. 000 | $2.00\times10^{-6}$ | 0. 300 |
| 3-20 | 1. 000 | 0. 500 | 0. 100 | $2.00\times10^{-7}$ | 0. 150 |
| 3-21 | 20. 000 | 10. 000 | 10. 000 | $1.00\times10^{-6}$ | 0. 240 |
| 3-22 | 4. 000 | 2. 000 | 0. 400 | $2.00\times10^{-4}$ | 0. 096 |

续表

| 分区编号 | $K_{xx}$/(m/d) | $K_{yy}$/(m/d) | $K_{zz}$/(m/d) | $\mu_s$/$m^{-1}$ | $\mu_d$ |
| --- | --- | --- | --- | --- | --- |
| 3-23 | 0. 600 | 0. 300 | 0. 300 | $1.00\times10^{-4}$ | 0. 096 |
| 3-24 | 125 | 62. 5 | 5 | $3.00\times10^{-6}$ | 0. 150 |
| 3-25 | 0. 600 | 0. 300 | 0. 300 | $1.00\times10^{-4}$ | 0. 010 |
| 3-26 | 1. 000 | 0. 500 | 0. 100 | $4.50\times10^{-6}$ | 0. 150 |
| 3-27 | 1. 000 | 0. 500 | 0. 100 | $5.00\times10^{-5}$ | 0. 150 |
| 3-28 | 20. 000 | 20. 000 | 10. 000 | $6.00\times10^{-7}$ | 0. 300 |
| 3-29 | 75. 000 | 37. 500 | 15. 000 | $6.00\times10^{-6}$ | 0. 110 |
| 3-30 | 6. 000 | 0. 030 | 0. 600 | $9.90\times10^{-6}$ | 0. 192 |
| 3-31 | 3. 000 | 1. 500 | 0. 300 | $5.00\times10^{-5}$ | 0. 150 |
| 3-32 | 60. 000 | 20. 000 | 30. 000 | $1.25\times10^{-4}$ | 0. 300 |
| 3-33 | 0. 050 | 0. 250 | 0. 010 | $6.00\times10^{-6}$ | 0. 192 |
| 3-34 | 4. 000 | 4. 000 | 0. 800 | $1.00\times10^{-5}$ | 0. 150 |
| 3-35 | 500. 000 | 250. 000 | 50. 000 | $2.00\times10^{-6}$ | 0. 300 |
| 3-36 | 2. 000 | 0. 040 | 0. 008 | $1.30\times10^{-6}$ | 0. 192 |
| 3-37 | 500. 000 | 100. 000 | 50. 000 | $2.00\times10^{-8}$ | 0. 300 |
| 3-38 | 104. 167 | 52. 083 | 0. 125 | $2.67\times10^{-7}$ | 0. 040 |
| 3-39 | 10. 000 | 10. 000 | 2. 000 | $2.00\times10^{-5}$ | 0. 034 |
| 3-40 | 25. 000 | 25. 000 | 5. 000 | $2.00\times10^{-6}$ | 0. 034 |
| 3-41 | 1000. 000 | 500. 000 | 10. 000 | $1.00\times10^{-8}$ | 0. 300 |
| 3-42 | 0. 100 | 0. 050 | 0. 100 | $2.00\times10^{-7}$ | 0. 150 |
| 3-43 | 10. 000 | 5. 000 | 1. 000 | $5.00\times10^{-6}$ | 0. 062 |
| 3-44 | 100. 000 | 100. 000 | 10. 000 | $5.00\times10^{-6}$ | 0. 300 |
| 3-45 | 10. 000 | 5. 000 | 1. 000 | $5.00\times10^{-6}$ | 0. 062 |
| 3-46 | 1000. 000 | 500. 000 | 10. 000 | $1.00\times10^{-8}$ | 0. 300 |
| 3-47 | 1000. 000 | 500. 000 | 10. 000 | $1.00\times10^{-8}$ | 0. 300 |
| 3-48 | 1000. 000 | 500. 000 | 10. 000 | $1.00\times10^{-8}$ | 0. 300 |
| 3-49 | 0. 000 | 0. 000 | 0. 000 | $1.00\times10^{-4}$ | 0. 300 |
| 3-50 | 0. 011 | 0. 006 | 0. 010 | $1.00\times10^{-6}$ | 0. 010 |
| 4-3 | 1. 000 | 0. 500 | 0. 100 | $1.00\times10^{-8}$ | 0. 010 |
| 4-4 | 20. 000 | 10. 000 | 10. 000 | $6.00\times10^{-7}$ | 0. 150 |
| 4-5 | 0. 500 | 0. 500 | 0. 100 | $1.50\times10^{-5}$ | 0. 150 |
| 4-6 | 1. 500 | 0. 750 | 5. 000 | $4.80\times10^{-6}$ | 0. 150 |
| 4-7 | 20. 000 | 1. 000 | 10. 000 | $2.67\times10^{-7}$ | 0. 150 |
| 4-8 | 20. 000 | 10. 000 | 5. 000 | $2.00\times10^{-6}$ | 0. 072 |
| 4-9 | 2. 000 | 1. 000 | 1. 000 | $8.00\times10^{-6}$ | 0. 072 |

续表

| 分区编号 | $K_{xx}$/(m/d) | $K_{yy}$/(m/d) | $K_{zz}$/(m/d) | $\mu_s$/$m^{-1}$ | $\mu_d$ |
|---|---|---|---|---|---|
| 4-10 | 1.200 | 0.600 | 0.120 | $1.33\times10^{-6}$ | 0.110 |
| 4-11 | 0.240 | 0.120 | 0.120 | $2.00\times10^{-5}$ | 0.072 |
| 4-12 | 1.000 | 0.050 | 0.050 | $2.00\times10^{-6}$ | 0.096 |
| 4-13 | 0.400 | 1.000 | 0.200 | $3.30\times10^{-6}$ | 0.335 |
| 4-14 | 5.000 | 0.250 | 0.250 | $1.80\times10^{-6}$ | 0.335 |
| 4-15 | 1.000 | 0.100 | 0.020 | $1.30\times10^{-6}$ | 0.192 |
| 4-16 | 3.000 | 0.150 | 0.150 | $3.33\times10^{-7}$ | 0.480 |
| 4-17 | 6.000 | 0.300 | 0.300 | $1.00\times10^{-5}$ | 0.100 |
| 4-18 | 20.000 | 10.000 | 10.000 | $2.00\times10^{-6}$ | 0.300 |
| 4-19 | 20.000 | 10.000 | 1.000 | $2.00\times10^{-6}$ | 0.300 |
| 4-20 | 1.000 | 0.500 | 0.100 | $2.00\times10^{-7}$ | 0.150 |
| 4-21 | 20.000 | 10.000 | 10.000 | $1.00\times10^{-6}$ | 0.240 |
| 4-22 | 0.800 | 0.400 | 0.400 | $2.00\times10^{-4}$ | 0.096 |
| 4-23 | 0.120 | 0.060 | 0.300 | $1.00\times10^{-4}$ | 0.096 |
| 4-24 | 125 | 62.5 | 5 | $3.00\times10^{-6}$ | 0.150 |
| 4-25 | 0.120 | 0.060 | 0.300 | $1.00\times10^{-4}$ | 0.010 |
| 4-26 | 1.000 | 0.500 | 0.100 | $4.50\times10^{-6}$ | 0.150 |
| 4-27 | 1.000 | 0.500 | 0.100 | $5.00\times10^{-5}$ | 0.150 |
| 4-28 | 20.000 | 20.000 | 10.000 | $6.00\times10^{-7}$ | 0.300 |
| 4-29 | 75.000 | 37.500 | 15.000 | $6.00\times10^{-6}$ | 0.110 |
| 4-30 | 6.000 | 0.030 | 0.600 | $9.90\times10^{-6}$ | 0.192 |
| 4-31 | 3.000 | 1.500 | 0.300 | $5.00\times10^{-5}$ | 0.150 |
| 4-32 | 60.000 | 20.000 | 30.000 | $1.25\times10^{-4}$ | 0.300 |
| 4-33 | 0.050 | 0.250 | 0.010 | $6.00\times10^{-6}$ | 0.192 |
| 4-34 | 4.000 | 4.000 | 0.800 | $1.00\times10^{-5}$ | 0.150 |
| 4-35 | 500.000 | 250.000 | 50.000 | $2.00\times10^{-6}$ | 0.300 |
| 4-36 | 2.000 | 0.040 | 0.008 | $1.30\times10^{-6}$ | 0.192 |
| 4-37 | 500.000 | 100.000 | 50.000 | $2.00\times10^{-8}$ | 0.300 |
| 4-38 | 104.167 | 52.083 | 0.125 | $2.67\times10^{-7}$ | 0.040 |
| 4-39 | 10.000 | 10.000 | 2.000 | $2.00\times10^{-5}$ | 0.034 |
| 4-40 | 25.000 | 25.000 | 5.000 | $2.00\times10^{-6}$ | 0.034 |
| 4-41 | 1000.000 | 500.000 | 10.000 | $1.00\times10^{-8}$ | 0.300 |
| 4-42 | 0.100 | 0.050 | 0.100 | $2.00\times10^{-7}$ | 0.150 |
| 4-43 | 10.000 | 5.000 | 1.000 | $5.00\times10^{-6}$ | 0.062 |
| 4-44 | 100.000 | 100.000 | 10.000 | $5.00\times10^{-6}$ | 0.300 |

续表

| 分区编号 | $K_{xx}$/(m/d) | $K_{yy}$/(m/d) | $K_{zz}$/(m/d) | $\mu_s$/$m^{-1}$ | $\mu_d$ |
|---|---|---|---|---|---|
| 4-45 | 10.000 | 5.000 | 1.000 | $5.00\times10^{-6}$ | 0.062 |
| 4-46 | 1000.000 | 500.000 | 10.000 | $1.00\times10^{-8}$ | 0.300 |
| 4-47 | 1000.000 | 500.000 | 10.000 | $1.00\times10^{-8}$ | 0.300 |
| 4-48 | 1000.000 | 500.000 | 10.000 | $1.00\times10^{-8}$ | 0.300 |
| 4-49 | 0.000 | 0.000 | 0.000 | $1.00\times10^{-4}$ | 0.300 |
| 4-50 | 0.011 | 0.006 | 0.010 | $1.00\times10^{-6}$ | 0.010 |
| 5-3 | 1.000 | 0.500 | 0.100 | $1.00\times10^{-8}$ | 0.010 |
| 5-4 | 5.000 | 2.500 | 0.500 | $6.00\times10^{-7}$ | 0.150 |
| 5-5 | 0.500 | 0.500 | 0.100 | $1.50\times10^{-5}$ | 0.150 |
| 5-6 | 1.500 | 0.750 | 5.000 | $4.80\times10^{-5}$ | 0.150 |
| 5-7 | 20.000 | 1.000 | 10.000 | $2.67\times10^{-7}$ | 0.150 |
| 5-8 | 20.000 | 10.000 | 5.000 | $2.00\times10^{-6}$ | 0.072 |
| 5-9 | 2.000 | 1.000 | 1.000 | $8.00\times10^{-6}$ | 0.072 |
| 5-10 | 1.200 | 0.600 | 0.120 | $1.33\times10^{-6}$ | 0.110 |
| 5-11 | 0.240 | 0.120 | 0.120 | $2.00\times10^{-5}$ | 0.072 |
| 5-12 | 1.000 | 0.050 | 0.050 | $2.00\times10^{-6}$ | 0.096 |
| 5-13 | 0.400 | 1.000 | 0.200 | $3.30\times10^{-6}$ | 0.335 |
| 5-14 | 5.000 | 0.250 | 0.250 | $1.80\times10^{-6}$ | 0.335 |
| 5-15 | 1.000 | 0.100 | 0.020 | $1.30\times10^{-6}$ | 0.192 |
| 5-16 | 3.000 | 0.150 | 0.150 | $3.33\times10^{-7}$ | 0.480 |
| 5-17 | 6.000 | 0.300 | 0.300 | $1.00\times10^{-5}$ | 0.100 |
| 5-18 | 20.000 | 10.000 | 10.000 | $2.00\times10^{-6}$ | 0.300 |
| 5-19 | 20.000 | 10.000 | 1.000 | $2.00\times10^{-6}$ | 0.300 |
| 5-20 | 1.000 | 0.500 | 0.100 | $2.00\times10^{-7}$ | 0.150 |
| 5-21 | 20.000 | 10.000 | 10.000 | $1.00\times10^{-6}$ | 0.240 |
| 5-22 | 0.800 | 0.400 | 0.400 | $2.00\times10^{-4}$ | 0.096 |
| 5-23 | 0.120 | 0.060 | 0.300 | $1.00\times10^{-4}$ | 0.096 |
| 5-24 | 31.25 | 15.625 | 5 | $3.00\times10^{-6}$ | 0.150 |
| 5-25 | 0.120 | 0.060 | 0.300 | $1.00\times10^{-4}$ | 0.010 |
| 5-26 | 1.000 | 0.500 | 0.100 | $4.50\times10^{-6}$ | 0.150 |
| 5-27 | 1.000 | 0.500 | 0.100 | $5.00\times10^{-5}$ | 0.150 |
| 5-28 | 20.000 | 20.000 | 10.000 | $6.00\times10^{-7}$ | 0.300 |
| 5-29 | 75.000 | 37.500 | 15.000 | $6.00\times10^{-6}$ | 0.110 |
| 5-30 | 6.000 | 0.030 | 0.600 | $9.90\times10^{-6}$ | 0.192 |
| 5-31 | 3.000 | 1.500 | 0.300 | $5.00\times10^{-5}$ | 0.150 |

续表

| 分区编号 | $K_{xx}$/(m/d) | $K_{yy}$/(m/d) | $K_{zz}$/(m/d) | $\mu_s/m^{-1}$ | $\mu_d$ |
|---|---|---|---|---|---|
| 5-32 | 60.000 | 20.000 | 30.000 | $1.25\times10^{-4}$ | 0.300 |
| 5-33 | 0.050 | 0.250 | 0.010 | $6.00\times10^{-6}$ | 0.192 |
| 5-34 | 4.000 | 4.000 | 0.800 | $1.00\times10^{-5}$ | 0.150 |
| 5-35 | 500.000 | 250.000 | 50.000 | $2.00\times10^{-6}$ | 0.300 |
| 5-36 | 2.000 | 0.040 | 0.008 | $1.30\times10^{-6}$ | 0.192 |
| 5-37 | 500.000 | 100.000 | 50.000 | $2.00\times10^{-8}$ | 0.300 |
| 5-38 | 104.167 | 52.083 | 0.125 | $2.67\times10^{-7}$ | 0.040 |
| 5-39 | 10.000 | 10.000 | 2.000 | $2.00\times10^{-5}$ | 0.034 |
| 5-40 | 25.000 | 25.000 | 5.000 | $2.00\times10^{-6}$ | 0.034 |
| 5-41 | 1000.000 | 500.000 | 10.000 | $1.00\times10^{-8}$ | 0.300 |
| 5-42 | 0.100 | 0.050 | 0.100 | $2.00\times10^{-7}$ | 0.150 |
| 5-43 | 10.000 | 5.000 | 1.000 | $5.00\times10^{-6}$ | 0.062 |
| 5-44 | 100.000 | 100.000 | 10.000 | $5.00\times10^{-6}$ | 0.300 |
| 5-45 | 10.000 | 5.000 | 1.000 | $5.00\times10^{-6}$ | 0.062 |
| 5-46 | 1000.000 | 500.000 | 10.000 | $1.00\times10^{-8}$ | 0.300 |
| 5-47 | 1000.000 | 500.000 | 10.000 | $1.00\times10^{-8}$ | 0.300 |
| 5-48 | 1000.000 | 500.000 | 10.000 | $1.00\times10^{-8}$ | 0.300 |
| 5-49 | 0.000 | 0.000 | 0.000 | $1.00\times10^{-4}$ | 0.300 |
| 5-50 | 0.011 | 0.006 | 0.010 | $1.00\times10^{-6}$ | 0.010 |
| 6-3 | 0.200 | 0.100 | 0.020 | $1.00\times10^{-8}$ | 0.010 |
| 6-4 | 1.000 | 0.500 | 0.100 | $6.00\times10^{-7}$ | 0.150 |
| 6-5 | 0.500 | 0.500 | 0.004 | $1.50\times10^{-5}$ | 0.150 |
| 6-6 | 0.300 | 0.150 | 3.000 | $4.80\times10^{-6}$ | 0.150 |
| 6-7 | 0.400 | 0.200 | 2.000 | $2.67\times10^{-7}$ | 0.150 |
| 6-8 | 4.000 | 2.000 | 10.000 | $2.00\times10^{-6}$ | 0.072 |
| 6-9 | 0.400 | 0.200 | 0.200 | $8.00\times10^{-6}$ | 0.072 |
| 6-10 | 0.240 | 0.120 | 0.024 | $1.33\times10^{-6}$ | 0.110 |
| 6-11 | 0.048 | 0.024 | 0.024 | $2.00\times10^{-5}$ | 0.072 |
| 6-12 | 0.020 | 0.010 | 0.010 | $2.00\times10^{-6}$ | 0.096 |
| 6-13 | 0.080 | 0.200 | 0.040 | $3.30\times10^{-6}$ | 0.335 |
| 6-14 | 0.100 | 0.050 | 0.050 | $1.80\times10^{-6}$ | 0.335 |
| 6-15 | 0.200 | 0.020 | 0.004 | $1.30\times10^{-6}$ | 0.192 |
| 6-16 | 0.060 | 0.030 | 0.030 | $3.33\times10^{-7}$ | 0.480 |
| 6-17 | 0.120 | 0.060 | 0.060 | $1.00\times10^{-5}$ | 0.100 |
| 6-18 | 4.000 | 2.000 | 2.000 | $2.00\times10^{-6}$ | 0.300 |

续表

| 分区编号 | $K_{xx}$/(m/d) | $K_{yy}$/(m/d) | $K_{zz}$/(m/d) | $\mu_s$/$m^{-1}$ | $\mu_d$ |
|---|---|---|---|---|---|
| 6-19 | 0. 400 | 0. 200 | 0. 200 | $2.00\times10^{-6}$ | 0. 300 |
| 6-20 | 0. 200 | 0. 100 | 0. 020 | $2.00\times10^{-7}$ | 0. 150 |
| 6-21 | 4. 000 | 2. 000 | 20. 000 | $1.00\times10^{-6}$ | 0. 240 |
| 6-22 | 0. 160 | 0. 080 | 0. 080 | $2.00\times10^{-4}$ | 0. 096 |
| 6-23 | 0. 024 | 0. 012 | 0. 060 | $1.00\times10^{-4}$ | 0. 096 |
| 6-24 | 12. 500 | 6. 250 | 5. 000 | $3.00\times10^{-6}$ | 0. 150 |
| 6-25 | 0. 024 | 0. 012 | 0. 060 | $1.00\times10^{-4}$ | 0. 010 |
| 6-26 | 0. 200 | 0. 100 | 0. 020 | $4.50\times10^{-6}$ | 0. 150 |
| 6-27 | 0. 200 | 0. 100 | 0. 020 | $5.00\times10^{-5}$ | 0. 150 |
| 6-28 | 4. 000 | 20. 000 | 2. 000 | $6.00\times10^{-7}$ | 0. 300 |
| 6-29 | 1. 500 | 0. 750 | 3. 000 | $6.00\times10^{-6}$ | 0. 110 |
| 6-30 | 1. 200 | 0. 006 | 0. 120 | $9.90\times10^{-6}$ | 0. 192 |
| 6-31 | 0. 600 | 0. 300 | 0. 060 | $5.00\times10^{-5}$ | 0. 150 |
| 6-32 | 12. 000 | 20. 000 | 6. 000 | $1.25\times10^{-4}$ | 0. 300 |
| 6-33 | 0. 010 | 0. 050 | 0. 002 | $6.00\times10^{-6}$ | 0. 192 |
| 6-34 | 0. 800 | 0. 800 | 0. 160 | $1.00\times10^{-5}$ | 0. 150 |
| 6-35 | 100. 000 | 50. 000 | 10. 000 | $2.00\times10^{-6}$ | 0. 300 |
| 6-36 | 0. 016 | 0. 008 | 0. 002 | $1.30\times10^{-6}$ | 0. 192 |
| 6-37 | 100. 000 | 100. 000 | 10. 000 | $2.00\times10^{-8}$ | 0. 300 |
| 6-38 | 0. 417 | 0. 208 | 0. 025 | $2.67\times10^{-7}$ | 0. 040 |
| 6-39 | 2. 000 | 2. 000 | 0. 400 | $2.00\times10^{-5}$ | 0. 034 |
| 6-40 | 5. 000 | 5. 000 | 1. 000 | $2.00\times10^{-6}$ | 0. 034 |
| 6-41 | 200. 000 | 100. 000 | 20. 000 | $1.00\times10^{-8}$ | 0. 300 |
| 6-42 | 0. 020 | 0. 010 | 0. 020 | $2.00\times10^{-7}$ | 0. 150 |
| 6-43 | 2. 000 | 1. 000 | 0. 200 | $5.00\times10^{-6}$ | 0. 062 |
| 6-44 | 20. 000 | 100. 000 | 2. 000 | $5.00\times10^{-6}$ | 0. 300 |
| 6-45 | 2. 000 | 1. 000 | 0. 200 | $5.00\times10^{-6}$ | 0. 062 |
| 6-46 | 200. 000 | 100. 000 | 20. 000 | $1.00\times10^{-8}$ | 0. 300 |
| 6-47 | 200. 000 | 100. 000 | 20. 000 | $1.00\times10^{-8}$ | 0. 300 |
| 6-48 | 200. 000 | 100. 000 | 20. 000 | $1.00\times10^{-8}$ | 0. 300 |
| 6-49 | 0. 000 | 0. 000 | 0. 000 | $1.00\times10^{-4}$ | 0. 300 |
| 6-50 | 0. 010 | 0. 010 | 0. 010 | $1.00\times10^{-6}$ | 0. 010 |
| 7-3 | 0. 040 | 0. 020 | 0. 004 | $1.00\times10^{-8}$ | 0. 010 |
| 7-4 | 0. 200 | 0. 100 | 0. 020 | $6.00\times10^{-7}$ | 0. 150 |
| 7-5 | 0. 500 | 0. 500 | 0. 004 | $1.50\times10^{-5}$ | 0. 150 |

续表

| 分区编号 | $K_{xx}$/(m/d) | $K_{yy}$/(m/d) | $K_{zz}$/(m/d) | $\mu_s/m^{-1}$ | $\mu_d$ |
|---|---|---|---|---|---|
| 7-6 | 0.060 | 0.030 | 0.600 | $4.80\times10^{-6}$ | 0.150 |
| 7-7 | 0.080 | 0.040 | 0.400 | $2.67\times10^{-7}$ | 0.150 |
| 7-8 | 0.800 | 0.400 | 2.000 | $2.00\times10^{-6}$ | 0.072 |
| 7-9 | 0.080 | 0.040 | 0.040 | $8.00\times10^{-6}$ | 0.072 |
| 7-10 | 0.048 | 0.024 | 0.005 | $1.33\times10^{-6}$ | 0.110 |
| 7-11 | 0.010 | 0.005 | 0.005 | $2.00\times10^{-5}$ | 0.072 |
| 7-12 | 0.004 | 0.002 | 0.002 | $2.00\times10^{-6}$ | 0.096 |
| 7-13 | 0.016 | 0.040 | 0.008 | $3.30\times10^{-6}$ | 0.335 |
| 7-14 | 0.020 | 0.010 | 0.010 | $1.80\times10^{-6}$ | 0.335 |
| 7-15 | 0.040 | 0.004 | 0.001 | $1.30\times10^{-6}$ | 0.192 |
| 7-16 | 0.012 | 0.006 | 0.006 | $3.33\times10^{-7}$ | 0.480 |
| 7-17 | 0.024 | 0.012 | 0.012 | $1.00\times10^{-5}$ | 0.100 |
| 7-18 | 0.800 | 0.400 | 0.400 | $2.00\times10^{-6}$ | 0.300 |
| 7-19 | 0.080 | 0.040 | 0.040 | $2.00\times10^{-6}$ | 0.300 |
| 7-20 | 0.040 | 0.020 | 0.004 | $2.00\times10^{-7}$ | 0.150 |
| 7-21 | 0.800 | 0.400 | 4.000 | $1.00\times10^{-6}$ | 0.240 |
| 7-22 | 0.032 | 0.016 | 0.016 | $2.00\times10^{-4}$ | 0.096 |
| 7-23 | 0.005 | 0.002 | 0.012 | $1.00\times10^{-4}$ | 0.096 |
| 7-24 | 2.500 | 1.250 | 1.000 | $3.00\times10^{-6}$ | 0.150 |
| 7-25 | 0.005 | 0.002 | 0.012 | $1.00\times10^{-4}$ | 0.010 |
| 7-26 | 0.040 | 0.020 | 0.004 | $4.50\times10^{-6}$ | 0.150 |
| 7-27 | 0.040 | 0.020 | 0.004 | $5.00\times10^{-5}$ | 0.150 |
| 7-28 | 0.800 | 20.000 | 0.400 | $6.00\times10^{-7}$ | 0.300 |
| 7-29 | 0.300 | 0.150 | 0.600 | $6.00\times10^{-6}$ | 0.110 |
| 7-30 | 0.240 | 0.001 | 0.024 | $9.90\times10^{-6}$ | 0.192 |
| 7-31 | 0.120 | 0.060 | 0.012 | $5.00\times10^{-5}$ | 0.150 |
| 7-32 | 2.400 | 20.000 | 1.200 | $1.25\times10^{-4}$ | 0.300 |
| 7-33 | 0.002 | 0.010 | 0.000 | $6.00\times10^{-6}$ | 0.192 |
| 7-34 | 0.160 | 0.160 | 0.032 | $1.00\times10^{-5}$ | 0.150 |
| 7-35 | 20.000 | 10.000 | 2.000 | $2.00\times10^{-6}$ | 0.300 |
| 7-36 | 0.003 | 0.002 | 0.000 | $1.30\times10^{-6}$ | 0.192 |
| 7-37 | 20.000 | 100.000 | 2.000 | $2.00\times10^{-8}$ | 0.300 |
| 7-38 | 0.083 | 0.042 | 0.005 | $2.67\times10^{-7}$ | 0.040 |
| 7-39 | 0.400 | 0.400 | 0.080 | $2.00\times10^{-5}$ | 0.034 |
| 7-40 | 1.000 | 1.000 | 0.200 | $2.00\times10^{-6}$ | 0.034 |

续表

| 分区编号 | $K_{xx}$/(m/d) | $K_{yy}$/(m/d) | $K_{zz}$/(m/d) | $\mu_s$/$m^{-1}$ | $\mu_d$ |
|---|---|---|---|---|---|
| 7-41 | 40.000 | 20.000 | 4.000 | $1.00\times10^{-8}$ | 0.300 |
| 7-42 | 0.004 | 0.002 | 0.004 | $2.00\times10^{-7}$ | 0.150 |
| 7-43 | 0.400 | 0.200 | 0.040 | $5.00\times10^{-6}$ | 0.062 |
| 7-44 | 4.000 | 100.000 | 0.400 | $5.00\times10^{-6}$ | 0.300 |
| 7-45 | 0.400 | 0.200 | 0.040 | $5.00\times10^{-6}$ | 0.062 |
| 7-46 | 40.000 | 20.000 | 4.000 | $1.00\times10^{-8}$ | 0.300 |
| 7-47 | 40.000 | 20.000 | 4.000 | $1.00\times10^{-8}$ | 0.300 |
| 7-48 | 40.000 | 20.000 | 4.000 | $1.00\times10^{-8}$ | 0.300 |
| 7-49 | 0.000 | 0.000 | 0.000 | $1.00\times10^{-4}$ | 0.300 |
| 7-50 | 0.010 | 0.010 | 0.010 | $1.00\times10^{-6}$ | 0.010 |

2. 参数讨论

根据模型计算结果，研究区大气降水入渗补给系数的取值范围为0.07～1.5，大气降水入渗补给系数依然呈平原区稍大于山区的特征，考虑淄河断裂带的汇水作用和强渗漏作用，导致其降雨入渗系数出现大于1的现象。

岩溶裂隙水含水层渗透系数取值情况为：除阻水断层外，第3～5层渗透系数取值范围为0.5～1000m/d，第6层渗透系数取值范围为0.025～50m/d，第7层渗透系数取值范围为0.0015～3m/d。研究区渗透系数取值大小在垂向上总体随埋深呈逐渐衰减趋势，平面上南部补给区较小，中部与北部径流和排泄区相对较大，整个计算区模型参数为0.0015～1000m/d。根据收集的以往抽水试验资料，获取局部地段含水层的实际水文地质参数与模拟反演参数对比结果，见表5-14。

**表5-14　研究区岩溶含水层部分模拟反演与抽水试验渗透系数对比表**

| 位置 | 参数分区编号 | 试验钻孔数/个 | 抽水试验渗透系数/(m/d) | | 模拟反演渗透系数/(m/d) | | |
|---|---|---|---|---|---|---|---|
| | | | 实测值范围 | 平均值 | $K_{xx}$ | $K_{yy}$ | $K_{zz}$ |
| 研究区南部（源泉水源地周边以及南部山区） | 5 | 1 | 2 | — | 0.5 | 0.5 | 0.1 |
| | 6 | 2 | 0.2～1 | 0.6 | 1.5 | 0.75 | 5 |
| | 9 | 1 | 0.5～1.6 | 1.1 | 2 | 1 | 1 |
| | 4 | 13 | 0.7～17.8 | 8 | 20 | 10 | 10 |
| | 26 | 2 | 0.7～3.7 | 2.6 | 1 | 0.5 | 0.1 |
| | 27 | 4 | 0.2～2.2 | 1.2 | 1 | 0.5 | 0.1 |
| | 24 | 2 | 13.51～31.42 | 20.3 | 31.25 | 15.63 | 5 |
| 研究区中部（城子-口头水源地周边） | 29 | 6 | 4.7～223.2 | 56.8 | 75 | 37 | 15 |
| | 30 | 5 | 0.3～2.5 | 1.2 | 6 | 0.03 | 0.6 |

续表

| 位置 | 参数分区编号 | 试验钻孔数/个 | 抽水试验渗透系数/（m/d） | | 模拟反演渗透系数/（m/d） | | |
|---|---|---|---|---|---|---|---|
| | | | 实测值范围 | 平均值 | $K_{xx}$ | $K_{yy}$ | $K_{zz}$ |
| 研究区西北部（孝妇河岩溶水子系统山前地带） | 10 | 6 | 0.2～4.5 | 2.3 | 1.2 | 0.6 | 0.12 |
| | 8 | 1 | 72.3 | — | 20 | 10 | 5 |
| | 11 | 1 | 18.7 | — | 5 | 10 | 0.5 |
| | 20 | 1 | 9.68 | — | 20 | 10 | 1 |

从表5-14可以看出，模拟反演所得参数与收集到的抽水试验数据整体较为相近，参数分布特征与实测相同，参数相差在一个数量级以内可认为模拟反演所得参数仿真程度较高。

综合分析，经过模型识别和验证，说明含水层结构、边界条件的概化、水文地质参数的选取较为合理，所建立的数学模型能够较真实地刻画出研究区地下水系统特征。根据区域水文地质条件、含水层富水性等，模型反演所得水文地质参数及分区符合实际水文地质条件，所建模型可靠程度较高，可以利用该模型对研究区做进一步研究。

### （五）水流模型参数敏感性分析

在建模中，因研究区地下水系统的复杂性、资料有限以及人们认识的局限性等原因，数值模型存在不确定性，且主要体现在模型中的参数（如渗透系数、给水度、弥散度）、模型边界及模型结构三个方面。针对本次研究，模型边界及模型结构虽然也存在不确定性，但模型边界的确定较为客观，建立的模型识别结果良好，从而可判断模型结构较为合理，而模型中各水文地质参数不确定性因素较多，故对模型中各水文地质参数进行敏感性分析。

参数敏感性分析对于深入认识研究区水文地质条件以及改进数值模型有着重要作用。通过敏感性分析结果可将各参数对模型的影响程度进行排序，得到对模型结果影响较大的参数。可使模型更加完善，模拟结果更趋于实际。

按照参数的数量，一般可将参数敏感性分析方法分为局部分析法和全局分析法，由于全局分析法操作比较复杂，目前国内对地下水数值模型的参数敏感性分析以局部分析法为主，所以本次敏感性分析采用局部分析法对各单一参数进行分析。单一参数敏感性分析通常以识别验证末期的水位或浓度作为基准，将目标参数适当作上下浮动，其他参数保持不变，从而得到模型结果对各参数的响应程度。敏感度是衡量改变一个因子时对其他因子影响的量。模型因变量对一个模型输入参数的敏感性是该因变量对该参数的偏微分：

$$X_{i,k}=\frac{\partial \hat{y}_i}{\partial a_k} \tag{5-2}$$

式中，$X_{i,k}$为第 $i$ 个观测点处模型因变量 $\hat{y}_i$ 对第 $k$ 个参数的敏感系数；$a_k$ 为第 $k$ 个参数值。

为了便于比较不同参数之间的敏感系数，将式（5-2）进一步标准化为量纲为一的形式如下：

$$X_{i,k}=\frac{\partial\hat{y}_i a_k}{\hat{y}_i\partial a_k} \tag{5-3}$$

本次研究由于参数分区较多，因此仅选取研究区内主要含水层（岩溶裂隙含水岩组，模型中 3 ~5 层）作为目标含水层，对该含水层内 7 个参数分区中的水平/垂向渗透系数及单位储水系数几个重要的水文地质参数进行不确定分析。以识别期末的各参数作为基准，分别设置各参数 10% 的变化幅度，改变各目标参数后以识别期各观测孔水位作为因变量，根据式（5-3）计算各目标参数敏感性系数作为衡量相关参数敏感性指标。计算结果见表 5-15及图 5-27。

**表 5-15　敏感性系数计算结果**

| 区号 | 减少 10% | | | 增大 10% | | |
|---|---|---|---|---|---|---|
| | $K_{xy}$ | $K_z$ | $\mu_s$ | $K_{xy}$ | $K_z$ | $\mu_s$ |
| 3-6 | $1.25\times10^{-2}$ | $4.70\times10^{-3}$ | $8.89\times10^{-3}$ | $1.52\times10^{-2}$ | $4.18\times10^{-3}$ | $8.36\times10^{-3}$ |
| 3-11 | $7.82\times10^{-4}$ | $7.73\times10^{-4}$ | $8.68\times10^{-4}$ | $1.65\times10^{-3}$ | $6.86\times10^{-4}$ | $8.68\times10^{-4}$ |
| 3-14 | $2.06\times10^{-3}$ | 0 | $4.89\times10^{-3}$ | $1.44\times10^{-3}$ | $3.90\times10^{-4}$ | $6.17\times10^{-3}$ |
| 3-20 | $9.06\times10^{-3}$ | $2.50\times10^{-4}$ | $5.50\times10^{-3}$ | $7.50\times10^{-3}$ | 0 | $4.25\times10^{-3}$ |
| 3-21 | $9.36\times10^{-3}$ | $1.34\times10^{-4}$ | $2.11\times10^{-3}$ | $9.03\times10^{-3}$ | $3.01\times10^{-4}$ | $2.07\times10^{-3}$ |
| 3-32 | $2.04\times10^{-2}$ | $3.05\times10^{-4}$ | $2.55\times10^{-2}$ | $1.96\times10^{-2}$ | $2.59\times10^{-3}$ | $2.26\times10^{-2}$ |
| 3-38 | $6.04\times10^{-3}$ | $1.23\times10^{-3}$ | $2.46\times10^{-3}$ | $7.70\times10^{-3}$ | $1.17\times10^{-3}$ | $1.62\times10^{-3}$ |

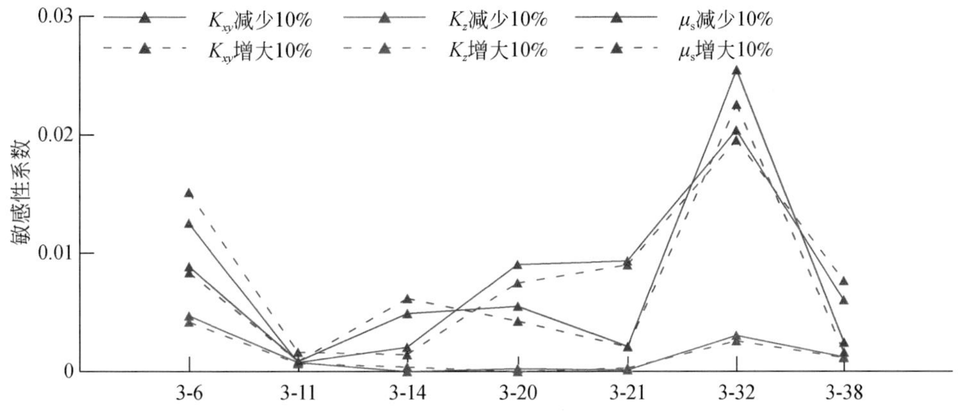


图 5-27　参数敏感性结果图

$K_{xy}$为水平渗透系数；$K_z$为垂向渗透系数；$\mu_s$为单位储水系数

从参数敏感性结果图可以看出：在分析的几个参数分区中，多数分区参数敏感性系数排序为水平渗透系数>单位储水系数>垂向渗透系数。即水平渗透系数对模拟结果影响最大，单位储水系数次之，而垂向渗透系数对模拟结果影响较为微弱，具有一定规律性。其中，目标含水层中的3-6 与3-38 两个分区单位储水系数的敏感性最大，对模拟结果的影响最为显著。这是由于含水层隐伏于上覆地层之下，且埋深相对较大，因此具有承压性，从而在该区域内模拟结果对改变单位储水系数的敏感性相对于其他参数更高。此外，目标含水层除3-6与3-38两个参数分区外，其余参与研究的分区所在含水层基本均为灰岩裸露区，应为潜水含水层，但由于该含水层水位埋藏深度较大，从而当改变重力给水度时模型的模拟结果基本没有变化，而单位储水系数相对于重力给水度对模拟结果起着较大的影响。

### （六）水均衡分析及水资源量计算

模型模拟期地下水均衡量见表5-16。由2000年1月至2015年12月历时16年时间：在模拟期内，沣水泉域岩溶水系统补给与排泄量整体趋于平衡，补给量略大于排泄量。其中，大气降水入渗是地下水的主要补给来源，其次第四系孔隙水对碳酸盐岩含水层也有一定的下渗补给。排泄方式则主要为人为开采。

总体来看，博山、淄川位于上游地区，开采小于降雨补给，而下游大武地区、淄川北部和湖田—金岭一带为主要开采区，出现开采大于降雨补给的情况；太河水库下游地区虽然开采大于降雨补给，但由于上游补给，其仍具有一定开采潜力。区内仍喷涌的泉有龙湾泉群和神头-秋谷泉群，多年平均泉排泄量为2.66万$m^3/d$。水均衡计算结果能较好地反映研究区的地下水系统的均衡情况，符合客观实际情况。

根据数值法计算，2000～2015年沣水泉域岩溶水系统具体日均水资源量详见表5-16及图5-28。

补给量=降水入渗补给量+矿山排水回灌量+层间净补给量=103.15万$m^3/d$。

排泄量=井开采量+泉排泄量=78.95万$m^3/d$。

模拟时段地下水正均衡量$\Delta Q$=24.20万$m^3/d$。

## 三、两种方法的对比分析

对比水均衡法与数值法两种方法计算所得的地下水资源量可知，两种方法计算可得的补给量略有不同，而排泄量则差异很大。

分析其原因如下：

（1）区域岩溶水的主要补给来源为大气降水补给。水均衡法使用的降水量为1964～2015年的多年平均有效降水，而数值法使用的为2000～2015年的月降水量，两种方法选用的数据区间不同，造成补给量略有差异。

（2）区域内的特大型水源地大武水源地，于2001年、2011年有两次减采，使2013～2015年的大武水源地开采量小于2000～2012年的平均开采量。黑旺铁矿于2004年闭坑，闭坑前，黑旺铁矿仍对岩溶水进行疏干排水，数值法计算时，对该排水量也进行了考虑。数值法对区内的泉进行了刻画，2000～2015年的泉流量大于2013～2015年的泉水流量。综上原因，导致数值法计算得到的开采量大于水均衡法计算的开采量。

综上所述，虽然数值法与水均衡法计算得到的水资源量有所差异，但由选用不同时间序列的数据造成，这两种方法均是科学、合理的方法。

**表 5-16　沣水泉域岩溶水系统识别期内水均衡量表**

| 分区编号 | 降雨入渗补给/（万 $m^3$/d） | 井开采/（万 $m^3$/d） | 井注入/（万 $m^3$/d） | 泉/（万 $m^3$/d） | 边界排泄/（万 $m^3$/d） | 边界补给/（万 $m^3$/d） | 边界净补给/（万 $m^3$/d） | 总补给量/（万 $m^3$/d） | 总排泄量/（万 $m^3$/d） | 储存量变化/（万 $m^3$/d） | 降雨补给模数/（万 $m^3$/d） | 开采模数/（万 $m^3$/d） | 面积/$km^2$ |
|---|---|---|---|---|---|---|---|---|---|---|---|---|---|
| 1 | 3. 50 | -8. 40 | 0. 00 | 0. 00 | -1. 06 | 6. 04 | 4. 98 | 9. 54 | -9. 46 | 0. 08 | 0. 02 | 0. 04 | 201. 15 |
| 2 | 1. 92 | -4. 50 | 0. 00 | 0. 00 | -2. 95 | 5. 65 | 2. 70 | 7. 57 | -7. 45 | 0. 12 | 0. 03 | 0. 06 | 73. 17 |
| 3 | 1. 62 | -0. 07 | 0. 00 | 0. 00 | -4. 28 | 3. 30 | -0. 98 | 4. 93 | -4. 35 | 0. 57 | 0. 03 | 0. 00 | 58. 37 |
| 4 | 8. 46 | -6. 88 | 0. 00 | -0. 30 | -4. 19 | 6. 16 | 1. 97 | 14. 61 | -11. 37 | 3. 24 | 0. 04 | 0. 03 | 219. 56 |
| 5 | 10. 01 | -3. 30 | 0. 00 | 0. 00 | -5. 92 | 3. 80 | -2. 12 | 13. 81 | -9. 22 | 4. 59 | 0. 05 | 0. 02 | 216. 86 |
| 6 | 34. 67 | -45. 02 | 0. 29 | 0. 00 | -25. 89 | 43. 74 | 17. 85 | 78. 70 | -70. 91 | 7. 79 | 0. 06 | 0. 08 | 596. 84 |
| 7 | 24. 10 | -4. 14 | 0. 00 | -0. 16 | -24. 10 | 15. 38 | -8. 73 | 39. 47 | -28. 41 | 11. 06 | 0. 07 | 0. 01 | 326. 82 |
| 8 | 19. 90 | -3. 98 | 0. 00 | -2. 20 | -23. 54 | 6. 55 | -16. 99 | 26. 44 | -29. 72 | -3. 28 | 0. 05 | 0. 01 | 441. 93 |
| 9 | 15. 71 | 0. 00 | 0. 00 | 0. 00 | 0. 00 | 0. 00 | 0. 00 | 0. 00 | 0. 00 | 0. 00 | 0. 03 | 0. 00 | 454. 34 |
| 孝妇河流域 | 25. 51 | -23. 16 | 0. 00 | -0. 30 | -18. 40 | 24. 94 | 6. 54 | 50. 46 | -41. 86 | 8. 59 | 0. 16 | 0. 15 | 769. 11 |
| 淄河流域 | 78. 67 | -53. 14 | 0. 29 | -2. 36 | -73. 53 | 65. 67 | -7. 86 | 144. 61 | -129. 04 | 15. 60 | 0. 18 | 0. 1 | 1365. 59 |
| 沣水泉域 | 104. 18 | -76. 29 | 0. 29 | -2. 66 | -91. 93 | 90. 61 | -1. 32 | 195. 07 | -170. 89 | 24. 20 | 0. 35 | 0. 25 | 2134. 7 |

注：1. 弥河岩溶水子系统仅以分区 9 计算出降雨补给，沣水泉域的水资源计算中不包括弥河岩溶水子系统。

2. 所有水资源计算量仅代表岩溶水系统。

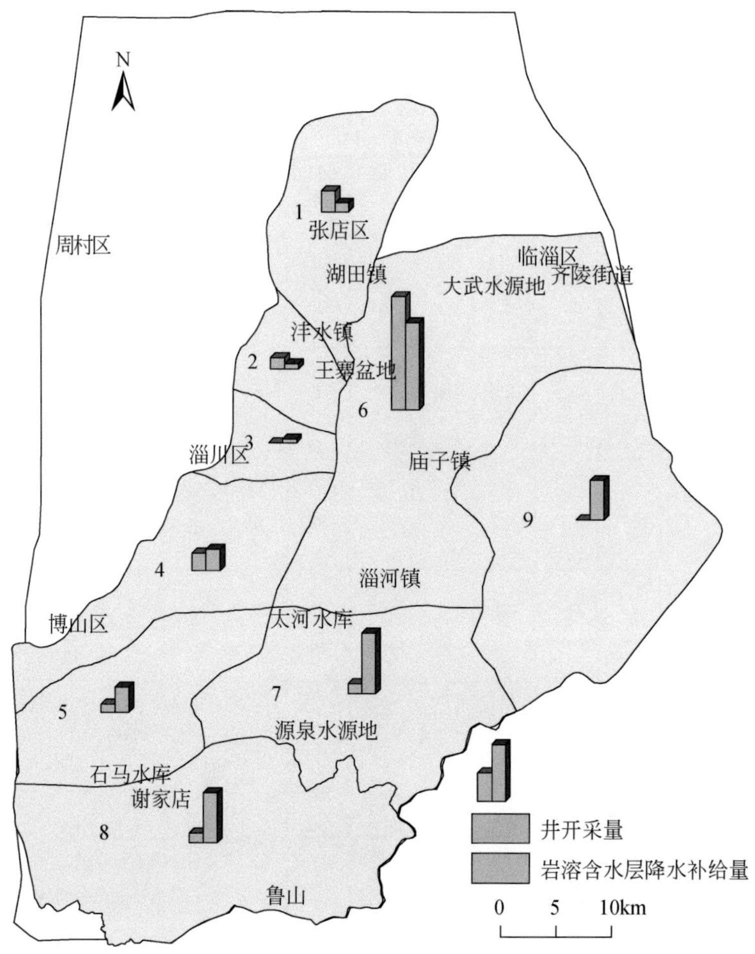


图 5-28　沣水岩溶水系统水资源分区图

# 第六节　资源量评价及开采潜力分析

为了更精确地对沣水泉域岩溶水资源量进行分析评价，需要对沣水泉域岩溶水系统进行更细致的岩溶水系统划分。利用数值模型对各岩溶水次级子系统的多年岩溶水资源量进行计算，从而对整个系统岩溶水资源量进行评价，分析其开采潜力。

## 一、岩溶水次级子系统划分

为了更加准确地评价地下水资源量，将对沣水泉域岩溶水系统内 9 个岩溶水次级子系统进行计算评价（图 5-29）。

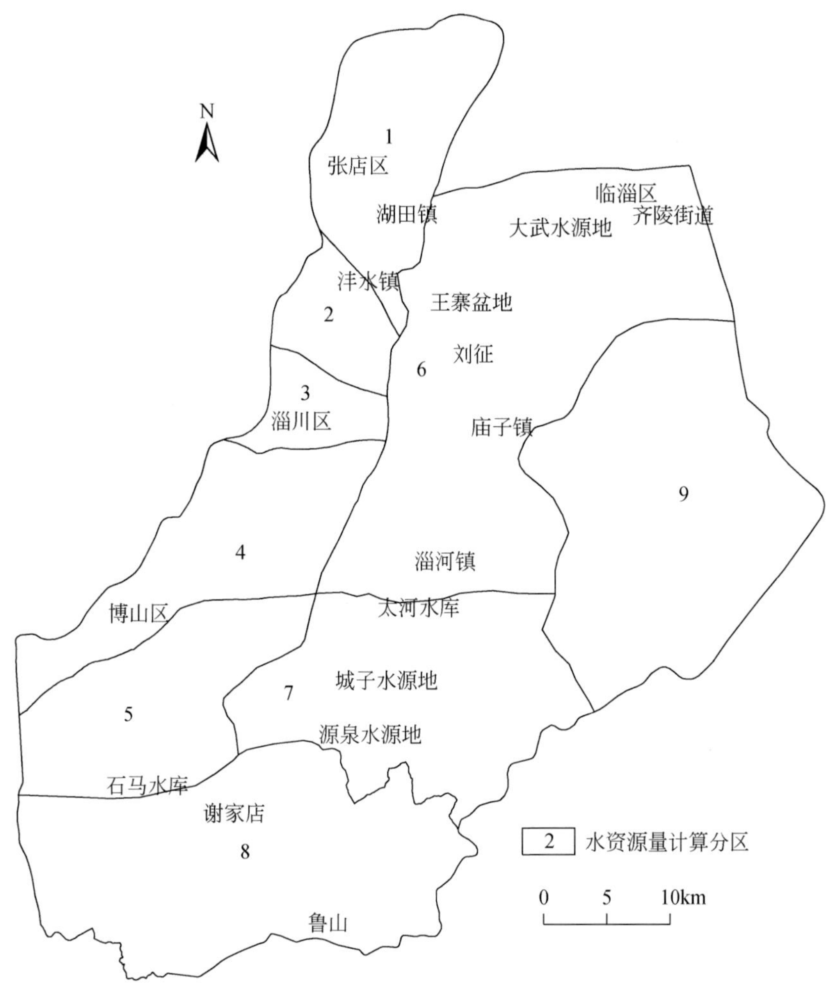


图 5-29 地下水资源评价分区图

## 二、岩溶水资源量评价及开采潜力分析

利用数值法的计算成果，对系统内各岩溶水子系统及次级子系统的岩溶水资源量进行评价，即利用数值模型计算 2000 ~ 2015 年的 16 年间各岩溶水子系统及次级子系统地下水的年平均补给量、年平均开采量等，并对其综合分析评价。

### （一）降水补给量及补给模数

利用数值法，计算沣水泉域各岩溶水子系统及次级子系统的年平均大气降水补给量（2000 ~ 2015 年），进而得到其补给模数。以此反映各岩溶水子系统及次级子系统单位面积接受大气降水补给的量（表 5-17）。

**表 5-17　大气降水补给量及补给模数一览表**

| 分区编号 | 降水补给量/(万 $m^3$/a) | 补给模数/[$m^3$/($km^2$·a)] | 分区编号 | 降水补给量/(万 $m^3$/a) | 补给模数/[$m^3$/($km^2$·a)] |
|---|---|---|---|---|---|
| 1 | 1279.00 | 6.36 | 6 | 12656.25 | 21.21 |
| 2 | 699.88 | 9.57 | 7 | 8759.00 | 26.91 |
| 3 | 592.88 | 10.16 | 8 | 7262.50 | 16.43 |
| 4 | 3086.88 | 14.06 | 9 | 5734.53 | 12.62 |
| 5 | 3653.06 | 16.86 | | | |

大气降水补给模数可以反映各分区接受大气降水补给情况。

由表 5-17 可知，孝妇河岩溶水子系统大气降水补给模数由上游至下游逐渐减小。上游地区由于灰岩裸露区面积大，可接受大量的大气降水补给；至下游，山前煤系地层出露面积增多，灰岩裸露区面积减少，大气降水补给量减少。

淄河岩溶水子系统大气降水补给模数由上游至下游先增大后减小。分析原因主要在于淄河断裂带的渗漏补给不同，上游地区存在较大变质岩区域，岩溶发育程度相对较差，河流渗漏补给能力差；至中游地区，淄河常年处于岩溶干谷状态，南部山区地表径流在该区域内全部入渗补给地下水，导致降水补给模数显著增大；下游地区分布较多工矿企业，影响整体入渗效率，且下游北部煤系地层出露加之第四系增厚，导致降水补给模数较上游地区明显降低。

通过对比孝妇河岩溶水子系统大气降水补给系数与淄河岩溶水子系统大气降水补给系数，发现孝妇河岩溶水子系统的大气降水补给系数普遍偏小。这也印证了淄河断裂带强烈的透水、漏水作用。同时，可以看出岩溶水子系统的上游地区补给模数基本一致，也反映了补给区灰岩裸露山区接受大气降水补给的基本能力。

### （二）年平均开采量及开采模数

利用数值法，计算沣水泉域岩溶水系统各岩溶水子系统及次级子系统的年平均开采量(2000 ~ 2015 年)，进而得到其开采模数。对于开采量计算，仅计算人工开采量，不计算泉排泄量；因为考虑到在特枯年份，人工开采量增加的条件下，泉会消失，泉流量被人工开采量“袭夺”。计算结果如表 5-18 所示。

**表 5-18　开采量计算成果表**

| 分区编号 | 年平均开采量/(万 $m^3$/a) | 开采模数/[$m^3$/($km^2$·a)] | 分区编号 | 年平均开采量/(万 $m^3$/a) | 开采模数/[$m^3$/($km^2$·a)] |
|---|---|---|---|---|---|
| 1 | 3067.69 | 15.25 | 5 | 1205.06 | 5.56 |
| 2 | 1643.38 | 22.46 | 6 | 16431.88 | 27.53 |
| 3 | 24.82 | 0.43 | 7 | 1512.19 | 4.63 |
| 4 | 2512.50 | 11.44 | 8 | 1453.69 | 3.29 |

各岩溶水子系统及次级子系统的开采量及开采模数可以基本反映系统内地下水的开采情况。

孝妇河岩溶水子系统中，开采分布极不均匀，但整体上呈现由上游至下游，开采量逐渐增多的趋势。淄河岩溶水子系统中，由上游至下游开采逐渐增多，至下游大武岩溶水次级子系统，则有区内特大型岩溶水水源地——大武水源地，反映在开采模数上即为由上游至下游，开采模数逐渐变大。

孝妇河岩溶水子系统和淄河岩溶水子系统开采模数由上游至下游的变化规律也说明了地下水从补给区至排泄区的汇流过程，侧面反映了区域地下水的富集规律。

### （三）允许开采量计算及综合分析

在岩溶山区，可以直接以大气降水补给量作为地下水允许开采量。同时，由于洋水泉域岩溶水系统内仍有神头泉群、秋谷泉群、谢家店泉群、龙湾泉群等泉水出露，出于保护当地生态环境的考虑，人工开采地下水时应保证泉水不断流。因此，在计算允许开采量时，需考虑泉水流量。

综上，利用水均衡原理，计算区域地下水的允许开采量，公式如下：

$$Q_{允许}=Q_{补给}-Q_{泉} \tag{5-4}$$

式（5-4）中，泉水流量使用表5-2泉流量的数据进行计算。

由此可得，各岩溶水子系统及次级子系统的多年平均地下水允许开采量和地下水开采潜力如表5-19所示。

**表5-19　岩溶水次级子系统开采潜力一览表**

| 岩溶水子系统 | 分区编号 | 大气降水补给量/（万 m³/d） | 泉流量/（万 m³/d） | 允许开采量/（万 m³/d） | 现状实际开采量/（万 m³/d） | 剩余允许开采量/（万 m³/d） | 开采潜力指数 |
|---|---|---|---|---|---|---|---|
| 孝妇河岩溶水子系统 | 1 | 3.50 | — | 3.50 | 8.40 | -4.90 | 0.42 |
| | 2 | 1.92 | — | 1.92 | 4.50 | -2.58 | 0.43 |
| | 3 | 1.62 | — | 1.62 | 0.068 | 1.55 | 23.89 |
| | 4 | 8.46 | — | 8.46 | 6.88 | 1.58 | 1.23 |
| | 5 | 10.01 | 5.32 | 4.69 | 3.30 | 1.39 | 1.42 |
| | 合计 | 25.51 | 5.32 | 20.19 | 23.15 | -2.96 | 0.87 |
| 淄河岩溶水子系统 | 6 | 34.67 | — | 34.67 | 45.02 | -10.34 | 0.77 |
| | 7 | 24.10 | 0.95 | 23.15 | 4.14 | 19.01 | 5.59 |
| | 8 | 19.90 | 4.48 | 15.42 | 3.98 | 11.44 | 3.87 |
| | 合计 | 78.67 | 5.43 | 73.24 | 53.15 | 20.11 | 1.38 |
| 总计 | | 104.18 | 10.75 | 93.43 | 76.30 | 17.15 | 1.22 |

孝妇河岩溶水子系统允许开采量为20.19万 $m^3/d$，现有实际开采量为23.15万 $m^3/d$，剩余允许开采量为-2.96万 $m^3/d$，开采潜力指数为0.87。因此，在考虑“保泉”的条件下，孝妇河岩溶水子系统目前属于超采状态，反映到泉流量上即为神头泉群和秋谷泉群仅

在丰水期出露，枯水期断流。

淄河岩溶水子系统允许开采量为 73.24 万 m³/d，现有实际开采量为 53.15 万 m³/d，剩余允许开采量为 20.09 万 m³/d，开采潜力指数为 1.38。

孝妇河及淄河岩溶水子系统合计允许开采量为 93.43 万 m³/d，剩余允许开采量为 17.15 万 m³/d，开采潜力指数为 1.22。使用 1965 ~ 2015 年的数据，计算保证率（表 5-20）可得，地下水补给量对允许开采量的保证率约为 83%。

**表 5-20 地下水补给量保证率计算表**

| 年份 | 补给量/(万 m³/d) | 保证率/% | 年份 | 补给量/(万 m³/d) | 保证率/% |
|---|---|---|---|---|---|
| 1990 | 185.32 | 1.92 | 1993 | 125.63 | 51.92 |
| 2004 | 175.38 | 3.85 | 1996 | 120.08 | 53.85 |
| 2005 | 166.96 | 5.77 | 1969 | 119.57 | 55.77 |
| 2003 | 164.48 | 7.69 | 1979 | 117.31 | 57.69 |
| 1974 | 155.93 | 9.62 | 2015 | 117.03 | 59.62 |
| 1995 | 155.41 | 11.54 | 1985 | 117.00 | 61.54 |
| 1978 | 153.75 | 13.46 | 1970 | 113.31 | 63.46 |
| 2011 | 148.75 | 15.38 | 1984 | 112.38 | 65.38 |
| 1973 | 142.54 | 17.31 | 1972 | 112.04 | 67.31 |
| 2007 | 140.25 | 19.23 | 1975 | 111.77 | 69.23 |
| 1994 | 139.76 | 21.15 | 2000 | 110.09 | 71.15 |
| 1967 | 138.40 | 23.08 | 1988 | 105.04 | 73.08 |
| 2013 | 138.26 | 25.00 | 2012 | 103.79 | 75.00 |
| 1980 | 136.26 | 26.92 | 1999 | 98.96 | 76.92 |
| 2008 | 135.72 | 28.85 | 2001 | 98.73 | 78.85 |
| 1997 | 134.88 | 30.77 | 2002 | 95.98 | 80.77 |
| 1971 | 133.57 | 32.69 | 1992 | 92.94 | 82.69 |
| 1998 | 133.53 | 34.62 | 1968 | 92.63 | 84.62 |
| 1987 | 129.62 | 36.54 | 1977 | 91.94 | 86.54 |
| 1976 | 129.07 | 38.46 | 1986 | 88.43 | 88.46 |
| 2009 | 127.57 | 40.38 | 1981 | 83.94 | 90.38 |
| 1966 | 126.82 | 42.31 | 1965 | 78.17 | 92.31 |
| 1982 | 126.72 | 44.23 | 2006 | 71.30 | 94.23 |
| 1983 | 126.62 | 46.15 | 2014 | 69.97 | 96.15 |
| 2010 | 126.11 | 48.08 | 1989 | 61.72 | 98.08 |
| 1991 | 125.77 | 50.00 | | | |

值得注意的是，在淄河岩溶水子系统中，除现有水源地外，仍有三个已探明的水源地

尚未启用，为刘征水源地、齐陵水源地、谢家店富水地段。

考虑上述已探明的水源地及在开发的富水地段的开采量，刘征水源地开采量按照5.50万$m^3/d$计算，齐陵水源地开采量按照3.00万$m^3/d$计算，谢家店富水地段按照1.75万$m^3/d$计算（表5-21）。淄河岩溶水子系统剩余允许开采量为9.92万$m^3/d$，淄河及孝妇河岩溶水子系统合计剩余允许开采量为6.96万$m^3/d$。

弥河岩溶水子系统的天然补给量为15.71万$m^3/d$。

**表5-21　孝妇河及淄河岩溶水子系统各水源地、富水地段开采量一览表**

| 水源地 | | 实际开采量或评价可采量/（万$m^3/d$） | 数据来源 |
|---|---|---|---|
| 现有水源地 | 神头-秋谷水源地 | 0.94 | 收集 |
| | 洪山水源地 | 0.88 | 收集 |
| | 龙泉水源地 | 2.77 | 收集 |
| | 湖田水源地 | 1.72 | 收集 |
| | 辛安店水源地 | 0.17 | 收集 |
| | 四宝山水源地 | 2.24 | 收集 |
| | 源泉水源地 | 2.48 | 收集 |
| | 天津湾水源地 | 2.18 | 收集 |
| | 城子-口头水源地 | 3.49 | 收集 |
| | 北下册水源地 | 3.18 | 收集 |
| | 齐陵水源地 | 0.08 | 收集 |
| | 大武水源地 | 30.43 | 收集 |
| 已探明但尚未开发的水源地 | 刘征水源地 | 5.50 | |
| | 齐陵水源地 | 3.00 | |
| | 谢家店富水地段 | 1.75 | |

## 三、补偿疏干法计算允许开采量

补偿疏干法是一种常用的计算地下水允许开采量的方法，其通过旱季的开采量求得单位储存量$\mu F$。由于旱季开采无任何补给来源，完全靠疏干含水层储存量来维持开采。因此，开采时的水均衡式为

$$Q_{旱采}=\mu F\frac{\Delta S}{\Delta t} \tag{5-5}$$

则

$$\mu F=Q_{旱采}\frac{\Delta t}{\Delta S} \tag{5-6}$$

式中，$\mu$为弹性给水度（储水系数），无量纲；$F$为含水层的抽水影响面积，$m^2$；$Q_{旱采}$为旱季开采量，$m^3/d$；$\Delta t$为开采时间，d；$\Delta S$为$\Delta t$时段的水位降深，m；$\mu F$为单位储存

量，即水位下降 1m 时含水层提供的储存量，$m^3/m$。

在此，使用补偿疏干法计算各岩溶水次级的单位储存量，进而求得孝妇河岩溶水子系统和淄河岩溶水子系统的单位储存量，从而评价岩溶地下水的调节储量。

如图 5-30 所示，2002 年降水量仅为 512.6mm，为枯水年，各观测孔水位均呈现下降趋势，至 2003 年 5 月，各观测孔水位均下降至最低水位。孝妇河岩溶水子系统下游岳店水源地 151 号观测孔水位标高-4.33m，埋深 91.79m；淄河岩溶水子系统下游大武水源地 612 号观测孔水位标高-4.14m，埋深 75.31m；淄河岩溶水子系统中游黑旺镇蓼坞村 235 号观测孔水位标高 55.25m，埋深 181.48m。

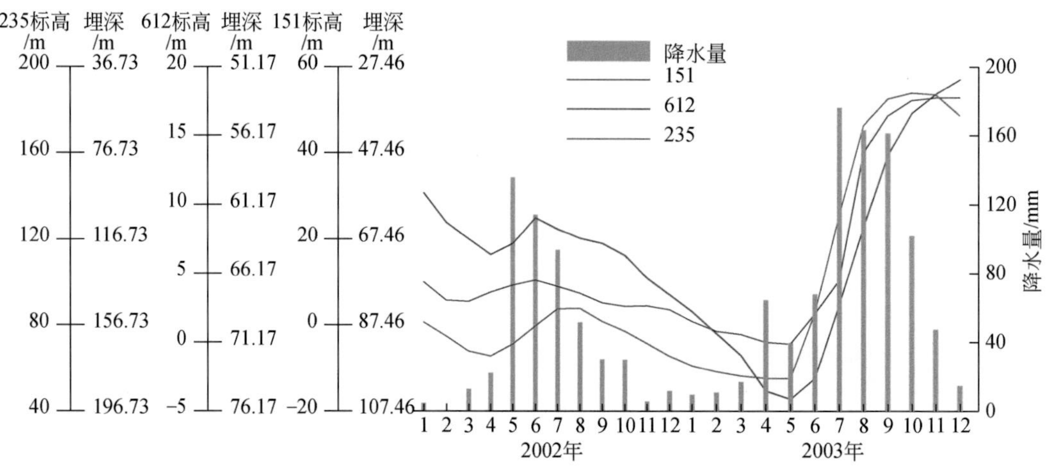


图 5-30　典型钻孔 2002～2003 年水位动态曲线

2003 年降水量为 875mm，为丰水年，在经过 7 月、8 月降雨补给后，水位迅速回升，地下水位完全恢复到特枯年 2002 年以前的水平。即 1 个丰水年的补给量完全补偿了 3 个枯水年所消耗的储存量。

这种极端气候条件，即枯水年后遇丰水年的地下水动态变化特征，充分说明了岩溶含水层的巨大储存、调蓄功能，以及迅速的恢复、补给、更新能力。

首先，使用数值法计算各次级子系统 2002 年 2 月的开采量，并使用典型钻孔统计各次级子系统在该时段内的地下水降深，从而获得各次级子系统的单位储存量（$\mu F$）（表 5-22）。

**表 5-22　各子系统单位储存量计算表**

| 编号 | | 开采量/（万 $m^3/d$） | 平均水位降深/m | 单位储存量（$\mu F$）/（$m^3/m$） |
|---|---|---|---|---|
| 孝妇河岩溶水子系统 | 1 | 8.40 | 1.57 | $1.60\times10^6$ |
| | 2 | 3.15 | 2.02 | $4.68\times10^5$ |
| | 3 | 0.068 | 3.44 | $5.93\times10^3$ |
| | 4 | 7.23 | 2.31 | $9.38\times10^5$ |
| | 5 | 1.65 | 3.04 | $1.63\times10^5$ |

续表

| 编号 | | 开采量/（万 $m^3$/d） | 平均水位降深/m | 单位储存量（$\mu F$）/（$m^3$/m） |
|---|---|---|---|---|
| 淄河岩溶水子系统 | 6 | 51.07 | 2.31 | $6.11\times10^6$ |
| | 7 | 2.08 | 1.11 | $5.62\times10^5$ |
| | 8 | 4.58 | 1.31 | $1.05\times10^6$ |

通过单位储存量（$\mu F$）可以计算各次级子系统的弹性给水度（储水系数）（表5-23）。

**表5-23　各子系统弹性给水度（储水系数）计算表**

| 编号 | | 单位储存量 $\mu F$/（$m^3$/m） | 面积/$km^2$ | 弹性给水度（储水系数） |
|---|---|---|---|---|
| 孝妇河岩溶水子系统 | 1 | $1.60\times10^6$ | 201.15 | $8.0\times10^{-3}$ |
| | 2 | $4.68\times10^5$ | 73.17 | $6.4\times10^{-3}$ |
| | 3 | $5.93\times10^3$ | 58.37 | $1.0\times10^{-4}$ |
| | 4 | $9.38\times10^5$ | 219.56 | $4.3\times10^{-3}$ |
| | 5 | $1.63\times10^5$ | 216.86 | $7.5\times10^{-4}$ |
| 淄河岩溶水子系统 | 6 | $6.11\times10^6$ | 596.84 | $1.0\times10^{-2}$ |
| | 7 | $5.62\times10^5$ | 326.82 | $1.7\times10^{-3}$ |
| | 8 | $1.05\times10^6$ | 441.93 | $2.4\times10^{-3}$ |

由表5-23可知，孝妇河岩溶水子系统的弹性给水度（储水系数）为 $7.5\times10^{-4}\sim8.0\times10^{-3}$，平均弹性给水度（储水系数）为 $4.1\times10^{-3}$；淄河岩溶水子系统的弹性给水度（储水系数）为 $2.4\times10^{-3}\sim1.0\times10^{-2}$，平均弹性给水度（储水系数）为 $5.7\times10^{-3}$。

求出单位储水量（$\mu F$）后，再根据含水层厚度、岩溶塌陷约束和取水设备能力等，给出最大允许水位降深 $s_{max}$，查明整个旱季的开采时间 $t_{旱}$，则可算出岩溶水子系统的最大允许开采量（表5-24）。

**表5-24　各子系统允许开采量计算表**

| 编号 | | 单位储存量（$\mu F$）/（$m^3$/m） | 最大允许水位降深/m | 旱季开采时间/d | 允许开采量/（万 $m^3$/d） |
|---|---|---|---|---|---|
| 孝妇河岩溶水子系统 | 1 | $6.14\times10^6$ | 15 | 330 | 7.27 |
| | 2 | $4.68\times10^5$ | 20 | 330 | 2.83 |
| | 3 | $5.93\times10^3$ | 25 | 330 | 0.04 |
| | 4 | $9.9\times10^5$ | 30 | 330 | 8.53 |
| | 5 | $1.67\times10^5$ | 30 | 330 | 1.48 |
| | 合计 | | | | 20.15 |

续表

<table>
<tr><th colspan="2">编号</th><th>单位储存量(μF)<br>/(m³/m)</th><th>最大允许水位<br>降深/m</th><th>旱季开采<br>时间/d</th><th>允许开采量<br>/(万 m³/d)</th></tr>
<tr><td rowspan="4">淄河岩<br>溶水子<br>系统</td><td>6</td><td>$6.11\times10^{6}$</td><td>30</td><td>330</td><td>55.55</td></tr>
<tr><td>7</td><td>$5.62\times10^{5}$</td><td>30</td><td>330</td><td>5.11</td></tr>
<tr><td>8</td><td>$1.05\times10^{6}$</td><td>35</td><td>330</td><td>11.14</td></tr>
<tr><td colspan="4">合计</td><td>71.80</td></tr>
<tr><td colspan="2">总计</td><td></td><td></td><td></td><td>91.95</td></tr>
</table>

通过补偿疏干法，计算得孝妇河岩溶水子系统的允许开采量为 20.15 万 $m^3/d$，淄河岩溶水子系统的允许开采量为 71.80 万 $m^3/d$，孝妇河、淄河岩溶水子系统合计允许开采量为 91.95 万 $m^3/d$。

通过对比两种方法计算所得的允许开采量，可得两种方法计算得到的允许开采量基本相同，说明计算所得的允许开采量科学、合理。

# 第六章　岩溶水水质评价

## 第一节　岩溶水质量评价

### 一、评价方法

本次岩溶水质量评价采用综合评分法和模糊数学法两种方法。

#### （一）综合评分法

（1）评价因子：结合当地地下水环境现状，选取 pH、总硬度、$SO_4^{2-}$、$Cl^-$、Fe、Mn、Cu、Zn、Mo、$NO_3^-$、$NO_2^-$、$NH_4^+$、$F^-$、氰化物、Hg、As、Cd、$Cr^{6+}$、Pb、COD、溶解性总固体 21 项作为评价因子。

（2）评价标准：以《地下水水质标准》（DZ/T 0290—2015）作为本次评价标准。

先进行各单项组分评价，按表 6-1、表 6-2 分别确定各单项组分评价值 $F_i$。

表 6-1　地下水水质标准

| 评价因子 | Ⅰ | Ⅱ | Ⅲ | Ⅳ | Ⅴ |
| --- | --- | --- | --- | --- | --- |
| $Cl^-$ | ≤50 | ≤150 | ≤250 | ≤350 | >350 |
| $SO_4^{2-}$ | ≤50 | ≤150 | ≤250 | ≤350 | >350 |
| $NO_3^-$（以 N 计） | ≤2.0 | ≤5.0 | ≤20 | ≤30 | >30 |
| $NO_2^-$（以 N 计） | ≤0.01 | ≤0.1 | ≤1.00 | ≤4.80 | >4.80 |
| pH | 6.5～8.5 | 6.5～8.5 | 6.5～8.5 | 5.5～6.5<br>8.5～9.0 | <5.5<br>>9.0 |
| $NH_4^+$ | ≤0.02 | ≤0.1 | ≤0.5 | ≤1.5 | >1.5 |
| $F^-$ | ≤1.0 | ≤1.0 | ≤1.0 | ≤2.0 | >2.0 |
| 溶解性总固体 | ≤300 | ≤500 | ≤1000 | ≤2000 | >2000 |
| 总硬度 | ≤150 | ≤300 | ≤450 | ≤650 | >650 |
| COD | ≤1.0 | ≤2.0 | ≤3.0 | ≤10.0 | >10.0 |
| 氰化物 | ≤0.001 | ≤0.01 | ≤0.05 | ≤0.1 | >0.1 |
| Hg | ≤0.0001 | ≤0.0001 | ≤0.001 | ≤0.002 | >0.002 |

续表

| 评价因子 | Ⅰ | Ⅱ | Ⅲ | Ⅳ | Ⅴ |
|---|---|---|---|---|---|
| Cd | ≤0.0001 | ≤0.001 | ≤0.005 | ≤0.01 | >0.01 |
| As | ≤0.001 | ≤0.001 | ≤0.01 | ≤0.05 | >0.05 |
| $Cr^{6+}$ | ≤0.005 | ≤0.01 | ≤0.05 | ≤0.1 | >0.1 |
| Pb | ≤0.005 | ≤0.005 | ≤0.01 | ≤0.1 | >0.1 |
| Fe | ≤0.1 | ≤0.2 | ≤0.3 | ≤2.0 | >2.0 |
| Mn | ≤0.05 | ≤0.2 | ≤0.3 | ≤2.0 | >2.0 |
| Cu | ≤0.01 | ≤0.05 | ≤1.0 | ≤1.5 | >1.5 |
| Zn | ≤0.05 | ≤0.5 | ≤1.0 | ≤5.0 | >5.0 |
| Mo | ≤0.001 | ≤0.01 | ≤0.07 | ≤0.15 | >0.15 |

注：除 pH 外单位均为 mg/L。

**表 6-2　单项组分评价分值表**

| 类别 | Ⅰ | Ⅱ | Ⅲ | Ⅳ | Ⅴ |
|---|---|---|---|---|---|
| $F_i$（分值） | 0 | 1 | 3 | 6 | 10 |

确定各单项组分评价值 $F_i$ 后，计算综合评价值 $F$，公式如下：

$$F=\sqrt{(\overline{F}^2+F_{\max}^2)/2} \tag{6-1}$$

式中，$\overline{F}$ 为各单项组分评价值 $F_i$ 的平均值；$F_{\max}$ 为各单项组分评价值 $F_i$ 的最大值。

依据评价结果 $F$ 值，按照表 6-3 划分地下水质量类别。

**表 6-3　地下水质量评价类别表**

| 质量类别 | 优良 | 良好 | 一般 | 较差 | 极差 |
|---|---|---|---|---|---|
| $F$（值） | <0.8 | 0.8～2.50 | 2.50～4.25 | 4.25～7.20 | >7.20 |

## （二）模糊数学法

模糊数学理论是近年来发展起来的科学，水质的好坏具有模糊的概念，因此也可以用它来评价水质，对水质进行综合评价，打破以往仅用一个确定性的指标来评价水质的方法，并可以弥补其中的不足，更客观、科学地对水质进行评价。

以 G9 水质监测井水质分析结果为例，模糊数学法进行地下水质量评价的步骤如下。

首先，计算权重和归一化权重。

权重值为

$$W_i=\frac{C_i}{S_i} \tag{6-2}$$

式中，$W_i$ 为第 $i$ 种污染物以平均标准为基准的超标指数，即权重；$C_i$ 为第 $i$ 种污染物实测浓度；$S_i$ 为第 $i$ 种污染物各级标准值的计算平均值。

为进行模糊运算，将各单项权重再进行归一化运算：

$$V_i = \frac{\dfrac{C_i}{S_i}}{\sum_{i=1}^{m} \dfrac{C_i}{S_i}} \tag{6-3}$$

式中，$V_i$ 为第 $i$ 种污染物的归一化权重；$C_i$ 为第 $i$ 种污染物实测浓度；$S_i$ 为第 $i$ 种污染物各级标准值的计算平均值。

以 $NH_4^+$ 为例，

$$S_{NH_4^+} = \frac{0.02+0.1+0.5+1.5+1.5}{5} = 0.724$$

$$W_{NH_4^+} = \frac{C_{NH_4^+}}{S_{NH_4^+}} = 0.052$$

$$V_{NH_4^+} = \frac{W_{NH_4^+}}{\sum_{i=1}^{m} W_i} = \frac{0.0552}{6.33} = 0.0872$$

由此，可得本次水质分析结果 G9 监测点的 20 个离子的归一化权重计算表（表 6-4）。

**表 6-4　各离子归一化权重计算简表**

| 项目 | Ⅰ | Ⅱ | Ⅲ | Ⅳ | Ⅴ | $C_i$ | $S_i$ | $W_i$ | $V_i$ |
|---|---|---|---|---|---|---|---|---|---|
| $NH_4^+$ | 0.02 | 0.1 | 0.5 | 1.5 | 1.5 | 0.04 | 0.724 | 0.0552 | 0.08 |
| Fe | 0.1 | 0.2 | 0.3 | 2 | 2 | 0 | 0.92 | 0 | 0 |
| … | | | | | | | | | |
| 溶解性总固体 | 300 | 500 | 1000 | 2000 | 2000 | 1020.6 | 1160 | 0.9798 | 0.138 |

由此，可以计算出各离子的污染物权重，构成一个 1×20 的行矩阵 $\boldsymbol{A}$。

$$\boldsymbol{A} = (0.008, 0, \cdots, 0.138)$$

其次，进行隶属度的计算。

$$Y = \begin{cases} \dfrac{X-X_0}{X_1-X_0} \text{或} \dfrac{X_1-X}{X_1-X_0} & (X_0<X<X_1) \\ 1 & (X \leqslant X_{\min} \text{或} X \geqslant X_{\max}) \\ 0 & (\text{不对应 } X_0\text{、}X_1 \text{ 所属的那一等级}) \end{cases} \tag{6-4}$$

由此，可以计算出 G9 监测点 20 种离子的隶属度模糊矩阵 $\boldsymbol{R}$。

$$\boldsymbol{R} = \begin{Bmatrix} 0.75 & 0.25 & 0 & 0 & 0 \\ 1 & 0 & 0 & 0 & 0 \\ & & \cdots & & \\ 0 & 0 & 0.979 & 0.021 & 0 \end{Bmatrix} \tag{6-5}$$

最后，进行综合计算评价。

在进行综合评价时，需要对两个模糊矩阵进行复合运算。这种运算与一般矩阵乘法相似，但不同的是两数相乘“·”改为“∧”，并取其中小者为“积”；两数相加“+”，改为“∨”，并取其中大者为“和”。

计算可得：$\boldsymbol{P}=(0.09,0.15,0.19,0.19,0.28)$

该点的地下水质量评定为Ⅴ级。

按上述方法评价各取样点的岩溶水质量，并绘制岩溶水质量分区图。地下水质量Ⅰ、Ⅱ、Ⅲ、Ⅳ、Ⅴ级分别对应地下水质量优良区、良好区、较好区、较差区、极差区。

## 二、评价结果

### （一）综合评分法

2015年枯水期，沣水泉域岩溶水系统内岩溶水质量整体为优良-良好。

岩溶水质量较差区集中分布于孝妇河岩溶水子系统中南部安上村—盘车沟村—西河煤矿构成的三角形范围内及西北部、淄河岩溶水子系统西北部王寨盆地及其北部的山前地带，零星分布于淄河岩溶水子系统南部西坡村—邢家庄一线、中部石沟村、南部仉行村，弥河岩溶水子系统南部钓鱼台村—宋家村—王坟村一线，面积约322.70km$^2$。

岩溶水质量极差区零星分布于孝妇河岩溶水子系统中南部中坡地村、北部南焦宋村，面积约8.36km$^2$。

2015年丰水期，沣水泉域岩溶水系统内岩溶水质量整体为优良-良好。

岩溶水质量较差区集中分布于孝妇河岩溶水子系统的中南部崮山镇—八陡镇—夏家庄镇-西河镇一线及西北部、淄河岩溶水子系统西北部王寨盆地及王寨盆地北部的山前地带，零星分布于淄河岩溶水子系统南部西坡村—邢家庄村一线、下庄村处、中石村处、郭庄村处、中部北镇后村处、北部朱家庄村处，以及弥河岩溶水子系统南部胡宅村—钓鱼台村一线，面积约367.56km$^2$。

岩溶水质量极差区集中分布于孝妇河岩溶水子系统西北部北韩村—沣水镇一线、湖田镇—南焦宋村一线以及淄河岩溶水子系统西北部堠皋一带，面积约37.14km$^2$。

### （二）模糊数学法

2015年枯水期，沣水泉域岩溶水系统岩溶水质量整体为优良-良好。

岩溶水质量较好区集中分布于孝妇河岩溶水子系统西部安上村—盘车沟村—西河煤矿构成的三角形范围内及西北部一带、淄河岩溶水子系统西北部王寨地区，零星分布于孝妇河岩溶水子系统南部崮山镇、淄河岩溶水子系统中部长秋村、北部朱家庄村（二化肥厂）—仉行村一线。

岩溶水质量较差区在沣水泉域岩溶水系统内呈零星分布状态。分布于淄河岩溶水子系统南部大里村、郭庄村、弥河岩溶水子系统南部钓鱼台村，面积约5.67km$^2$。

岩溶水质量极差区集中分布于沣水泉域岩溶水系统西北部，包括孝妇河岩溶水子系统西北部田家村一带、金岭穹窿南部曹三村—南焦宋村一带、淄河岩溶水子系统北部堠皋一带，并在孝妇河岩溶水子系统西部中坡地村、淄河岩溶水子系统南部郑家庄村以及西坡村—邢家庄村一线零星分布，面积约42.21km$^2$。

2015年丰水期，沣水泉域岩溶水系统岩溶水质量整体为优良-良好。

岩溶水质量较好区集中分布于孝妇河岩溶水子系统西部八陡镇—神头镇—夏家庄镇—西河镇一带及西北部一带、淄河岩溶水子系统西北部王寨地区，零星分布于淄河岩溶水子系统南部西坡村—邢家村一线、石马镇中石村、郭庄村，中部黑旺镇蓼坞村以及北部朱家庄。

岩溶水质量较差区在沣水泉域岩溶水子系统内零星分布，分布于孝妇河岩溶水子系统西南部夏家庄村安上村处、淄河岩溶水子系统南部下庄村处、中部南镇后村处，面积约5.67km$^2$。

岩溶水质量极差区主要分布于孝妇河岩溶水子系统北部北韩村—田家村—沣水镇一线以及金岭穹窿南部曹村—湖田镇—南焦宋村一线，零星分布于孝妇河岩溶水子系统南部中坡地村处和淄河岩溶水子系统北部堠皋处，面积约48.79km$^2$。

## 三、综合分析

对比不同时期的岩溶水质量分区图，沣水泉域岩溶水系统内岩溶水质量主要为优良。岩溶水质量较好区、较差区、极差区分布相对集中。丰水期岩溶水质量较枯水期明显变差，岩溶水质量极差区、较差区面积较枯水期明显变大。

从其超标组分来看，孝妇河岩溶水子系统西部的西河地区以及西北部的罗村北韩村—沣水镇一线地下水超标组分以硫酸盐、溶解性总固体以及总硬度为主。堠皋地区以溶解性总固体、总硬度、溶解氧和氨氮为主。其他零星分布地区则主要受当地农业、养殖业、环境、人类活动等因素影响，超标组分各有不同。

# 第二节　岩溶水污染评价

## 一、评价方法

本次研究工作采用《区域地下水污染调查评价规范》（DZ/T 0288—2015）中地下水污染评价方法进行岩溶水污染程度评价。

根据岩溶水污染现状、污染原因，并考虑到对人体健康的危害，选取总硬度、$SO_4^{2-}$、$Cl^-$、Fe、COD、Mn、Cu、Zn、Mo、$NO_3^-$、$NO_2^-$、$NH_4^+$、$F^-$、氰化物、Hg、As、Cd、$Cr^{6+}$、Pb、TDS共20项参评因子。

计算各离子的背景值，如下式：

$$Y=\bar{X}+2S \tag{6-6}$$

式中，$Y$为各参评离子背景值；$\bar{X}$为单项参评因子的算术平均值；$S$为单项参评因子的标准差。

按下式计算各参评因子的变化指数：

$$I_i = \frac{C}{C_0} \tag{6-7}$$

式中，$I_i$ 为第 $i$ 项离子的变化指数；$C$ 为第 $i$ 项离子的实测含量；$C_0$ 为第 $i$ 项离子的背景值。

计算各取样的污染指数：

$$P = \sum_i I_i \tag{6-8}$$

根据计算所得的 $P$，按照表 6-5 对各点进行污染程度分级。

**表 6-5　地下水污染程度分级标准**

| 污染指数 | $P<1$ | $1\leqslant P<5$ | $5\leqslant P<10$ | $10\leqslant P<20$ | $P>20$ |
|---|---|---|---|---|---|
| 分级 | 未污染 | 轻度污染 | 中度污染 | 重度污染 | 严重污染 |

## 二、评价结果

2015 年枯水期，沣水泉域岩溶水系统大部分区域岩溶水为未污染或轻度污染状态。

中度污染区主要集中于孝妇河岩溶水子系统北部罗村镇至湖田镇一带以及淄河岩溶水子系统西南部西坡村—南博山镇—郭庄一线、北部王寨盆地及其周边的大武水源地一带。

重度污染区主要集中于孝妇河岩溶水子系统北部金岭穹窿一带，零星分布于孝妇河岩溶水子系统西北部田家村处、淄河岩溶水子系统南部西坡村处、天津湾村—源泉镇一线、中部南后峪村以及北部西张村—洋浒崖一线、朱家庄处。

严重污染区位于孝妇河岩溶水子系统南部中坡地村、北崖村，北部南韩—北韩村以及南焦宋—北焦宋村附近以及淄河岩溶水子系统北部王寨地区、仉行村以及堠皋一带。

2015 年丰水期，沣水泉域岩溶水系统大部分区域岩溶水为未污染或轻度污染状态。

中度污染区主要集中于孝妇河岩溶水子系统北部罗村镇至湖田镇一带以及淄河岩溶水子系统西南部地区、北部王寨盆地及其周边的大武水源地一带，并零星分布于孝妇河岩溶水子系统南部崮山镇、安上村、寨里镇及淄河岩溶水子系统中部冯家岭子—马岭杭一线。

重度污染区主要集中于孝妇河岩溶水子系统北部金岭穹窿一带，并在淄河岩溶水子系统中部南镇后村有零星分布。

严重污染区主要分布于孝妇河岩溶水子系统南部中坡地村，北部北韩村—沣水镇一线、唐炳村—东高村一线、四宝山—南焦宋村—北焦宋村一线以及淄河岩溶水子系统北部洋浒崖地区、仉行—朱家庄一线、堠皋一带。

## 三、大武地区有机污染分析

大武岩溶水次级子系统范围内石油化工企业众多，区内有机物污染是主要的地下水环境问题之一。根据大武岩溶水次级子系统有机物分析结果：各监测点共检出有机物 25 项，氯乙烯、1,1-二氯乙烯、二氯甲烷、反-1,2-二氯乙烯、顺-1,2-二氯乙烯、1,1-二氯乙烷、氯仿、1,2-二氯乙烷、四氯化碳、苯、三氯乙烯、1,2-二氯丙烷、甲苯、1,1,2-三氯乙烷、四氯乙烯、氯苯、邻–二甲苯、1,1,2,2-四氯乙烷、1,4-二氯苯、1,2-二氯苯、萘、六氯丁二烯、芘、苯并（a）蒽、屈均有检出（图 6-1）。

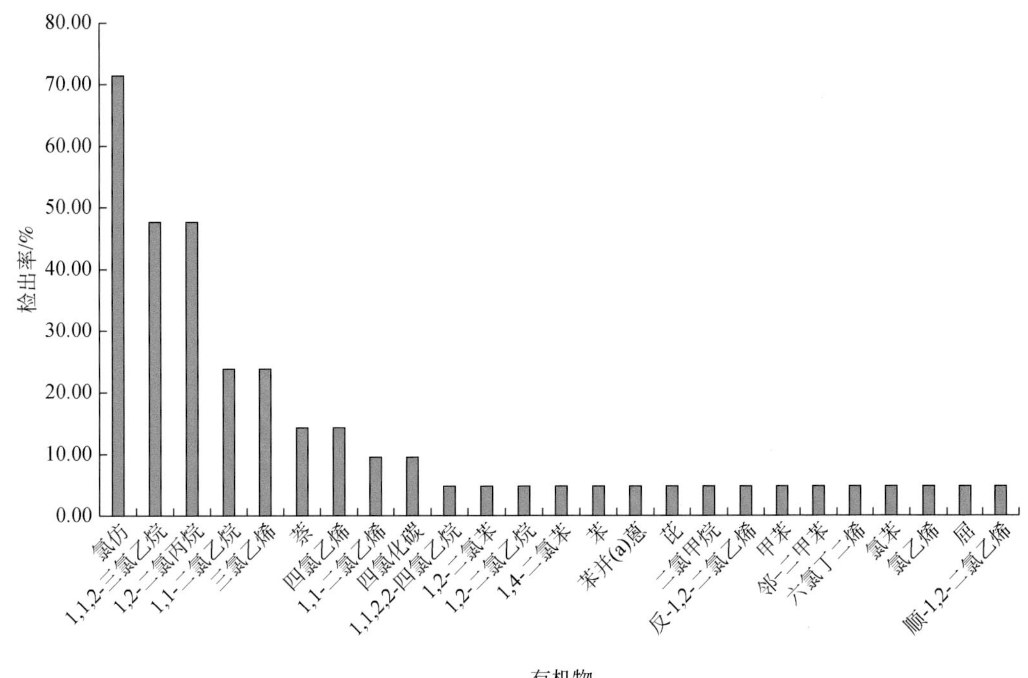


图 6-1　有机物检出点位中各类有机物检出率图

在 21 个有机物检出点中，氯仿检出率最高，有 15 个井检出，检出率为 71. 43%；其次为 1,2-二氯丙烷及 1,1,2-三氯乙烷，均有 10 个井检出，检出率为 47. 62%；1,1-二氯乙烷及三氯乙烯有 5 个井检出，检出率为 23. 81%；四氯乙烯及萘有 3 个井检出；1,1-二氯乙烯及四氯化碳有 2 个井检出；其余有机物均为 1 个井检出。

从空间分布上来看，地下水有机物分布区主要位于岩溶水系统北部大武水源地、王寨盆地及刘征地区北部，有机物检出区总面积为 83. 56km²。从井点来看，位于大武岩溶水次级子系统西北部的堠皋 4#有机物污染最严重，检出有机物组分 22 项，其中 13 项有机物仅在该点检出，见图 6-2。

岩溶水有机物以氯仿、三氯乙烷、二氯丙烷为主，其中氯仿检出率最高。

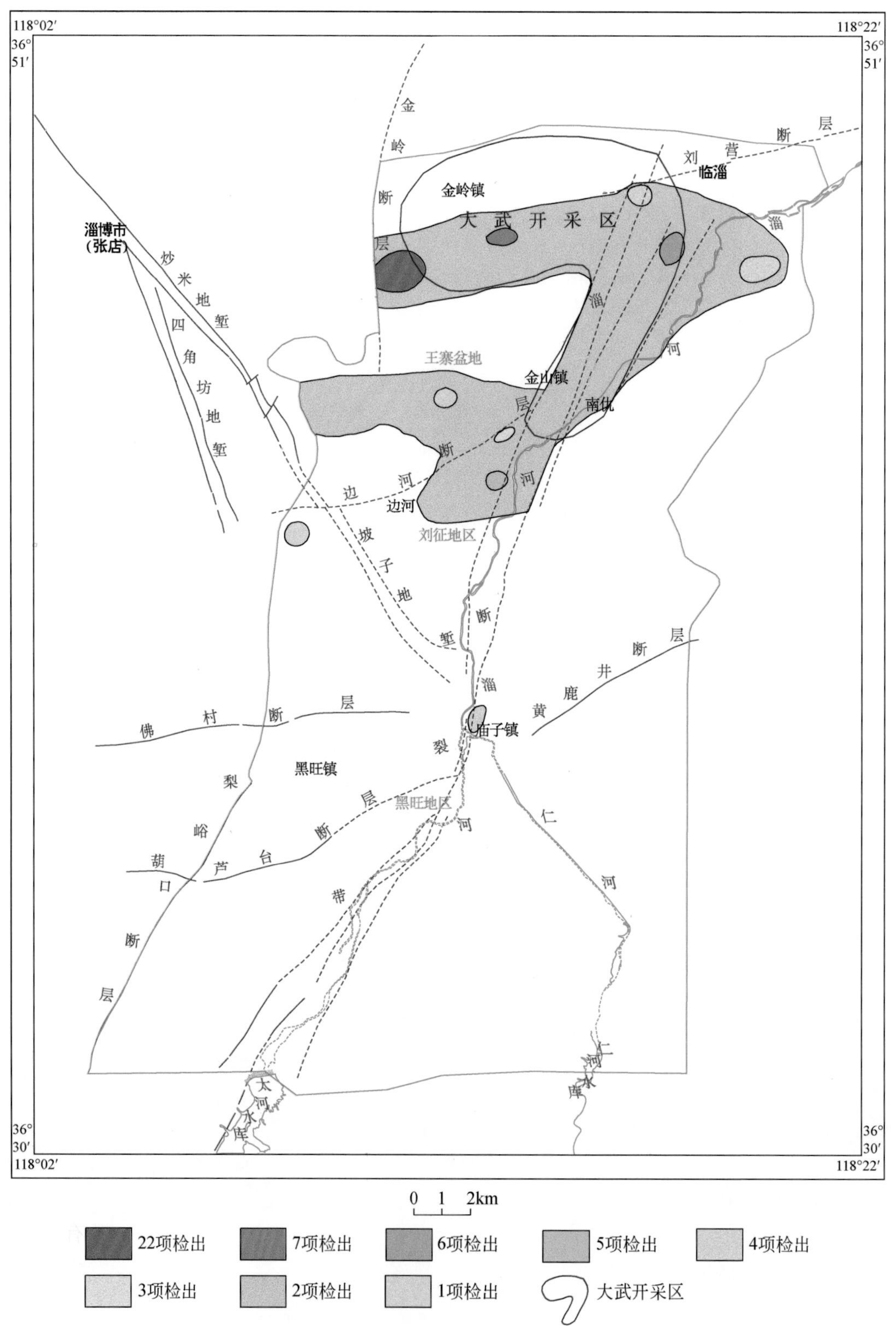


图 6-2 岩溶水有机物检出数量分区图

## 四、综合分析

泮水泉域岩溶水系统内岩溶水大部分区域处于未污染状态或轻微污染状态。丰水期岩溶水污染区范围较枯水期大，但重度污染区范围小，严重污染区面积扩大。

泮水泉域岩溶水系统主要污染区为孝妇河岩溶水子系统西部的西河地区、西北部的罗村镇—北韩村—泮水镇一线、北部湖田镇南焦宋村—曹村一线以及淄河岩溶水子系统王寨盆地洋浒崖村、朱家庄—仉行村一带、堠皋地区。从其超标组分来看，孝妇河岩溶水子系统西部的西河地区以及西北部的罗村—北韩村—泮水镇一线以及王寨盆地洋浒崖村处，地下水超标组分以硫酸盐、溶解性总固体以及总硬度为主。朱家庄—仉行村一带地下水超标组分以氨氮为主。堠皋地区以溶解性总固体、总硬度、溶解氧和氨氮为主。

分析其原因：

（1）孝妇河岩溶水子系统西部的西河地区以及西北部的罗村—泮水—湖田一线历史上均有煤矿大规模开采，现已全部闭坑。该区域岩溶水主要受煤矿矿坑水串层污染影响。从其超标组分中也可以看出，该区域岩溶水超标组分主要为硫酸盐、溶解性总固体以及总硬度，可以反映出该区域岩溶水受串层污染影响的特征。

丰水期降水量增多，岩溶水水位上升，岩溶水循环积极，一方面对岩溶水中各离子有稀释作用，另一方面增大了岩溶水中污染离子的扩散范围。因此，丰水期岩溶水质量较差区范围较枯水期明显增大，但部分极差区范围减小甚至消失。

（2）淄河岩溶水子系统西北部洋浒崖粉煤灰场的存在，使得区域岩溶水中硫酸盐、溶解性总固体和总硬度超标，岩溶水受到污染。特别是丰水期，雨水的淋滤作用，使粉煤灰场中大量污染离子进入岩溶水，因此，丰水期该区域岩溶水污染程度加大。

（3）朱家庄—仉行村一带主要受到工业企业及农业化肥的影响，水中氨氮含量超标。

（4）堠皋地区受到地下水强排井的影响，成为周边地下水污染最严重的区域，污染指标以溶解性总固体、总硬度、溶解氧、氨氮及石油类为主。

# 第三节　水质数值模型及预测

## 一、水质数值模型

### （一）污染示踪因子的选择

对研究区内典型污染物运移进行模拟，定量了解岩溶水受污染后污染物的迁移规律。淄博作为山东省的一个重要工业城市，煤矿、石油化工企业众多，典型污染现象有孝妇河流域的闭坑煤矿区地下水串层污染和大武地区地下水石油污染，以及人类活动造成的硝酸根的面状污染。以往研究表明，煤矿区串层区域的典型污染物为 $SO_4^{2-}$，淄博矿坑水均有高 $SO_4^{2-}$ 的特征，所以受其污染的岩溶水均以 $SO_4^{2-}$ 含量的异常升高为主要标志。

基于以上原因，本次模拟选用地下水中 $SO_4^{2-}$ 组分、$NO_3^-$ 组分、石油类分别作为本次溶质运移的模拟因子，进行多组分地下水溶质运移模拟研究。

### （二）边界条件概化

水质模型的边界条件概化基于水流模型，因此，水质模型的边界不做单独概化，与水流模型边界保持一致，为零通量边界。

### （三）污染源汇项概化

污染物的源汇直接影响着地下水中污染物浓度的变化特征与趋势。通过分析研究区内岩溶水的污染机理以及长期水质监测资料可以看出，研究区内污染物 $SO_4^{2-}$ 主要来源于闭坑煤矿老窑水以及工厂与少量农业用水随意排放的污水，矿坑水 $SO_4^{2-}$ 含量动态变化较小，可考虑为定值，淄博各煤矿矿坑水水质检测结果见表 6-6。

**表 6-6　淄博市煤矿矿坑水水质情况统计表**　　（单位：mg/L）

| 煤矿名称 | $Na^+$ | $Ca^{2+}$ | $Mg^{2+}$ | $Cl^-$ | $SO_4^{2-}$ | $HCO_3^-$ | $NO_3^-$ | 总硬度 | 矿化度 |
|---|---|---|---|---|---|---|---|---|---|
| 沣水煤矿 | 142.86 | 306.60 | 81.34 | 203.53 | 904.42 | 216.13 | 36.29 | 1100.51 | 1904.02 |
| 沣水煤矿 | 225.00 | 479.06 | 130.73 | 330.73 | 1573.90 | 221.58 | 40.58 | 1734.50 | 3020.03 |
| 张店煤矿 | 225.00 | 416.78 | 81.34 | 239.99 | 1245.05 | 342.44 | 64.85 | 1375.64 | 2632.35 |
| 王庄煤矿 | 168.00 | 79.52 | 40.67 | 69.54 | 374.96 | 321.28 | 10.08 | 366.04 | 1092.29 |
| 于家煤矿 | 50.00 | 522.17 | 130.73 | 37.31 | 1573.90 | 301.90 | 2.79 | 1842.16 | 2631.89 |
| 西龙煤矿 | 10.00 | 230.91 | 40.67 | 47.49 | 432.82 | 224.55 | 30.81 | 744.04 | 1031.64 |
| 光正公司 | 92.00 | 181.08 | 61.59 | 206.07 | 432.82 | 240.96 | 40.21 | 705.76 | 1258.92 |
| 光正公司 | 55.00 | 512.59 | 122.02 | 47.49 | 1446.60 | 314.38 | 3.66 | 1782.35 | 2522.96 |
| 舜天公司 | 110.00 | 416.78 | 151.07 | 48.34 | 1620.20 | 271.43 | 4.60 | 1662.73 | 2647.87 |
| 舜天公司 | 157.14 | 383.24 | 127.83 | 44.95 | 1539.19 | 286.31 | 7.20 | 1483.30 | 2568.08 |
| 珑山集团 | 90.00 | 483.85 | 290.52 | 61.06 | 2326.14 | 47.08 | 1.37 | 2404.37 | 3324.55 |
| 华坞煤矿 | 15.00 | 335.34 | 104.59 | 44.10 | 752.23 | 446.30 | 7.42 | 1267.98 | 1708.48 |
| 昆山煤矿 | 60.00 | 469.48 | 81.34 | 54.27 | 1307.73 | 176.84 | 51.52 | 1507.22 | 2204.35 |
| 洪山煤矿 | 22.96 | 450.31 | 246.94 | 257.80 | 1421.23 | 581.03 | 5.70 | 2141.21 | 3015.38 |
| 岭子煤矿 | 250.00 | 134.14 | 58.10 | 45.79 | 682.80 | 465.95 | 3.06 | 574.18 | 1657.08 |
| 岭子煤矿 | 300.00 | 134.14 | 63.91 | 42.40 | 798.53 | 481.93 | 4.60 | 598.10 | 1841.80 |
| 滨岭公司 | 150.00 | 182.04 | 84.25 | 27.14 | 856.39 | 297.53 | 13.68 | 801.46 | 1613.86 |
| 赵家煤矿 | 75.00 | 172.46 | 113.30 | 35.62 | 671.22 | 362.09 | 8.11 | 897.15 | 1443.65 |

已有资料显示，闭坑煤矿串层污染主要由于穿越煤系地层和奥灰系地层的护壁管破损

从而导通两个含水层，不同含水层串层渗流所致。为更合理刻画串层污染过程，本次通过调节串层点石炭—二叠系弱透水层的垂向渗透系数 $k_3$ 来刻画串层通道。

通过分析水质资料以及岩溶水系统 $SO_4^{2-}$ 等值线图，$SO_4^{2-}$ 浓度异常点确定为串层井位置，通过水头差，自动控制地下水的串层和反向串层过程。

实测资料显示，研究区 2013 年大气降水中 $SO_4^{2-}$ 浓度为 21 ~ 34. 13mg/L，相对地下水很低，且以往的研究成果表明研究区内岩溶含水层对地下水中的污染物具有一定的降解吸附作用，因此，此次研究不考虑降水中相关污染组分对地下水的影响。

人工开采可引起地下水位变化，且丰水期与枯水期因地下水补给量的不同，岩溶含水层与上层煤系地层矿坑水之间的水头差呈现动态变化，致使岩溶含水层与煤系矿坑水之间溶质对流的补给关系会发生变化，岩溶水受污染的程度也会随不同时期而存在差异。在水流串层的基础上，在煤系地层中设置面状定浓度污染源，保持矿坑水浓度为定值，通过水动力条件实现溶质的串层。

硝酸根污染受生活废水以及养殖业影响较大，多为面状污染源。因为缺少具体污染源的分布情况，通过硝酸根浓度等值线以及厂区调查情况，将浓度异常区作为污染源，并以其浓度作为定浓度边界进行刻画。

大武地区是重要的石油化工区，分布有很多炼油厂、橡胶厂等石油化工厂，由于化工厂污废水的随意排放，以及在石油储存、加工、运输等过程中设备老化等，很容易造成石油泄漏，入渗污染地下水。石油渗漏一般具有瞬时性、时间地点不确定性，所以对污染源调查及资料获取具有一定的难度，在现有资料的基础上，根据主要污染异常点，假定部分厂区存在石油泄漏现象，根据附近观测孔监测情况，给定一个间歇性存在的定浓度污染源。污染源分布图见图 6-3。

根据长期监测资料设置观测孔位置，硫酸根和硝酸根长期监测资料各有 6 个观测孔，石油类观测孔主要分布在大武地区，共 19 个（图 6-3）。

### （四）参数分区赋值

基于水流模型，水质模型中涉及的参数有纵向弥散度、横向弥散度、有效孔隙度。根据沣水泉域地下水流特征，地下水溶质迁移过程以对流作用为主，通过示踪实验求取的参数有限，所以其参数分区可较水流模型中的渗透系数等水文地质参数分区简单一些，所以采用与降雨入渗系数分区一致，同时有效孔隙度即为水流模型中的重力给水度，此处不再列出。

2015 年 1 月 30 日 14 时至 4 月 2 日 14 时进行了为期 63 天的示踪试验，求取了洪山矿区附近水文地质参数。在洪山矿区选择典型岩溶水串层污染井于 1，作为地下水示踪试验的投源井；以钼酸铵作为示踪剂，在投源井内注入合理浓度的钼酸铵。投源孔于 1 井位于淄博市淄川区罗村镇于家庄西北角，该孔井深 280m，奥灰顶界埋深 130m，孔口地面标高 124. 78m，采用导管投放示踪剂，投入的示踪剂投入到 130m 以下深度，使示踪剂直接进入奥灰含水层（图 6-4）。

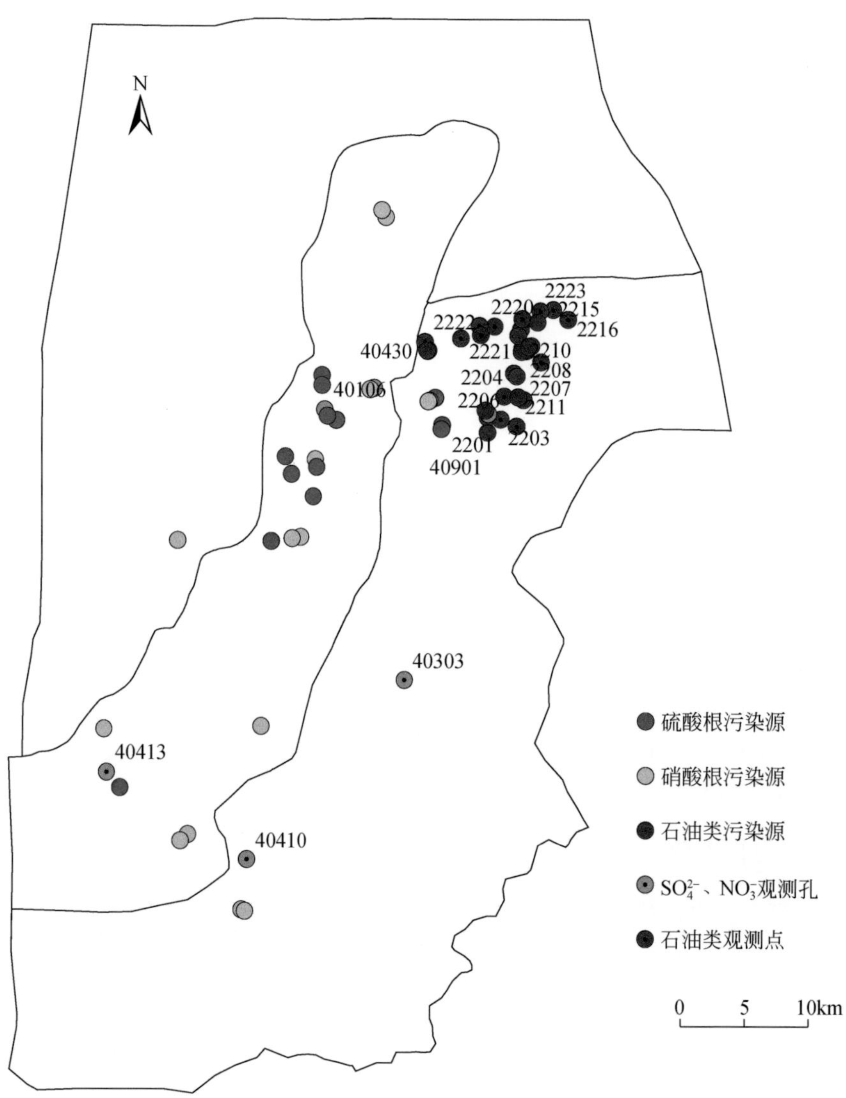


图 6-3　污染源及观测孔分布图

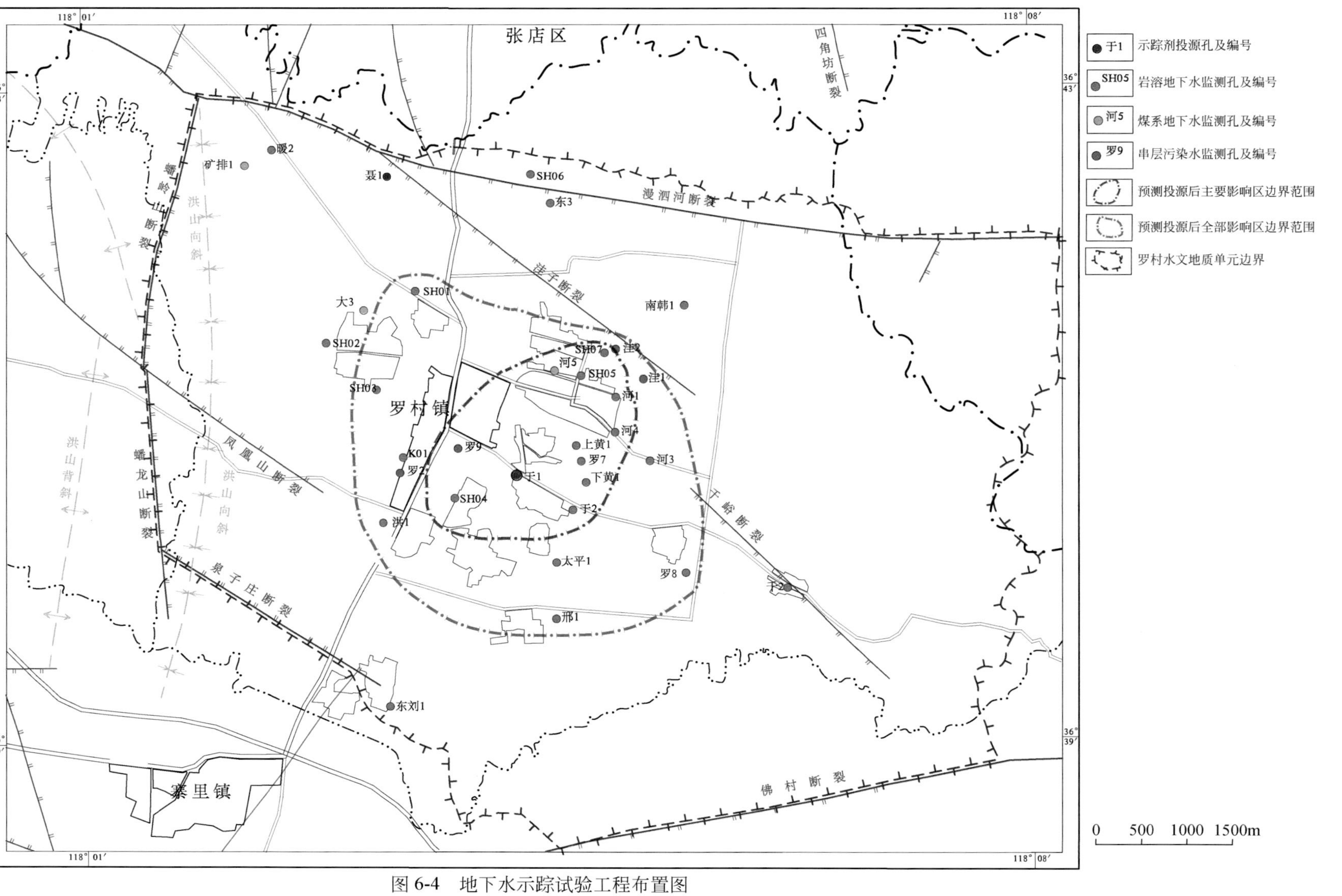


图 6-4　地下水示踪试验工程布置图

地下水示踪试验钼酸根离子取样监测井孔共21个，按含水层类型分为三类，即岩溶地下水、煤系地下水和串层污染水，并以岩溶地下水为主（表6-7）。

**表6-7　地下水示踪试验水质监测布置说明表**

| 含水层类型 | 监测孔编号 | 监测孔数 |
| --- | --- | --- |
| 岩溶地下水 | SH05、SH07、SH04、于2、下黄2、罗7、上黄1、河1、SH01、SH03、洪1、洼1；暖2、聂1、东2、SH02 | 17 |
| 煤系地下水 | 河5、矿排1 | 2 |
| 串层污染水 | 于1、罗9 | 2 |
| 合计 | | 21 |

地下水弥散系数计算公式如下：

$$D_{\mathrm{L}}=\frac{(t_1-t_2)(x^2-u^2t_1t_2)}{4t_1t_2\ln\left(\dfrac{C_1t_1}{C_2t_2}\right)} \tag{6-9}$$

$$D_{\mathrm{T}}=\left\{\frac{m}{2\pi nC_1t_1\sqrt{D_{\mathrm{L}}}}\exp\left[-\frac{(x-ut_1)^2}{4D_{\mathrm{L}}t_1}\right]\right\}^2 \tag{6-10}$$

式中，$D_{\mathrm{L}}$为纵向弥散系数，$\mathrm{m^2/d}$；$D_{\mathrm{T}}$为横向弥散系数，$\mathrm{m^2/d}$；$t_1$为时刻1，d，取各孔钼酸根含量峰值时刻；$t_2$为时刻2，d，取各孔钼酸根含量检出时刻；$x$为检测孔到投源孔的距离，m；$C_1$为时刻$t_1$时钼酸根含量，mg/L，在式（6-10）中含量单位为$\mathrm{kg/m^3}$；$C_2$为时刻$t_2$时钼酸根含量，mg/L；$u$为地下水流速，m/d，根据到投源孔的距离及钼酸根离子峰值和检测出时间计算，暖2孔取159.23m/d，SH01孔取166.79m/d，聂1孔取143.14m/d（表6-8）；$n$为孔隙度，在此取岩溶含水层弹性给水度$\mu_e$，据于1投源井附近的K01、SH01、SH03、SH04、SH05等5个多孔抽水试验结果，取算术平均值，该值为$1.009\times10^{-3}$；$m$为单位厚度的示踪剂质量，kg/m，本次投放钼酸铵40kg，于1孔含水层厚度为150m，$m=40/150\approx0.267$kg/m（表6-9）。

**表6-8　地下水流速计算参数说明表**

| 序号 | 检测孔号 | 到投源孔距离 $X$/m | 峰值出现时间 $t_1$/d | 检出值出现时间 $t_2$/d | 地下水流速 $u$/(m/d) |
| --- | --- | --- | --- | --- | --- |
| 1 | 暖2 | 4538 | 39 | 18 | 159.23 |
| 2 | SH01 | 2335 | 21 | 7 | 166.79 |
| 3 | 聂1 | 3650 | 33 | 18 | 143.14 |

**表 6-9　地下水弥散系数计算参数说明表**

| 检测孔号 | $X$/m | $t_1$/d | $t_2$/d | $u$/(m/d) | $C_1$/(mg/L) | $C_1$/(kg/m³) | $C_2$/(mg/L) | $n$ ($\mu_s$) | $m$/(kg/m) |
|---|---|---|---|---|---|---|---|---|---|
| 暖 2 | 4538 | 39 | 18 | 159.23 | 0.049 | $0.049\times10^{-3}$ | 0.018 | $1.009\times10^{-3}$ | 0.267 |
| SH01 | 2335 | 21 | 7 | 166.79 | 0.042 | $0.042\times10^{-3}$ | 0.020 | $1.009\times10^{-3}$ | 0.267 |
| 聂 1 | 3650 | 33 | 18 | 143.14 | 0.024 | $0.024\times10^{-3}$ | 0.015 | $1.009\times10^{-3}$ | 0.267 |

根据图 6-5 各观测孔钼酸铵含量历时曲线，求得相应的水文地质参数，见表 6-10。并以此为参考，最终统一将纵向弥散度给为 100m，横向弥散度给为 10m 作为参数初值，随后通过模型计算进行分区手动调整。

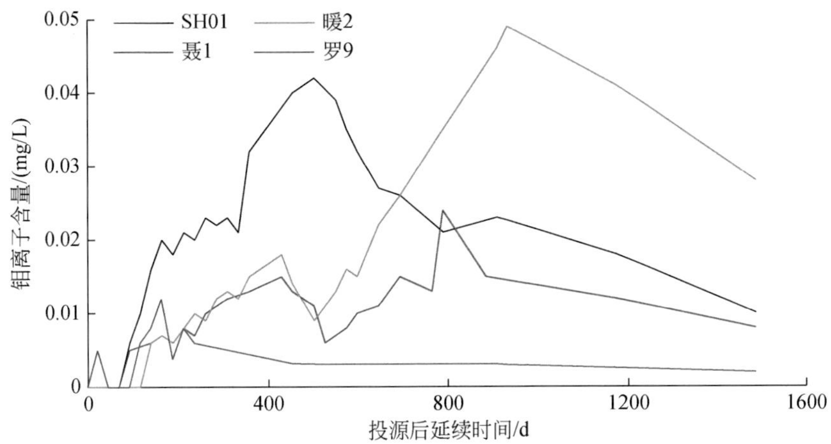


图 6-5　地下水示踪试验钼离子含量变化历时曲线图

**表 6-10　地下水弥散系数计算参数说明表**

| 检测孔号 | 纵向弥散系数 $D_L$/(m²/d) | 横向弥散系数 $D_T$/(m²/d) | 纵向弥散度 $\alpha_L$/m | 横向弥散度 $\alpha_T$/m |
|---|---|---|---|---|
| 暖 2 | 11778.2 | 1974.1 | 73.97 | 12.4 |
| SH01 | 17629.96 | 1284.88 | 105.7 | 7.7 |
| 聂 1 | 6758.15 | 1982.5 | 47.21 | 13.85 |

### （五）初始条件

水质模型识别期在水流模型的基础上进行，模拟时段是 2000 年 1 月至 2015 年 12 月。由于缺乏 $SO_4^{2-}$ 和 $NO_3^-$ 含量的长期监测资料，所以采用在 2013 年水质资料的基础上，参考 2000 年零散点数据进行调整，然后采用 Kriging 方法插值，同时根据研究区实际情况进行人工校正得到研究区 $SO_4^{2-}$ 和 $NO_3^-$ 初始浓度（图 6-6、图 6-7）。由于石油类污染仅分布在大武地区，其他地区可认为石油类浓度为 0，所以根据实测资料，并控制大武外围地区浓度为 0，再通过 Kriging 方法插值获得最终的初始浓度（图 6-8）。

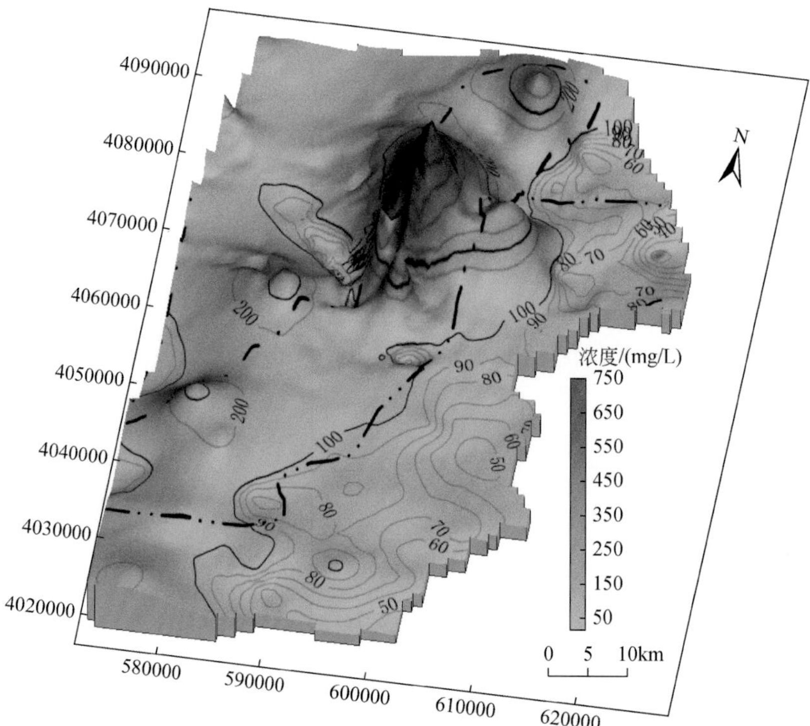


图 6-6　初始 $SO_4^{2-}$ 浓度等值线三维图

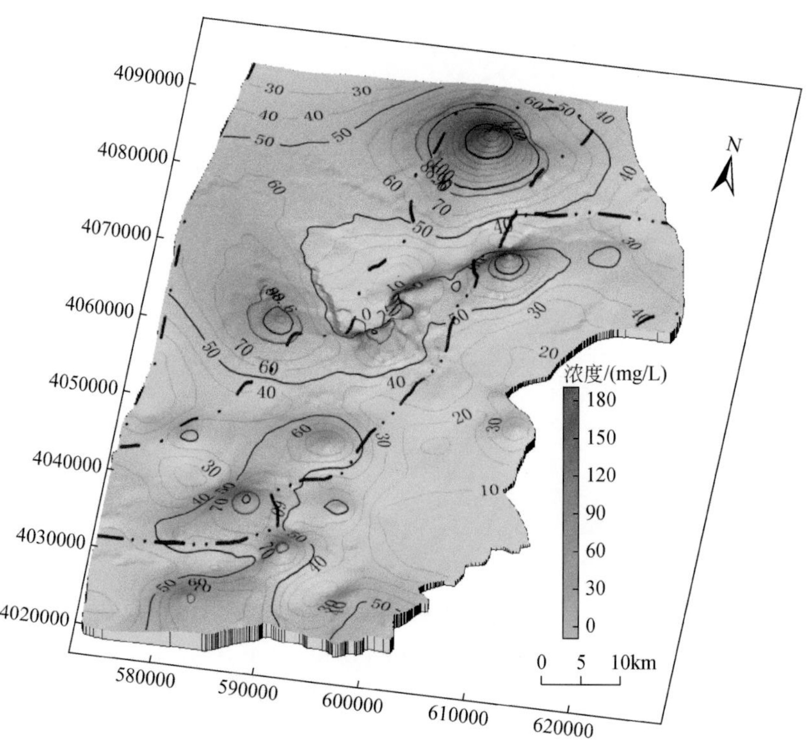


图 6-7　初始 $NO_3^-$ 浓度等值线三维图

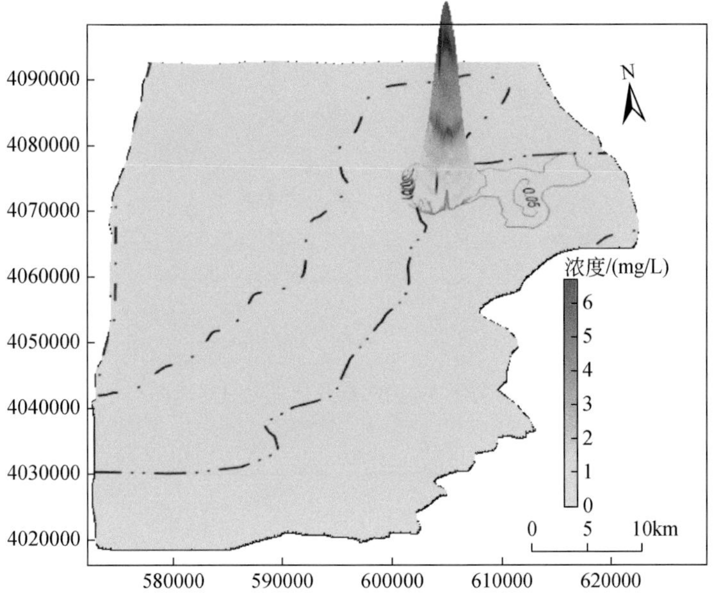


图 6-8　初始石油类浓度等值线三维图

## （六）模型识别

经过调试，水质模型识别期内不同污染因子各观测孔（观测孔位置见图 6-3）拟合曲线如图 6-9～图 6-14 所示。

（1）$SO_4^{2-}$ 浓度拟合曲线如图 6-9、图 6-10 所示。

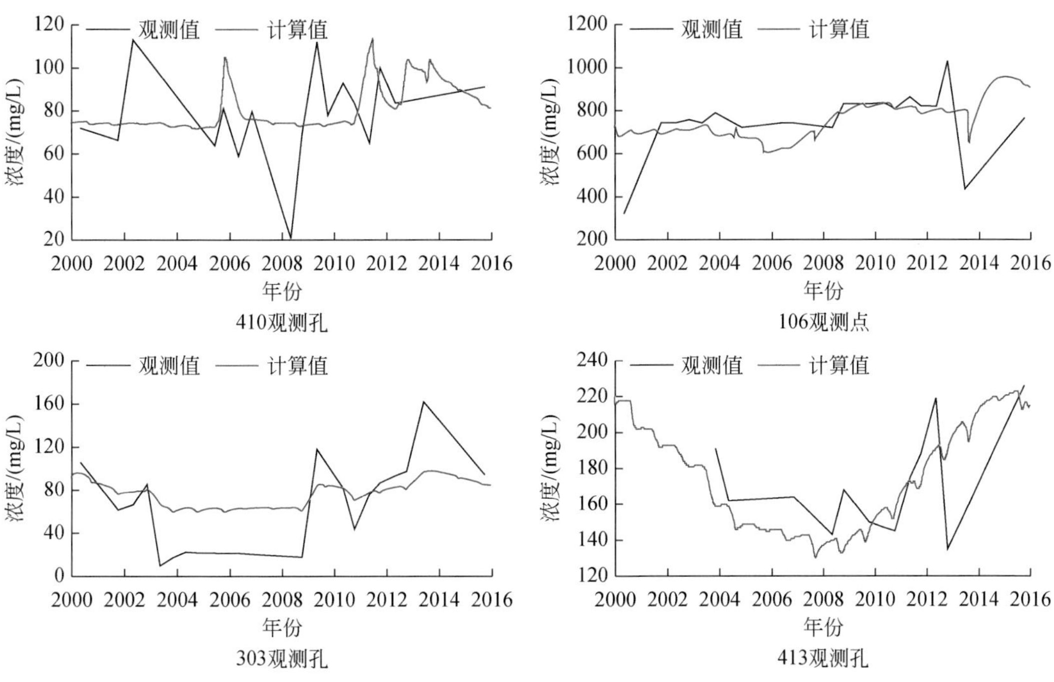

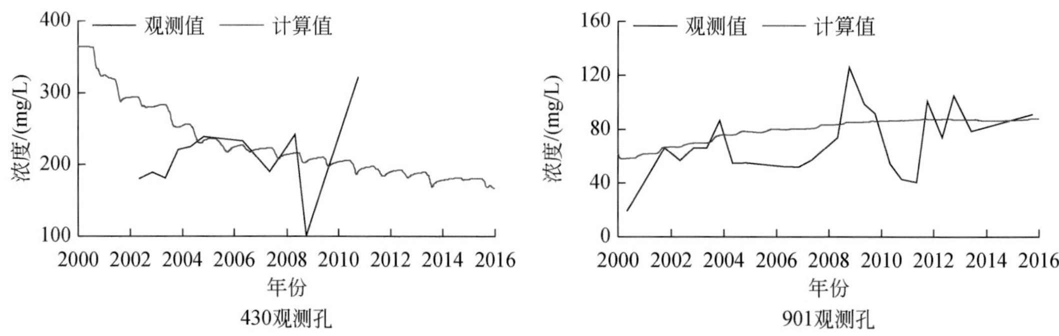


图 6-9　$SO_4^{2-}$ 浓度实测及拟合曲线对比图

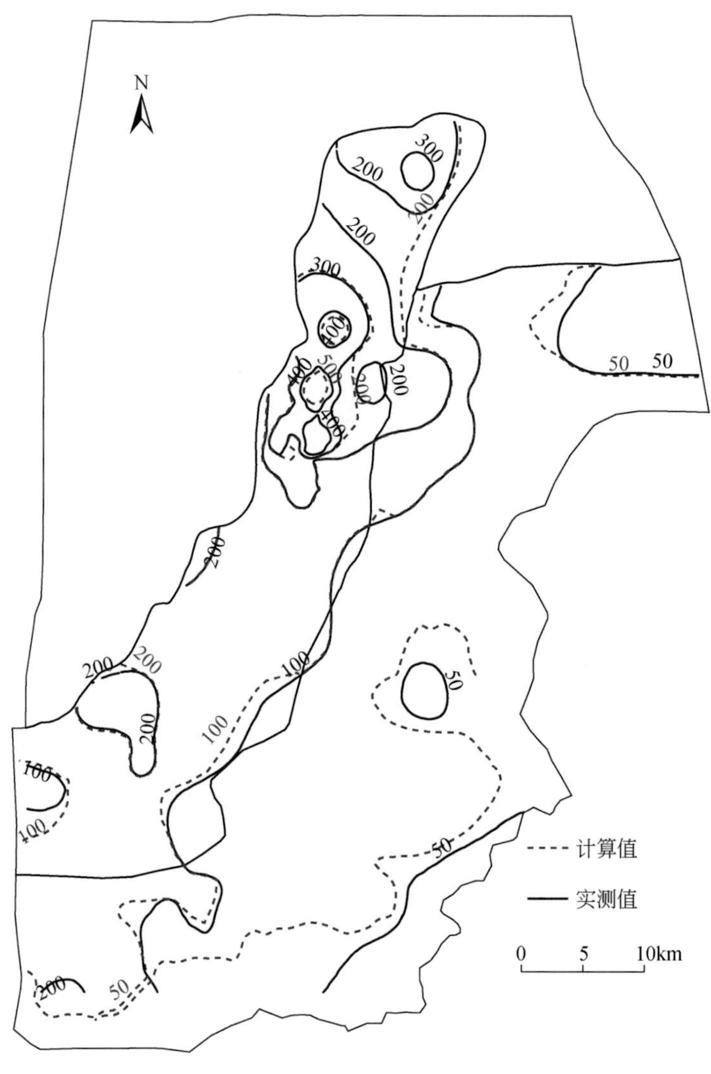


图 6-10　识别期末 $SO_4^{2-}$ 浓度等值线拟合图

（2）硝酸根浓度拟合曲线如图 6-11、图 6-12 所示。

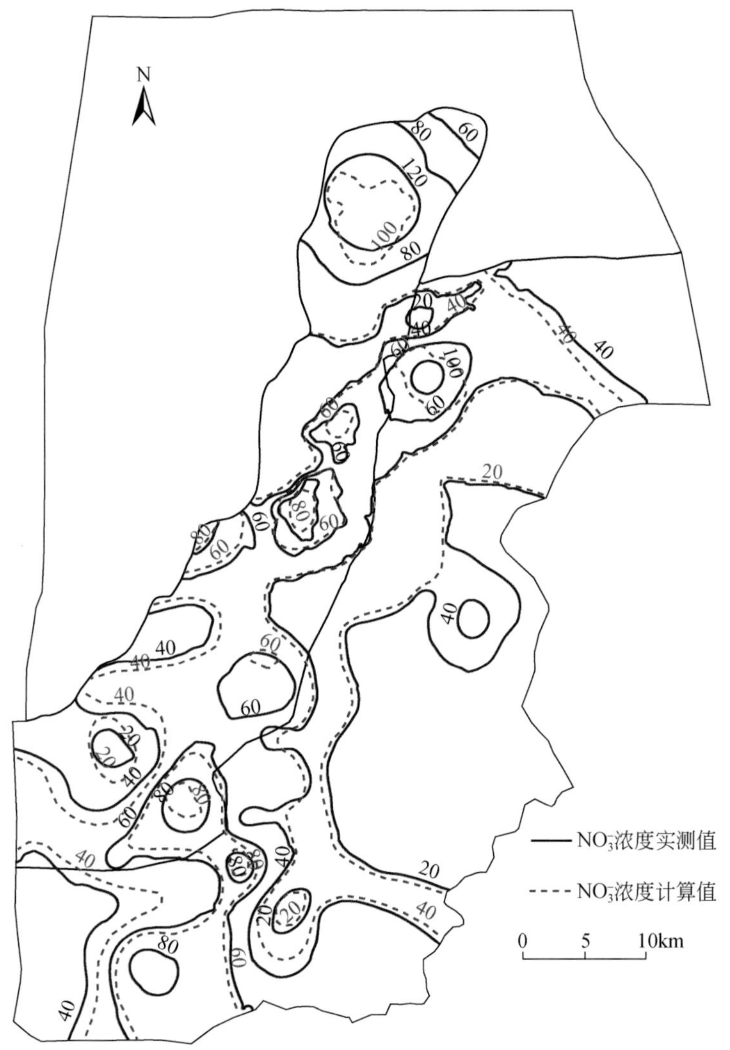


图 6-11　识别期末 NO$_3^-$ 浓度等值线拟合图（单位：mg/L）

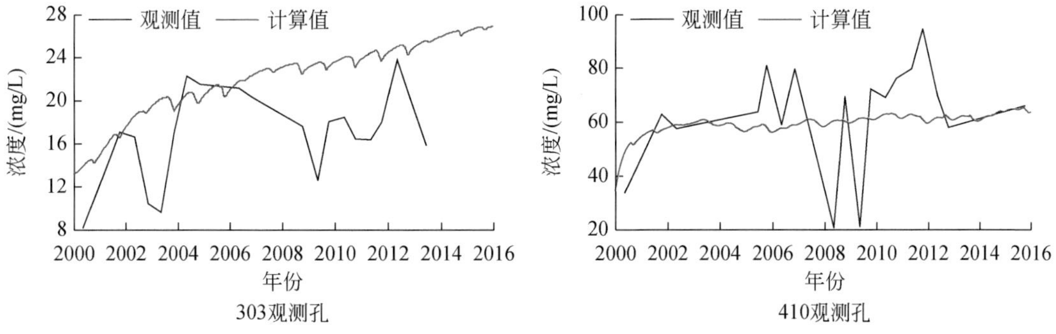

观测值
计算值
浓度/(mg/L)
年份
430观测孔
901观测孔

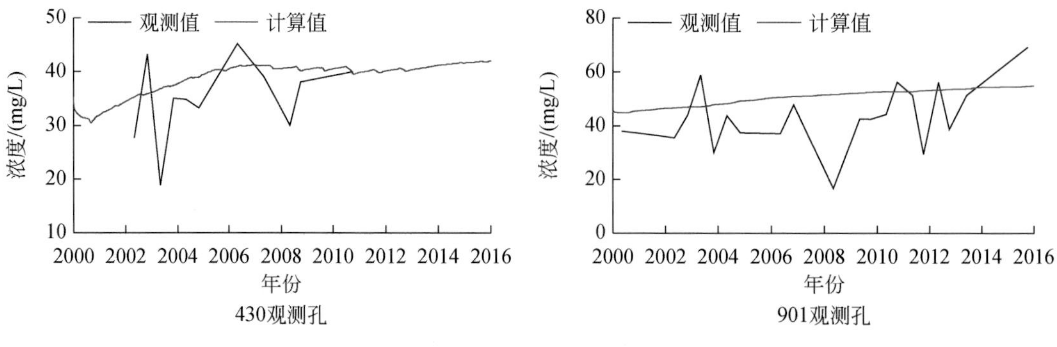

图 6-12　$NO_3^-$ 浓度实测及拟合曲线对比图

（3）石油类浓度拟合曲线如图 6-13 所示。

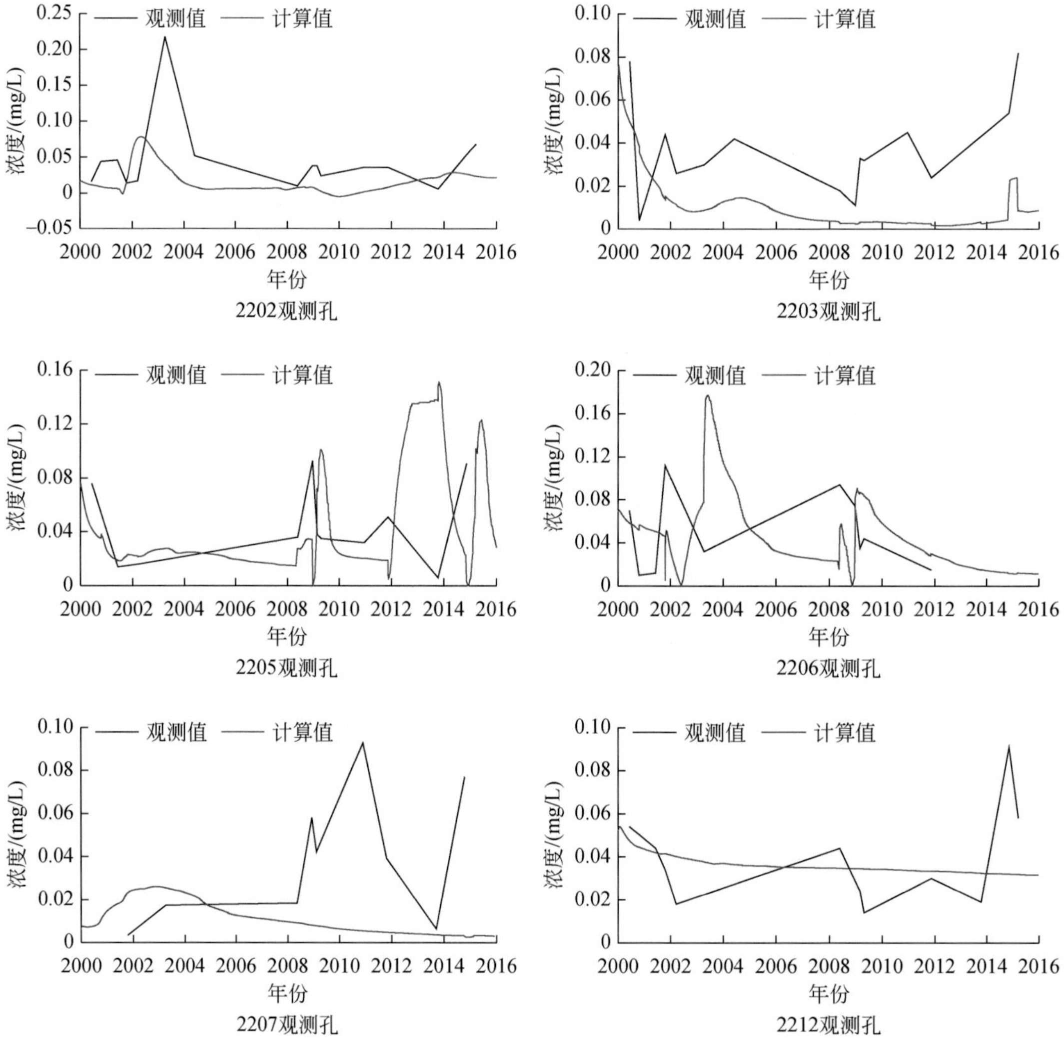

观测值
计算值
浓度/(mg/L)
年份
2202观测孔
2203观测孔
2205观测孔
2206观测孔
2207观测孔
2212观测孔

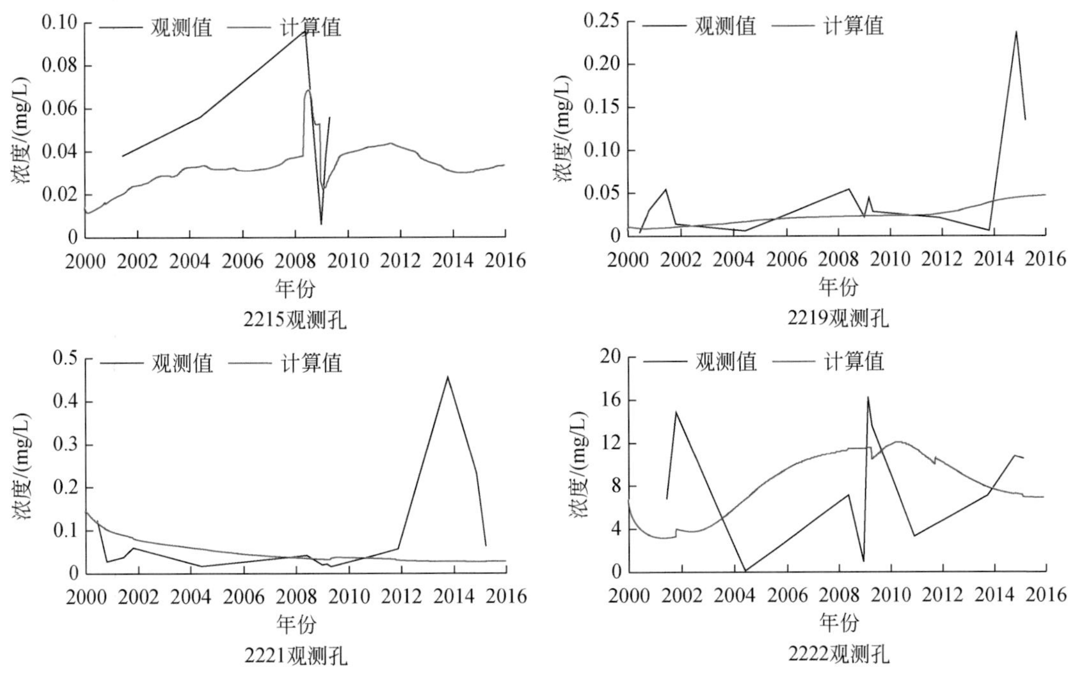


图 6-13　石油类浓度实测及拟合曲线对比图

从拟合曲线可以看出，模型的计算结果基本反映出了地下水中各模拟组分的变化趋势。但由于裂隙岩溶水中离子含量拟合本身就很困难，受本次工作模拟区面积相对较大，人为分析误差、水质取样的代表性、污染源调查精度所限等因素影响，从而无法进行精确拟合。此外，由于研究区水质长期监测资料有限，具代表性的水质动态监测数据较少，全区岩溶水污染物运移识别精度会受到一定影响。

通过分析各观测孔实测浓度变化曲线，发现各组分浓度，相比自然地下水流场，污染源对其影响更大，包括污染源的变化特征、污染方式和污染途径等。

对于硫酸根，主要来自矿坑水串层污染，而矿坑水硫酸根离子浓度相对较稳定，所以主要受到发生串层的地下水水量的影响，因一般枯水期岩溶水水位较矿坑水低，丰水期较高或相近，所以枯水期串层污染严重，水质相对较差，而丰水期水质相对有一些好转。

硝酸根主要来自人类活动的影响，所以一般呈面状污染，而污染程度则受到人类活动的影响，所以污染源浓度变化特征一般难以确定，从而加大模拟难度。

石油类污染物主要来自石油化工相关工厂的污废水泄漏和随意排放等，根据实测浓度历时曲线，发现石油污染具有间歇性，即在某时段，浓度突然增大，且不同位置观测孔浓度变化无统一的规律性。分析认为，石油污废水泄漏和排放可能来自管道运输、储存等各环节，导致污染源位置则具有了不确定性和可变性，企业及时对破损设备进行维修，从而导致污染呈现出间歇性污染特征。

调试过程发现，弥散度对模型识别的影响较小，污染源的污染类型、污染方式以及距离观测孔的距离则为主要影响因素，所以，建立岩溶水水质模型应该加强对污染源的调查。最后识别弥散度见表 6-11。

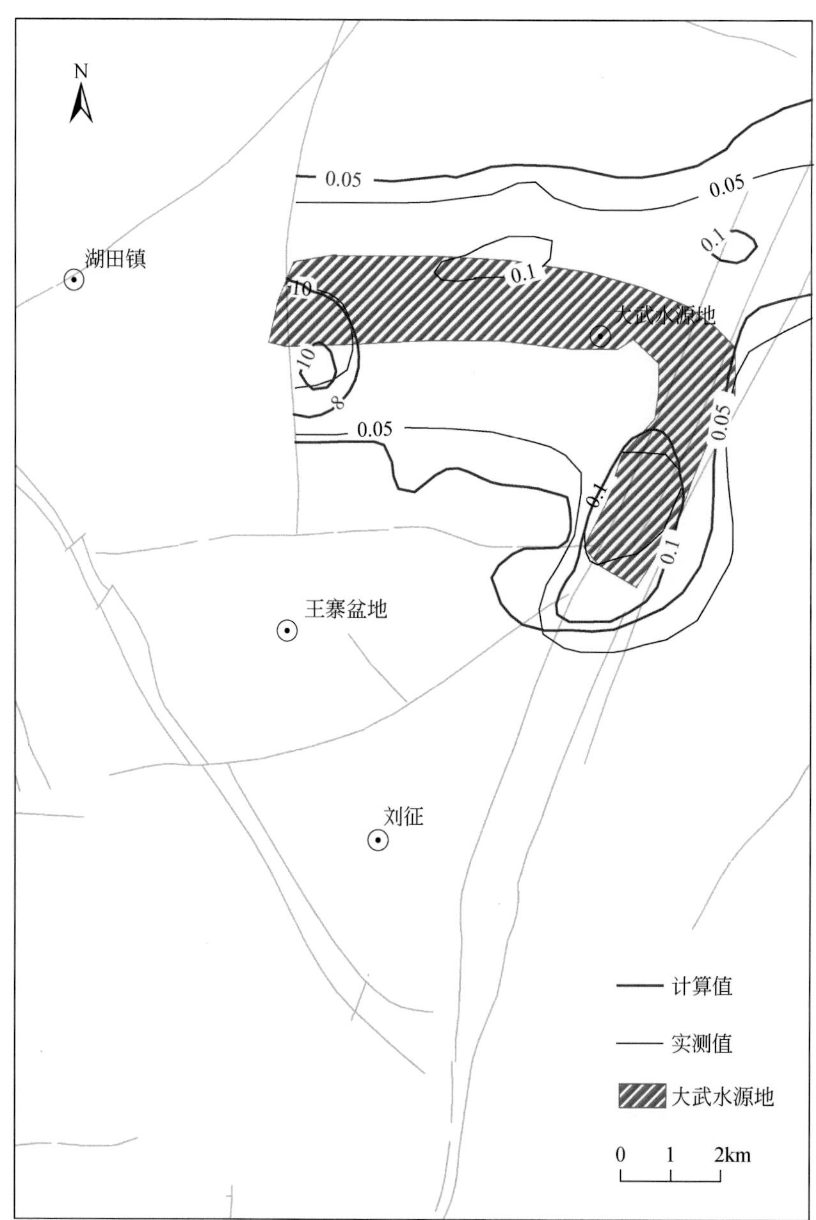


图 6-14 识别期末石油类浓度等值线拟合图（单位：mg/L）

**表 6-11 各参数取值一览表**

| 层号-分区编号 | 纵向弥散度 $\alpha_L$/m | 横向弥散度 $\alpha_T$/m | 层号-分区编号 | 纵向弥散度 $\alpha_L$/m | 横向弥散度 $\alpha_T$/m |
|---|---|---|---|---|---|
| 第一层 | 100 | 10 | 3-3 | 200 | 20 |
| 第二层 | 100 | 10 | 3-4 | 250 | 25 |
| 3-1 | 10 | 1 | 3-5 | 80 | 8 |
| 3-2 | 120 | 12 | 3-6 | 100 | 10 |

续表

| 层号-分区编号 | 纵向弥散度 $\alpha_L$/m | 横向弥散度 $\alpha_T$/m | 层号-分区编号 | 纵向弥散度 $\alpha_L$/m | 横向弥散度 $\alpha_T$/m |
|---|---|---|---|---|---|
| 3-7 | 50 | 5 | 5-10 | 25 | 2.5 |
| 3-8 | 80 | 8 | 5-11 | 20 | 2 |
| 3-9 | 500 | 50 | 5-12 | 25 | 2.5 |
| 3-10 | 50 | 5 | 6-1 | 2 | 0.2 |
| 3-11 | 40 | 4 | 6-2 | 24 | 2.4 |
| 3-12 | 50 | 5 | 6-3 | 40 | 4 |
| 4-1 | 10 | 1 | 6-4 | 50 | 5 |
| 4-2 | 120 | 12 | 6-5 | 16 | 1.6 |
| 4-3 | 200 | 20 | 6-6 | 20 | 2 |
| 4-4 | 250 | 25 | 6-7 | 10 | 1 |
| 4-5 | 80 | 8 | 6-8 | 16 | 1.6 |
| 4-6 | 100 | 10 | 6-9 | 100 | 10 |
| 4-7 | 50 | 5 | 6-10 | 10 | 1 |
| 4-8 | 80 | 8 | 6-11 | 8 | 0.8 |
| 4-9 | 500 | 50 | 6-12 | 10 | 1 |
| 4-10 | 50 | 5 | 7-1 | 2 | 0.2 |
| 4-11 | 40 | 4 | 7-2 | 24 | 2.4 |
| 4-12 | 50 | 5 | 7-3 | 40 | 4 |
| 5-1 | 5 | 0.5 | 7-4 | 50 | 5 |
| 5-2 | 60 | 6 | 7-5 | 16 | 1.6 |
| 5-3 | 100 | 10 | 7-6 | 20 | 2 |
| 5-4 | 125 | 12.5 | 7-7 | 10 | 1 |
| 5-5 | 40 | 4 | 7-8 | 16 | 1.6 |
| 5-6 | 50 | 5 | 7-9 | 100 | 10 |
| 5-7 | 25 | 2.5 | 7-10 | 10 | 1 |
| 5-8 | 40 | 4 | 7-11 | 8 | 0.8 |
| 5-9 | 250 | 25 | 7-12 | 10 | 1 |

### （七）参数敏感性分析

选取研究区内主要含水层（岩溶裂隙含水岩组，模型中3~5层）作为目标含水层，对目标含水层内5个参数分区中的渗透系数、有效孔隙度以及弥散度三个重要的水文地质参数进行不确定分析。以识别期末各参数作为基准，分别设置各参数10%的变化幅度，改变各目标参数后以识别期$SO_4^{2-}$浓度作为因变量，计算各目标参数敏感性系数作为衡量相关参数敏感性指标（表6-12）。

表 6-12 敏感性系数计算结果

| 区号 | 减小 10% | | | 增大 10% | | |
|---|---|---|---|---|---|---|
| | $K$ | $n$ | $D$ | $K$ | $n$ | $D$ |
| 6 | $2.11\times10^{-2}$ | $2.30\times10^{-2}$ | $2.00\times10^{-4}$ | $1.29\times10^{-2}$ | $2.42\times10^{-2}$ | $2.64\times10^{-3}$ |
| 10 | $3.91\times10^{-2}$ | $8.68\times10^{-3}$ | $4.39\times10^{-4}$ | $3.42\times10^{-2}$ | $7.46\times10^{-3}$ | $8.77\times10^{-5}$ |
| 16 | $2.29\times10^{-4}$ | $1.60\times10^{-3}$ | $1.75\times10^{-3}$ | $1.52\times10^{-4}$ | $9.15\times10^{-4}$ | $3.35\times10^{-3}$ |
| 4 | $6.60\times10^{-4}$ | $1.98\times10^{-3}$ | $2.64\times10^{-4}$ | $7.48\times10^{-4}$ | $1.58\times10^{-3}$ | $5.72\times10^{-4}$ |
| 47 | $1.00\times10^{-1}$ | $3.26\times10^{-2}$ | $3.56\times10^{-3}$ | $8.79\times10^{-2}$ | $2.77\times10^{-2}$ | $1.19\times10^{-3}$ |

通过对各参数的敏感性系数进行计算和对比（图6-15）可以看出，参数分区6、10及47中弥散度的敏感性系数与水平渗透系数和有效孔隙度的敏感性系数相差在一个数量级以上，即渗透系数和有效孔隙度的改变对模拟结果的影响远大于弥散度，且模拟结果对参数分区47中的渗透系数的敏感性最为显著，而参数分区16和4各参数敏感性系数相对相差较小，均在一个数量级以内。污染物的迁移模拟结果对渗透系数和有效孔隙度较为敏感，弥散度对模拟结果影响微弱；同时，渗透系数与有效孔隙度的敏感性在各分区变化差异性较大，没有明显规律。

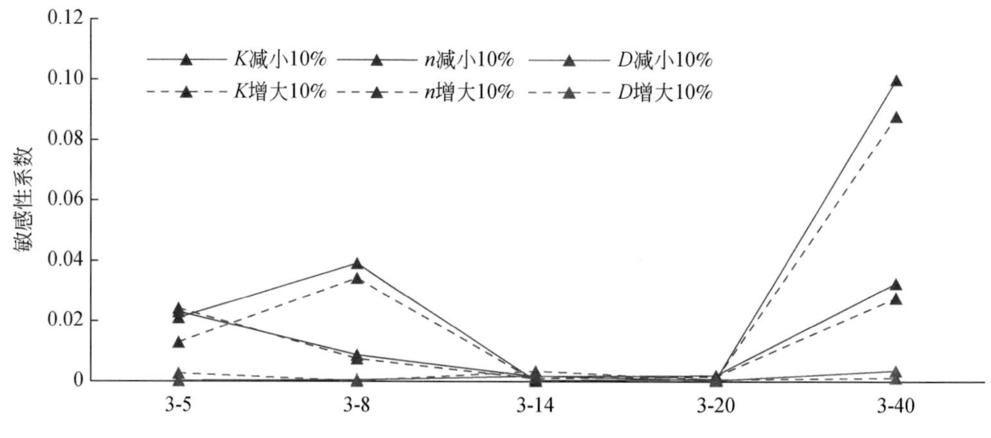


图6-15 参数敏感性结果图

$K$ 为渗透系数；$n$ 为有效孔隙度；$D$ 为弥散度

综上所述，不同的参数之间及不同空间分布的同一参数之间敏感性系数相差较大；同时，人为开采等不确定因素对参数敏感影响显著。参数值的设置对模型的计算结果存在很大的影响，由于水文地质条件的复杂性、资料的局限性及对实际情况认知不全面等各种不确定性因素的影响，参数值的确定存在很大困难。而参数值的确定对建立模型的准确性起着至关重要的作用。因此，针对上述敏感性较大的分区以及类似的分区应该尽可能进行详细调研，提高参数精度，减小因参数的不确定性对模型计算结果带来的不利影响。

## 二、地下水污染趋势预测

通过对洋水泉域岩溶水水质特征的分析以及水质模型的调试与识别，对洋水泉域岩溶水水质分布特征及其演化规律、水质污染成因与机理有了更清楚的认识。在此基础上，以下将利用上述所建立的模型对研究区主要地下水环境问题提出预测方案，得出不同方案下岩溶水中污染物运移发展趋势。

### （一）预测方案

本次在水质模型的基础上，针对典型地下水环境问题进行预测分析，分析其在不同方案下的发展趋势，为最终提出合理的治理措施提供理论依据。具体将采取以下三种方案进行预测。

1. 方案一

根据已建立的数值模型，针对研究区岩溶水典型地下水环境问题，维持现状污染的情况下，以模拟识别期末 2015 年污染物浓度作为预测模型的初始污染物浓度，分别以 $SO_4^{2-}$、$NO_3^-$ 和石油类作为污染物示踪因子，对未来 30 年研究区内污染物的运移发展特征进行模拟预测。

2. 方案二

研究在采取治理措施后，污染物的迁移特征。治理措施包括：封堵孝妇河流域串层污染通道，即减小串层点垂向渗透系数 $k_z$ 为 $10^{-5}$m/d；整治大武地区废水排放管理以及管道维护，消除石油污染源；硝酸根在南部地区主要是农业化肥的使用，北部则多为生活废水的影响，考虑未来化肥的改良，农业引起的硝酸根污染应该会减少，假设改善并消除南部博山地区硝酸根污染源，但仍存在北部污染。同方案一的初始条件，对未来 30 年三种污染因子的运移发展进行预测。

3. 方案三

为加快污染治理，并分析未来岩溶水的最大净化程度，在方案二的基础上，人为加大开采已污染的劣质岩溶水，加快岩溶水循环速度，从而加快污染净化速度。即在已受污染区，增设岩溶水开采井。

### （二）预测时段源汇项处理

本次污染趋势预测是在水流预测的基础上进行的。根据未来规划，确定将新增刘征、神头和谢家店富水地段，所以本次溶质模型预测在维持大武现状开采，新增刘征地区 5.5 万 $m^3$/d、神头地区 1.5 万 $m^3$/d、谢家店地区 1.75 万 $m^3$/d 开采量这一水流模型条件下进行。

### （三）方案一预测结果与分析

1. 维持现状条件下，岩溶水 $SO_4^{2-}$ 趋势预测

在上述条件下，自 2015 年开始，模拟未来 30 年研究区岩溶水中 $SO_4^{2-}$ 运移特征。输出

4 个代表性观测孔处 $SO_4^{2-}$ 浓度预测动态曲线，见图 6-16 ~ 图 6-19。研究区 10 年、20 年与 30 年时段末岩溶水中 $SO_4^{2-}$ 三维浓度等值线见图 6-20 ~ 图 6-22。

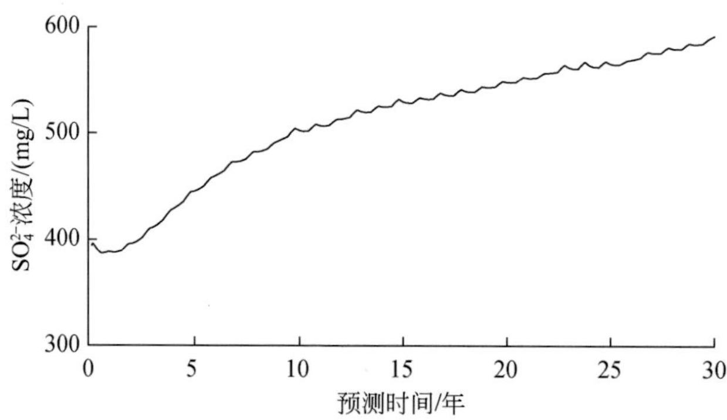


图 6-16　方案一，洪山煤矿 151 观测孔 $SO_4^{2-}$ 浓度历时曲线

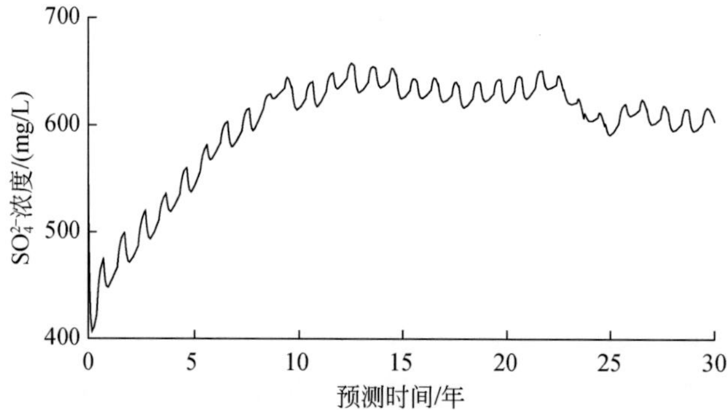


图 6-17　方案一，沣水矿区 106 观测孔 $SO_4^{2-}$ 浓度历时曲线

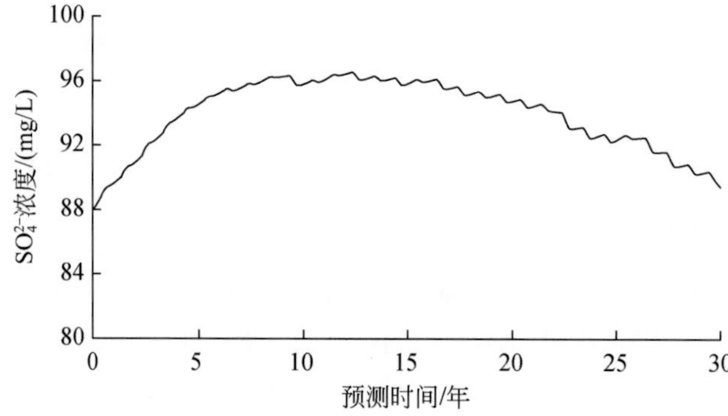


图 6-18　方案一，大武水源地 901 观测孔 $SO_4^{2-}$ 浓度历时曲线

从图 6-20 ~ 图 6-22 可以看出，位于洪山煤矿北侧观测孔 151 处岩溶水中 $SO_4^{2-}$ 浓度在 30 年后由初始的 393. 75mg/L 增至 591. 72mg/L，上升了 197. 97mg/L，呈逐渐上升趋势，

说明串层污染继续发生；位于洋水矿区西南侧的106观测孔处岩溶水$SO_4^{2-}$浓度在30年后由初始的557.44mg/L上升至603.34mg/L，前期呈上升趋势，在10年左右，达到稳定，22年之后略有下降，说明受矿坑水水质限制，岩溶水受污染程度也具有一定极限；大武水源地901观测孔，受到王寨盆地洋浒崖粉煤灰场影响，$SO_4^{2-}$浓度先增后减，推测应该是后期水位上升较快，上游优质地下水补给所致；博山两平村413观测孔位于福山煤矿下游，$SO_4^{2-}$浓度先增加，在10年左右达到稳定312.23mg/L，说明其基本达到最大受污染程度。

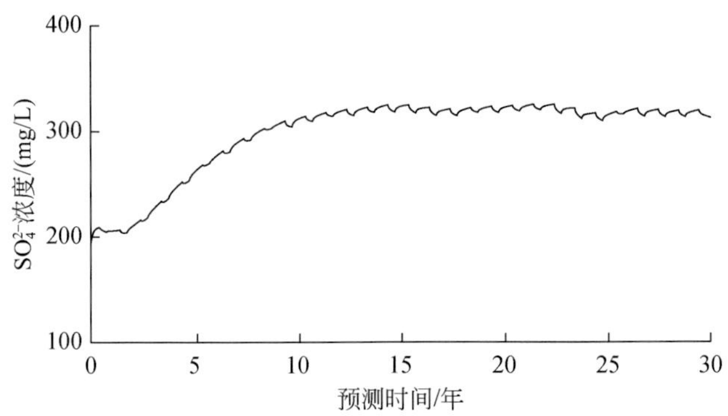


图6-19 方案一，两平村413观测孔$SO_4^{2-}$浓度历时曲线

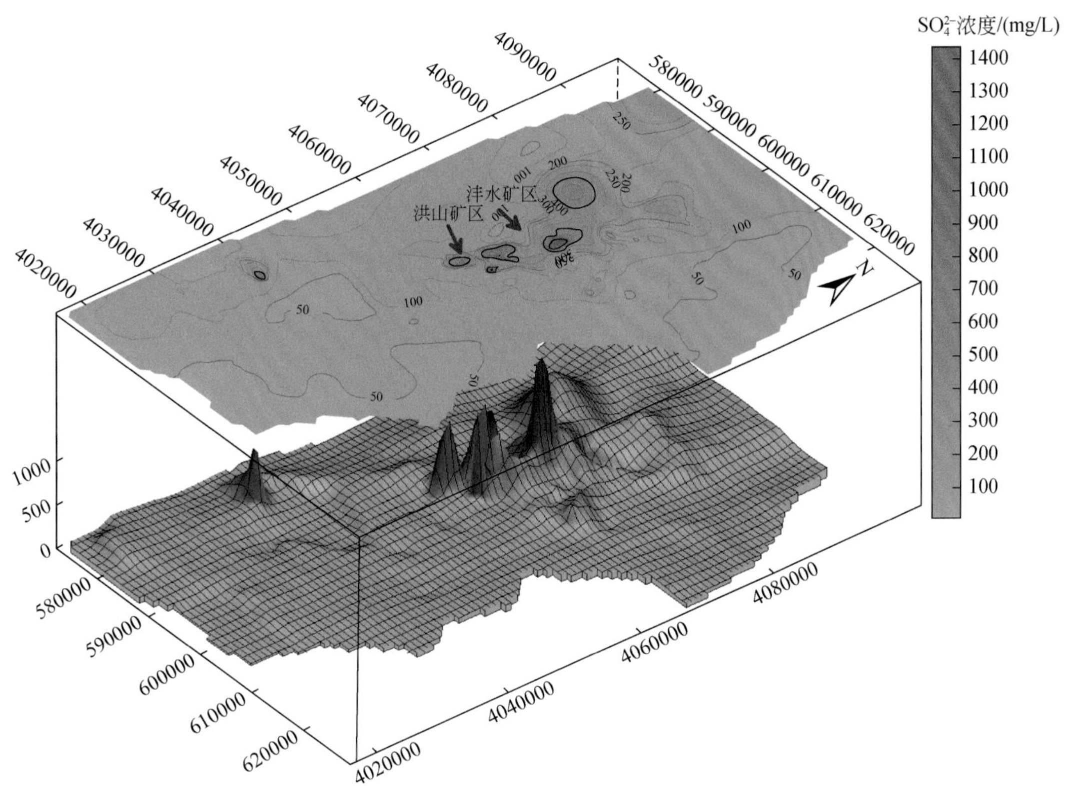


图6-20 方案一，预测10年后$SO_4^{2-}$等值线三维示意图

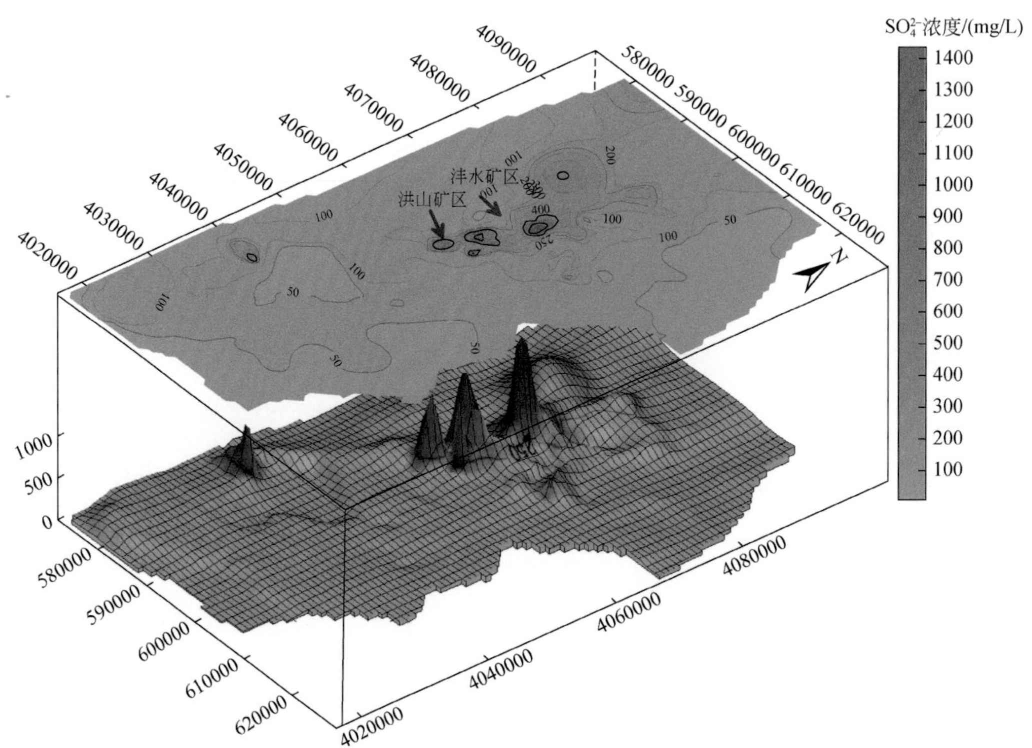


图 6-21　方案一，预测 20 年后 $SO_4^{2-}$ 等值线三维示意图

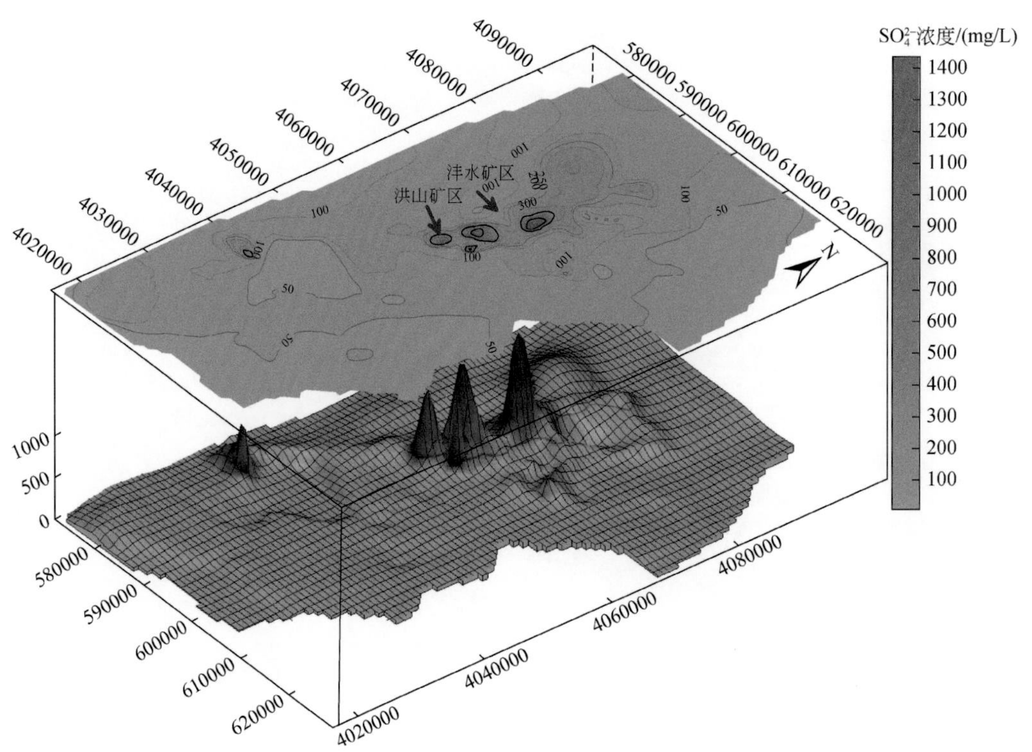


图 6-22　方案一，预测 30 年后 $SO_4^{2-}$ 等值线三维示意图

根据不同时期岩溶水 $SO_4^{2-}$ 浓度三维等值线图（图 6-20 ~ 图 6-22）可知，研究区 $SO_4^{2-}$ 污染主要分布在洪山矿区和沣水矿区，且随着时间推移，污染主要向北部扩散迁移。同时，串层污染从最初的点状污染，逐渐发展为面状污染，并进一步将洪山矿区污染范围和沣水污染范围连成一片，最终发展导致淄川罗村以北至金岭穹窿整体受到污染。由表 6-13 分析可知，由于地下水位呈现先降后升的特点，而枯水期串层比较严重，所以预测 10 年时，污染面积大大增加，增加 96.51km²，之后水位上升，污染减弱，污染面积有所减小，30 年整体污染面积增加 10.07km²。说明降水通过对不同含水层水位的控制，对串层污染的影响很大。总体而言，在现状污染条件下，洪山矿区和沣水矿区污染范围逐渐扩大并连成一片，并向北部下游地区发展，虽然整体污染面积增加不大，但部分已污染区域污染程度将进一步加深，并最终趋于稳定。

**表 6-13　不同 $SO_4^{2-}$ 浓度范围面积分布**

| $SO_4^{2-}$ 浓度/(mg/L) | 0 年 | 10 年 | 20 年 | 30 年 |
| --- | --- | --- | --- | --- |
| <100 | 1605.16 | 1895.00 | 2014.08 | 2176.33 |
| 100 ~ 250 | 1621.38 | 1235.02 | 1157.05 | 1040.14 |
| >250 | 211.25 | 307.76 | 266.66 | 221.32 |

2. 维持现状条件下岩溶水 $NO_3^-$ 趋势预测

由图 6-23 ~ 图 6-25 各观测孔水质预测曲线可以看出：没有污染源分布的地区，$NO_3^-$ 浓度变幅不大，水质相对稳定，如沣水 106 观测孔，$NO_3^-$ 浓度始终小于 20mg/L，属于二级水范围；附近有污染源的地区，如金岭地区，整体 $NO_3^-$ 含量相对较高，其浓度曲线呈逐渐上升趋势，20 年后基本趋于稳定，说明在污染源影响下，污染程度会逐渐增加；观测孔 413，位于博山地区，其上游八陡一带，污染较重，主要受到农业化肥使用的影响，由于 413 距离污染源相对较远，所以虽受到其影响，浓度有所增加，但终达到稳定，并保持在较低水平。

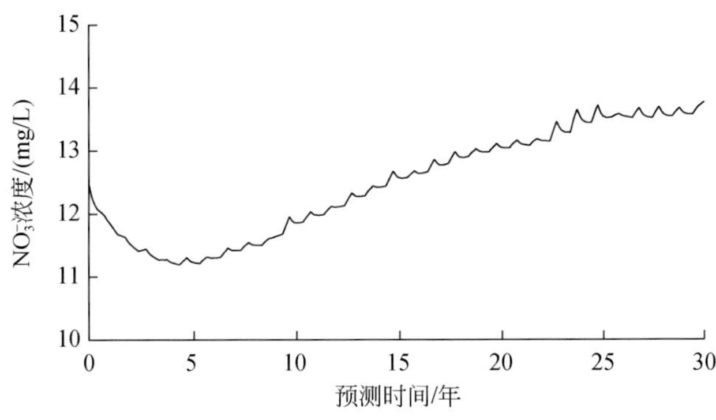


图 6-23　方案一，沣水矿区 106 观测孔 $NO_3^-$ 浓度历时曲线

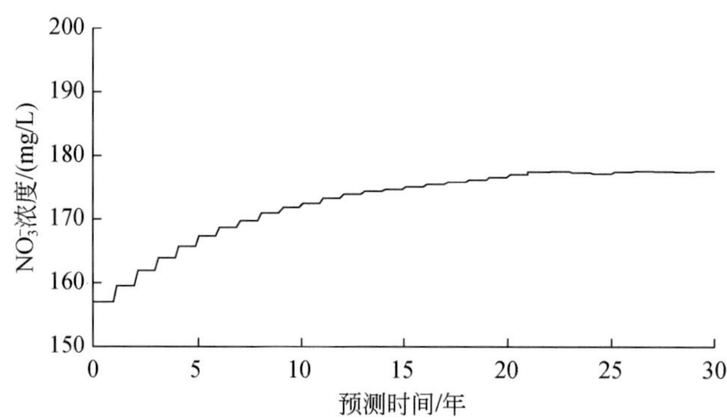


图 6-24　方案一，金岭地区 $NO_3^-$ 浓度历时曲线

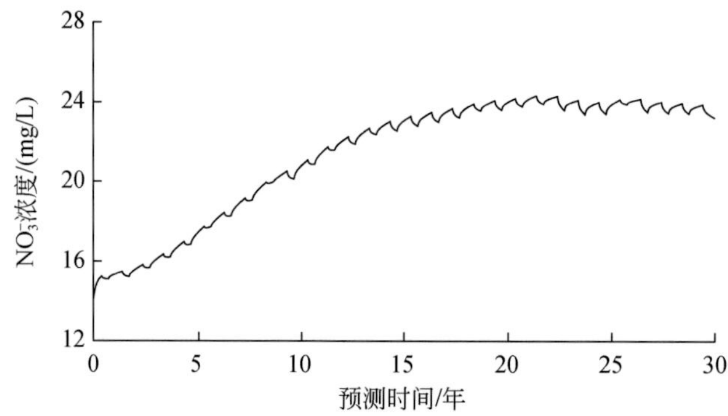


图 6-25　方案一，两平村 413 观测孔 $NO_3^-$ 浓度历时曲线

根据不同时期岩溶水 $NO_3^-$ 浓度等值线三维图（图 6-26 ~ 图 6-28），岩溶水 $NO_3^-$ 浓度在研究区分布不均，淄河流域普遍低于孝妇河流域，且孝妇河流域污染区域主要分布有三处：上游北博山镇、崮山镇一带，推断主要受到农业化肥影响；中游王寨盆地、罗村镇和双沟镇一带，王寨盆地主要受到降水经粉煤灰场淋滤入渗影响，而罗村和双沟一带，则主要受到工矿企业污废水的入渗污染；下游金岭铁矿附近，污染程度最严重，$NO_3^-$ 最高浓度可达 200mg/L，受金岭铁矿采矿过程以及矿坑排水回灌影响较大。但总体来看，超过三级饮用水标准 88.6mg/L（以 $NO_3^-$ 计）的区域基本呈点状分布，且预测过程污染扩散范围较小，$NO_3^-$ 在地下水中的迁移较慢，总体污染量较小。比较明显的是上游博山淄河上游地区，由于淄河断裂带的强径流特征，污染向下游扩散较快，但由于总体污染物来源量较少，所以污染程度不大。

3. 维持现状条件下岩溶水石油类趋势预测

石油类污染主要发生在大武水源地一带，所以仅对大武一带进行分析。大武地区分布众多石油化工企业，导致自南部福山至西北西夏庄岩溶水均出现不同程度的石油污染。

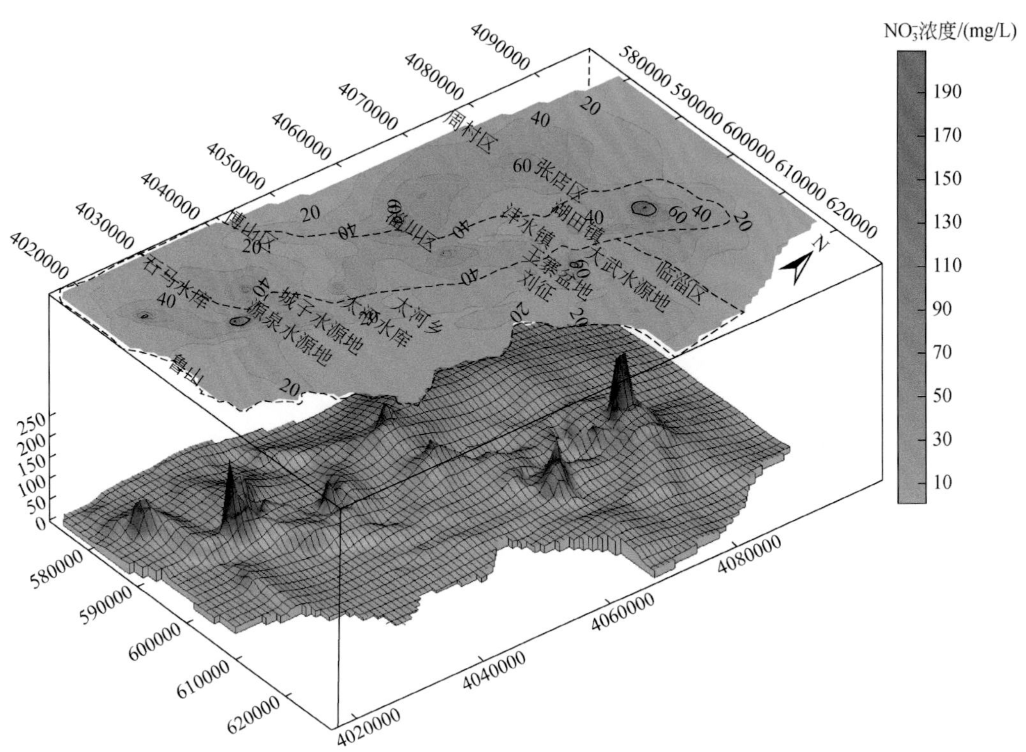


图 6-26　方案一，预测 10 年后 $NO_3^-$ 等值线三维示意图

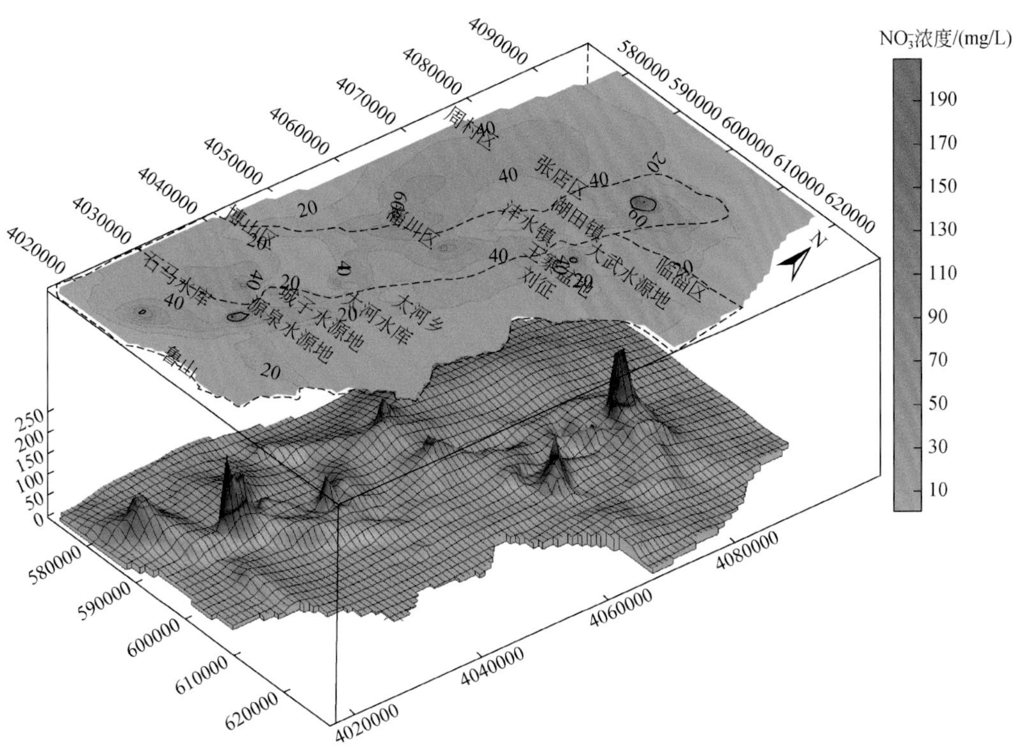


图 6-27　方案一，预测 20 年后 $NO_3^-$ 等值线三维示意图

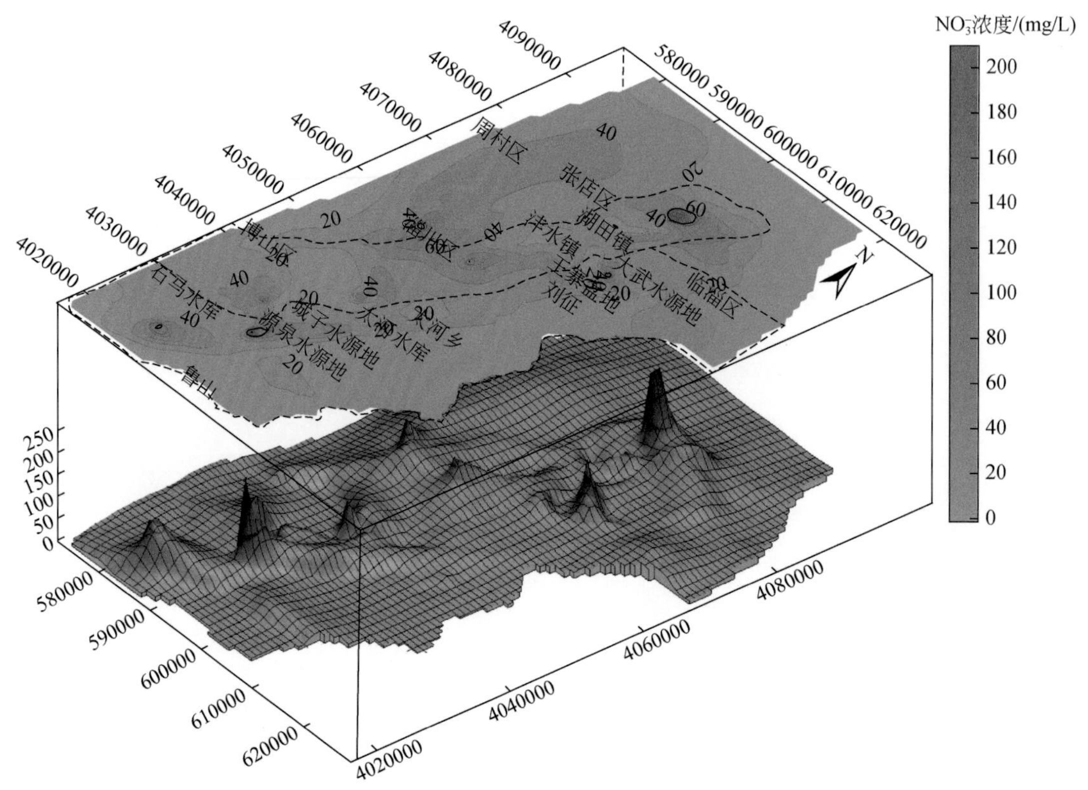


图 6-28　方案一，预测 30 年后 $NO_3^-$ 等值线三维示意图

由图 6-29 ~ 图 6-32，随着污染的持续发展，南部 2204 观测孔石油类浓度整体呈上升趋势，并超过水质标准 0.05mg/L，17 年之后略微有所下降；中心公园附近 2206 观测孔，石油类浓度开始呈上升趋势，10 年左右达到稳定，虽受到污染的进一步影响，但尚未超过水质标准；位于相对上游的临淄水厂 2211 观测孔，水质呈先增后减的趋势，总体略微受到污染影响，但因距离污染源较远，故污染程度很小，水质相对较好；堠皋一带，根据 2222 观测孔石油类浓度历时曲线可知，随着污染的发展，堠皋一带石油类浓度会持续上升，最终浓度受污染源浓度的控制。

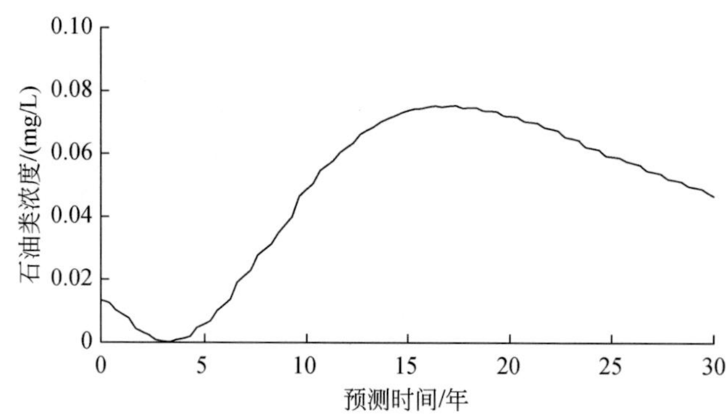


图 6-29　方案一，大武水源地蜂山 2204 观测孔石油类浓度历时曲线

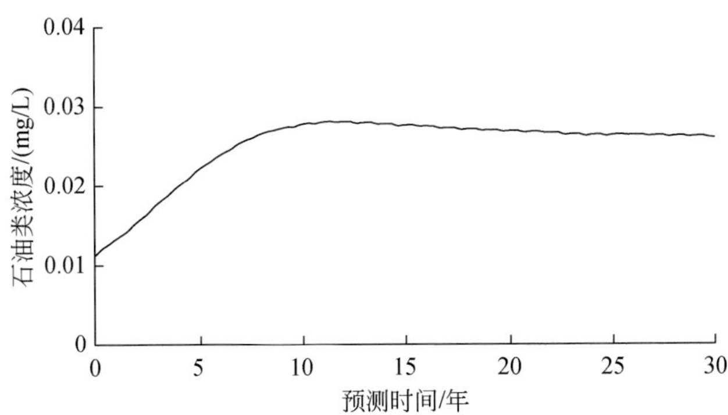


图 6-30　方案一，大武水源地炼油厂 2206 观测孔石油类浓度历时曲线

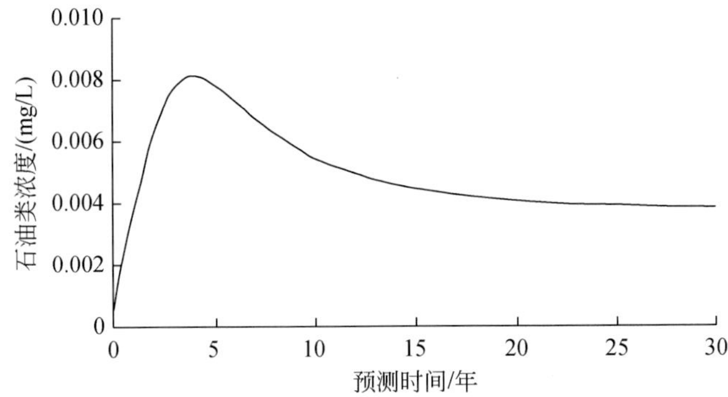


图 6-31　方案一，大武水源地临淄水厂 2211 观测孔石油类浓度历时曲线

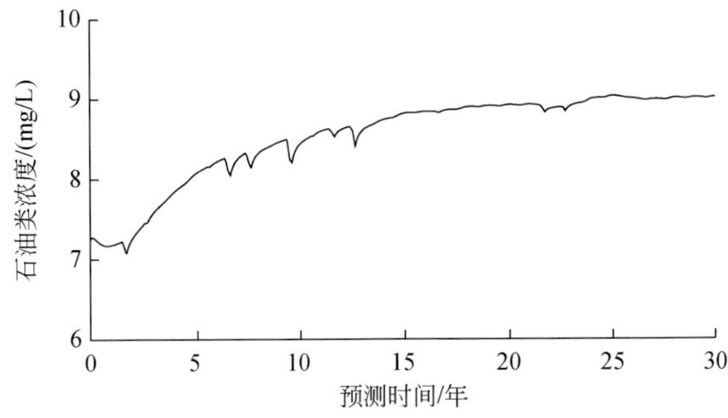


图 6-32　方案一，大武水源地堠皋 2222 观测孔石油类浓度历时曲线

根据图 6-33 ~ 图 6-35 石油类等值线三维示意图可知，预测期间，大武地区石油类整体浓度变化不大，污染范围也变化不大，主要受到污染源分布及污染源浓度大小的影响。由于缺乏详细的污染源调查资料，且对新增污染源的不可预测性，所以本次预测相对较保守。同时可以看出，堠皋强排点对石油类在大武水源地的扩散，起到很明显的限制作用。

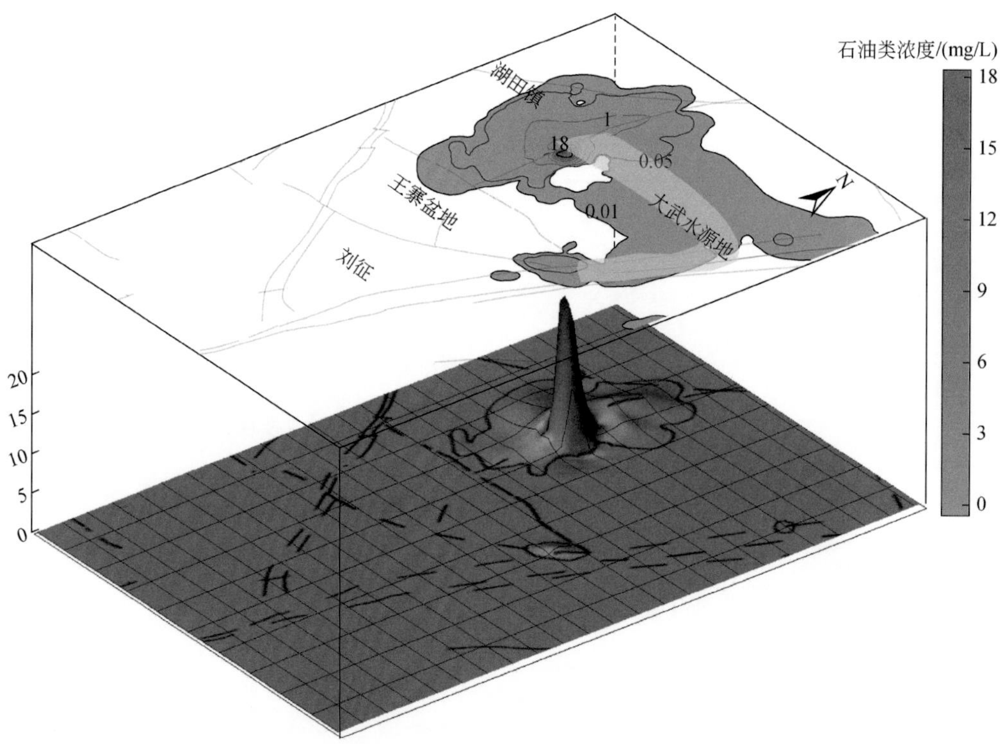


图 6-33　方案一，预测 10 年后石油类等值线三维示意图

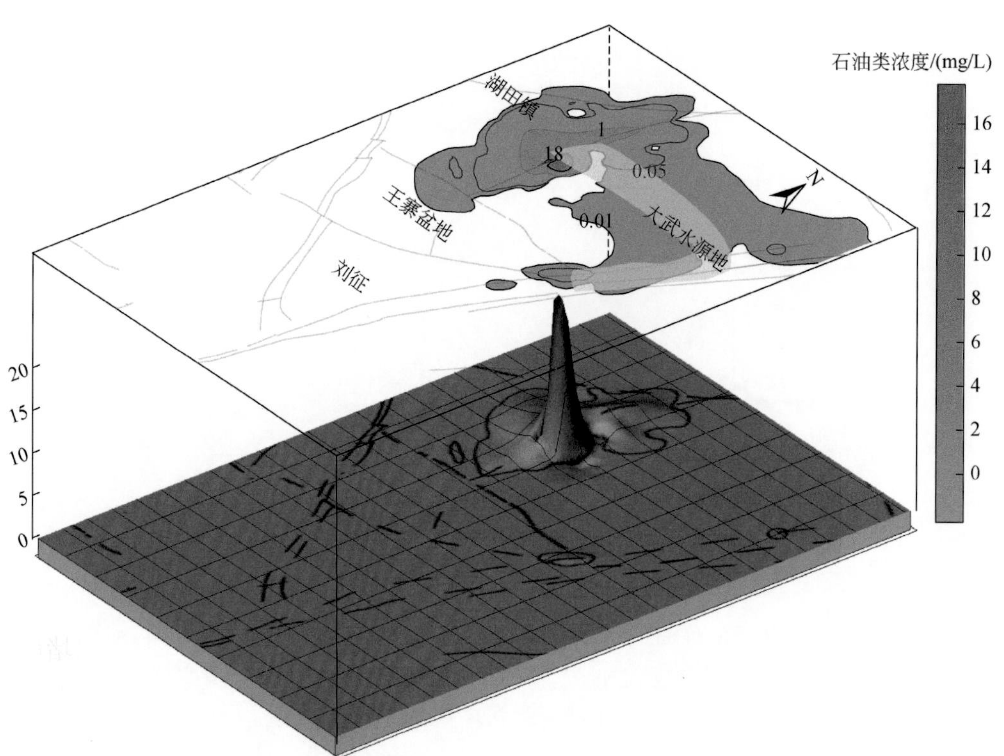


图 6-34　方案一，预测 20 年后石油类等值线三维示意图

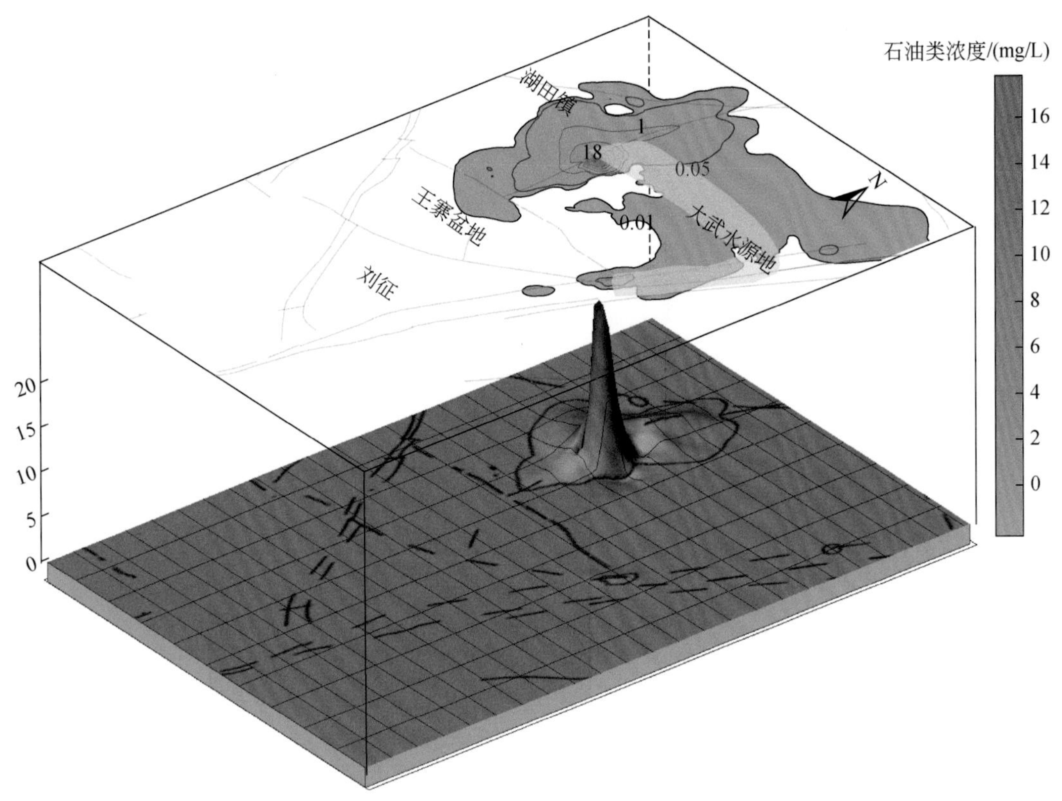


图 6-35　方案一，预测 30 年后石油类等值线三维示意图

## （四）方案二预测结果与分析

### 1. 控制污染源条件下岩溶水 $SO_4^{2-}$ 趋势预测

岩溶水 $SO_4^{2-}$ 污染主要来自闭坑煤矿老窑水的串层污染，所以实际工作中可通过封堵不良钻孔实现污染治理。模型中通过将串层点，弱透水层的垂向渗透系数 $k_3$ 减小，统一取为 $10^{-5}$m/d，来进行封堵钻孔的刻画。王寨盆地洋浒崖粉煤灰场污染源，则直接取消定浓度污染源。

根据模型预测结果，原串层污染源附近，岩溶水 $SO_4^{2-}$ 浓度普遍下降，如两平村 413 观测孔（图 6-36），浓度由 196.87mg/L 持续下降到 67.81mg/L，下降 129.06mg/L，前期下降较快，后期逐渐变缓，效果显著；沣水矿区 106 观测孔（图 6-37），$SO_4^{2-}$ 浓度也是持续下降，由 557.44mg/L 降至 308.14mg/L，下降 44.7%，下降速度基本保持不变，说明随着模拟时间的延长，浓度还会有所下降；洪山矿区 151 观测孔（图 6-38），位于串层点下游，但不是岩溶水的主径流方向下游，距离串层点约 1050m，流速相对较慢，封堵串层点之后 151 观测孔上游高浓度地下水会缓慢向其径流，所以前期 $SO_4^{2-}$ 浓度逐渐上升，之后由于优质地下水的补给，上游水质逐渐好转，故其 $SO_4^{2-}$ 浓度开始逐渐下降，最终共下降 25.62mg/L，且仍有下降的趋势；901 观测孔（图 6-39），位于靠近福山村西侧，位于王寨盆地边缘，由于洋浒崖粉煤灰场污染源对整个王寨盆地的影响，受污染岩溶水可通过渗透性较弱的位置径流到901 观测孔附近，虽然污染源取消，但王寨盆地除断层附近，其余区域渗透性较弱，地下水径流较慢，水循环较慢，所以王寨盆地地下水净化速度较慢，从而导致下游901 观测孔浓度仍呈现上升的趋势，但结合 $SO_4^{2-}$ 浓度三维等值线图（图 6-40 ~ 图 6-42），王寨盆地水质也是逐渐好转，所以下游901 观测孔水质在上升一定程度后，将逐渐好转。

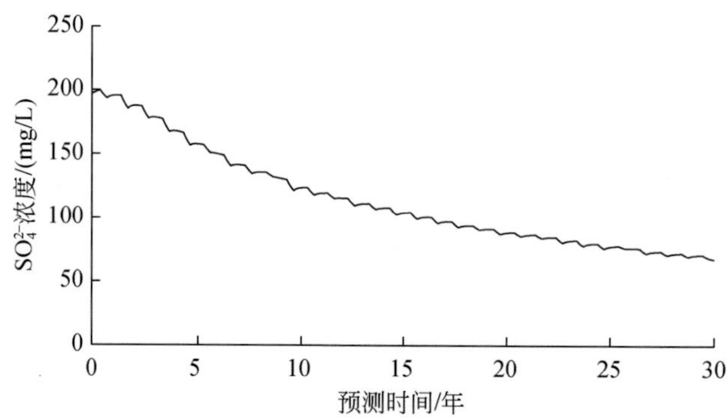


图 6-36　方案二，两平村 413 观测孔 $SO_4^{2-}$ 浓度历时曲线

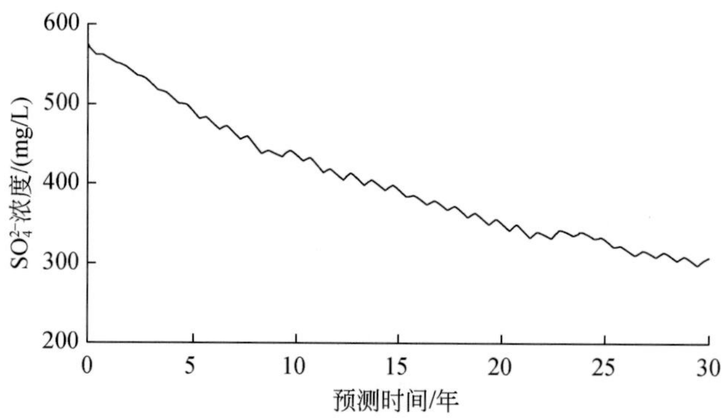


图 6-37　方案二，沣水矿区 106 观测孔 $SO_4^{2-}$ 浓度历时曲线

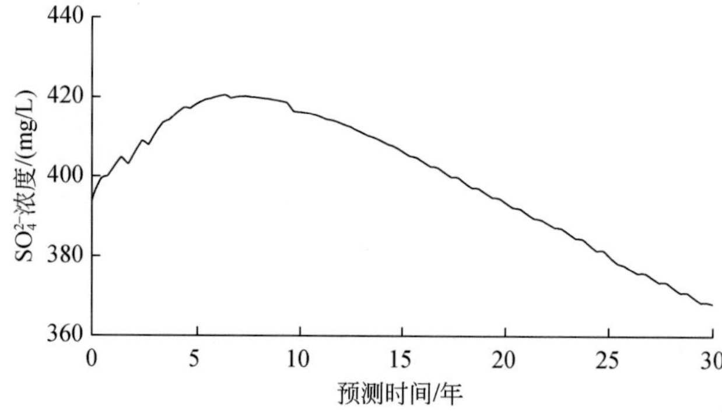


图 6-38　方案二，洪山煤矿 151 观测孔 $SO_4^{2-}$ 浓度历时曲线

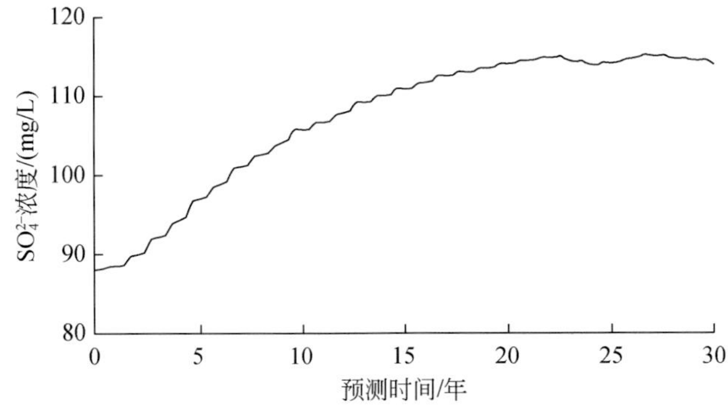


图 6-39　方案二，大武水源地 901 观测孔 $SO_4^{2-}$ 浓度历时曲线

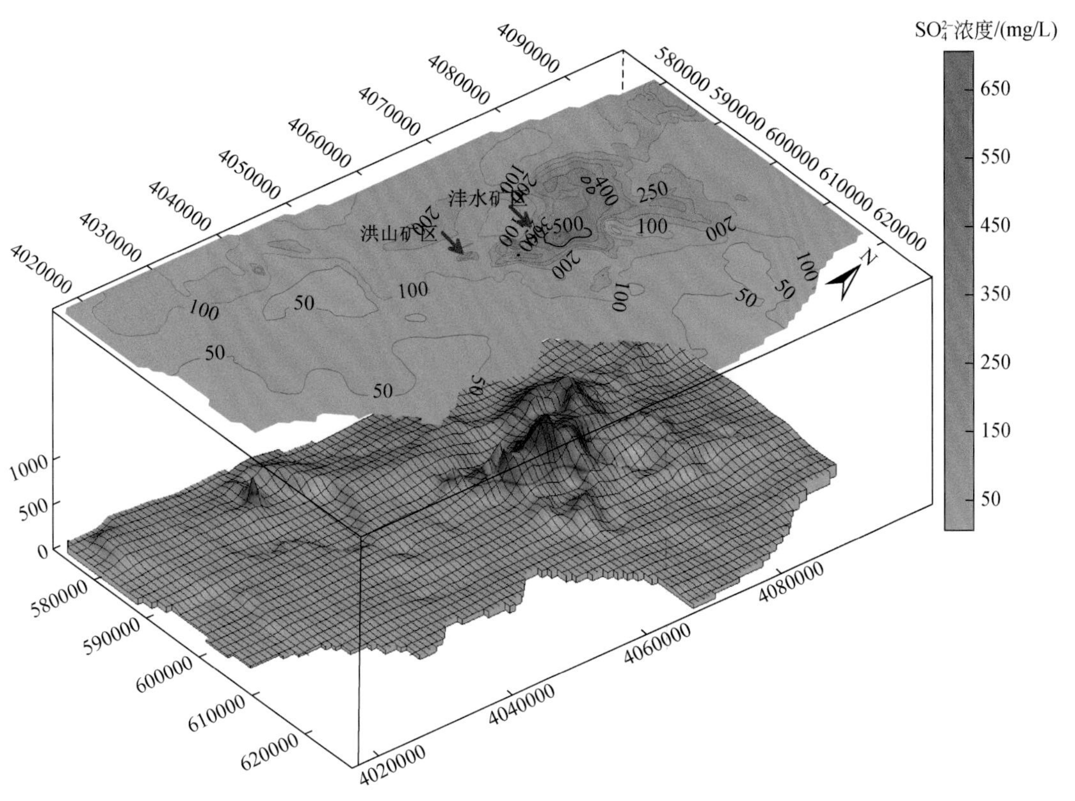


图 6-40　方案二，预测 10 年后 $SO_4^{2-}$ 等值线三维示意图

2. 控制部分污染源条件下，岩溶水 $NO_3^-$ 趋势预测

岩溶水 $NO_3^-$ 属于面状污染，整体污染面积大，但超标面积不大，污染源类型包括生活污废水、农业含氮化肥使用、牲畜饲养业、部分工业废水等。其中，根据目前发展趋势，农业含氮化肥的使用较容易控制，且集中在研究区南部博山和淄川一带，所以此次模拟仅取消博山、淄川一带部分污染源（图 6-43、图 6-44）。

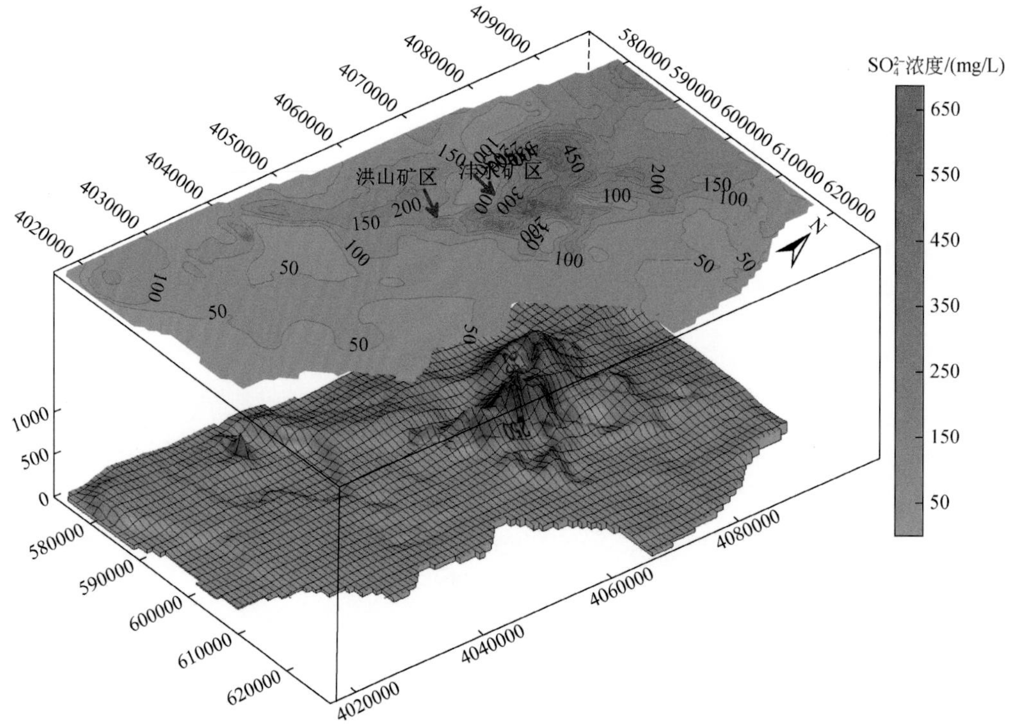


图 6-41　方案二，预测 20 年后 $SO_4^{2-}$ 等值线三维示意图

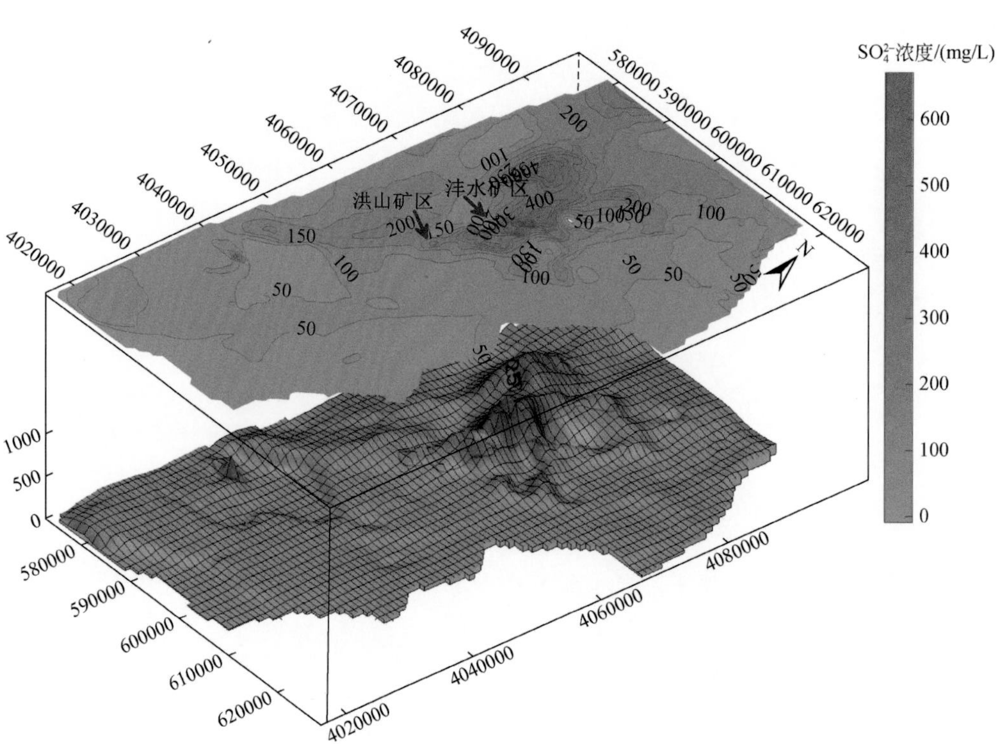


图 6-42　方案二，预测 30 年后 $SO_4^{2-}$ 等值线三维示意图

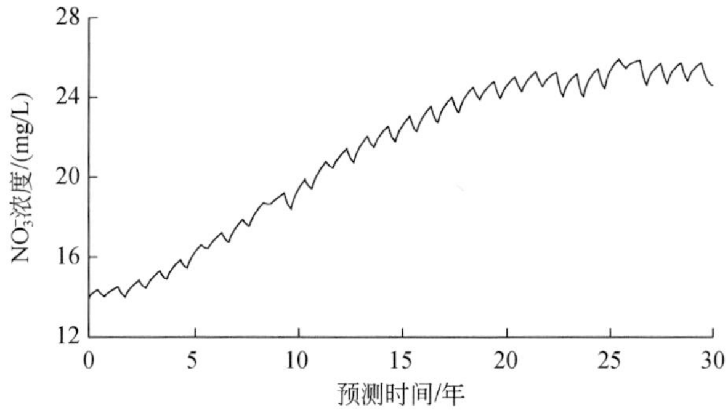


图 6-43　方案二，两平村 413 观测孔 $NO_3^-$ 浓度历时曲线

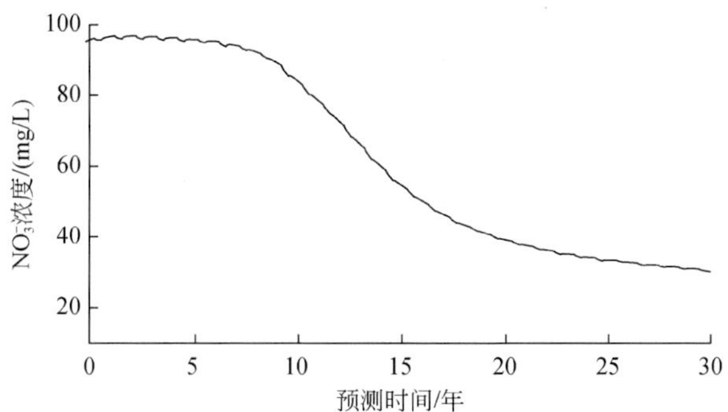


图 6-44　方案二，天津湾水源地 410 观测孔 $NO_3^-$ 浓度历时曲线

根据 $NO_3^-$ 浓度等值线三维图（图 6-45～图 6-47）可知，博山区崮山镇—山头镇一带

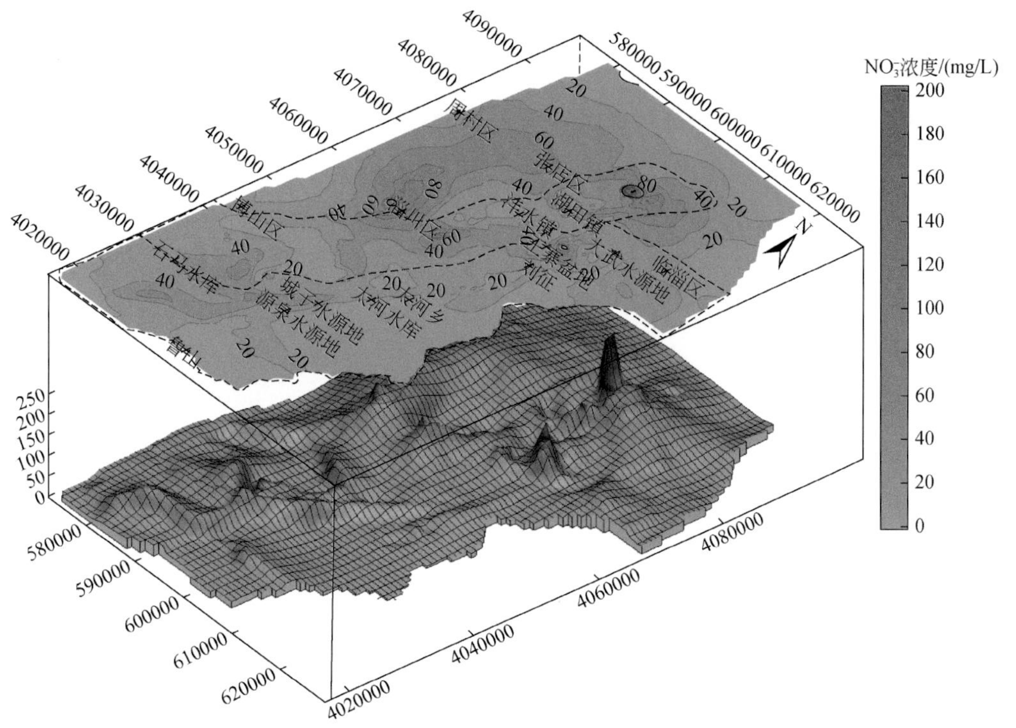


图 6-45　方案二，预测 10 年后 $NO_3^-$ 等值线三维示意图

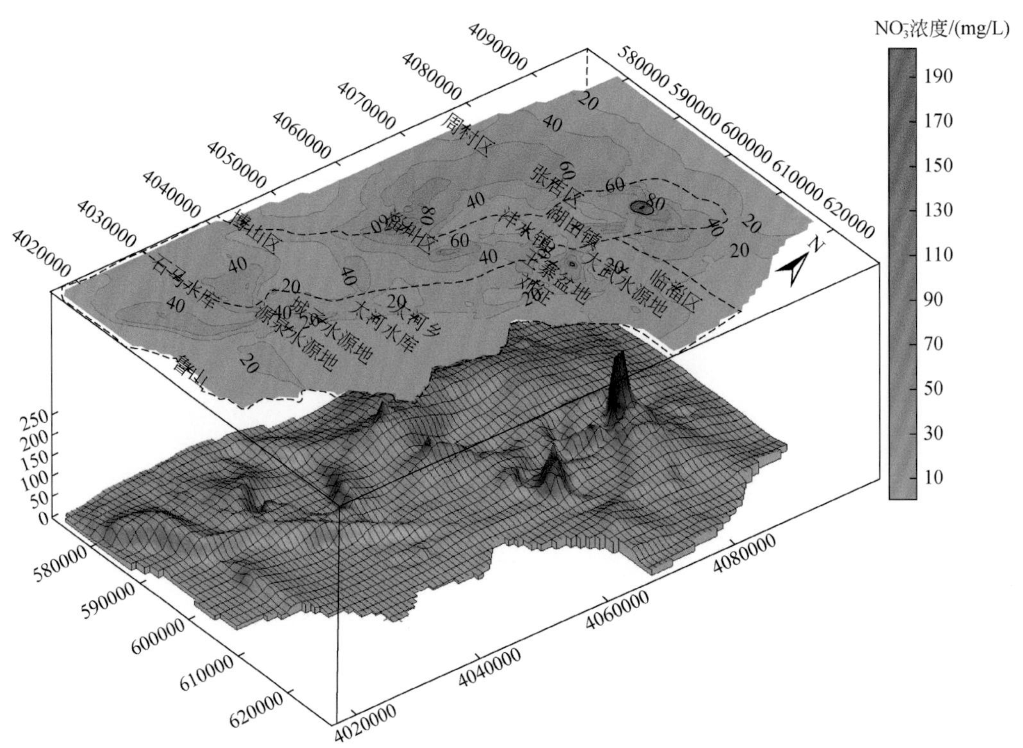

图 6-46　方案二，预测 20 年后 $NO_3^-$ 等值线三维示意图

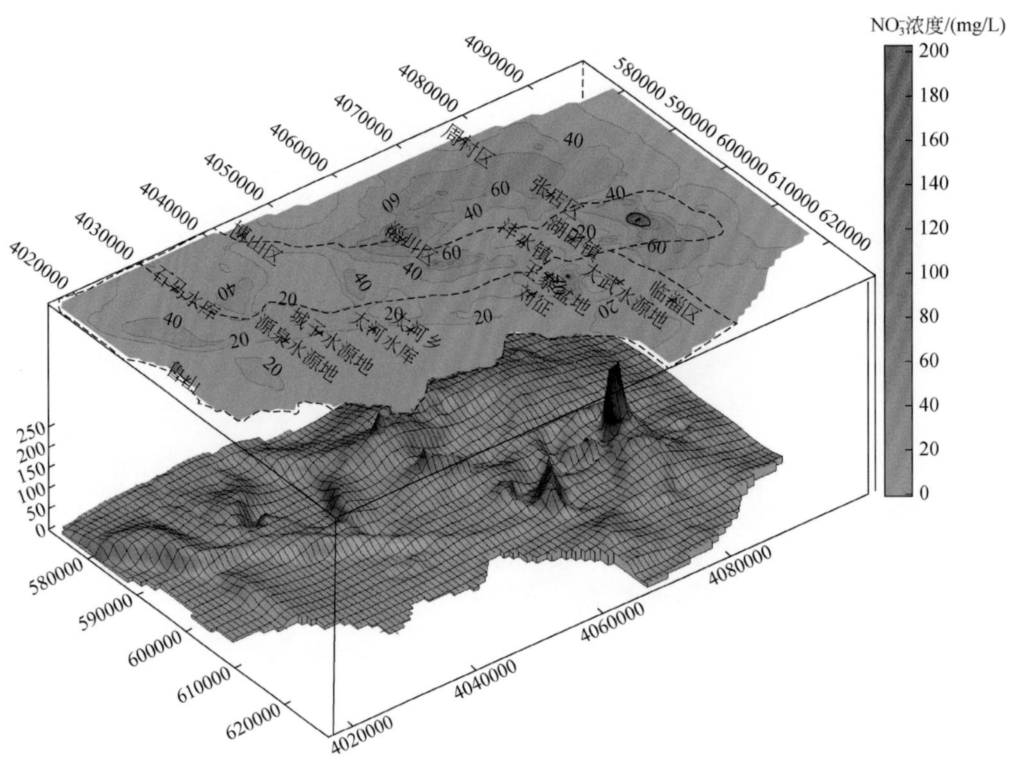

图 6-47　方案二，预测 30 年后 $NO_3^-$ 等值线三维示意图

浓度较高，且随时间推移，优质地下水的补给以及地下水的径流作用下，浓度逐渐下降，而下游413观测孔附近，由于受到上游原受污染地下水的补给，且该处地下水径流速度较慢，所以$NO_3^-$浓度逐渐上升，增长速度先快后慢，最后基本稳定，预计继续发展，将逐渐下降；410观测孔位于天津湾水源地，其上游农业较发达，尤其种植有很多果树，所以$NO_3^-$浓度相对较高，但取消污染源之后，由于该处位于淄河断裂带附近，地下水径流较快，水循环交替较快，水质净化速度很明显，该观测孔前期水质受上游补给和快速径流的作用，$NO_3^-$浓度先基本保持不变，随后逐渐下降，最后逐渐保持稳定，基本达到自然背景值。

3. *控制污染源条件下，岩溶水石油类污染趋势预测*

控制石油类污染源后，由石油类等值线三维图（图6-51～图6-53）可以看出，大武地区，石油类浓度逐渐降低（图6-48～图6-50），最高浓度由27.91mg/L降为7.87mg/L，堠皋观测孔浓度前期略上升，是因为污染源位于其上游，后期逐渐下降，下降速度逐渐变缓，最后浓度基本稳定在0.23mg/L。

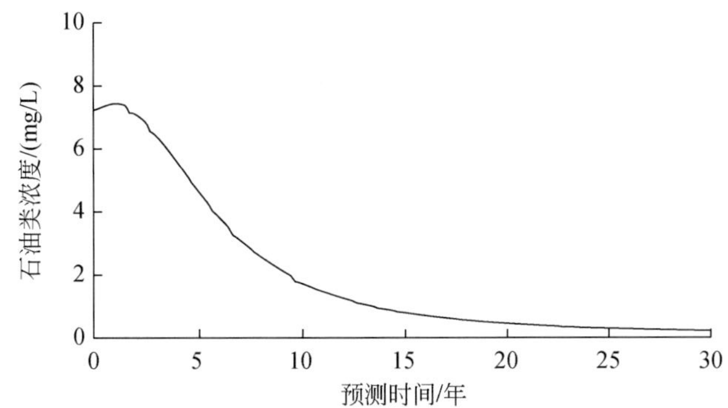


图6-48　方案二，大武水源地堠皋2222观测孔石油类浓度历时曲线

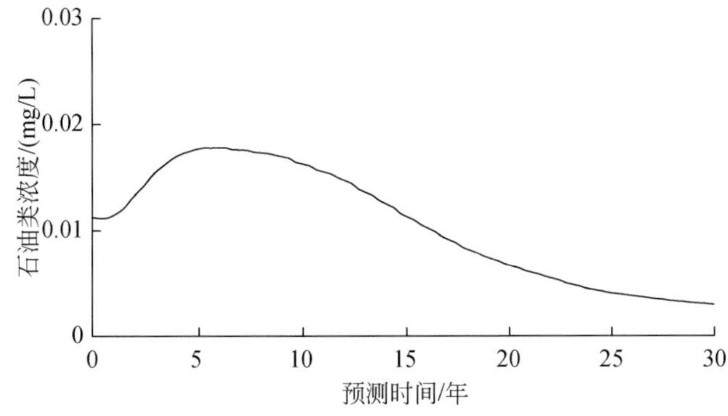


图6-49　方案二，大武水源地炼油厂2206观测孔石油类浓度历时曲线

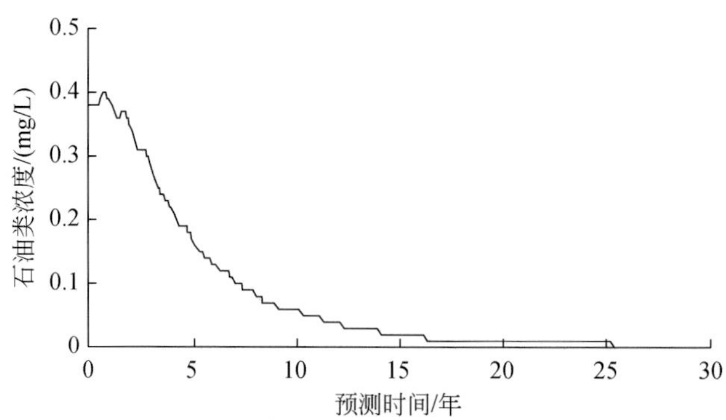


图 6-50　方案二，大武水源地十化建 1#2201 观测孔石油类浓度历时曲线

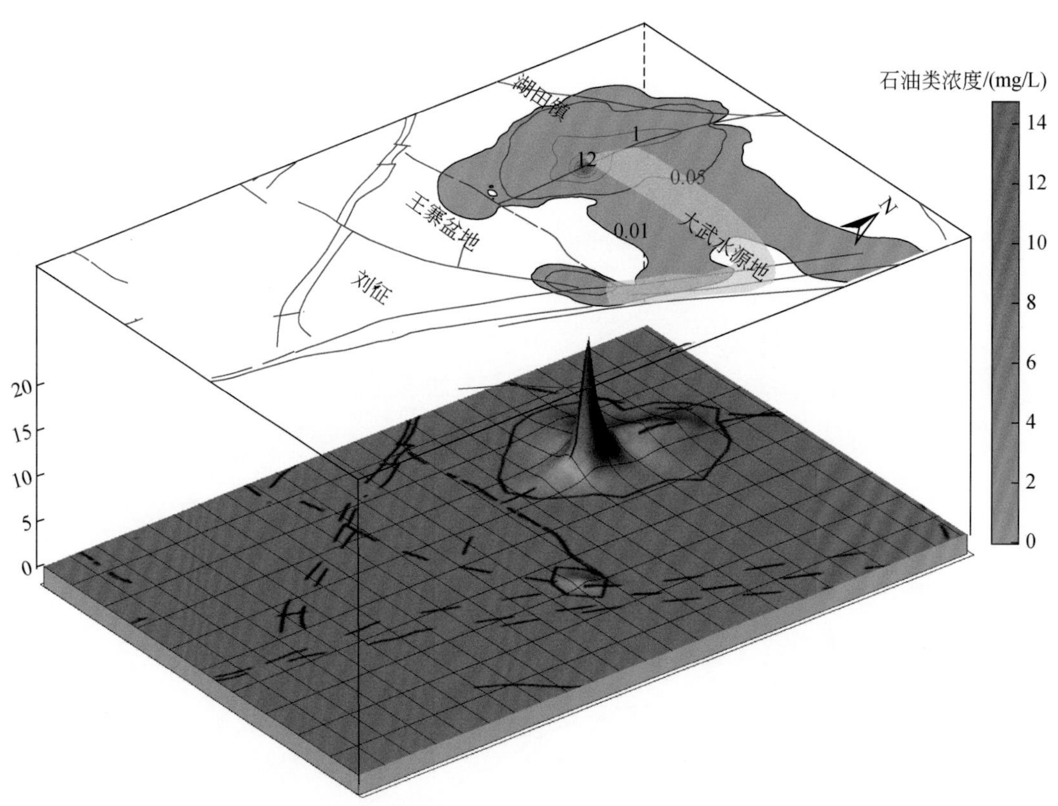


图 6-51　方案二，预测 10 年后石油类等值线三维示意图

## （五）方案三预测结果与分析

### 1. 控制污染源同时增大开采条件下，岩溶水 $SO_4^{2-}$ 趋势预测

本方案的目的是通过增大人工开采受污染地下水，增大水质净化速度，判断地下水净化能力。

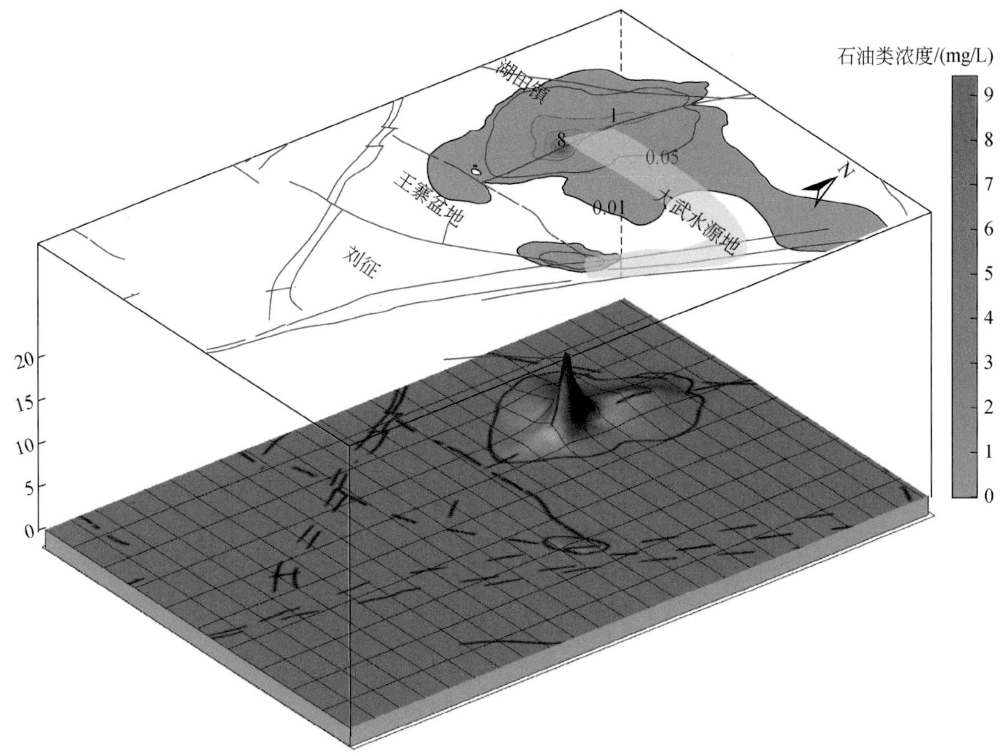


图 6-52 方案二，预测 20 年后石油类等值线三维示意图

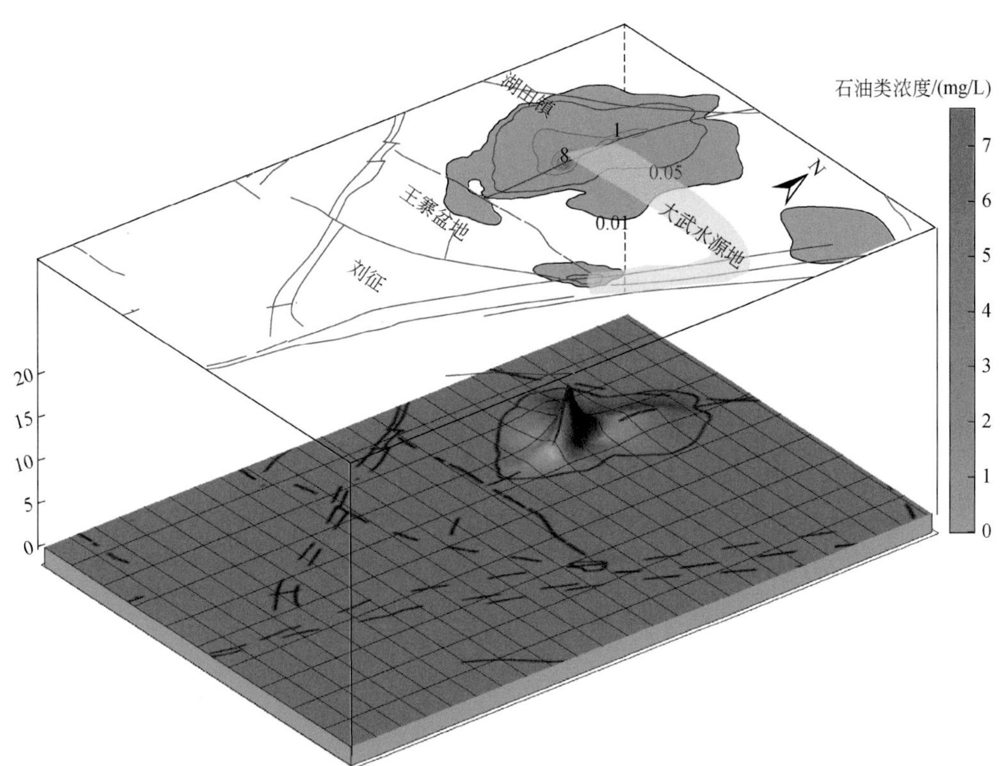


图 6-53 方案二，预测 30 年后石油类等值线三维示意图

观察各观测孔水质变化曲线（图 6-54 ~ 图 6-57）可知，413 观测孔在方案二和方案三水质均好转，但差距不大，分析原因主要是该孔并非位于串层井的正下游位置，所以对污染源的反应比较小。根据 $SO_4^{2-}$ 等值线三维图（图 6-58 ~ 图 6-60）可以看出，预测 30 年后，八陡镇一带，方案二尚有 $SO_4^{2-}$ 超标现象，而方案三则水质均已达标。106 观测孔位

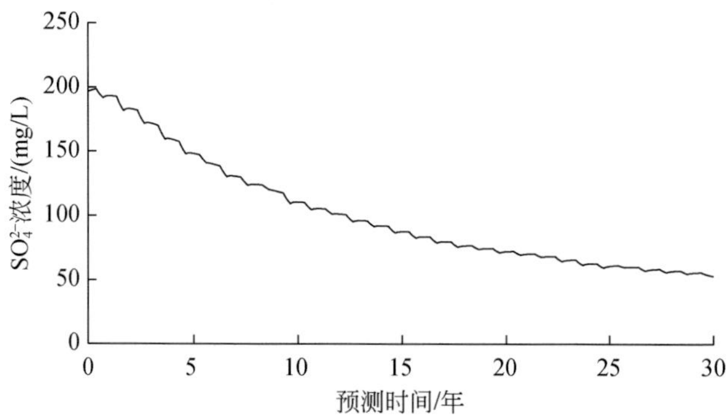


图 6-54　方案三，两平村 413 观测孔 $SO_4^{2-}$ 浓度历时曲线

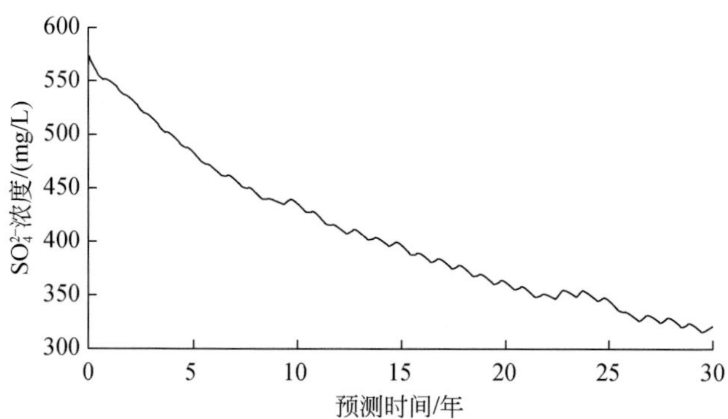


图 6-55　方案三，沣水矿区 106 观测孔处 $SO_4^{2-}$ 浓度历时曲线

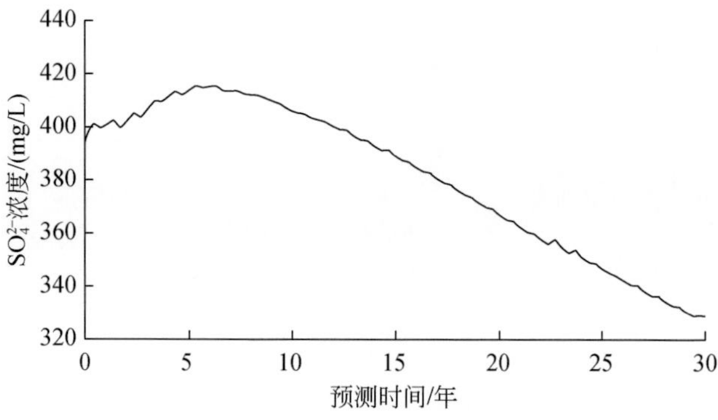


图 6-56　方案三，洪山煤矿 151 观测孔处 $SO_4^{2-}$ 浓度历时曲线

于污染源以及开采井上游，两种方案差距也较小；而151观测孔，位于洪山煤矿串层井下游，受影响则比较明显，水质明显好转，相比方案二，最终浓度低39.19mg/L；901观测井附近增加两口开采井，用于石油类污水的排泄，所以导致上游高浓度$SO_4^{2-}$地下水的补给，$SO_4^{2-}$浓度在5~6年时间快速上升，随后保持稳定，并最终缓慢下降，实现水质净化效果。

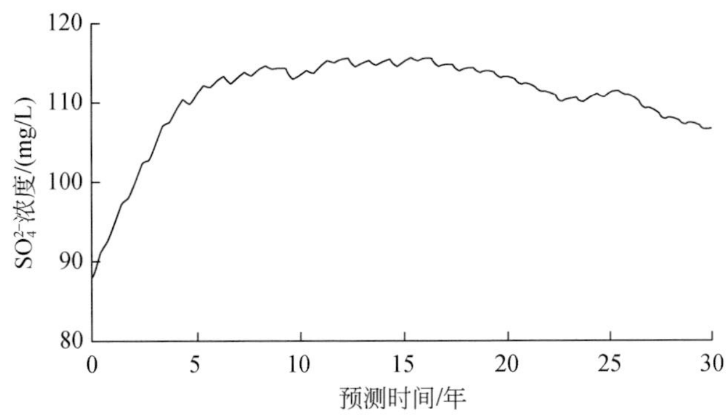


图6-57　方案三，大武水源地901观测孔处$SO_4^{2-}$浓度历时曲线

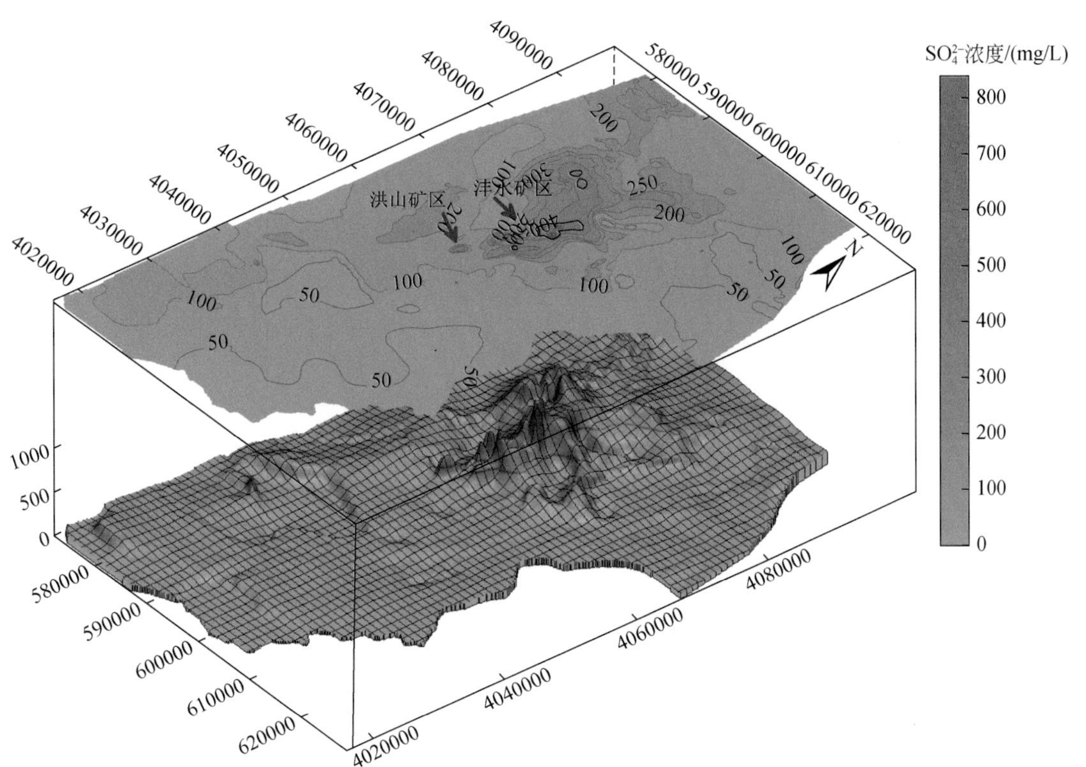


图6-58　方案三，预测10年后$SO_4^{2-}$等值线三维示意图

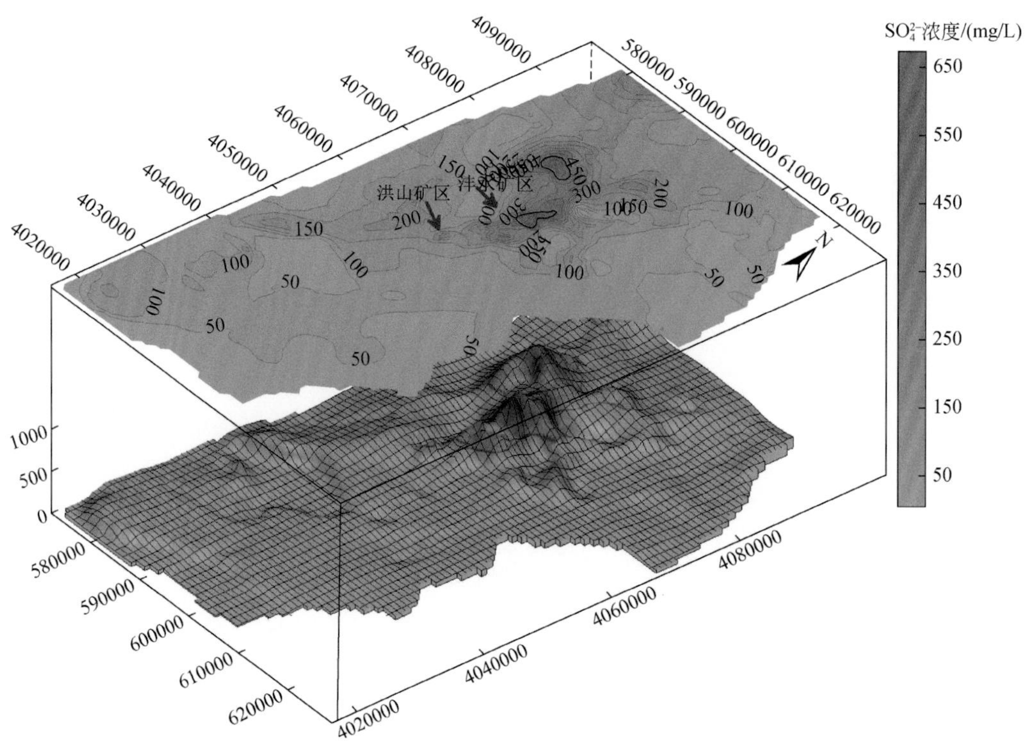


图 6-59　方案三，预测 20 年后 $SO_4^{2-}$ 等值线三维示意图

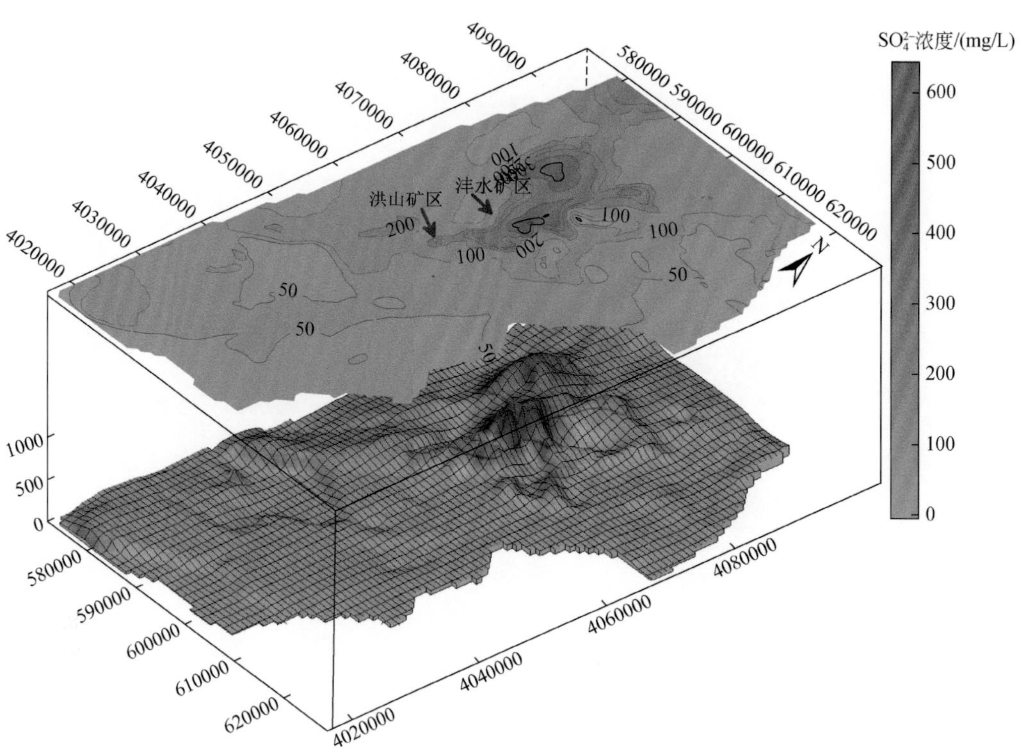


图 6-60　方案三，预测 30 年后 $SO_4^{2-}$ 等值线三维示意图

2. 控制部分污染源且增大开采条件下，岩溶水 $NO_3^-$ 趋势预测

分析观测孔水质变化过程（图 6-61、图 6-62），由 413 观测孔可以看出，增采已污染劣质水，可加快水质净化过程，但浓度仅降低 2～3mg/L，达到 21.93mg/L，属于三级水范围。410 观测孔在第 7 年水质明显好转，相比方案二早 2 年，但最终水质浓度相差不大，均达到三级水标准，说明水质可以净化到要求范围，但最终浓度受到自然背景值的影响。

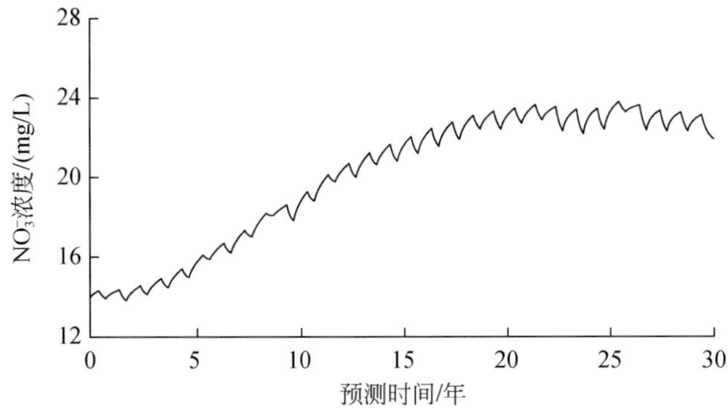


图 6-61　方案三，两平村 413 观测孔 $NO_3^-$ 浓度历时曲线

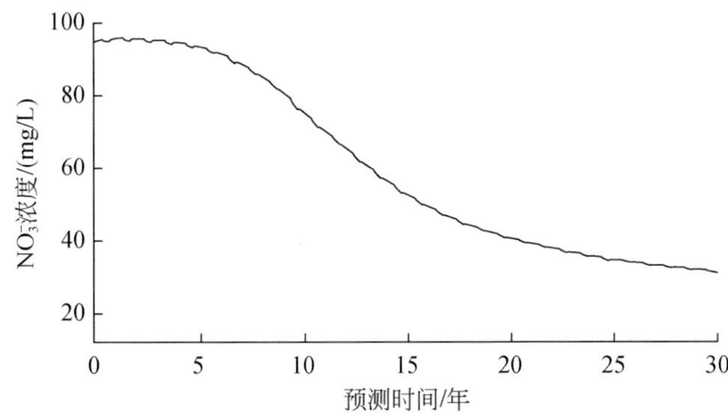


图 6-62　方案三，天津湾水源地 410 观测孔 $NO_3^-$ 浓度历时曲线

根据 $NO_3^-$ 等值线三维图（图 6-63～图 6-65）可以看出，模拟 30 年后，南部整体水质达标，而北部污染源尚未处理部分水质变化较小。且由于 $NO_3^-$ 浓度整体不高，在污染源得到控制之后，水质好转较快，所以最终方案二和方案三区别不大，均可达到要求。

3. 控制污染源同时增大开采条件下，岩溶水石油类污染趋势预测

通过在堠皋一带和福山村附近增大地下水开采量，加快高石油类含量污水的排泄，水质变化效果明显（图 6-66～图 6-68）。根据 2222 观测孔石油类浓度历时曲线，堠皋一带地下水石油类浓度迅速下降，尤其前 5 年下降很快，15 年之后下降速度变缓，最终浓度稳定在 0.095mg/L，略高于水质标准。由石油类等值线三维图（图 6-69～图 6-71）可以看出，石油类高浓度范围逐渐向堠皋南部的石化厂区一带收缩，预测 30 年后最高浓度将为

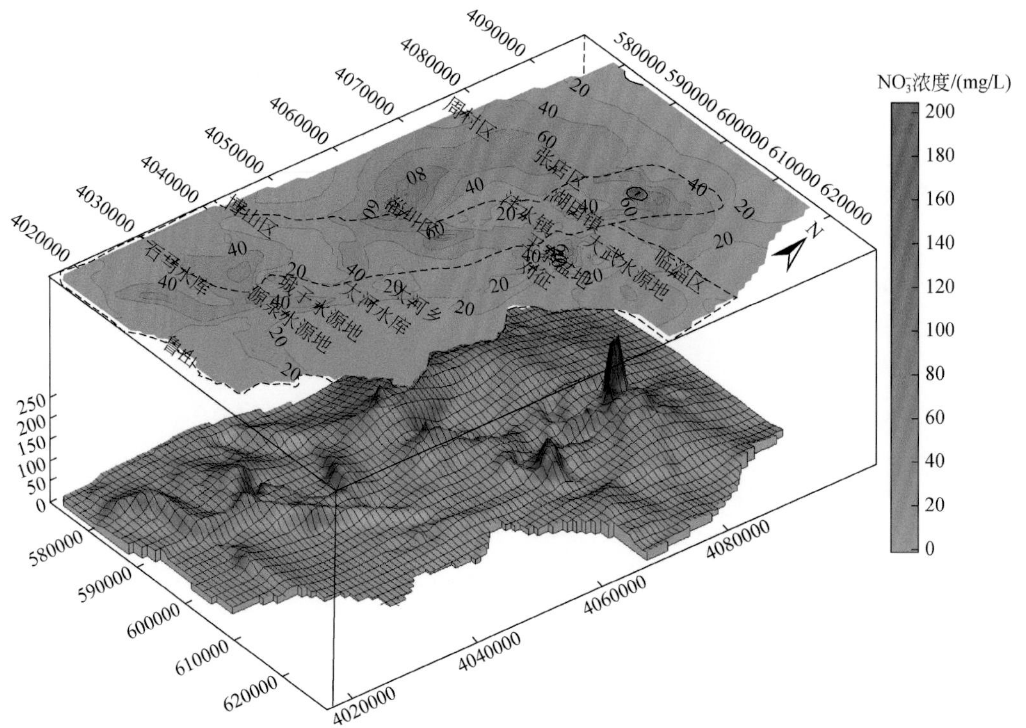

图 6-63　方案三，预测 10 年后 $NO_3^-$ 等值线三维示意图

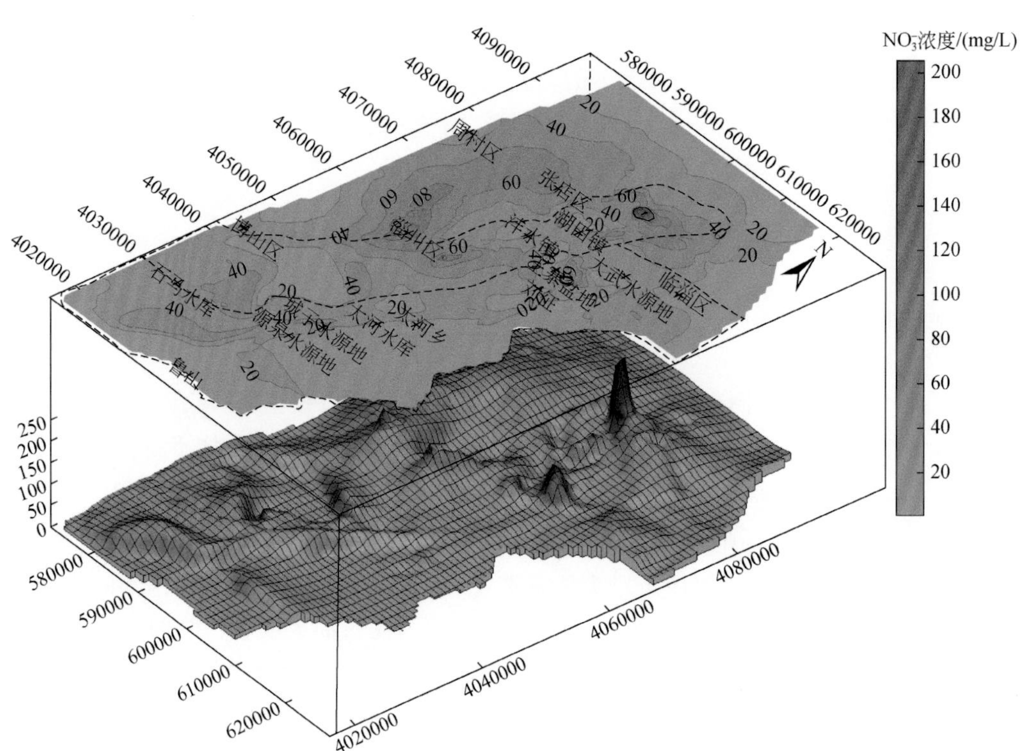

图 6-64　方案三，预测 20 年后 $NO_3^-$ 等值线三维示意图

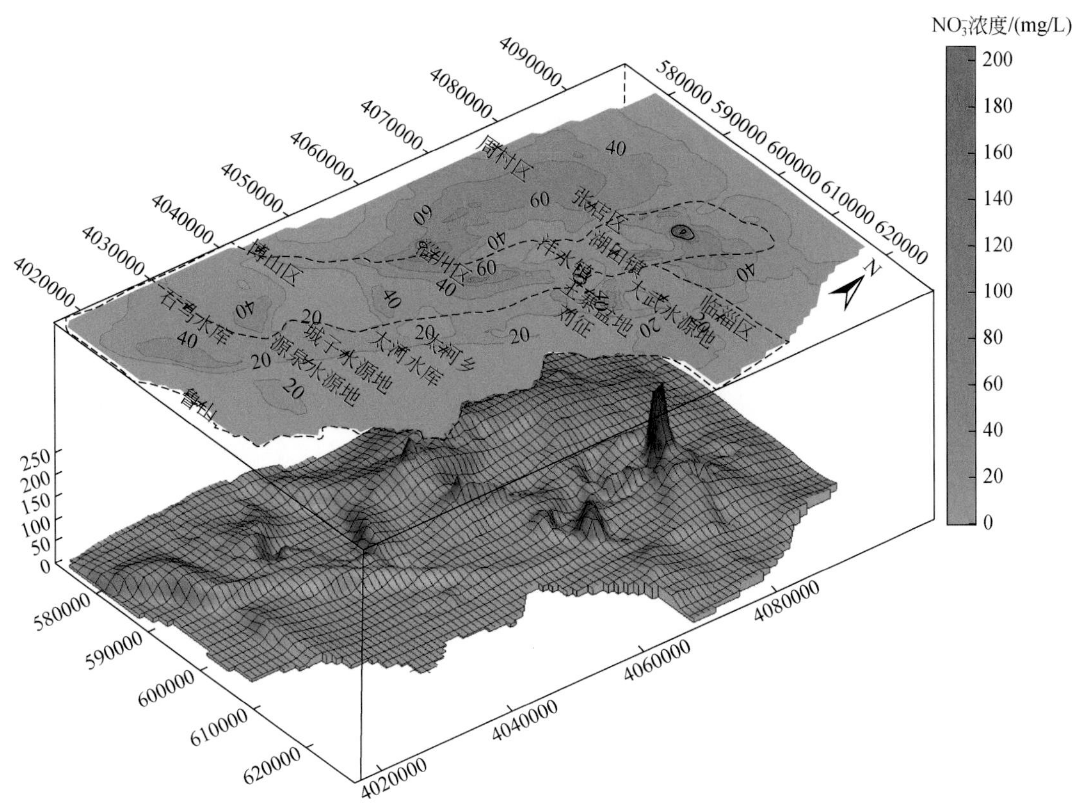


图 6-65 方案三，预测 30 年后 $NO_3^-$ 等值线三维示意图

3.380mg/L，下降 24.531mg/L，较方案二下降 4.485mg/L，效果显著。2201 观测孔由于位于福山强排点附近，石油类浓度尤以前 5 年下降迅速，明显快于方案二，随后逐渐减慢，最后浓度稳定在 0.002mg/L，较方案二的 0.004mg/L，减少一半。2206 观测孔位于 2201 观测孔下游，受福山一带水质影响。当增大上游劣质水开采以后，由于地下水径流过程的持续影响，前 5 年石油类浓度逐渐上升，与方案二相似，但 5 年之后，水质明显好转，石油类浓度明显快速下降，最终达到 0.0005mg/L，较方案二下降了 0.0024mg/L。

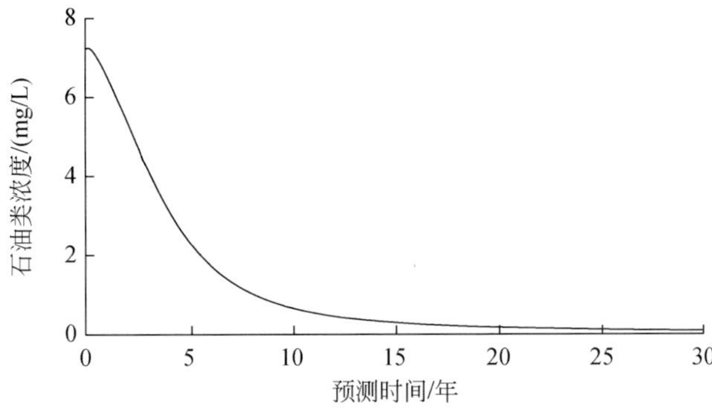


图 6-66 方案三，大武水源地堠皋 2222 观测孔石油类浓度历时曲线

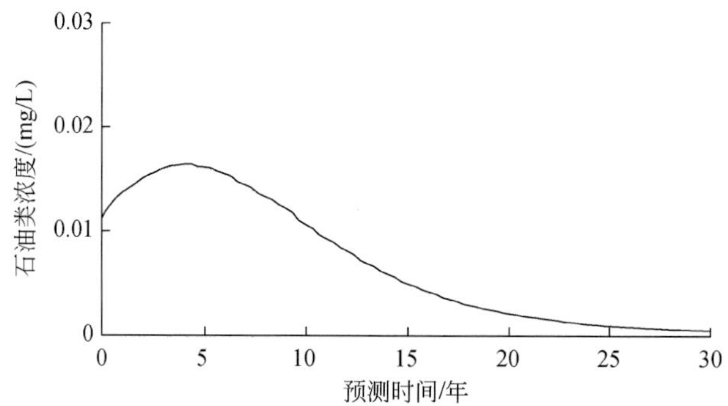


图 6-67　方案三，大武水源地炼油厂 2206 观测孔石油类浓度历时曲线

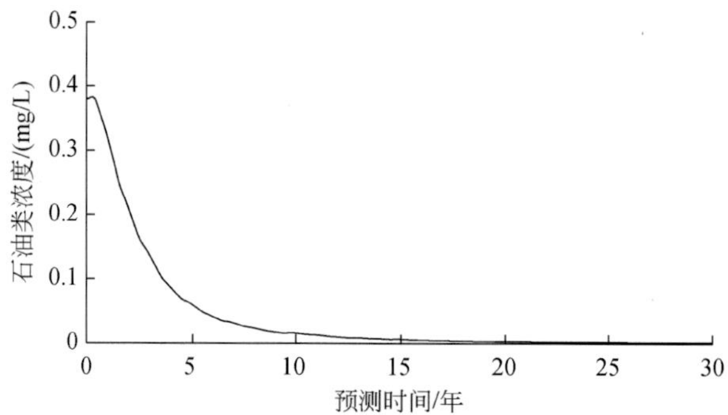


图 6-68　方案三，大武水源地十化建 1#2201 观测孔石油类浓度历时曲线

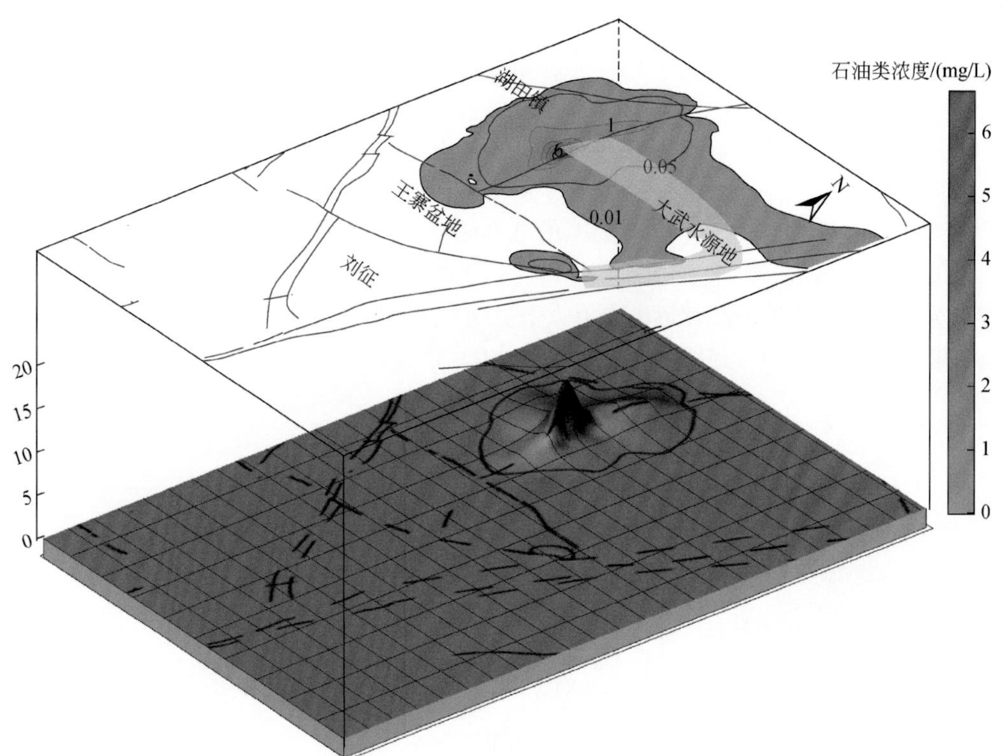


图 6-69　方案三，预测 10 年后石油类等值线三维示意图

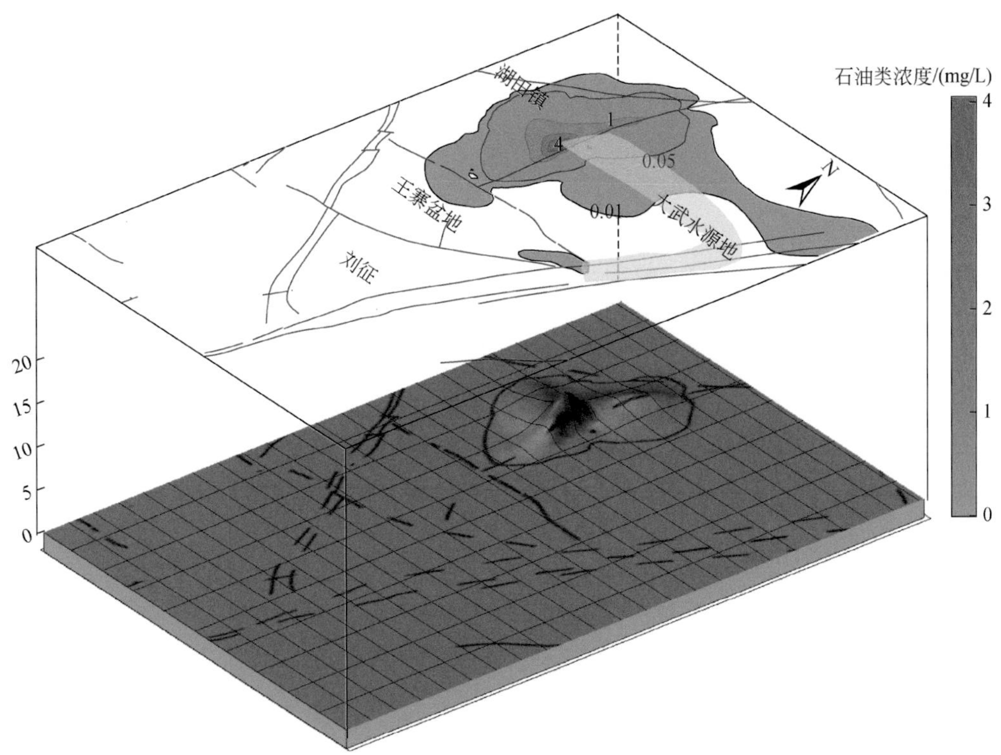


图 6-70　方案三，预测 20 年后石油类等值线三维示意图

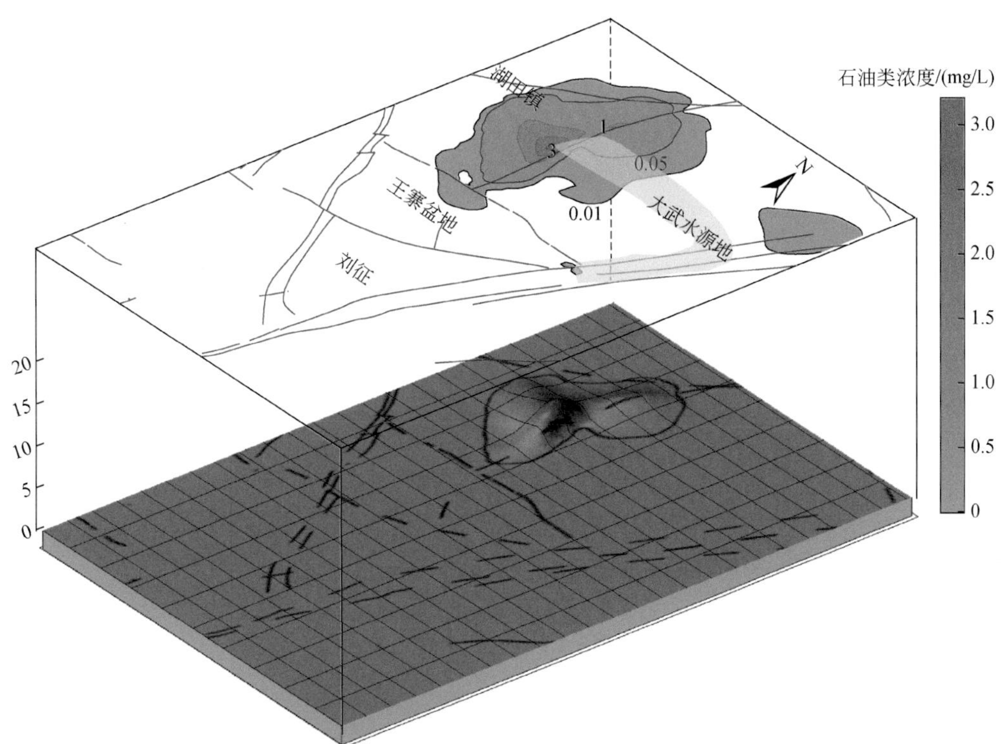


图 6-71　方案三，预测 30 年后石油类等值线三维示意图

由地下水石油类等值线三维图可以明显看出，大武地区石油类浓度呈现削峰收缩的特点。说明在取消污染源情况下，在岩溶水强径流作用下，水质净化速度相对较快，且大约在持续 25 年时间能达到相对明显的效果。

## 第四节　污染趋势预测分析

通过利用地下水数值模型，针对研究区典型地下水环境问题，设计现状条件下的污染趋势、切断污染源之后的发展趋势以及切断污染源同时增大劣质水开采三种不同方案进行模拟，分析污染发展趋势（图 6-72 ~ 图 6-77）。

在现状条件下，$SO_4^{2-}$ 污染程度和范围进一步扩大，预测期末最高浓度达 2159.76mg/L，且受水位影响较大，枯水期较严重，丰水期相对较好。污染范围在第 10 年面积最大，随后水位整体上升，相对有所好转。主要串层井附近，$SO_4^{2-}$ 浓度前期大幅上升，在 10 年左右受矿坑水浓度限值，基本达到稳定，而串层点下游地区，受污染迁移影响，在整个预测期，$SO_4^{2-}$ 浓度则有可能持续上升。

取消污染源后，污染面积减少，最高浓度降至 713.72mg/L，但位于串层井下游地区，受污染迁移影响，会出现 $SO_4^{2-}$ 浓度先增后减或者持续增加的现象。

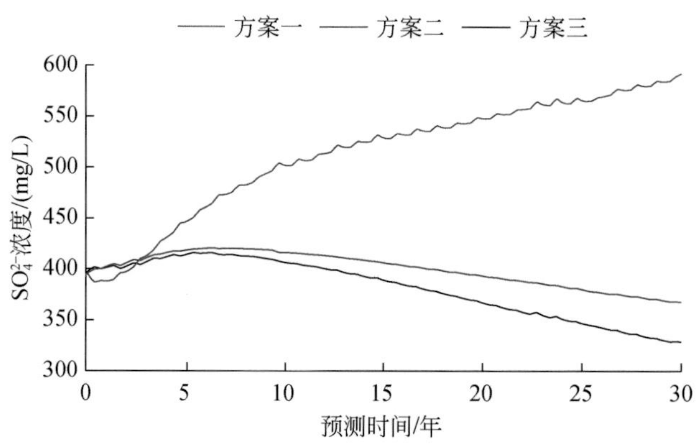

图 6-72　三种方案 151 观测孔 $SO_4^{2-}$ 浓度变化对比曲线

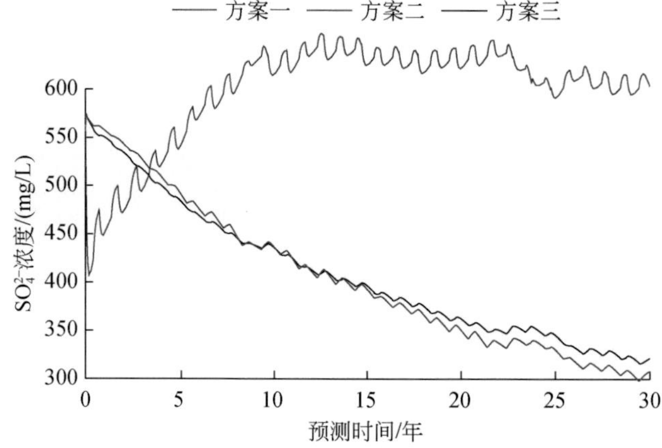

图 6-73　三种方案 106 观测孔 $SO_4^{2-}$ 浓度变化对比曲线

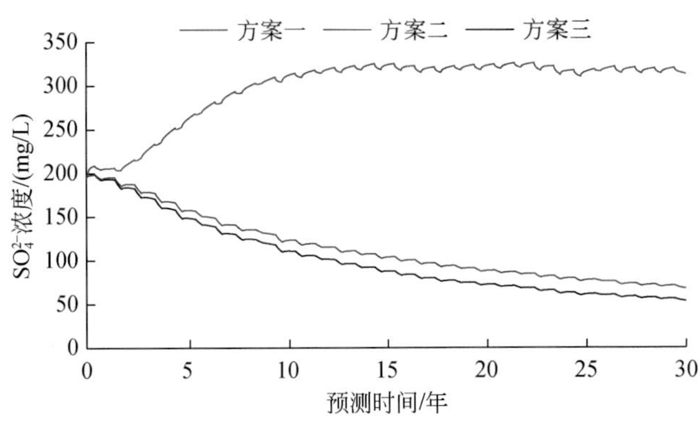


图 6-74　三种方案 413 观测孔 $SO_4^{2-}$ 浓度变化对比曲线

在方案二的基础上，增加污染源附近劣质水的开采，加快地下水循环速度，各观测孔浓度相比方案二都有所下降，除主要污染源附近，大部分地区水质均降至三类水标准之内，几个主要串层点处 $SO_4^{2-}$ 浓度在 350mg/L 之下，略微超标，且仍有下降趋势，推断经过更长时间，可以基本消除污染。

现状条件下，$NO_3^-$ 浓度变化幅度不大，主要污染分布在金岭穹窿和博山区八陡镇、博山镇一带，受铁矿以及农业化肥的使用影响较大。同样受污染源限制，最终污染浓度逐渐趋于稳定。

结合实际考虑，目前污染治理的有效实施方案是农业含氮化肥的使用和改进，所以方案二仅取消南部博山和淄川部分因农业影响的污染源，保留北部污染源，最终表明南部污染明显减小，但受地下水迁移影响，污染源下游仍会受到已污染地下水的影响，浓度有所上升，但一段时间之后则会逐渐下降。

方案三，增大劣质水的开采，可提高水质好转速度。

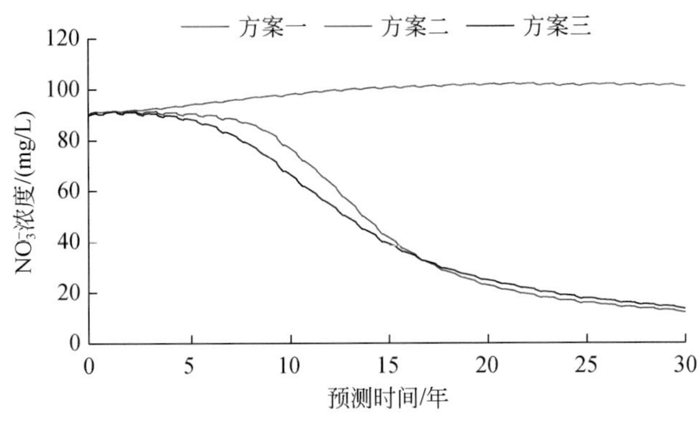


图 6-75　各方案 410 观测孔 $NO_3^-$ 浓度变化对比曲线

现状条件下，石油类超标位置主要分布在以堠皋为中心的大武地区，以及大武水源地南部的福山一带，最高污染浓度达 27. 91mg/L；取消污染源之后，污染面积减小，且最高浓度减至 7. 87mg/L；加上污染区强排之后，最高浓度又可减少一半多，至 3. 38mg/L，治理效果明显，最终污染主要集中在堠皋一带，福山地区污染基本消除。

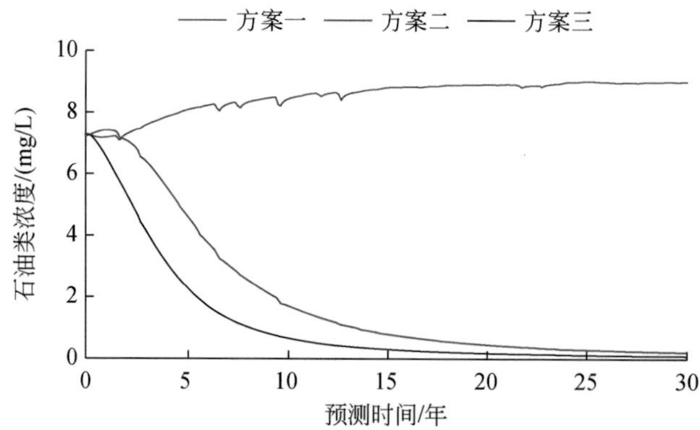


图 6-76　各方案 2222 观测孔石油类浓度变化对比曲线

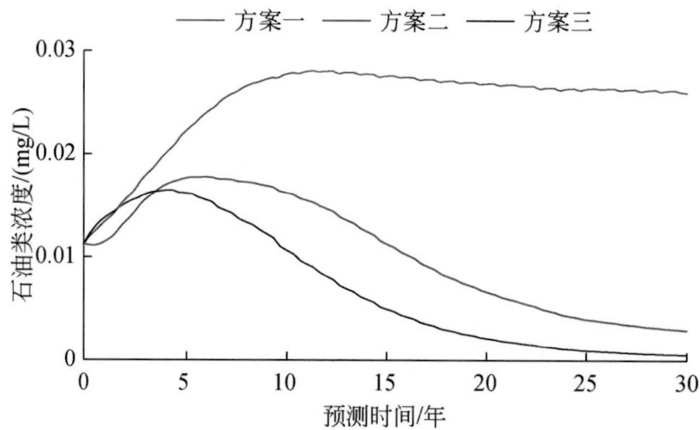


图 6-77　各方案 2206 观测孔石油类浓度变化对比曲线

# 第七章　岩溶水系统防污性能评价

## 第一节　评价方法选择

本次研究采用 DRASTIC 方法进行沣水泉域岩溶水系统防污性能评价。DRASTIC 评价标准是目前地下水脆弱性评价中应用最广泛的方法，用该方法对研究区岩溶水脆弱性进行评价，旨在为岩溶水资源管理与保护提供借鉴。

## 第二节　DRASTIC 指标体系法及模型

DRASTIC 指标体系法的假设条件为：污染物由地表进入地下；污染物随降水入渗到地下水中；污染物随水流动；评价区面积不小于 40.5km$^2$。

该方法以地下水位埋深 $D$（depth to water）、净补给量 $R$（net recharge）、含水层介质类型 $A$（aquifer media）、土壤介质类型 $S$（soil media）、地形坡度 $T$（topograpHy）、包气带介质类型 $I$（impact of the vadose zone media）以及含水层渗透系数 $C$（conductivity of the aquifer）7 个参数为评价指标。

DRASTIC 指标通常用数字大小来表示，由 3 个部分组成：权重、范围（类别）和评分。其意义分别如下：

（1）权重：每一个 DRASTIC 评价参数根据其对地下水防污性能的作用大小都被赋予一定的权重，权重值大小为 1 ~5，最重要的评价参数取 5，最不重要的评价参数取 1。各评价参数权重取值的大小结合具体的评价区域来选定，研究区各 DRASTIC 评价参数权重值的大小见表 7-1。

**表 7-1　DRASTIC 指标体系法各评价参数权重**

| 指标因子 | $D$ | $R$ | $A$ | $S$ | $T$ | $I$ | $C$ |
|---|---|---|---|---|---|---|---|
| 权重 | 5 | 4 | 3 | 2 | 1 | 5 | 3 |

（2）范围（类别）：对于每一个 DRASTIC 评价参数来说，由于其范围（类别）不同而对地下水防污性能的作用大小不同。

（3）评分：每一个 DRASTIC 评价参数其评分取值范围为 1 ~10，分别对应于每个评价参数的变化范围（类别）。研究区 DRASTIC 指标的范围（类别）和评分见表 7-2。

**表 7-2 DRASTIC 模型各指标评分体系**

| 地下水位埋深/m | | 净补给量/mm | | 含水介质 | | 土壤带介质 | | 地形 | | 包气带介质 | | 水力传导系数/(m/d) | |
|---|---|---|---|---|---|---|---|---|---|---|---|---|---|
| 范围 | 评分 | 范围 | 评分 | 类型 | 评分 | 类型 | 评分 | 坡度百分比/% | 评分 | 类型 | 评分 | 范围 | 评分 |
| 0 ~ 1.5 | 10 | 0 ~ 51 | 1 | 块状页岩 | 2 | 薄层或缺失 | 10 | 0 ~ 2 | 10 | 承压层 | 1 | 0.05 ~ 4.89 | 1 |
| 1.5 ~ 4.6 | 9 | 51 ~ 102 | 3 | 变质岩/火成岩 | 3 | 砾石层 | 10 | 2 ~ 6 | 9 | 淤泥/黏土 | 3 | 4.89 ~ 14.67 | 2 |
| 4.6 ~ 9.1 | 7 | 102 ~ 178 | 6 | 风化变质岩/火成岩 | 4 | 砂层 | 9 | 6 ~ 12 | 5 | 页岩 | 3 | 14.67 ~ 34.23 | 4 |
| 9.1 ~ 15.2 | 5 | 178 ~ 254 | 8 | 冰碛层 | 5 | 泥炭土 | 8 | 12 ~ 18 | 3 | 灰岩 | 6 | 34.23 ~ 48.93 | 6 |
| 15.2 ~ 22.9 | 3 | >254 | 9 | 层状砂岩、灰岩和页岩序列 | 6 | 胀缩性或团块状黏土 | 7 | >18 | 1 | 砂岩 | 6 | 48.93 ~ 97.86 | 8 |
| 22.9 ~ 30.5 | 2 | | | 块状砂岩 | 6 | 砂质黏土 | 6 | | | 层状砂岩/灰岩、页岩 | 6 | >97.86 | 10 |
| >30.5 | 1 | | | 块状灰岩 | 6 | 亚黏土 | 5 | | | 含较多淤泥或黏土的砂砾 | 6 | | |
| | | | | 砂砾石层 | 8 | 淤泥质黏土 | 4 | | | 变质岩/火成岩 | 4 | | |
| | | | | 玄武岩 | 9 | 黏土 | 3 | | | 砂砾 | 8 | | |
| | | | | 岩溶灰岩 | 10 | 腐殖土 | 2 | | | 玄武岩 | 9 | | |
| | | | | | | 非胀缩或非团块状黏土 | 1 | | | 岩溶灰岩 | 10 | | |

根据各个指标的变化范围及其内在属性进行评分，根据各个指标对岩溶水脆弱性影响程度给予权重赋值，再进行加权求和，即为岩溶水脆弱性指数，其值越大，岩溶水越脆弱。计算公式如下：

$$D_i = \sum_{j=1}^{7} (W_j \times R_j) \tag{7-1}$$

式中，$D_i$ 为脆弱性指数，量纲为 1；$W_j$ 为因子 $j$ 的权重，量纲为 1；$R_j$ 为因子评分，量纲为 1。

按上述方法，结合研究区地质及水文地质条件，将上述 7 种评价参数分别编制成单要素图，利用 GIS 的空间分析功能进行单要素叠加，最后形成综合评价结果图。

# 第三节　脆弱性单项评价

## 一、地下水位埋深

地下水位埋深决定地表污染到达含水层之前所经历的各种水文地球化学过程。它影响污染物与包气带岩土体接触时间的长短，进而控制着污染物的各种物理化学过程，因而决定污染物进入地下水中的可能性。通常，地下水位埋深越大，地表污染物到达含水层所需要的时间越长，污染物在运移过程中与氧气接触的时间越长、被稀释的机会越大，污染物到达地下水的可能性越小。

对于潜水，地下水存在一个在大气压力作用下自由升降的地下水面，它一般接近地表，含水层顶部不存在隔水层，因而更容易受地表污染物污染。对于承压水，含水层顶部存在一个天然隔水层，该隔水层作为一天然屏障可防止地下水受污染。因而地表污染物进入此含水层的可能性较低。半承压水一般指位于承压含水层下部的含水层，这种情况下，上部承压含水层底部的隔水层一般存在渗透带，因此，地下水的运动方向和速度受水力梯度及隔水层渗透性的影响。如果存在向下的水力梯度，半承压含水层就可能受上部水体的污染。反之，半承压含水层受上部水体污染的可能性极低。

研究区内各钻孔和机民井取水段多为寒武—奥陶系灰岩岩溶水，所以，本次全部以灰岩顶板作为地下水位埋深。其中，沙井村东部水位埋深较浅为 1.5m；谢家店、北博山、王家村、南博山平均水位埋深为 10m；泉河村、城子村水位埋深平均为 16m；西石门村、东石门村、淄河镇平均水位埋深为 11m；小黑峪村平均水位埋深为 5.4m；南部变质岩区店子村平均水位埋深为 10m；其余区域水位埋深均大于 30.5m。研究区地下水位埋深图见图 7-1。

## 二、净补给量

净补给量为单位面积内渗入地表到达地下水位的水量。补给水一方面在包气带中垂向传输污染物，另一方面控制着污染物在包气带及饱水带的弥散和稀释作用。因此，它是污染物向地下水运移的主要传输工具。补给量越大，地下水受污染的可能性越大。但当补给量足够大以至于污染物被稀释时，地下水受污染的可能性不再增大反而减小。

一般把年平均入渗量作为净补给量，不考虑补给事件的分布、强度和持续时间。值得注意的是在已知补给–排泄区，人为抽水或地表水位变化可导致地下水水力梯度发生变化，从而使补给–排泄区的净补给量发生变化。

根据数值模型计算岩溶水系统净补给量如图 7-2 所示，淄河、峨庄、源泉地区年平均入渗补给量大于 254mm；大武岩溶水次级子系统年平均入渗补给量为 178 ~ 254mm；淄河

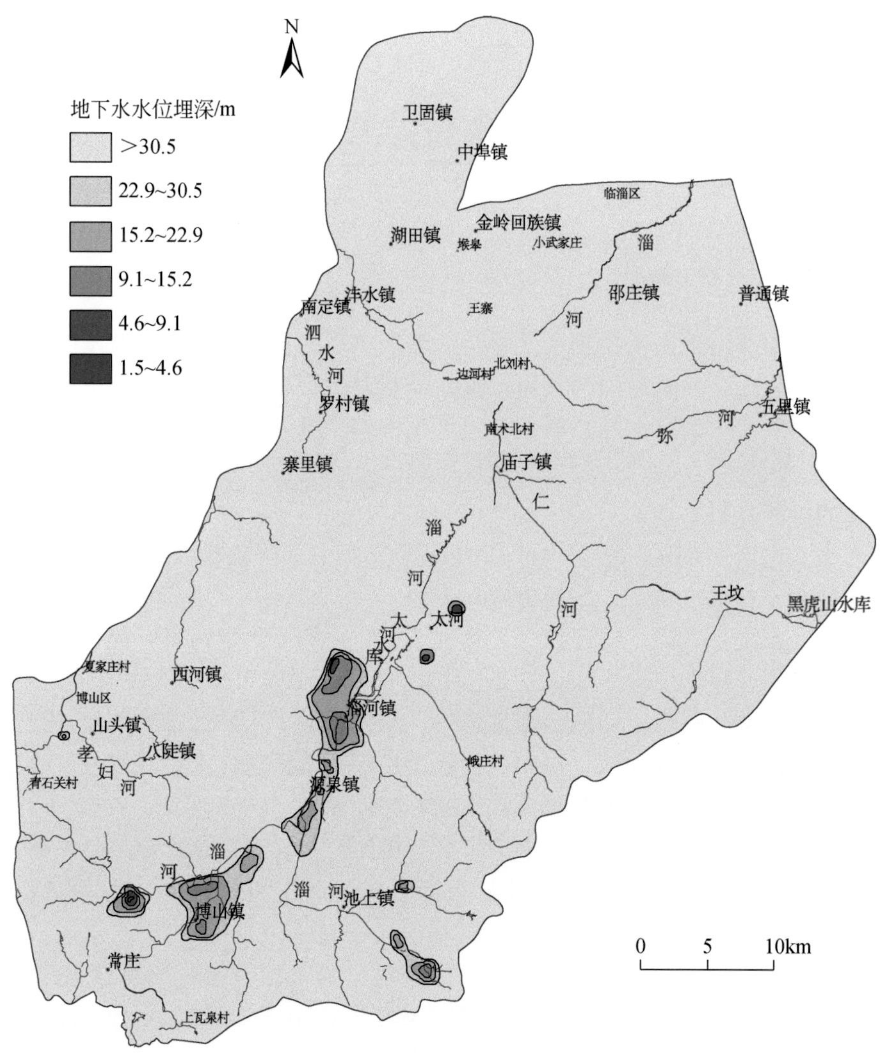


图 7-1　岩溶水水位埋深分区图

上游、南部变质岩区、孝妇河上游及弥河岩溶水子系统年平均入渗补给量为 102 ~ 178mm；其余地区为 51 ~ 102mm。

## 三、含水介质

按照评价标准，在评价某一区域地下水脆弱性时，每次只能评价一个含水层。在多层含水系统中，应选择一个典型的具有代表性的含水层进行评价。根据研究区实际情况，我们选取了灰岩、变质岩/火成岩两种含水介质，变质岩/火成岩区为南部变质岩区和金岭岩体，其余区域为灰岩区（图 7-3）。

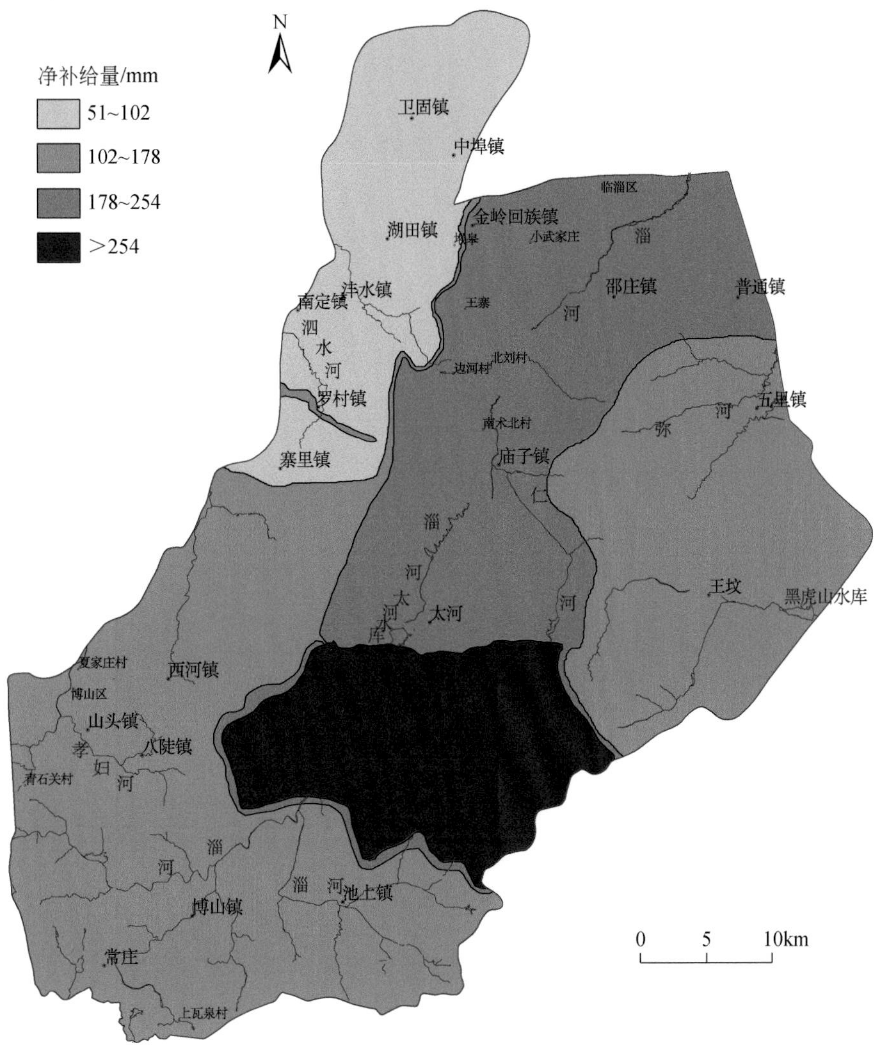

图 7-2　净补给量分区图

# 四、土壤带介质

土壤带介质是指包气带最上部，生物活动较强烈的部分，在模型中所涉及的土壤带介质通常为地球表层风化带中距地表平均厚度为 0.61m 或小于 0.61m 的土体。土壤带介质强烈影响地表入渗的补给量，同时也影响污染物垂直向包气带运移的能力。

研究区第四系土壤带中主要为砂质壤土，可代表土壤带介质进行评分，因此根据实际情况将土壤带介质分为砂质壤土和薄层或缺失（图 7-4）。

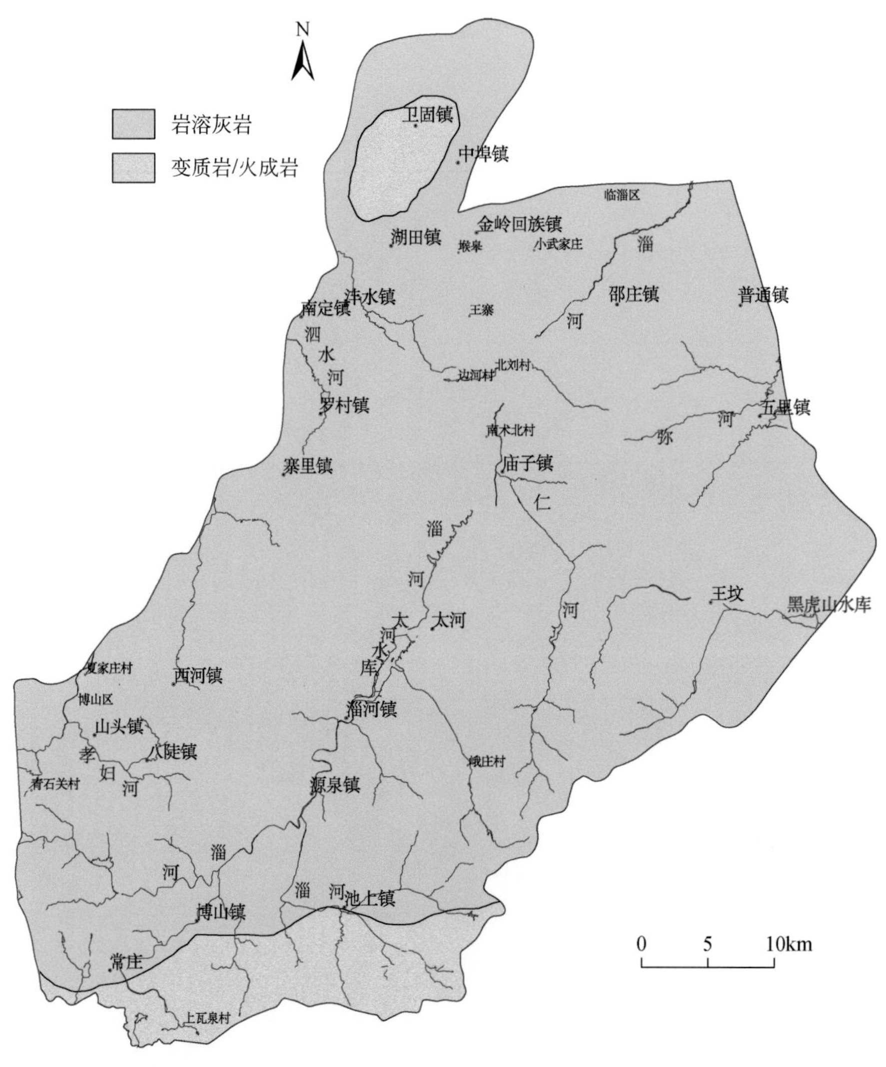


图 7-3 含水介质划分图

# 五、地形

地形是指地表的坡度或坡度的变化。地形控制着污染物是被冲走或是较长时间留在某一地表区域而渗入地下。地形影响着土壤的形成和发育，因而影响着污染物的削减程度。除此之外，地形还影响着地下水位的空间展布，进而决定地下水的流向和流速。因此，地形也影响着地下水的脆弱性。在污染物渗入机会较大的地形处，相应地段的地下水污染敏感性较高。

坡度百分比为两点间的高差除以它们之间的水平距离而得到的百分数。当坡度百分比为0～2%时，污染物渗入地下的机会比较大，这些地段的地下水脆弱性较高。相反，当地

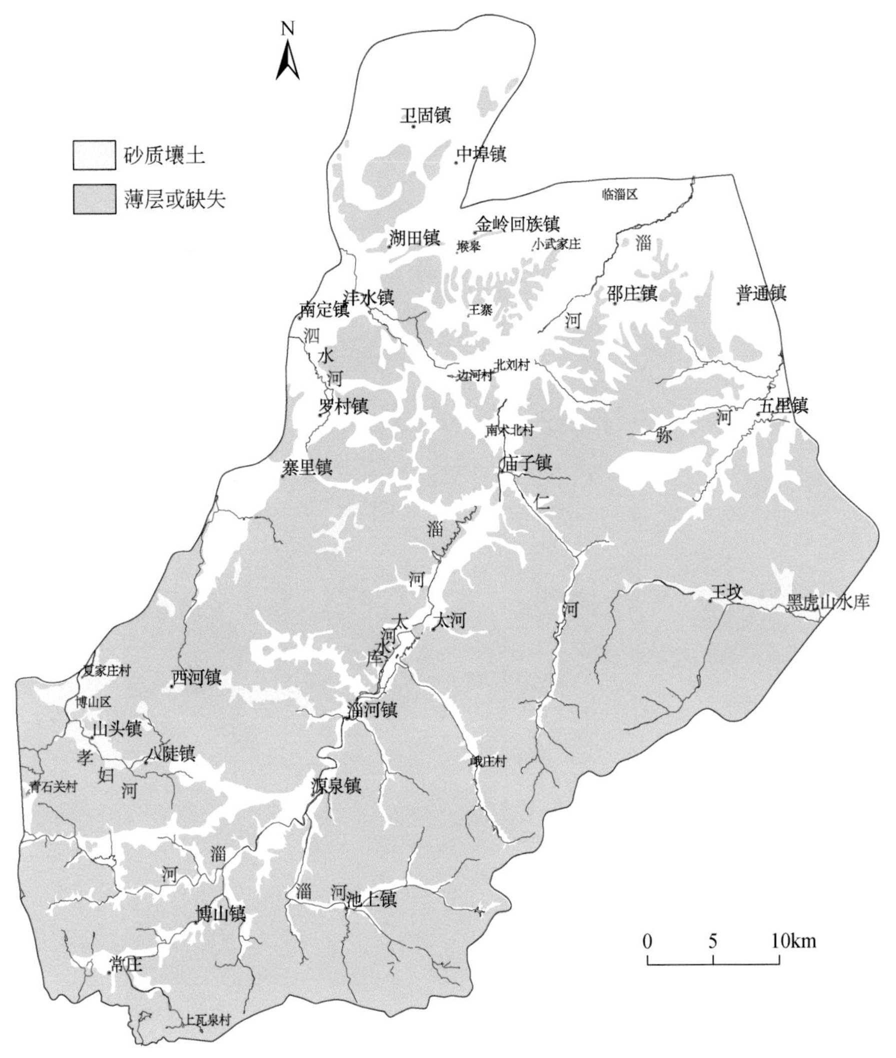


图 7-4　土壤带介质划分图

形坡度百分比大于 18%，一旦存在地表水，较易形成地表径流，因此污染物渗入地下的可能性很小，相应的地下水污染敏感性较低。

由等高线计算得到的坡度图，北部冲洪积平原及河间谷底坡度较小，为 0～6%，鲁山、马鞍山一带坡度较大，在 12% 以上（图 7-5）。

## 六、包气带介质

包气带指等水位线以上的非饱和区或非连续饱和区。包气带介质的类型决定着土壤层和含水层之间岩土介质对污染物的削减特性。各种物理化学过程包括降解、吸附、沉淀、络合、溶解、生物降解作用、中和作用等过程均可以在包气带内发生。包气带介质还控制

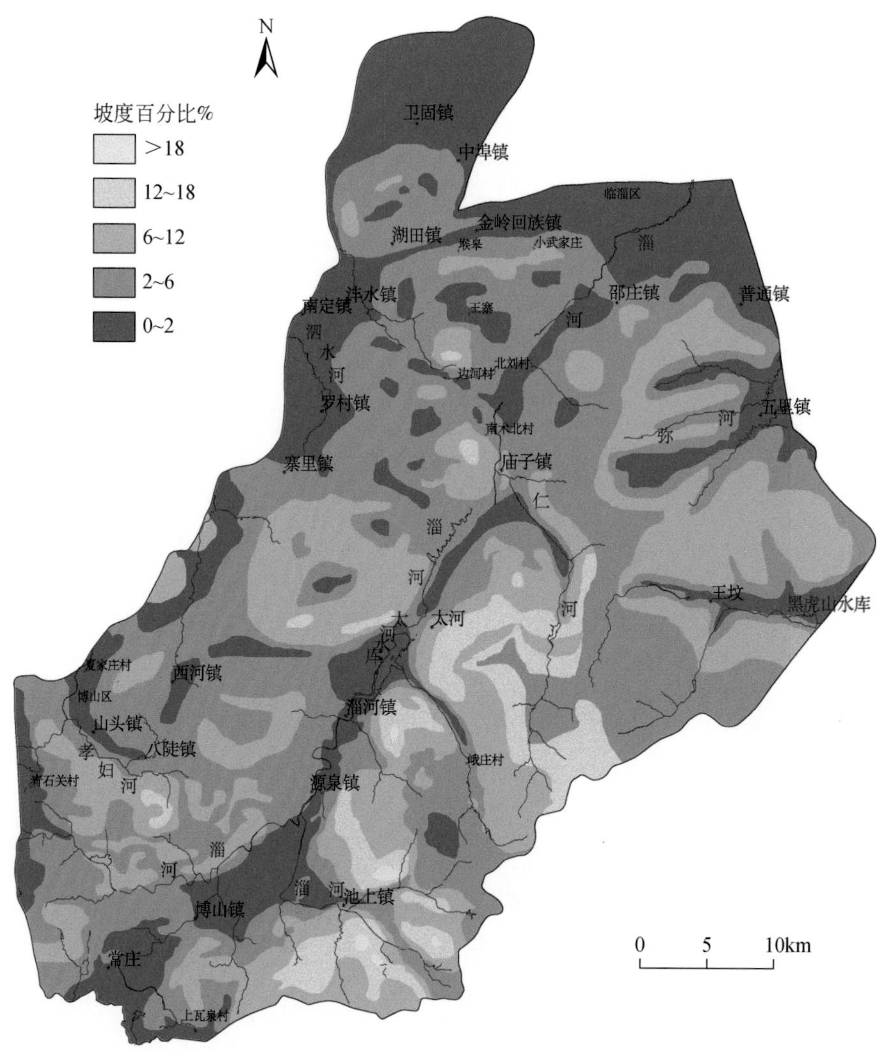


图 7-5　地形坡度划分图

着渗流路径的长度和渗流途径，因此影响着污染物的削减时间以及污染物与岩土体之间的反应程度。

包气带介质的选择应根据所评价的含水层的类型决定。在对潜水含水层以及半承压含水层进行评价时，都应该把它们看作潜水含水层来考虑。

根据研究区实际情况将包气带介质主要分为四类：承压层区、灰岩区、变质岩/火成岩区、岩溶灰岩区。研究区北部灰岩含水层隐伏于较厚第四系或石炭系之下划分为承压区；南部变质岩山区和北部金岭岩体为变质岩/火成岩区；中部及南部灰岩裸露区划分为灰岩区；淄河断裂带及其上游河谷地带划分为岩溶灰岩区（图 7-6）。

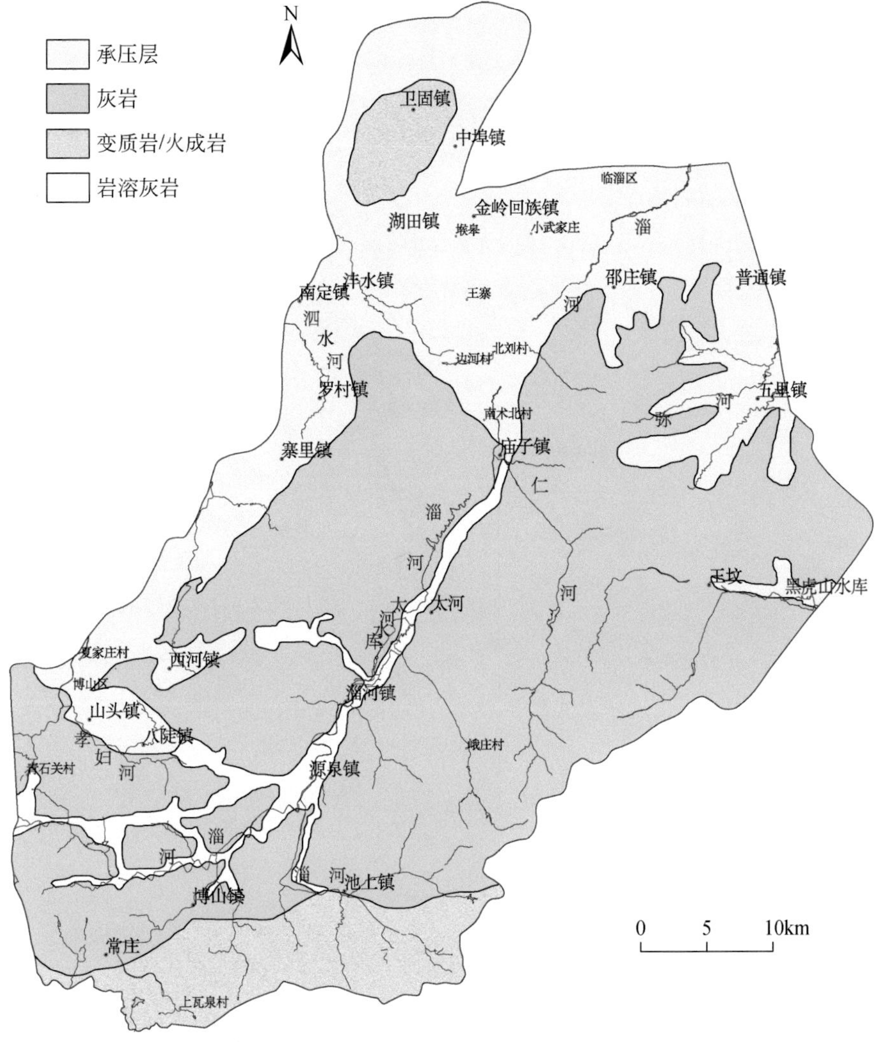


图 7-6　包气带介质划分图

## 七、渗透系数

渗透系数反映含水介质的水力传输性能。在一定的水力梯度下它控制着地下水的流动速率，而地下水的流动速率控制着污染物进入含水层之后在含水层内迁移的速率。水力传导系数是由含水层内空隙的大小和连通程度决定的。渗透系数是根据含水层的抽水试验计算得出的。

由数值模型可得研究区渗透系数划分图（图 7-7）。其中可见淄河下游地区渗透系数较大，越往上游及两侧逐渐减小。

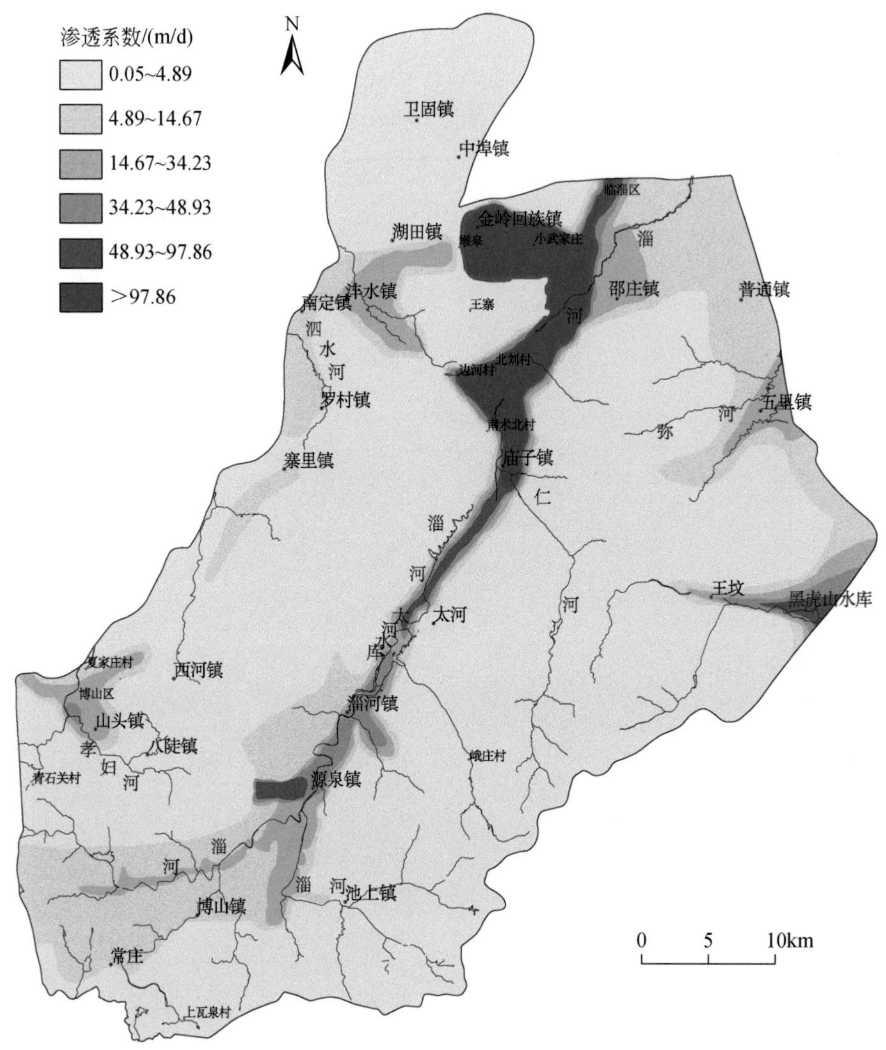


图 7-7　渗透系数划分图

## 第四节　岩溶水脆弱性分区

通过 ArcGIS、MapGIS 的空间分析功能，对 DRASTIC 模型的 7 个图层按照前面的叠加算法进行空间叠加计算（图 7-8），共计算得出 3147 个评价分区，DRASTIC 脆弱性评分为 69 ~ 189，并对微小无意义区进行删减合并后得到如下脆弱性综合评价图（图 7-9）。

根据研究区实际情况分为四个级别：DRASTIC 评分≥160 为岩溶水高脆弱性区（极度敏感性区），极易受污染；130≤DRASTIC 评分<160 为岩溶水较高脆弱性区（高敏感性区），易受污染；100≤DRASTIC 评分<130 为岩溶水中等脆弱性区（中等敏感性区），中等易污染；DRASTIC 评分<100 为地下水低脆弱性区（低敏感性区），不易污染。

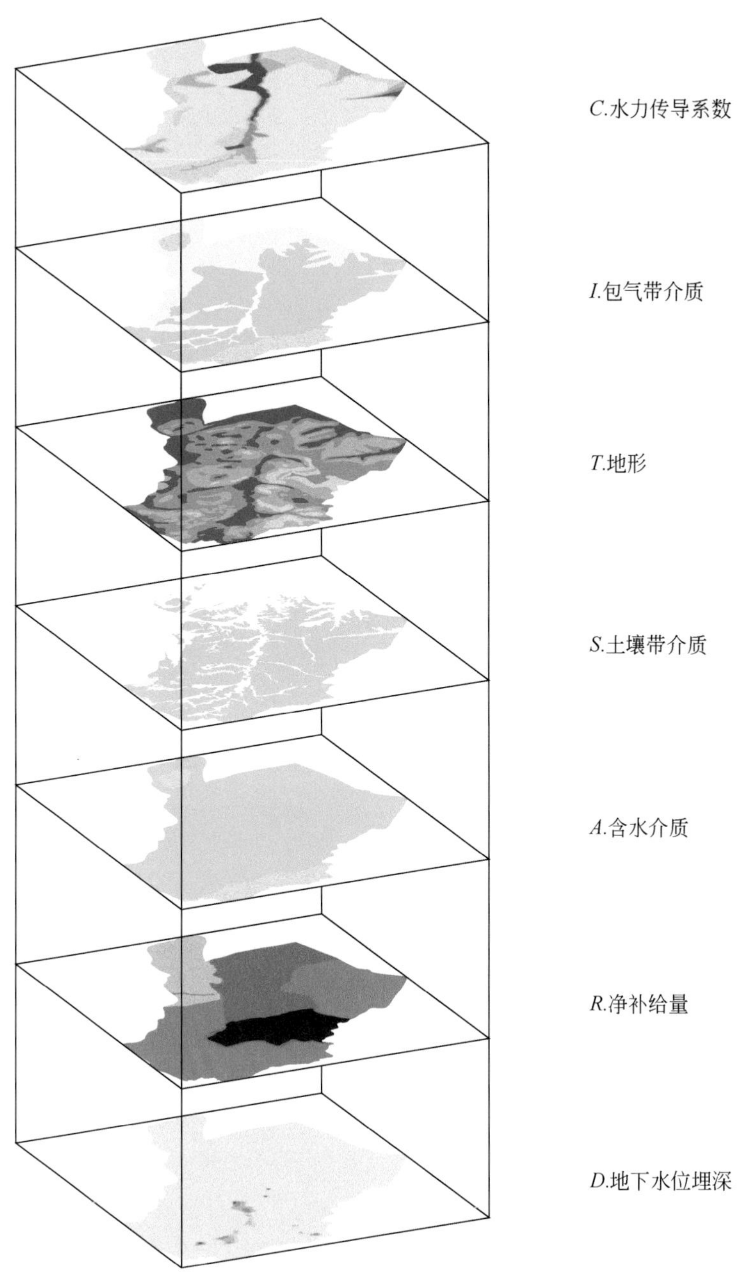


图 7-8　空间叠加分析原理图

从岩溶水脆弱性分区图可以得出：

淄河岩溶水子系统源泉镇-太河水库及南马鹿村-庙子镇淄河河谷地段为极度敏感区，占研究区总面积的 1%。

其余淄河河谷及峨庄支流、黑虎山水库两侧为高敏感区，占研究区总面积的 11%。

广大中低山区为中等敏感性区，占研究区总面积的 56%。

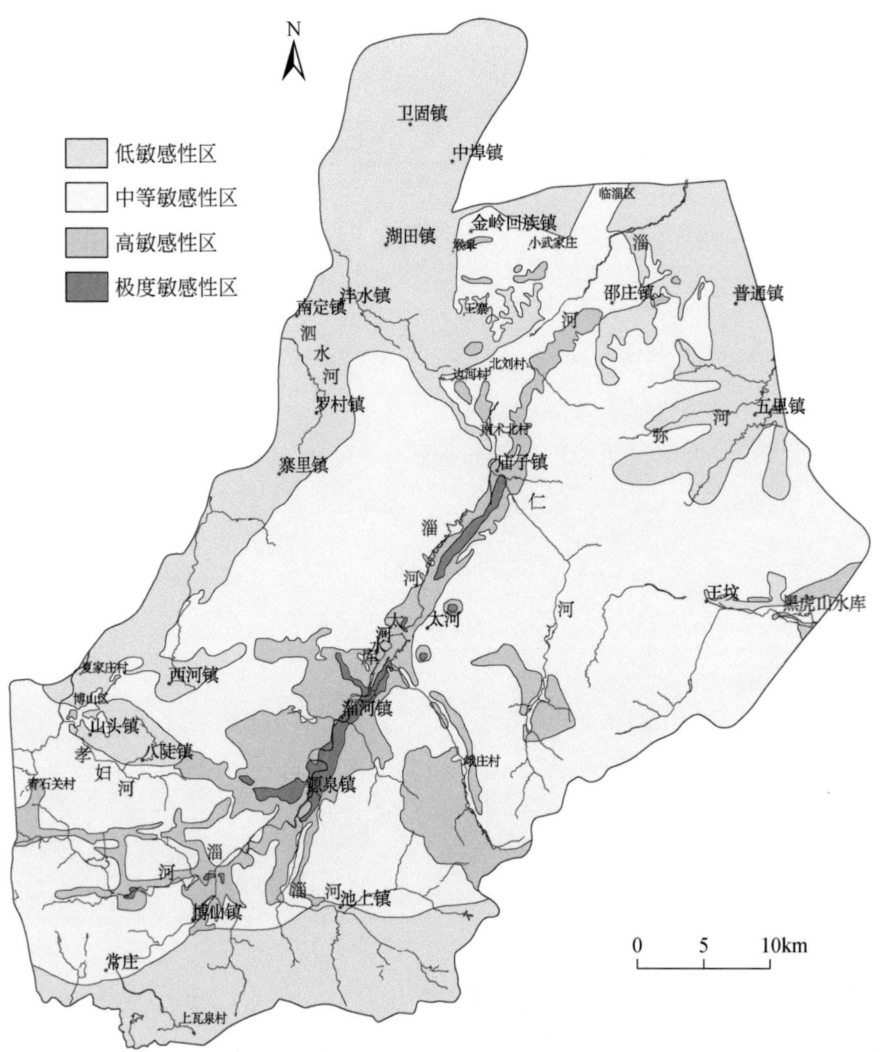


图 7-9　沣水泉域岩溶水脆弱性分区图

孝妇河岩溶水子系统的山前地带、淄河及弥河岩溶水子系统的北部、南部变质岩山区为低敏感性区，占研究区总面积的 32%。

# 第八章　岩溶水开发利用

## 第一节　岩溶水开发利用历史、现状及开采潜力

### 一、岩溶水开发历史

区内岩溶水的开发利用由来已久，新中国成立前多用水车、辘轳提取岩溶水，新中国成立后，兴起了机井建设的热潮，大规模开采岩溶水始于20世纪70年代初，主要用于工业生产、城乡生活及农田灌溉，随着城市规模扩大和社会经济快速发展，需水量日益增大，岩溶水开采量不断增加，先后建立了大武、湖田、神头、天津湾等多处水源地。岩溶水开采方式主要有两种：一是水源地集中开采，主要供企业用水大户工业生产用水及城区生活用水，如大武水源地供应中国石化齐鲁石化公司、华能辛店发电有限公司（简称华能辛店电厂）等国有特大型企业工业生产用水及张店城区生活用水，湖田水源地供应齐鲁乙烯厂工业生产用水等。二是面状分散开采，如企业自备井、农村生活和农业灌溉。

研究区范围内岩溶水开发历史可划分为四个阶段：1960年以前、1960～1980年、1980～2002年、2002年至今。

#### （一）1960年以前

研究区岩溶水资源在20世纪60年代以前利用很少，岩溶水开采量极小，主要通过大口井或岩溶泉取用岩溶水，供应部分农村生活用水及灌溉用水。自1959年以来，博山电厂、陶瓷厂等单位才陆续开始在博山神头一带建井，开采岩溶水。

#### （二）1960～1980年

这一时期内，随着工农业的飞速发展，对地下水的需求量日益增加，到20世纪60年代中期，岩溶水开始被大量、集中开发利用。

研究区该时段内集中开采岩溶水主要分布在博山区及临淄区，分别位于孝妇河岩溶水子系统的南部及淄河岩溶水子系统的北部。

*1. 孝妇河岩溶水子系统*

20世纪60年代以后，博山电厂、陶瓷厂等单位在神头及秋谷一带大量建井，集中开采岩溶水。1977年统计数据显示，神头水源地岩溶水开采量为51800$m^3$/d，秋谷水源地岩溶水开采量为27620$m^3$/d（表8-1）。

20世纪60年代中期以后，沣水水源地及渭头河水源地投入使用，建井开采岩溶水，供应张店铝厂及洪山煤矿工业用水。70年代沣水水源地及渭头河水源地改为直接取用沣

水泉及渭头河泉的泉水。

此外，20 世纪 60 年代中期以后，各地水利部门及公社打井队开始在博山区城区、八陡镇、石马、谢家店、良庄、禹王山断裂带内建井，取用岩溶水，除博山城区及良庄一带主要为工业用水，其余地区均作为农业灌溉水源使用。

2. 淄河岩溶水子系统

20 世纪 60 年代中期以后，辛店水源地、南仇水源地、大武水源地陆续投入使用，建井开采岩溶水，主要供应辛店电厂等企业工业用水。1977 年统计数据显示，南仇水源地岩溶水开采量为 12.8 万 $m^3/d$，大武水源地岩溶水开采量为 2.5 万 $m^3/d$（表 8-1）。辛店水源地开采层位为第四系孔隙水含水层，地下水开采量为 12 万 $m^3/d$，但该水源地位于大武水文地质单元北部，岩溶水人工开采量极少，岩溶水主要排泄途径为向第四系顶托补给，因此水源地开采量中部分为岩溶水。到 20 世纪 70 年代末期齐鲁石化投产，大武水源地开始大量开采岩溶水，开采量增加到 32 万 $m^3/d$。

**表 8-1 岩溶水开采量**（1977 年）

| 开采类型 | 开采地段 | 开采量/($m^3/d$) | 用途 | 备注 |
|---|---|---|---|---|
| 水源地集中开采 | 临淄区辛店水源地 | | 城区生活、工业用水 | 第四系孔隙水，开采量为 120000$m^3/d$ |
| | 临淄区南仇水源地 | 128000 | 城区生活、工业用水 | |
| | 张店区沣水水源地 | 10000 | 张店铝厂工业用水 | 原用井水，改用沣水泉水 |
| | 淄川区渭头河水源地 | 9381 | 洪山煤矿工业用水 | 原用井水，改用渭头河泉水 |
| | 临淄区大武水源地 | 25000 | 辛店电厂工业用水 | |
| | 博山区神头水源地 | 51800 | 电厂、陶瓷厂等工业用水 | |
| | 博山区秋谷水源地 | 27620 | 陶瓷厂等工业用水 | |
| 工业、农业零散开采 | 博山区八陡地段 | 11100 | 农业灌溉 | |
| | 博山区石马地段 | 21500 | 农业灌溉 | |
| | 博山区盆泉-谢家店地段 | 9200 | 农业灌溉 | |
| | 博山区常庄-谢家店地区 | 960 | 农业灌溉 | |
| | 太河水库上游淄河河谷地段 | 97500 | 农业灌溉 | |
| | 太河水库上游淄河以东地段 | 6100 | 农业灌溉 | |
| | 博山区良庄一带 | 51900 | 工业用水、农业灌溉 | |
| | 博山区禹王山断裂带一带 | 5000 | 农业灌溉 | |
| | 博山区零星工业开采 | 12500 | 工业用水 | |
| | 临淄区农业分散开采 | | 农业灌溉 | 第四系孔隙水，开采量为 640000$m^3/d$ |
| 矿坑排水 | 南邢铁矿 | 960 | 矿坑排水 | |
| 合计 | | 468521 | | |

此外，20 世纪 60 年代中期以后，临淄区、博山区水利部门及公社打井队开始在临淄

区淄河下游、淄河河谷及太河水库上游淄河河谷处大量建井，取用岩溶水，主要作为农业灌溉水源使用。其中临淄区淄河下游地区开采层位为第四系孔隙水含水层，地下水开采量为 64 万 $m^3/d$，但该地区位于大武水文地质单元北部，岩溶水人工开采量极少，岩溶水主要排泄途径为向第四系顶托补给。因此该部分开采量中部分为岩溶水。

3. 弥河岩溶水子系统

该地区主要为中低山区，工业发展缓慢，农业灌溉及生活用水多利用塘坝及水库地表水资源，区内岩溶水开采量极小。

综上所述，1960～1980 年，研究区内岩溶水总开采量呈现大幅增加趋势。到 20 世纪 70 年代后期（1977 年资料），区内岩溶水总开采量达到 46.85 万 $m^3/d$，其中工业用水为 29.03 万 $m^3/d$，占岩溶水总开采量的 61.96%；农业灌溉及农村生活用水为 17.73 万 $m^3/d$，占岩溶水总开采量的 37.84%；矿坑排水量为 960$m^3/d$，占岩溶水总开采量的 0.20%（图 8-1）。

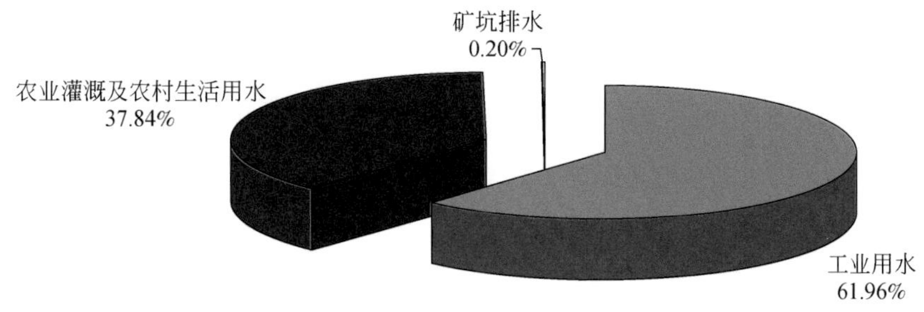


图 8-1　岩溶水历史开采量（1977 年）按用途所占百分比对比图

根据 1977 年资料，在岩溶水总开采量中，水源地集中开采量为 25.18 万 $m^3/d$，占岩溶水总开采量的 53.74%；工业、农业零散开采及矿坑排水量为 21.67 万 $m^3/d$，占岩溶水总开采量的 46.26%（图 8-2）。

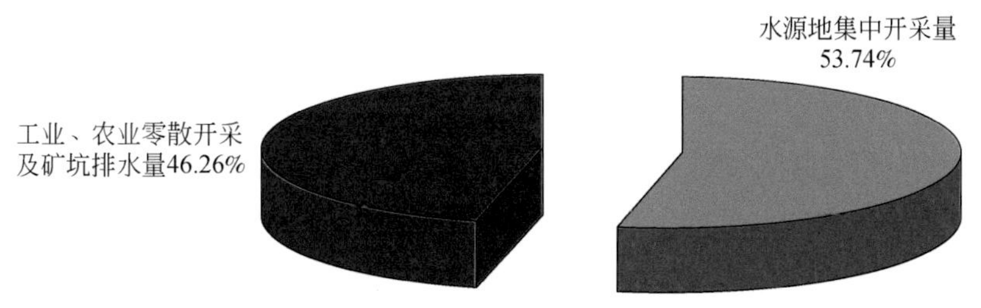


图 8-2　岩溶水历史开采量（1977 年）按开采方式所占百分比对比图

### （三）1980～2002 年

20 世纪 80 年代以后，随着经济的迅猛发展，水资源的需要日益增大，岩溶水开采量不断增加，呈逐年上升趋势，到 90 年代中期达到最高值，1995 年以后，各区县加强了水资源开发利用管理，工农业采取了各项节水措施，岩溶水开采量保持稳定，略有减少。

1. 水源地集中开采

神头水源地主要供应博山城区生活用水及工业用水，供水量为1.58万$m^3/d$（表8-2）。

**表8-2　岩溶水开采量**（1991年）

| 开采类型 | 开采地段 | 开采量/($m^3/d$) | 用途 | 备注 |
| --- | --- | --- | --- | --- |
| 水源地集中开采 | 湖田水源地 | 15000 | 齐鲁乙烯厂工业用水 | |
| | 辛安店水源地 | 1918 | 新华制药厂工业用水 | |
| | 沣水张化水源地 | 3566 | 张店化工厂工业用水 | |
| | 山铝三水源 | 12375 | 山东铝厂 | |
| | 四宝山水源地 | 18130 | 张店水泥厂等工业用水 | |
| | 龙泉水源地 | 5000 | 淄川城区供水 | |
| | 北下册水源地 | 18000 | 淄川城区供水 | |
| | 神头水源地 | 15800 | 博山城区生活用水及工业用水 | |
| | 天津湾水源地 | 26160 | 博山城区生活用水及工业用水 | |
| | 大武水源地 | 459500 | 临淄区工业用水 | |
| 工业、农业零散开采 | 博山零星工业用水 | 28850 | 工业用水 | |
| | 临淄区农业灌溉 | 40000 | 农业灌溉 | |
| | 淄川区黑旺-北下册 | 16850 | 农业灌溉及生活用水 | |
| | 淄川区罗村-龙泉 | 47700 | 农业灌溉及生活用水 | |
| | 淄川区口头-峨庄 | 18250 | 农业灌溉及生活用水 | |
| | 博山区西河-张庄 | 2460 | 农业灌溉及生活用水 | |
| | 博山区南博山至源泉 | 30500 | 农业灌溉 | |
| | 博山区良庄至西河 | 21240 | 农业灌溉及生活用水 | |
| | 博山区禹王山断裂一带 | 9170 | 农业灌溉 | |
| 矿坑排水 | 金岭铁矿 | 21260 | 铁矿排水 | |
| | 黑旺矿坑 | | 铁矿排水（2582$m^3/d$） | 排水直接排入下游淄河河谷，回渗岩溶水 |
| 合计 | | 811729 | | |

1980年，大武水源地开始正式投产，1985年以后，大武水源地进入大规模开采阶段，水源地集中开采量维持在36万~48万$m^3/d$。

随着张店区东部工业区的快速发展，以工业供水为目的的中小型水源地开始大批量启用，其中开采岩溶水的主要包括湖田水源地、辛安店水源地、沣水张化水源地、山铝一水源、山铝三水源、山铝水泥厂水源地、四宝山水源地。

另外，以淄川城区供水为主要目的的龙泉水源地、北下册水源地启用，供水量分别为

5000m³/d、18000m³/d。

天津湾水源地于1991年开始正式投入运行，供水量为26160m³/d，主要供应博山城区生活用水及工业用水。

2. 工业、农业灌溉及生活用水零散开采

20世纪80年代以后，随着农业的发展，尤其是特色农业的发展，在博山区南博山—源泉一带开始大量种植蔬菜及猕猴桃，农业灌溉需水量急剧增加，当地水利局及公社打井队施工完成了大量的农业灌溉供水井，取用岩溶水，开采量达3.05万m³/d。

此外，在临淄区北部淄河河谷一带、淄川区口头—峨庄、博山区西河—张庄、博山区良庄一带、禹王山断裂带一带也存在大量农业灌溉开采井。

3. 矿坑排水

区内铁矿排水均为岩溶水，主要为黑旺铁矿及金岭铁矿。黑旺铁矿平均排水量为2582m³/d，金岭铁矿平均排水量为21260m³/d，其中黑旺铁矿排水直接排入庙子以北的淄河河谷中，排水直接渗漏补给下游的岩溶含水层，因此黑旺铁矿矿坑排水量不计算在岩溶水开采量内。

综上所述，1980～2002年，研究区内岩溶水开采量变化趋势可以细分为两个阶段，1980～1990年，岩溶水开采量呈现大幅增加趋势，到20世纪到90年代中期到达最高值，90年代中期以后，岩溶水开采量保持稳定，略有减小。

根据1991年统计资料，区内岩溶水总开采量达到81.17万m³/d，其中工业用水55.42万m³/d，占岩溶水总开采量的68.28%；农业灌溉及农村生活用水18.62万m³/d，占岩溶水总开采量的22.94%；城区生活用水5万m³/d，占岩溶水总开采量的6.16%；矿坑排水2.13万m³/d，占岩溶水总开采量的2.62%（图8-3）。

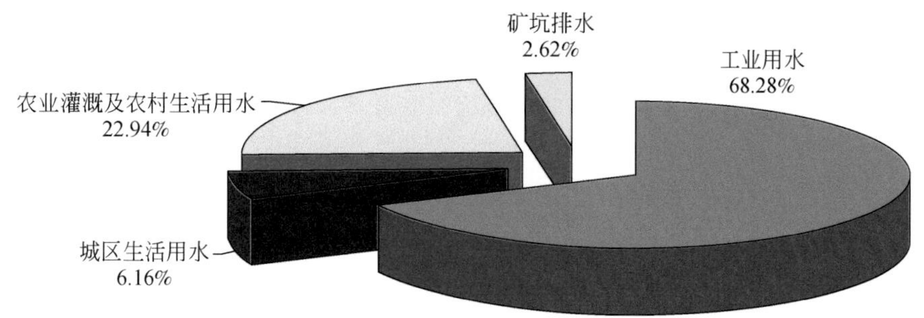


图8-3　岩溶水历史开采量（1991年）按用途所占百分比对比图

在岩溶水总开采量中，水源地集中开采量为57.54万m³/d，占岩溶水总开采量的70.89%；工业、农业零散开采及矿坑排水量为23.63万m³/d，占岩溶水总开采量的29.11%（图8-4）。

### （四）2002年至今

2002年以后，随着“引黄工程”“引太入张”等黄河水及地表水利用工程投入运行后，区内岩溶水开采量呈现持续下降趋势。

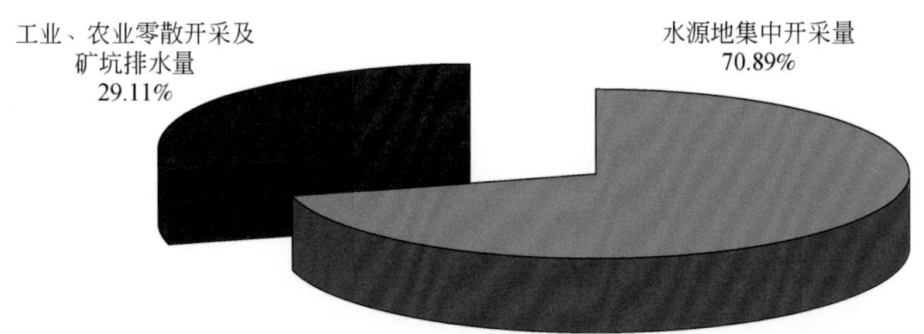


图 8-4　岩溶水历史开采量（1991 年）按开采方式所占百分比对比图

2001 年 9 月淄博市引黄工程通水后，大武水源地岩溶水开采量大幅降低，大武水源地开采量维持在 26 万～28 万 $m^3/d$，2002～2011 年多年平均开采量为 28.66 万 $m^3/d$。

2011 年“引太入张”工程试运行，自来水公司东风水厂开采量压减 8.5 万 $m^3/d$。因此，自 2011 年下半年开始，大武水源地开采量大幅度压缩，水源地得到涵养保护，2012 年大武水源地岩溶水开采量维持在 22.6 万 $m^3/d$。

2012 年，淄博市实行“最严格水资源管理制度”，各区县严格控制地下水开采量，岩溶水总开采量呈缓慢下降趋势。

2014 年 9 月，研究区遭遇连枯年，太河水库水位降至警戒线以下，大武水源地增加岩溶水开采量至 35 万 $m^3/d$。

## 二、岩溶水开发利用现状

研究区内对岩溶水的开发利用由来已久，但大规模地开采岩溶水是在 1970 年以后。目前区内岩溶水主要供应城区居民生活用水、大型企业工业集中用水、中小型企业工业分散零星用水、农村生活用水及南部少量灌溉用水。开采方式以水源地集中开采为主，主要供应城区居民生活用水及大型企业工业用水，农业灌溉开采主要分布于博山区的源泉、麻庄、谢家店及郑家庄一带，中小型企业工业零散开采主要分布于博山城区、淄川区洪山及张店区湖田一带。

### （一）集中供水水源地

研究区范围内共有岩溶水供水水源地 13 处，分别为大武、齐陵、湖田、辛安店、洪山、龙泉、四宝山、北下册、城子-口头、神头、秋谷、天津湾、源泉等。其中湖田、四宝山、辛安店均为工业用水水源地，其他水源地兼具城市生活及工业用水的双重供水作用。

淄河岩溶水子系统为研究区内主要岩溶水资源汇集区及富集区，且水质优良，为研究区重要供水水源地的分布区域，而孝妇河岩溶水子系统因水文地质条件限制，目前仅有零星小型水源地供当地企业生产用水，未形成具有重要城市供水意义的集中开采水源地。

1. 大武水源地

大武水源地位于淄河岩溶水子系统的最北端，于 1980 年投产，作为研究区内最大的岩溶水水源地，大武水源地向大型国有企业（齐鲁石化公司及辛店发电厂等）提供工业生产用水，同时还承担着淄博市主城区张店区以及临淄城区城镇居民生活用水的供水任务。

2014 年 9 月，研究区遭遇连枯年，太河水库水位降至警戒线以下，停止向张店主城区供水，大武水源地增加开采量至 35 万 $m^3/d$，2013 ~ 2015 年平均开采量为 30.43 万 $m^3/d$（表 8-3）。

**表 8-3　岩溶水开采量**（2013 ~ 2015 年）

| 开采类型 | 开采地段 | 开采量/(万 $m^3/d$) | 用途 | 备注 |
|---|---|---|---|---|
| 水源地集中开采 | 大武 | 30.43 | 张店、临淄城区生活用水及工业用水 | |
| | 神头-秋谷 | 0.94 | 博山城区生活用水及工业用水 | |
| | 天津湾 | 2.18 | 博山城区生活用水及工业用水 | |
| | 源泉 | 2.48 | 博山城区生活用水及工业用水 | |
| | 城子-口头 | 3.49 | 淄川城区生活用水及部分乡镇生活用水 | |
| | 北下册 | 3.18 | 淄川城区生活用水 | |
| | 洪山 | 0.88 | 乡镇生活用水及工业用水 | |
| | 龙泉 | 2.77 | 乡镇生活用水及工业用水 | |
| | 湖田 | 1.72 | 工业用水 | |
| | 四宝山 | 2.24 | 工业用水 | |
| | 辛安店 | 0.17 | 工业用水 | |
| | 齐陵 | 0.08 | 村庄生活用水 | |
| 工业、农业零散开采 | 博山城区工业分散开采 | 2.32 | 工业用水 | |
| | 淄川地区 | 1.12 | 工业用水 | |
| | 张店地区 | 0.57 | 工业用水 | |
| | 峨庄 | 0.02 | 矿泉水厂 | |
| | 源泉地区 | 0.068 | 农业灌溉 | |
| | 麻庄-南坡地区 | 0.07 | 农业灌溉 | |
| | 郑家庄地区 | 0.01 | 农业灌溉 | |
| | 谢家店-郭庄地区 | 0.93 | 农业灌溉 | |
| | 村庄生活用水 | 5.33 | 生活用水 | |
| 矿坑排水 | 金岭铁矿 | 0.16 | 金岭铁矿 | |
| 合计 | | 61.16 | | |

2. 神头、秋谷水源地

神头、秋谷水源地位于孝妇河岩溶水子系统的南部博山城区内，开采历史悠久，最早自 20 世纪 60 年代中期开始大规模开采，主要供城区生活及工业用水。近年来，随着天津湾水源地及源泉水源地的投入运行，开采量逐年减少，直到 2009 年关闭。现水源地富水区内主要用户为白杨河电厂，2013 ~ 2015 年平均开采量为 0.94 万 $m^3/d$。

3. 天津湾水源地

天津湾水源地位于淄河岩溶水子系统南部的天津湾一带，水源地主要承担着博山城区供生活用水及工业用水的任务，2006 年源泉水源地投入使用后，天津湾水源地开采量大幅下降。2014 年，因博山区大气降水量仅有 327.4mm，为特枯年，天津湾水源地增加开采量，2013 ~ 2015 年平均开采量为 2.18 万 $m^3/d$。

4. 源泉水源地

源泉水源地位于淄河岩溶水子系统南部源泉镇一带，2006 年水源地开始供水，主要向博山城区供应生活用水及工业用水，水源地开采量一直较为稳定，2013 ~ 2015 年平均开采量为 2.48 万 $m^3/d$。

5. 城子-口头水源地

城子-口头水源地位于淄河岩溶水子系统南部城子—口头一带，水源地自 1992 年开始运行，主要供淄川城区生活用水，同时供沿途东坪、龙泉、西河等乡镇部分用水。该水源地自建成到 2005 年，开采量逐年增大，从 2010 年开始趋于稳定，为淄川区主要的供水水源。2013 ~ 2015 年平均开采量为 3.49 万 $m^3/d$。

6. 北下册水源地

北下册水源地位于淄河岩溶水子系统中部太河水库大坝北侧，淄河西岸。水源地自 1991 年开始运行，主要承担着向淄川城区供生活用水的任务，水源地 2011 年开采量增加，开采量维持在 3 万 $m^3/d$ 左右，2013 ~ 2015 年平均开采量为 3.18 万 $m^3/d$。

7. 湖田、四宝山、辛安店水源地

湖田、四宝山、辛安店水源地均位于孝妇河岩溶水子系统北部的张店区，主要供应当地企业生产用水，2013 ~ 2015 年平均开采量分别为 1.72 万 $m^3/d$、2.24 万 $m^3/d$、0.17 万 $m^3/d$。

8. 龙泉、洪山水源地

龙泉、洪山水源地均位于孝妇河岩溶水子系统中北部的淄川区，主要供应当地乡镇居民生活用水及企业生产用水，2013 ~ 2015 年平均开采量分别为 2.77 万 $m^3/d$、0.88 万 $m^3/d$。

9. 齐陵水源地

齐陵水源地位于淄河岩溶水子系统的最北端，目前水源地未正式启用，开采量很小，2013 ~ 2015 年平均开采量为 0.08 万 $m^3/d$。

综上所述，研究区内供水水源地岩溶水开采量为 50.56 万 $m^3/d$，其中孝妇河岩溶水子系统开采量为 8.72 万 $m^3/d$，淄河岩溶水子系统开采量为 41.84 万 $m^3/d$。

### （二）工业、农业灌溉及农村生活用水零散开采

1. 工业零散开采

区内工业零散开采主要沿孝妇河岩溶水子系统山前地带分布，包括博山城区、淄川区

洪山一带及张店区湖田一带。2013～2015 年平均开采量为 4.03 万 $m^3/d$。

2. 农业灌溉

20 世纪 90 年代以后，随着产业结构的变化，工业快速发展，侵占了大量农田。另外，由于大量开采岩溶水，区域水位下降明显，农业灌溉提水成本增加，区内岩溶水农业开采量大幅下降。

目前，农业开采集中于博山源泉地区、麻庄-南坡地区、郑家庄地区、谢家店-郭庄地区，以特色农业为主。2013～2015 年平均开采量为 1.08 万 $m^3/d$。

3. 农村生活用水开采

农村生活用水开采主要为村庄供水井，开采量较为稳定，平均开采量为 5.33 万 $m^3/d$。

### （三）矿坑排水

矿坑排水主要为位于研究区最北端的金岭铁矿，目前金岭铁矿平均排水量为 0.16 万 $m^3/d$。

综上所述，研究区内岩溶水总开采量为 61.16 万 $m^3/d$，其中水源地集中开采量为 50.56 万 $m^3/d$，占岩溶水总开采量的 82.67%；工业、农业、零散开采及矿坑排水量为 10.60 万 $m^3/d$，占岩溶水总开采量的 17.33%（图 8-5）。

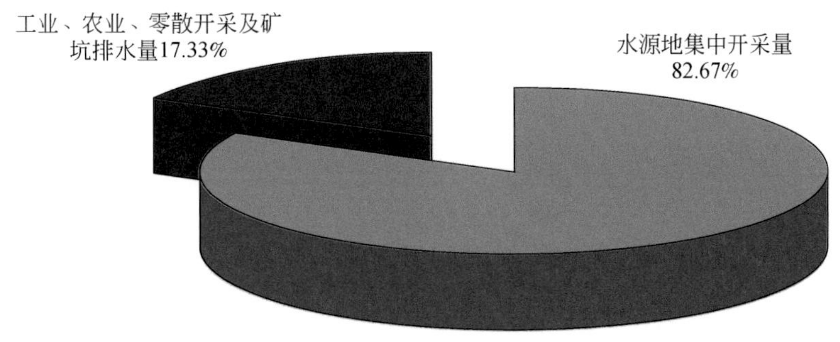


图 8-5　岩溶水现状开采量（2013～2015 年）按开采方式所占百分比对比图

## 三、岩溶水开发利用特点

1. 岩溶水开采量呈先增高后降低的趋势

20 世纪 60 年代以来，随着经济的发展，尤其是工业的快速发展，地下水的需求量急剧增长，岩溶水的开采规模、开采强度不断加大，2002 年以后，随着“引黄工程”“引太入张”等黄河水及地表水利用工程投入运行后，区内岩溶水开采量呈现持续下降趋势。

2. 岩溶水开采逐渐以水源地集中开采为主

20 世纪 80 年代以前，水源地集中开采量只占岩溶水总开采量的 50% 左右，其余为农业、工业零散开采。20 世纪 90 年代以后，随着水资源管理制度的建立健全，对区内工业用水进行了严格的控制，另外，农业灌溉零散开采量也急剧减少，水源地集中开采量占岩溶水总开采量的 70% 以上。而今，水源地集中开采量已经占到岩溶水总开采量的 80% 以上。

3. 岩溶水开采强度在区域上分布极不均匀

研究区岩溶水开采强度在区域上差别较大，岩溶水开采主要为淄河岩溶水子系统，尤其是淄河岩溶水子系统的大武岩溶水次级子系统内的大武水源地，2013 ~ 2015 年期间，仅大武水源地岩溶水开采量就占到整个研究区岩溶水开采量的 49.75%。

## 第二节　岩溶水开发利用的环境效应

开发利用岩溶水必然引起环境变化，这种变化具有积极有利的和消极不利的两个方面影响。自古以来，岩溶水开发利用工程都是以改善环境，促进生产发展为使命，这是主导方面。这些工程发挥了巨大的经济效益和环境效益，但过去侧重灌溉、供水等生产需要，从生态观点、生态平衡的角度分析甚少。岩溶水开发利用工程兴建必然要以破坏某些自然环境、社会环境为代价，如果处理不当会引起区域岩溶水水位下降、局部性缺水、泉及泉群流量衰减、断流甚至消亡等环境问题，从而限制了工程效应的发挥，给国民经济和人民生活带来不利的影响。

由此可见，岩溶水开发利用之后，会给自然环境及社会带来好的一面，但若过量开采，就会形成不良后果。

### 一、岩溶水开发利用的正面效应

1. 建设供水水源地集中开采岩溶水，有效解决了区域性供水短缺问题

20 世纪 80 年代末，随着经济的快速发展，尤其是工业的发展以及城镇的扩建，对水资源需求急剧增加，岩溶水的开发利用量也在逐年增加。

1980 年大武水源地正式投产，供应张店及临淄城区生活及工业用水；北下册水源地自 1991 年开始运行，承担向淄川城区供生活用水的任务；城子-口头水源地自 1992 年开始运行，主要供淄川城区生活用水，同时供沿途东坪、龙泉、西河等乡镇部分用水；天津湾水源地主要承担着向博山城区供生活用水及工业用水的任务；源泉水源地 2006 年开始供水，主要向博山城区供应生活用水及工业用水。

通过建设大量岩溶水供水水源地，供应城区生活及工业用水，大大缓解了城区的工业及生活用水需求，促进了经济的发展。

2. 施工抗旱井，有效解决了极端气候条件下的饮水困难问题

2011 年，山东遭遇几十年不遇的严重持续干旱灾害，国土资源部紧急行动部署抗旱，在研究区施工了几十眼抗旱水井，及时缓解了南部山区村民吃水问题，岩溶水的开发利用正面效应非常显著。

2014 年博山区降水量仅有 427.3mm，为 1964 年以来博山区最小降水量，为特枯年。2015 年博山区降水量为 640.5mm，接近枯水年降水量（636.3mm）水平，旱情极其严峻。

博山区池上镇附近地表水库及村庄供水井水位下降严重。至2015年5月，绝大多数地表水库已经干涸，部分村庄供水井出现抽不上来水的情况，村民饮水困难。后经池上镇调度，一部分缺水村庄重新打深井取水，但仍有部分缺水村庄只能改为饮用大口井井水，水量、水质均得不到保障。2015年，本研究项目在博山区池上镇后峪村施工的勘探井单井涌水量为441.6$m^3$/d，解决了后峪村及周边村庄数千居民的饮水难题。

3. 实施地下水强排工程，有效控制了地下水污染

位于淄河岩溶水子系统最北端的大武水源地范围内分布有众多化工企业，早年部分化工企业环保意识较差，防护措施不到位，造成部分地段岩溶水有机物污染较严重，堠皋一带利用地下水强排井长年抽排岩溶水，形成区域岩溶水开采漏斗，有效防止了污染团向外扩散。

## 二、岩溶水开发利用的负面效应

1. 区域岩溶水水位下降，造成泉及泉群流量衰减、断流或消亡

由于地质构造、地层岩性、地下水的运动及地形条件等因素的影响，研究区内有大量泉及泉群分布。20世纪60年代以前，区内岩溶水开采量极小，研究区范围内上升泉及泉群常年涌水。自60年代中期以后，随着经济的快速发展，尤其是工业的迅猛发展，对地下水资源的需求量急剧增加，区内岩溶水开采量呈逐年上升趋势，引起区域岩溶水水位下降，造成泉及泉群流量衰减、断流甚至消亡。

其中良庄泉群、渭头河泉群、柳行泉、乌河头泉群及城子泉群已经消亡，沣水泉亦处于常年断流状态，神头、秋谷、谢家店及龙湾泉群流量也大幅衰减，一般仅在丰水年丰水期（8~10月）涌水，造成泉及泉群生态功能下降，旅游功能亦大打折扣。

2. 区域岩溶水水位下降，提水成本大幅提高，造成了局部性的缺水问题

自20世纪80年代以后，区内岩溶水开采量呈逐年上升趋势，区域岩溶水水位下降严重，造成部分村庄供水井提不上来水，多数村庄采用增加下泵深度以解决供水井抽不上来水的情况，但仍有部分村庄因供水井水位降幅过大，水泵下到水井变径处下不去，供水量不足甚至完全抽不上来水，导致供水井报废，不得不从外地拉水或重新打井以解决生活用水问题。

位于孝妇河岩溶水子系统北部的洪山—沣水一带，因区域岩溶水水位降幅较大，提水成本大幅提高，岩溶水农业灌溉开采量迅速减少，自20世纪90年代中期以后，农业灌溉开采量基本为零，造成农业用水短缺，农业生产重回“靠天吃饭”状态。

# 第三节　岩溶水开发利用规划

## 一、岩溶水开采潜力分析

随着国民经济的快速发展，区内水资源需求量越来越大，水资源保障程度已成为制约

地区经济发展的重要因素。在查明区内地下水资源的基础上，进行岩溶水开采潜力分析具有重要的意义。

利用水均衡原理，计算孝妇河岩溶水子系统、淄河岩溶水子系统及各岩溶水次级子系统的岩溶水开采潜力。

孝妇河岩溶水子系统岩溶水剩余允许开采量为-2.96 万 $m^3/d$，开采潜力指数为 0.87，孝妇河岩溶水子系统目前属于超采状态。其中湖田-四宝山、岳店岩溶水次级子系统超采严重；罗村、洪山-龙泉、神头-崮山岩溶水次级子系统尚有一定的开采潜力，剩余允许开采量分别为 1.55 万 $m^3/d$、1.58 万 $m^3/d$、1.39 万 $m^3/d$。

淄河岩溶水子系统岩溶水剩余允许开采量为 20.09 万 $m^3/d$，开采潜力指数为 1.38。其中大武岩溶水次级子系统超采，而上游的城子-口头岩溶水次级子系统及源泉岩溶水次级子系统开采潜力较大，剩余允许开采量达 19.95 万 $m^3/d$、11.44 万 $m^3/d$。

## 二、岩溶水资源合理开发利用方案

### （一）岩溶水开发中存在的问题

岩溶水资源的开发利用，对促进研究区社会经济发展起到了巨大作用，但随着需水量的不断增加，岩溶水开采量逐年增大，岩溶水开发利用不尽合理，且在开发利用过程中对岩溶水的保护工作不到位，使得部分地区水资源供需矛盾日益突出并产生了一些地下水环境问题。岩溶水资源开发中存在的问题主要表现在以下两个方面。

#### 1. 岩溶水富水地段水质污染问题

孝妇河岩溶水子系统的博山城区至张店区南部一带，岩溶水水质较差，地下水主要超标组分为硫酸盐、溶解性总固体、总硬度。

淄河岩溶水子系统王寨盆地至金岭一带，岩溶水水质较差。岩溶水主要超标组分为总硬度、溶解性总固体。

岩溶水污染严重影响了岩溶水水源地及供水井的供水安全，大幅降低了岩溶水的使用价值。

#### 2. 岩溶水供需不平衡问题

位于泉域最北部的湖田-四宝山、岳店及大武岩溶水次级子系统均已超采。研究区南部岩溶水水源地开采量较少，开发利用程度较低，其中源泉及城子-口头岩溶水次级子系统内岩溶水尚有较大的开采潜力。

### （二）岩溶水开采条件与开采方案优化

#### 1. 神头-崮山岩溶水次级子系统可适度扩大开采的深机井开采区

神头富水地段：位于博山城区南部，孝妇河的上游，受神头-西河断层控制。主要含水层为奥陶系八陡组、阁庄组灰岩及白云岩，单井涌水量一般大于 $5000m^3/d$。

该富水段水质较好，补给条件较好，开采技术条件好，可适度扩大开采。适宜深机井开采，井深300～400m。

2. 源泉岩溶水次级子系统可扩大开采的深机井开采区

谢家店富水地段：地处淄河南部支流与西部支流的交汇部位，为上游岩溶水与地表水径流排泄的出口部位。主要含水层为北庵庄组和三山子组灰岩、白云岩，单井涌水量一般大于3000m$^3$/d。

该富水段水质较好，补给条件较好，尚有较大的开采潜力，开采技术条件好，可作为集中供水水源地增加开采量。适宜深机井开采，井深300m。

3. 大武岩溶水次级子系统可扩大开采的深机井开采区

刘征富水地段：地处淄河断裂带和边河断层的构造复合部位，属于大武岩溶水次级子系统的径流-排泄区。主要含水层为马家沟群五阳山组灰岩及土峪组泥质白云岩，单井涌水量一般大于5000m$^3$/d。该富水段水质整体较好，补给条件好，尚有较大的开采潜力，开采技术条件好，可作为集中供水水源地增加开采量。适宜深机井开采，井深400～500m。

黑旺富水地段：地处淄河上游三条河谷交汇部位，东侧为仁河河谷，中间为发育在淄河断裂带上的淄河河谷，西侧为沿葫芦台断层发育的山间沟谷，为地表水、地下水的汇集部位。单井涌水量一般大于3000m$^3$/d。该富水段水质好，补给条件好，尚有较大的开采潜力，开采技术条件好，可建设集中供水水源地增加开采量。适宜深机井开采，井深400～500m。

# 第九章　超前截流优质岩溶水优化开采研究

## 第一节　超前截流必要性及约束条件

本次研究利用经识别验证的岩溶水系统水流数值模型，预测不同开采方案下的地下水位动态响应，基于在被石油类污染的大武水源地上游尽可能多地超前截流优质地下水的原则，优化岩溶水系统上下游各水源地的最佳开采量。

### 一、超前截流优质岩溶水的必要性及可行性

大武水源地位于淄博市临淄区，是研究区最大的水源地，为淄博市提供了大量的生活用水和工业用水，对当地的社会稳定和经济发展具有重要意义。历史上水源地最大开采量达51万$m^3/d$，2002～2011年多年平均开采量为28.66万$m^3/d$，2011年随着“引太入张”的实施，开采量有所减少。经历2014年和2015年连续两个枯水年份后，作为淄博市张店区主要供水水源的太河水库彻底干涸，大武水源地开采量又增加至35.91万$m^3/d$。由于历史因素，大武水源地受到不同程度石油类污染，这不仅直接影响到重污染区附近居民的饮用水安全，而且石油类污染物随着地下水流逐渐向下游及周边运移，对整个水源地造成严重威胁。因此优化研究区上下游各水源地岩溶水开采方案，以尽可能多地超前截流污染区上游优质地下水是非常迫切和必要的。

2012年，在大武水源地上游的刘征地区开展了供水水文地质勘察工作，通过勘察探明了西张-福山及刘征东两个富水段，采用开采试验法等多种方法确定刘征地区岩溶水允许开采量为5.5$m^3/d$。本次工作为超前截流优质岩溶地下水的一种尝试，通过群孔抽水试验期间的地下水水质监测，并未发现大武地区地下水倒流反补刘征地区。刘征地区的供水水文地质勘察工作证明了超前截流优质岩溶水的可行性。

### 二、超前截流优质岩溶水的原则及约束条件

#### （一）原则

（1）在污染的大武水源地上游尽可能多地超前截流优质岩溶水，在保证下游劣质水不倒流反补的条件下，尽可能多地开采上游优质岩溶水。

（2）保持刘征-大武富水地段的水均衡。

（3）保持谢家店-天津湾-源泉富水地段的水均衡。

### （二）约束条件

为满足研究区内企业生产及居民生活用水需求，此次优化开采约束条件应结合以下几方面考虑。

1. 地下水开采量保证

大武水源地开采量维持在 35.91 万 $m^3/d$，因企业供水对水质要求相对较低，所以可继续向齐鲁石化等企业供水，向城区生活供水部分由刘征水源地代替。即大武水源地主要用于工业供水，刘征水源地主要用于生活供水，谢家店富水地段主要用于生活供水。

2. 水质保证

在尽可能多地截流上游优质岩溶水的同时，保证已受污染岩溶水不倒流反向补给刘征水源地及谢家店富水地段，需优化平衡水源地的开采量，控制水源地的水位差以在二者之间形成局部分水岭。

3. 区域整体水位约束

水源地水位大幅度下降易引发岩溶塌陷等地质灾害，此外水位过低还会增加提水成本，对区内分散工农业开采井造成影响。自 1980 年至今，大武水源地历史上水位埋深曾四次短暂达到 73m（标高 0m），为保证岩溶水的承压性，防止水位下降过大引发岩溶塌陷地质灾害，确定大武地区最低水位约束标高为不低于 5m，相应的刘征地区最低水位约束标高不低于 10m。

### （三）优化开采思路

大武水源地岩溶水水位动态受到人工开采及大气降水的双重影响。综合大武水源地各阶段水位与开采量和降水量（表 9-1）的关系，以及前面水流模型对沣水泉域岩溶水系统水均衡计算结果，分析表明，在现状开采条件下，大武水源地尚有部分剩余开采量可供开采。

**表 9-1　大武水源地各时段地下水位特征表**

| 年份 | 水位/m | | | | 开采量/(万 $m^3$/d) | 降水量/mm |
|---|---|---|---|---|---|---|
| | 05321 孔 | 05335 孔 | 05346 孔 | 05332 孔 | | |
| 1980～1989 | 22.57 | 26.64 | 29.29 | 25.88 | 36.32 | 567.32 |
| 1990～2001 | 13.30 | 12.58 | 19.02 | 11.87 | 44.34 | 601.71 |
| 2002～2015 | 27.18 | 27.99 | 34.44 | 26.58 | 33.96 | 637.47 |

在满足上述约束条件的前提下，结合前面分析大武水源地现状开采下尚有部分增采空间，本次优化开采思路为：一是在维持现状大武水源地 35.91 万 $m^3/d$ 开采量的基础上，确定刘征水源地及谢家店富水地段的最大可持续开采量；二是在保证大武水源地和刘征水源地，源泉、天津湾水源地与谢家店富水地段水均衡，下游劣质岩溶水不会倒流反补刘征水源地及谢家店富水地段的前提下，适当减少大武水源地的开采量，同时增大刘征水源地

和谢家店富水地段的开采量，从而尽可能多地超前截流上游优质岩溶水资源。

## 第二节　岩溶水优化开采研究

本次研究采用数值模型，模拟不同开采方案下，未来30年研究区地下水位的动态响应，以此优化各水源地的最佳开采量。

### 一、数值模拟使用数据

#### （一）降水序列

此次预测降水时间序列选取1981～2010年30年研究区内行政区划的降水资料作为预测模型的降水序列（图9-1）。该降水时间序列包含30年平均降水量较典型的枯水年份（特枯年1989年，336.9mm）和丰水年份（特丰年2004年，927.8mm），能够更好地反映当遇到特枯年与特丰年时地下水污染物运移趋势受到的影响。参照以往研究区年内枯水期与丰水期降水量分配，将该年总降水量的70%和30%分别分配到丰水期（6～9月）和枯水期（1～5月、10～12月）时段内。

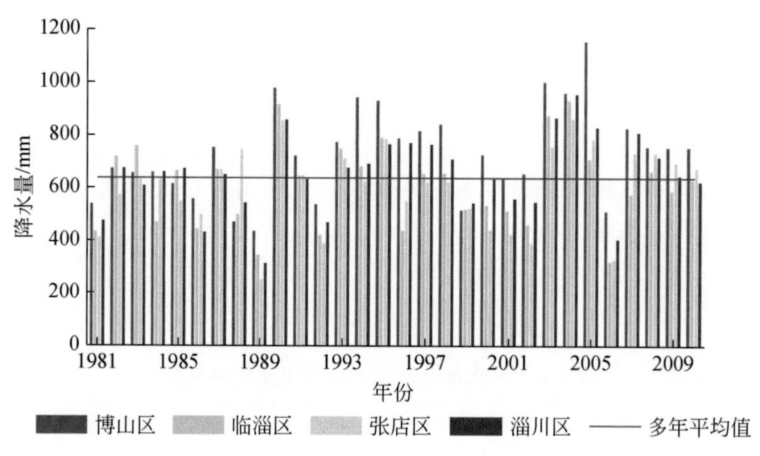


图9-1　1981～2010年年降水量与多年平均降水量示意图

通过分析多年历史降水数据，计算降水保证率，判断枯丰水年份，以更好地分析预测水位的变化规律（图9-2）。

#### （二）水位观测孔分布

为详细观测刘征-大武富水地段水位变化特征，在刘征-大武富水地段附近布设观测孔。刘征水源地开采井位于北刘村附近，为了更好地分析研究地下水流场变化情况，将观测孔布设在刘征开采井上游至大武水源地堠皋一带沿地下水流线上，见图9-3。其中G1观测孔位于刘征开采区上游，G2、G3观测孔位于刘征开采区内，G5观测孔位于大武富水地

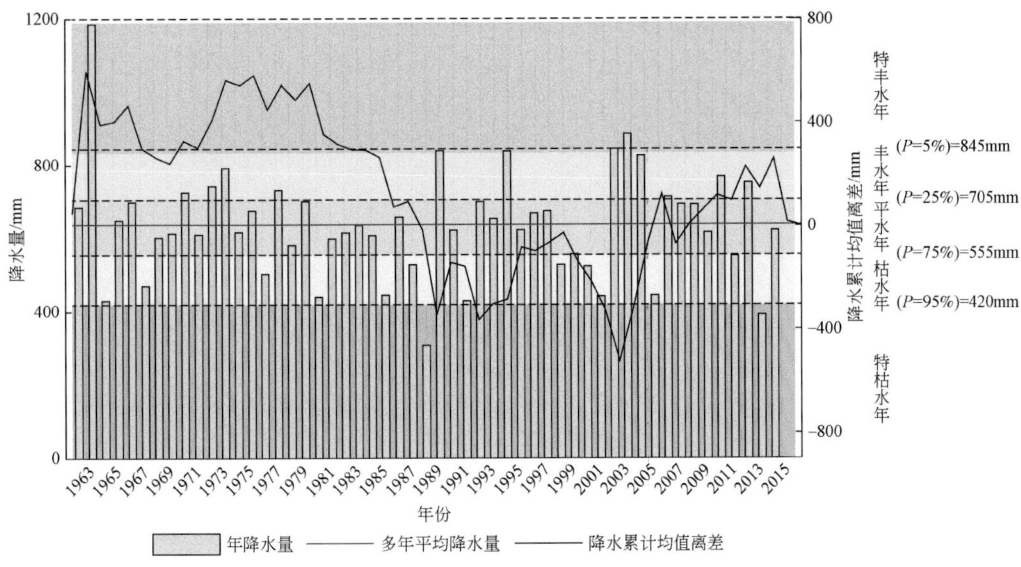


图 9-2　历史降水量变化特征分析图

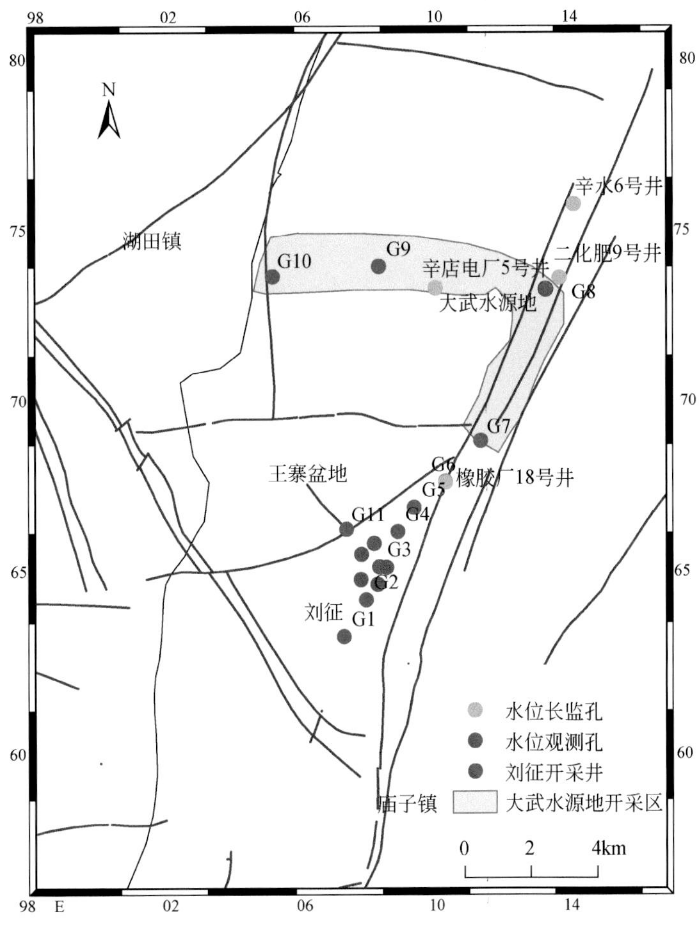


图 9-3　刘征–大武富水地段抽水井及观测孔位置图

段最南端，通过观测上述观测孔石油类浓度，判断下游劣质地下水是否会逆向污染刘征水源地。G4-G10 观测孔位于大武开采区沿线，其中 G10 观测孔位于堠皋强排点，G11 观测孔位于洋浒崖断层与边河断层交汇处，也是洋浒崖粉煤灰场污染进入刘征地区的入口，以观测洋浒崖粉煤灰场污染向刘征水源地的迁移情况。

## 二、维持大武水源地现状开采量

### （一）刘征开采 5.5 万 $m^3/d$，谢家店开采 1.5 万 $m^3/d$

在维持大武水源地 35.91 万 $m^3/d$ 开采量的基础上，增加刘征水源地 5.5 万 $m^3/d$ 开采量，增加谢家店富水地段 1.5 万 $m^3/d$ 开采量。

由图 9-4 区域最低水位时期流场图可以看出，增加刘征、谢家店开采量后，谢家店富水地段和刘征水源地均形成局部漏斗，但区域上未改变整体地下水流向，对地下水流系统影响较小。

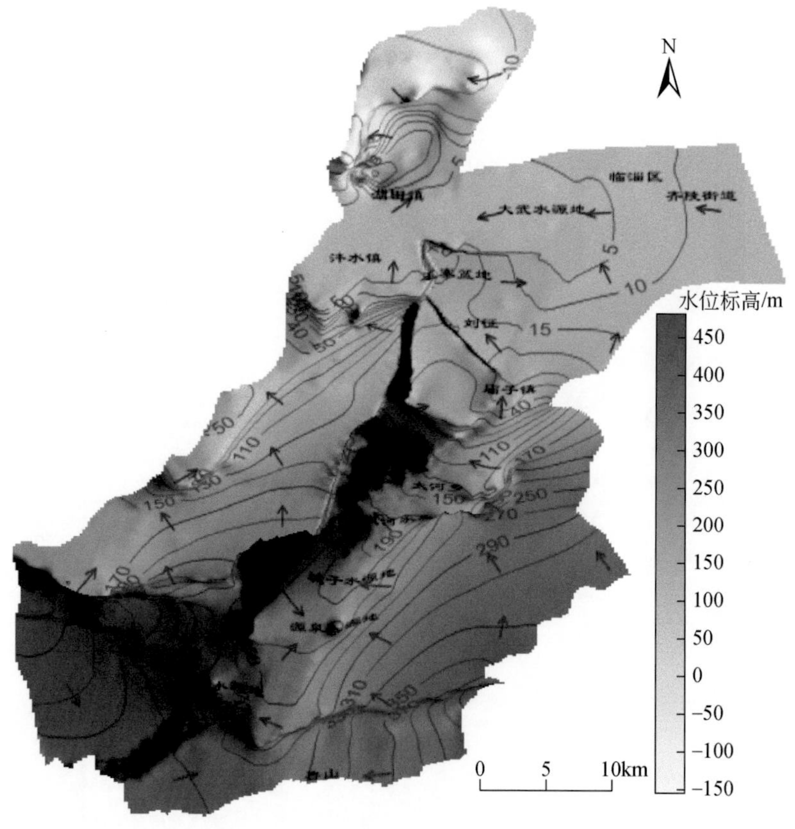


图 9-4　刘征 5.5 万 $m^3/d$、谢家店 1.5 万 $m^3/d$ 最低水位时期三维流场图

刘征及大武水源地选取 G2、G5、G8 和 G9 观测孔地下水位动态进行分析（图 9-5）。

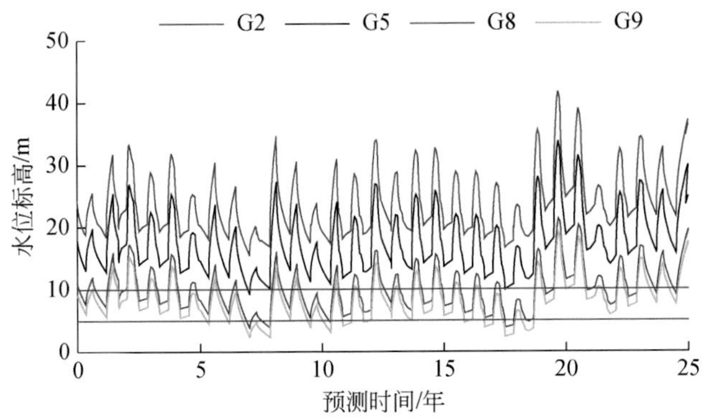


图 9-5　刘征开采 5.5 万 $m^3/d$ 典型观测孔预测水位动态对比图

由图 9-5、图 9-6 可知，预测 30 年间，刘征、大武地区地下水位呈整体动态平衡状态，总开采量未超过岩溶水系统的允许开采量。刘征水源地水位明显高于 10m 约束水位，大武水源地水位在局部时段（特枯年份）出现水位低于 5m 的现象，而一般枯水年份及丰水年、平水年，水位均可满足要求，高于 5m 约束水位。根据水位剖面图可知，刘征地区未形成很明显的降深漏斗，最低水位为 13.58m，平水期大武水源地水位略高于 5m，为 5～10m。由石油类浓度剖面线可以看出，G5 观测孔附近石油类含量较高，但并未逆向运移到刘征水源地，所以综合水位、水质约束条件，在维持大武水源地 35.91 万 $m^3/d$ 现状开采量的基础上，除了特枯年份，增加刘征水源地 5.5 万 $m^3/d$ 的开采量基本可以满足最低水位要求。

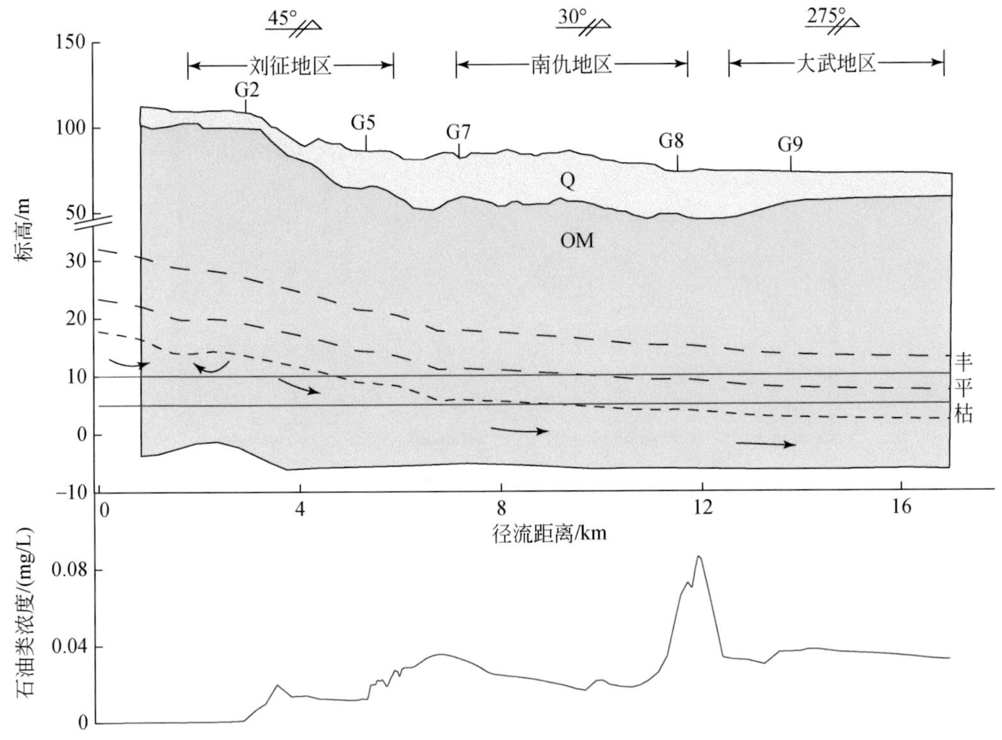


图 9-6　刘征开采 5.5 万 $m^3/d$ 径流方向地下水位剖面图

由图 9-7 可以看出，在刘征水源地开采 5.5 万 $m^3/d$ 条件下，整体上未改变地下水流向，满足地下水经刘征向大武水源地排泄的条件。从图 9-8 刘征、大武地区地下水三维水位分布图可以明显看出，在刘征和大武地区产生明显降深漏斗，但不仅仍保持刘征水位高于大武水位，且在刘征下游不远处形成分水岭。上游地下水一部分向刘征开采井汇流，大部分仍通过周围含水层向下游补给大武水源地，大武水源地地下水不会倒流反向补给刘征水源地。

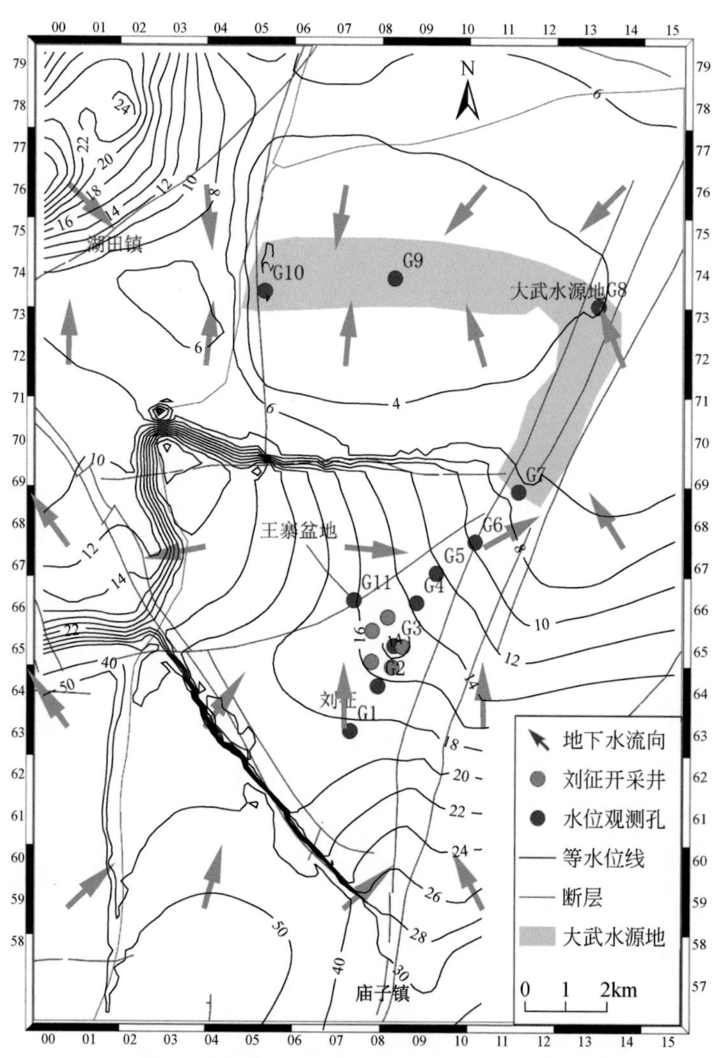


图 9-7　刘征开采 5.5 万 $m^3/d$ 最低水位时期岩溶水流场图

谢家店富水地段：根据图 9-9 水位剖面图可知，预测最低水位时期，谢家店水位为 237.53m，天津湾水源地水位为 220.07m，源泉水源地水位为 216.70m，谢家店水位远高于下游水源地水位，故不会影响下游水源地的正常开采。

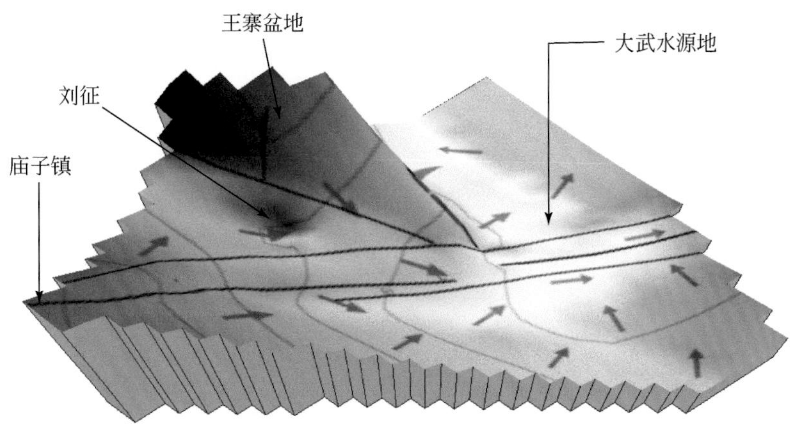


图 9-8 刘征开采 5.5 万 $m^3$/d 最低水位时期岩溶水三维流场图

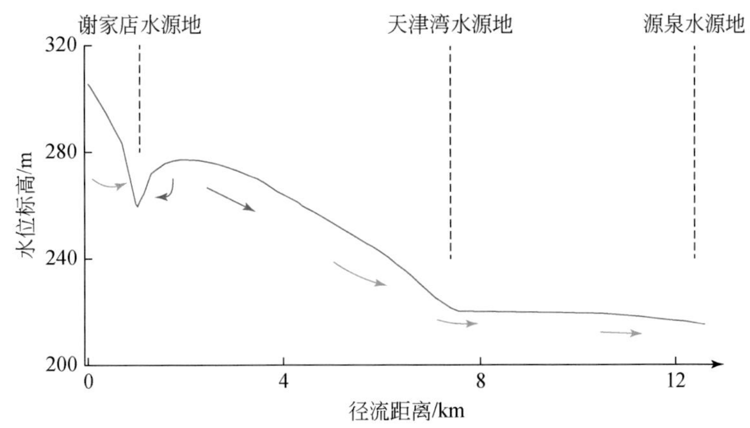


图 9-9 谢家店开采 1.5 万 $m^3$/d 最低水位时期水位剖面图

### (二) 刘征开采 6 万 $m^3$/d，谢家店开采 2 万 $m^3$/d

由图 9-10 区域最低等水位线图可以看出，当保持大武水源地开采量不变，刘征水源地增加至 6 万 $m^3$/d、谢家店富水地段增加至 2 万 $m^3$/d 时，在刘征地区和谢家店地区均形成局部降深漏斗，但区域上并未改变整体地下水流场形态。

根据水位动态曲线（图 9-11）可知，预测期地下水位整体处于动态平衡，平水年份水位基本保持动态稳定。由水位剖面图及流场图（图 9-12 ~ 图 9-14）可以看出，刘征水源地最低水位始终高于 10m，虽局部形成降深漏斗，但仍高于大武水源地水位；大武水源地水位在一般枯水年份，经常出现水位低于 5m 的情况，且最低水位可至 1.34m。由石油类浓度剖面线可知，由于降深漏斗较小，G5 附近的劣质水并未污染到刘征水源地，所以综合水质、水质约束条件，大武水源地水位无法满足一般枯水年份的水位限制要求，所以不建议采用此方案。

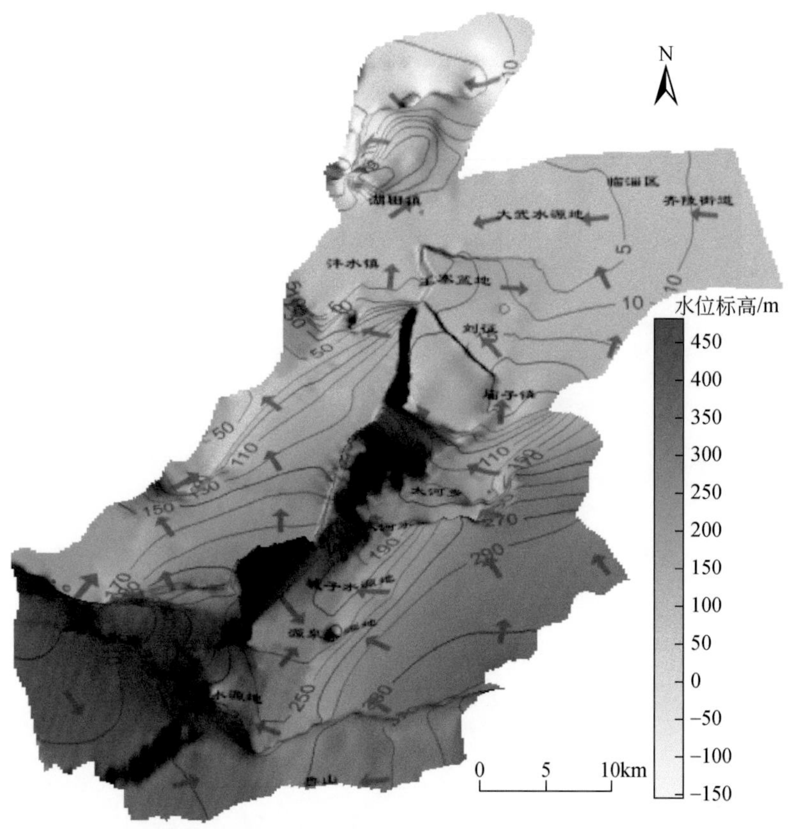


图 9-10　刘征 6 万 m³/d、谢家店 2 万 m³/d 最低水位时期三维流场图

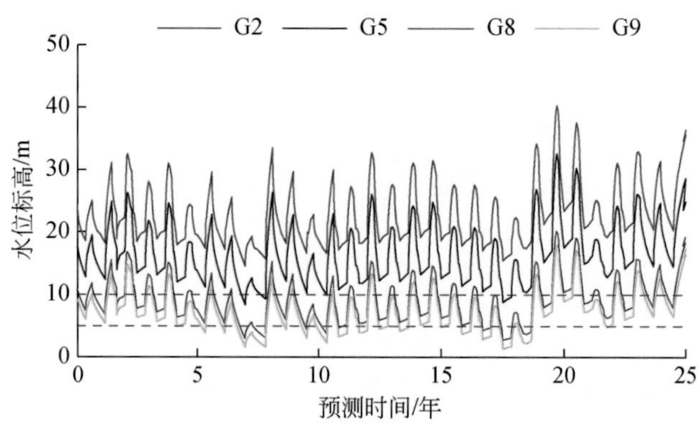


图 9-11　刘征开采 6 万 m³/d 典型观测孔预测水位动态对比图

谢家店富水地段：由图 9-15 水位剖面图可知，预测期谢家店富水地段最低水位为 235. 47m，天津湾水源地最低水位为 218. 58m，源泉水源地最低水位为 215. 26m，满足谢家店富水地段水位高于下游天津湾、源泉水源地水位的条件，所以该方案可行。

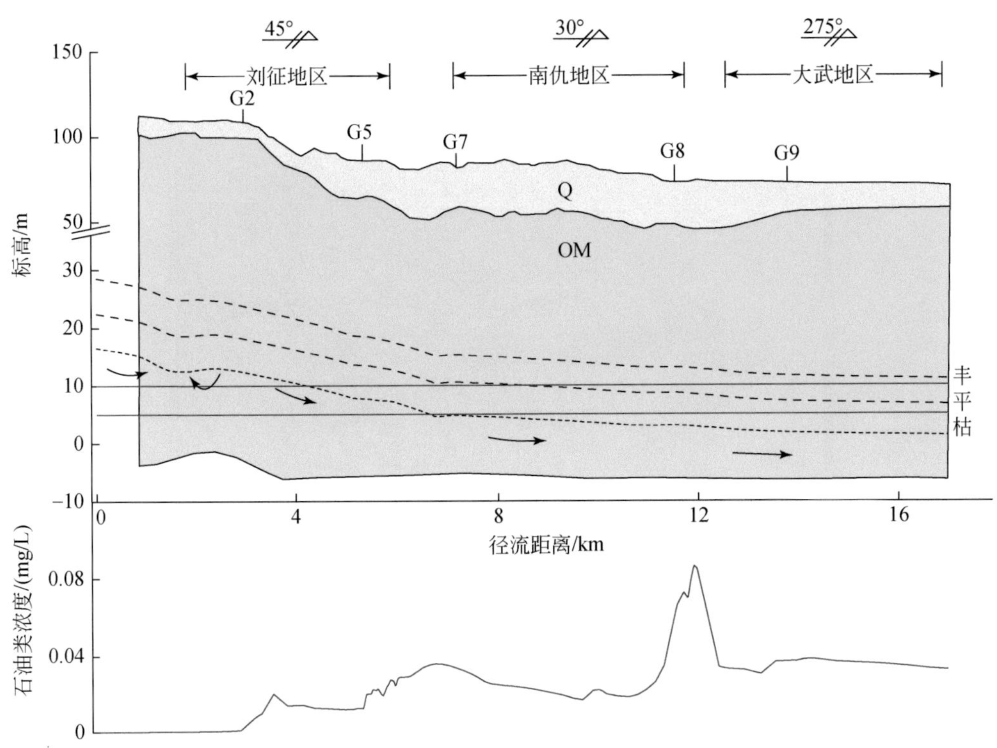


图 9-12　刘征开采 6 万 $m^3$/d 径流方向地下水位剖面图

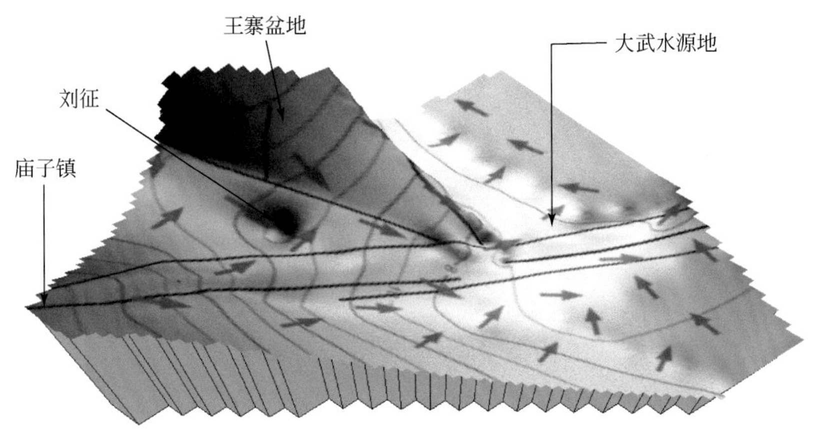


图 9-13　刘征开采 6 万 $m^3$/d 最低水位时期岩溶水三维流场图

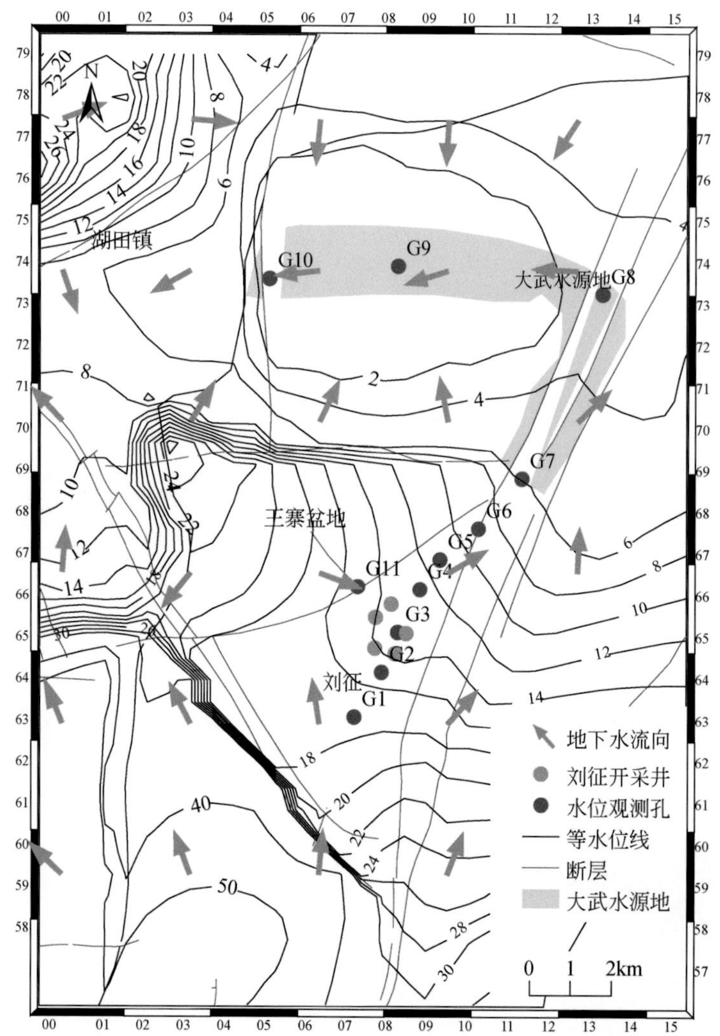


图 9-14　刘征开采 6 万 $m^3/d$ 最低水位时期岩溶水流场图

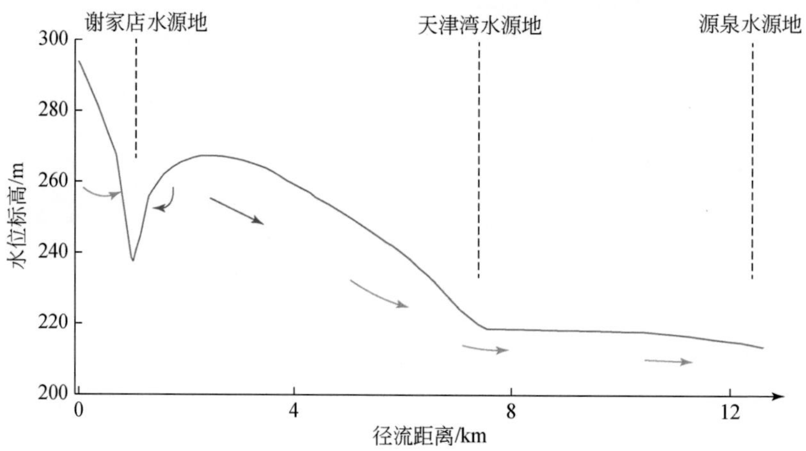


图 9-15　谢家店开采 1.5 万 $m^3/d$ 径流方向最低水位时期剖面图

### （三）刘征开采 7 万 $m^3/d$，谢家店开采 2.5 万 $m^3/d$

保持大武水源地开采量不变，刘征水源地开采 7 万 $m^3/d$，谢家店富水地段开采 2.5 万 $m^3/d$。

由最低水位等水位线图（图 9-16）可明显看出，大武水源地降深漏斗水位已低于 0m 约束水位，刘征水源地出现水位低于 10m 的现象。

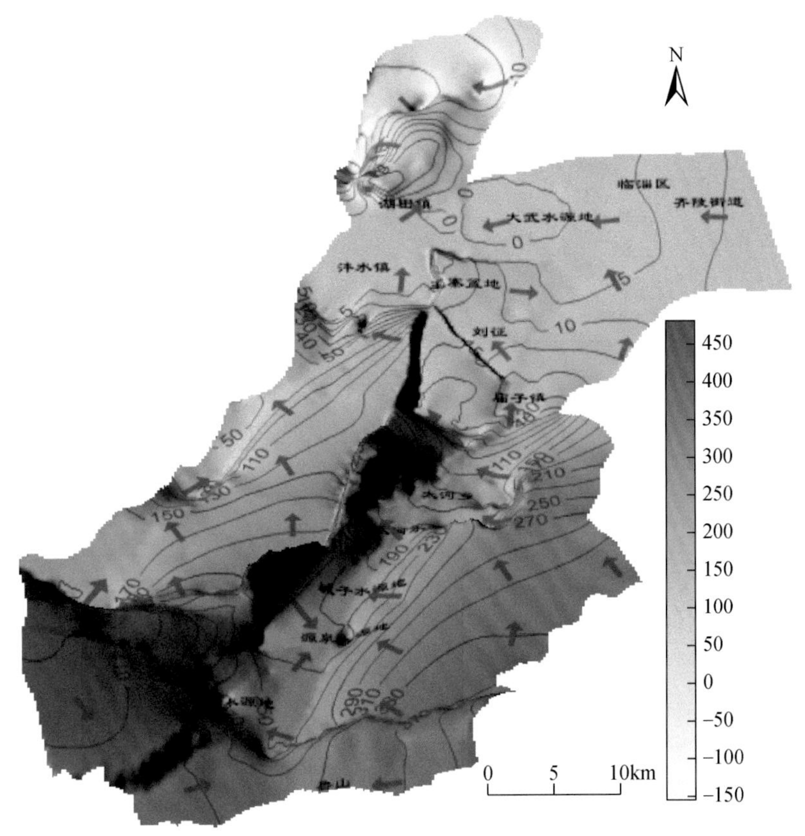


图 9-16　刘征 7 万 $m^3/d$、谢家店 2.5 万 $m^3/d$ 最低水位时期三维流场图

谢家店富水地段开采 2.5 万 $m^3/d$，导致形成较大降深漏斗，预测期最低水位为 213.36m，天津湾水源地最低水位为 216.78m，高于谢家店水位；源泉水源地最低水位为 213.21m，仅低于谢家店富水地段水位 0.15m。不满足水位约束条件，不建议采用此方案（图 9-17）。

根据上述三种方案的预测分析可知，保持大武水源地现状开采 35.91 万 $m^3/d$ 的条件下，刘征水源地增加 5.5 万 $m^3/d$ 的开采量，基本可以符合优化开采约束条件（表 9-2）。当刘征水源地开采量增采至 6 万 $m^3/d$，一般枯水年份下难以达到要求，大武水源地水位低于 5m 约束水位；刘征水源地增采至 7 万 $m^3/d$，大武、刘征水源地水位均低于约束水位。

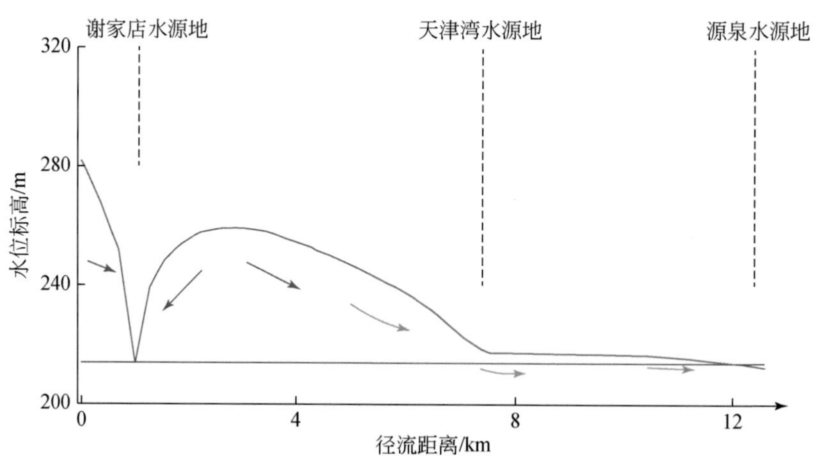


图 9-17 谢家店开采 2.5 万 $m^3/d$ 径流方向最低水位时期剖面图

**表 9-2 维持大武水源地现状开采 35.91 万 $m^3/d$ 各方案结果分析表**

| 优化开采量方案/(万 $m^3/d$) | | 最低水位/m | | | | | 水质是否受到污染 | 可行性 |
|---|---|---|---|---|---|---|---|---|
| 刘征 | 谢家店 | 刘征 | 大武 | 谢家店 | 天津湾 | 源泉 | | |
| 5.5 | 1.5 | 13.58 | 2.34 | 237.53 | 220.07 | 216.70 | 否 | 基本可行 |
| 6 | 2 | 12.13 | 1.34 | 235.47 | 218.58 | 215.26 | 否 | 不可行 |
| 7 | 2.5 | 9.31 | -0.56 | 213.36 | 216.78 | 213.21 | 否 | 不可行 |

综上所述，在维持大武水源地现状开采 35.91 万 $m^3/d$ 的条件下，刘征水源地可持续开采量为 5.5 万 $m^3/d$，刘征-大武富水地段地下水总的可持续开采量为 41.41 万 $m^3/d$。结合前面分析大武水源地开采量与地下水位变化关系，当大武水源地水位约束条件为 5m 时，41.41 万 $m^3/d$ 的可持续开采量与水源地运行过程的资源量评价相符合，所以该方案可行。

谢家店富水地段在满足水位高于天津湾水源地、源泉水源地，且不引发岩溶塌陷的前提条件下，可持续开采量为 1.5 万 $m^3/d$。

## 三、大武水源地适量减采、刘征水源地相应增采

### （一）大武开采 31.41 万 $m^3/d$，刘征开采 10 万 $m^3/d$

保持刘征-大武富水地段 41.41 万 $m^3/d$ 的总开采量不变，大武水源地减采 4.5 万 $m^3/d$ 开采量至 31.41 万 $m^3/d$，刘征水源地相应增加 4.5 万 $m^3/d$ 开采量至 10 万 $m^3/d$。经过 30 年预测，刘征水源地最低水位为 7.89m，大武水源地最低水位为 1.80m，均低于约束水位（图 9-18 ~ 图 9-21）。刘征水源地漏斗稍微有所扩大，但距离 G5 观测孔还很远，不会受到受污染地下水反向补给。综合考虑水位、水质约束条件，该方案不可取。

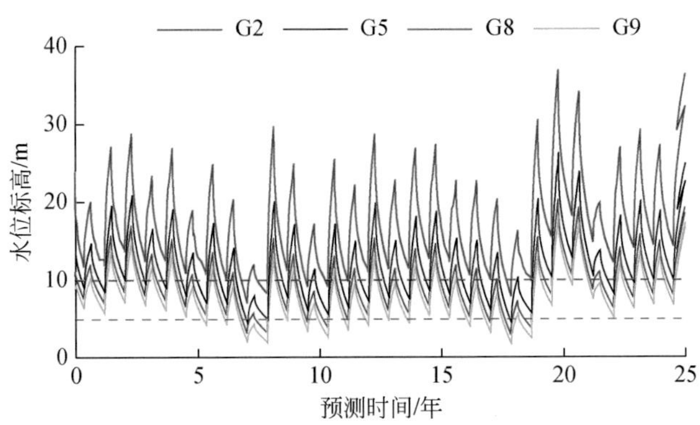


图 9-18　大武开采 31.41 万 $m^3/d$、刘征开采 10 万 $m^3/d$ 典型观测孔预测水位动态对比图

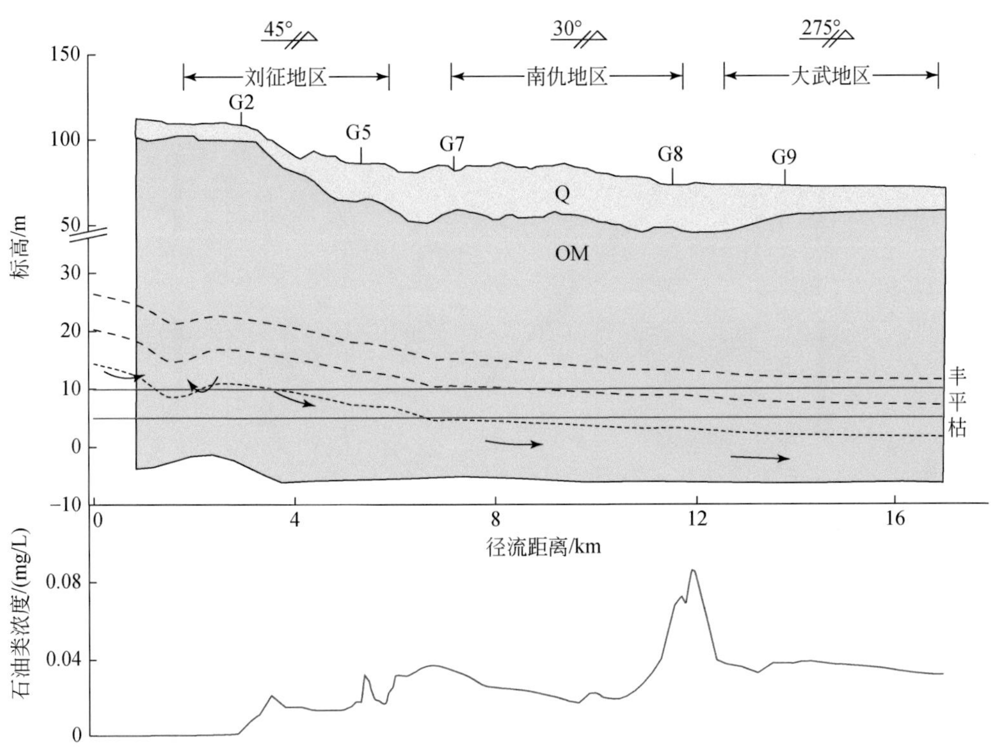


图 9-19　大武开采 31.41 万 $m^3/d$、刘征开采 10 万 $m^3/d$ 岩溶水径流方向上的水位标高剖面图

### （二）大武开采 33.41 万 $m^3/d$，刘征开采 8 万 $m^3/d$

大武水源地减采 2.5 万 $m^3/d$ 开采量至 33.41 万 $m^3/d$，刘征水源地增加 2.5 万 $m^3/d$ 开采量至 8 万 $m^3/d$。由图 9-22 ~ 图 9-25 可以看出，预测 30 年，刘征水源地在特枯年最低水位为 9.97m，稍低于约束水位，整体则均高于约束水位；大武水源地在特枯年最低水位为 2.53m，短暂出现低于 5m 的情况，其他年份基本高于 5m。刘征水源地地下水降深漏斗范

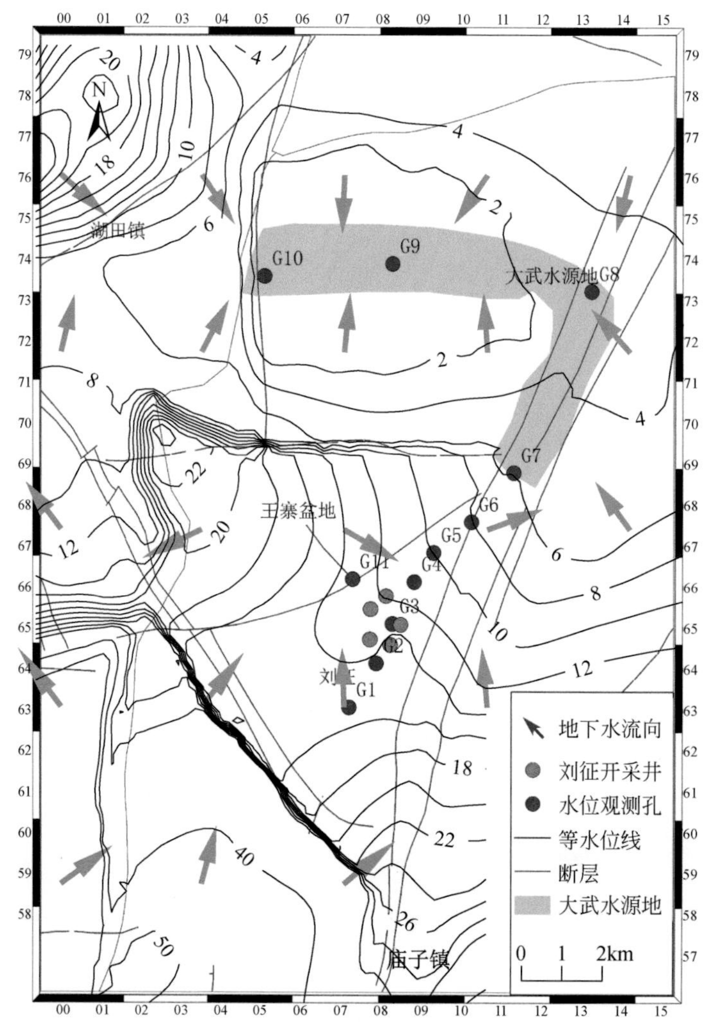


图 9-20　大武开采 31.41 万 $m^3/d$、刘征开采 10 万 $m^3/d$ 最低水位时期岩溶水等水位线图

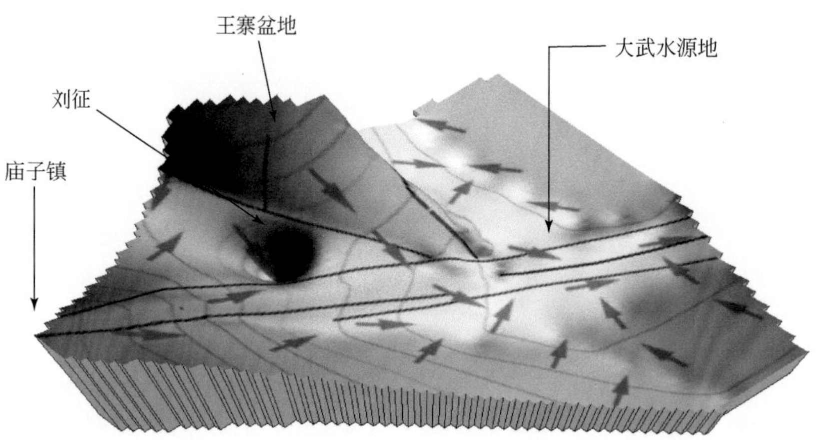


图 9-21　大武开采 31.41 万 $m^3/d$、刘征开采 10 万 $m^3/d$ 最低水位时期岩溶水三维流场图

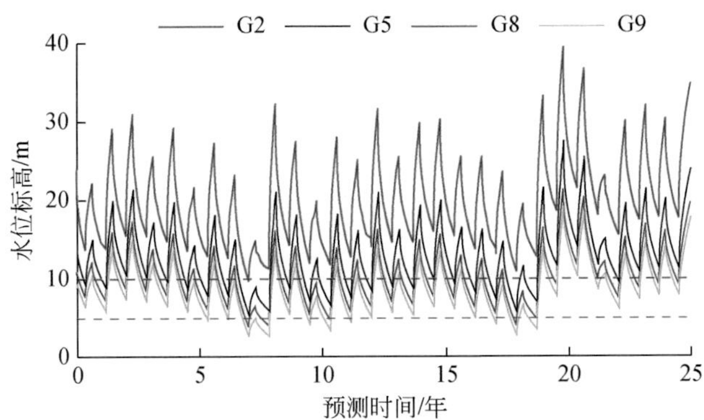


图 9-22　大武开采 33.41 万 $m^3$/d、刘征开采 8 万 $m^3$/d 典型观测孔预测水位动态对比图

围扩大，半径约 1km，但在靠近刘征开采地段，一直存在地下水分水岭，水质未受到下游的影响。综合分析，该开采方案基本可以满足约束条件。

综上，在大武水源地减采至 33.41 万 $m^3$/d 的条件下，刘征水源地的可持续开采量为 8 万 $m^3$/d。谢家店富水地段可持续开采量保持 1.5 万 $m^3$/d。

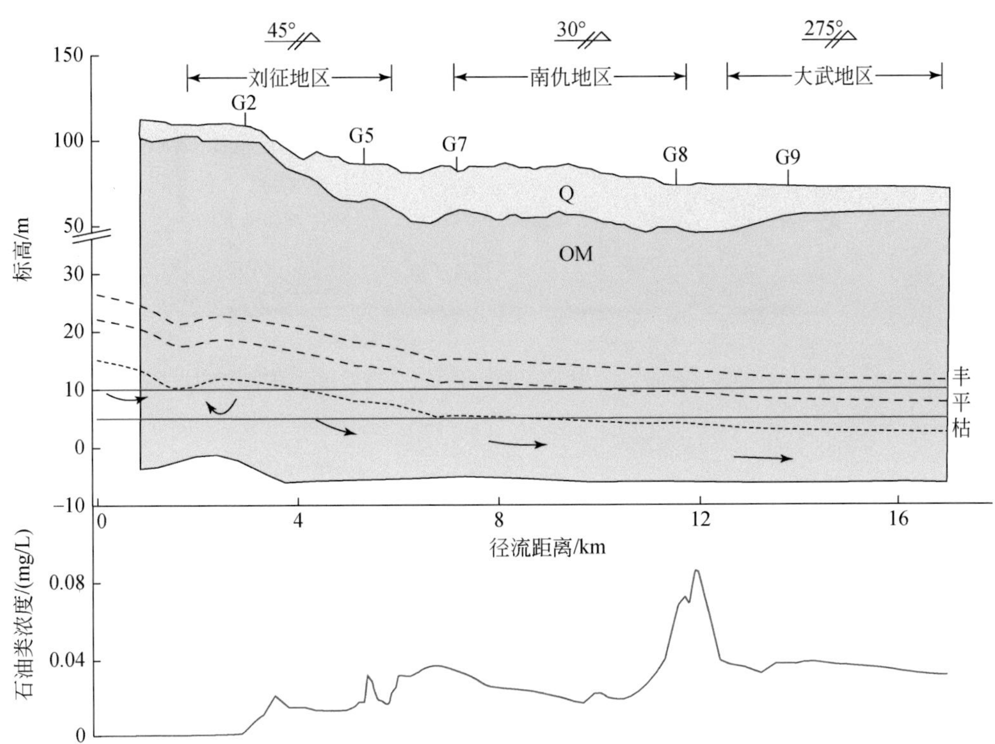


图 9-23　大武开采 33.41 万 $m^3$/d、刘征开采 8 万 $m^3$/d 岩溶水径流方向上的水位标高剖面图

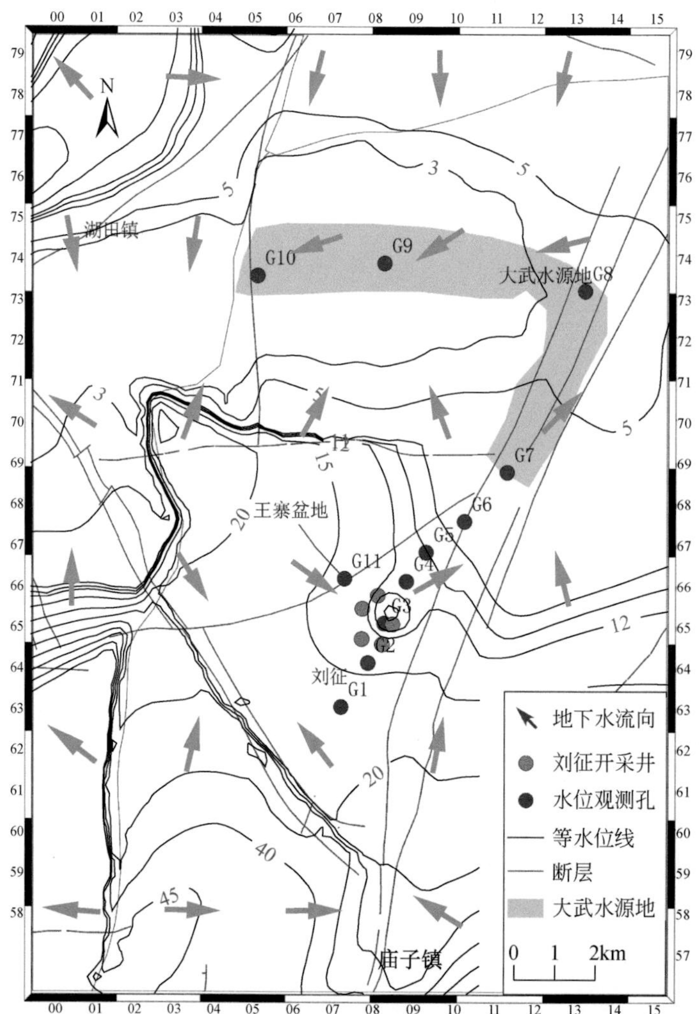


图 9-24　大武开采 33.41 万 $m^3/d$、刘征开采 8 万 $m^3/d$ 最低水位时期岩溶水等水位线图

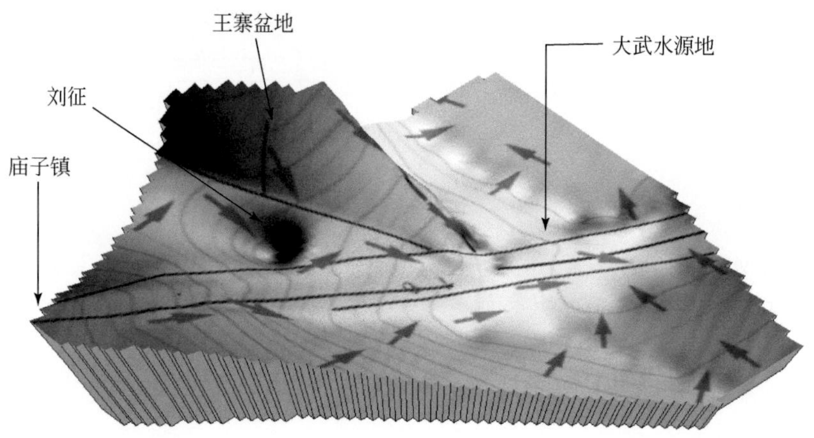


图 9-25　大武开采 33.41 万 $m^3/d$、刘征开采 8 万 $m^3/d$ 最低水位时期岩溶水三维流场图

## 第三节　水源地优化开采方案

综合前文分析，在大武地区最低水位约束标高为不低于5m，相应的刘征地区不低于10m的前提条件下，且保证大武水源地劣质水不倒流反向补给刘征优质岩溶水的约束条件下，结合大武富水地段水资源量计算结果，得出两种超前截流优质岩溶水的优化开采方案（表9-3）。

**表9-3　沣水泉域各水源地优化开采量**

| 水源地 | 保持大武水源地现状开采量条件下，水源地优化开采量/(万 $m^3/d$) | 大武水源地减采、刘征水源地增采条件下，水源地优化开采量/(万 $m^3/d$) |
|---|---|---|
| 大武 | 35.91 | 33.41 |
| 刘征 | 5.5 | 8 |
| 谢家店 | 1.5 | 1.5 |
| 天津湾 | 2.23 | 2.23 |
| 源泉 | 2.88 | 2.88 |
| 城子-口头 | 3.55 | 3.55 |
| 北下册 | 3.17 | 3.17 |
| 齐陵 | 0.07 | 0.07 |
| 神头 | 2.41 | 2.41 |
| 秋谷 | 0.1 | 0.1 |
| 总开采量 | 57.32 | 57.32 |

（1）在维持大武水源地现状开采35.91万 $m^3/d$ 的条件下，刘征水源地可持续开采量为5.5万 $m^3/d$，刘征-大武富水地段岩溶水总的可持续开采量为41.41万 $m^3/d$。谢家店富水地段的可持续开采量为1.5万 $m^3/d$。

（2）在大武水源地减采至33.41万 $m^3/d$ 的条件下，刘征水源地的可持续开采量为8万 $m^3/d$。谢家店富水地段可持续开采量为1.5万 $m^3/d$。

综合分析上述两种方案，首先水量方面，从前面数值模型沣水泉域多年水均衡分析可知，目前仍有24.2万 $m^3/d$ 的正均衡量，根据大武水源地多年地下水位动态与水源地开采量和降水量的关系，刘征-大武富水地段开采量在当前水位约束条件下，完全可达到41.41万 $m^3/d$；水位方面，根据多年水位动态资料制定水位约束条件，在满足刘征地区高于10m和大武水源地高于5m时，即可保证当地生态环境的稳定；从沣水泉域岩溶水等水位线图可以看出，水源地优化开采并未改变区域整体流场形态，地下水仍整体由淄河上游向下游大武水源地流动，所以并未影响沿途其他水源地的开采。水质方面，上游谢家店—源泉一带，整体水质相对较好，截流过程不会引起水质变差；刘征—大武之间，在福山一带存在局部地下水分水岭，从水质水位剖面图可以看出，不会导致下游劣质地下水逆向补给刘征地区，可保证刘征水源地相对优质的水质。

## 第四节　谢家店富水地段优化开采量验证

2016～2017年，山东省地矿局八〇一水文地质工程地质大队在淄河岩溶水子系统最上游的谢家店地区成功实施了“谢家店地区供水水文地质勘察”，探明了谢家店富水地段，评价水源地允许开采量为1.75万$m^3/d$，验证了超前截流优质岩溶水优化开采方案的科学性与可行性，这表明在一定约束条件下超前截流优质地下水资源是合理可行的。

## 一、开采性抽水试验

### （一）抽水阶段及抽水量

谢家店水源地开采性抽水试验自2017年6月8日正式开始，至2017年7月31日结束，历时53天。其中6月8日至6月22日为抽水前水位观测阶段，历时14天；6月22日9：30至7月23日9：30为正式抽水阶段，历时31天；7月23日9：30至7月31日为水位恢复观测阶段，历时8天。

开采性抽水试验包括4眼抽水主井及2眼备用抽水井。其中XK2、XK3、XK4、XK7号为抽水主井，其中XK1、XK9号为备用抽水井。抽水主井分布较为均衡，XK3、XK7两眼抽水主井位于富水地段中部，XK4抽水主井位于富水地段西部，XK2抽水主井位于富水地段东部（图9-26）。

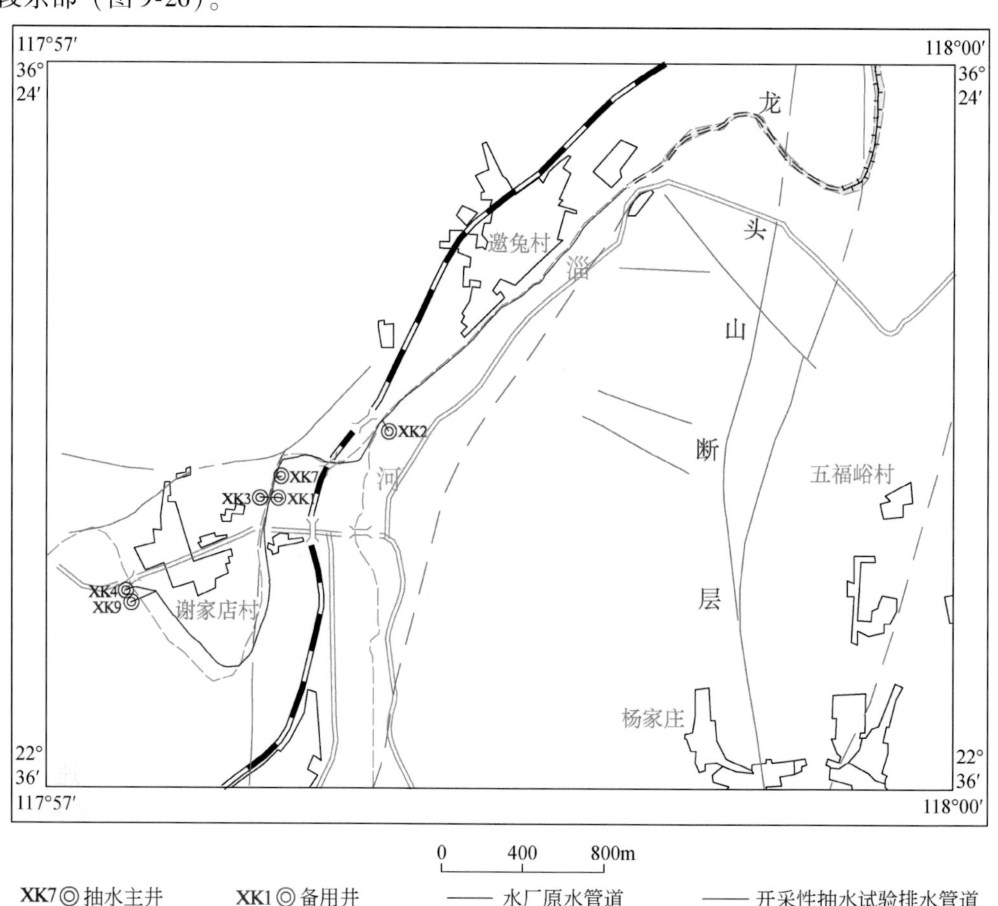


图9-26　抽水主井位置及排水管线图

抽水主井主要开采层位为奥陶系北庵庄组、寒武—奥陶系三山子组及寒武系炒米店组。

开采性抽水试验，共分为三个阶段（表9-4）：

**表9-4　抽水主井涌水量一览表**

| 抽水主井编号 | 第一阶段涌水量/($m^3$/d) | 第二阶段涌水量/($m^3$/d) | 第三阶段涌水量/($m^3$/d) |
|---|---|---|---|
| XK2 | 2594.40 | 2445.60 | 2634.00 |
| XK3 | 3968.46 | 0 | 3993.71 |
| XK4 | 5428.22 | 5297.08 | 5397.16 |
| XK7 | 4240.98 | 4287.40 | 4247.38 |
| 合计 | 16232.06 | 12030.08 | 16272.25 |

第一阶段：抽水总流量为16232$m^3$/d。抽水主井及主要观测井水位不稳定，呈等幅下降趋势，说明抽水量大于补给量，需要利用两次以上不同流量抽水数据计算补给量。第一阶段抽水时间为6月22日9：30至7月4日16：00。

第二阶段：调小流量（XK3抽水主井停泵），进行小流量抽水，抽水总流量为12030$m^3$/d。抽水主井及主要观测井水位仍不稳定，呈等幅下降趋势。第二阶段抽水时间为7月4日16：00至7月13日8：30。

第三阶段：7月13日8：30调大流量（XK3抽水主井开泵），进行第三阶段大流量抽水，抽水主井及主要观测井水位快速下降。7月23日停止抽水。

### （二）抽水主井动态特征

1. 抽水前水位观测阶段动态特征

6月8日至6月22日正式抽水前，抽水主井水位均表现为持续下降状态。区内岩溶水水位持续下降的原因为：枯水期内，富水地段岩溶水没有地表水补给，岩溶含水层处于消耗疏干状态，因此，在岩溶水未获得有效补给之前，区内岩溶水水位整体表现为持续下降状态。

2. 抽水阶段水位动态特征

本次共进行了两次不同流量的抽水试验，各抽水主井水位动态在不同时段的表现基本一致，可细分为7个时段（图9-27～图9-30）。

1）大流量快速下降时段（6月22～23日）

抽水初期，即6月22～23日。抽水初始，主井水位大幅下降，抽水主井及周边快速形成小范围水位降落漏斗，随着抽水时间的延续，降落漏斗范围逐渐扩大，抽水主井水位降幅趋缓。

2）大流量等幅下降时段（6月23日～7月4日）

抽水一天后，抽水主井水位降幅逐渐趋于稳定，这一时段内主井水位呈匀速下降趋势，日降幅基本不变，为0.312～0.54m/d，平均为0.471m/d。其中，6月23日至7月4日期间，有一次较大的降水过程（6月28～29日降水量为18.75mm），XK3、XK4、XK7抽水主井水位均有短期的升高。

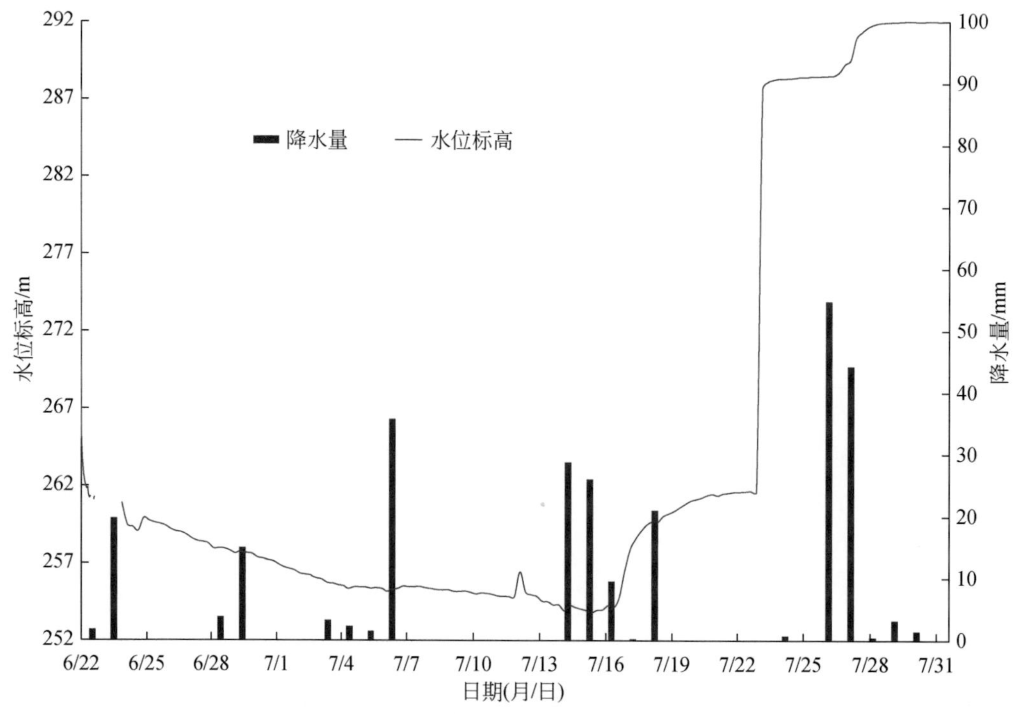


图 9-27　XK2 抽水主井水位动态曲线图

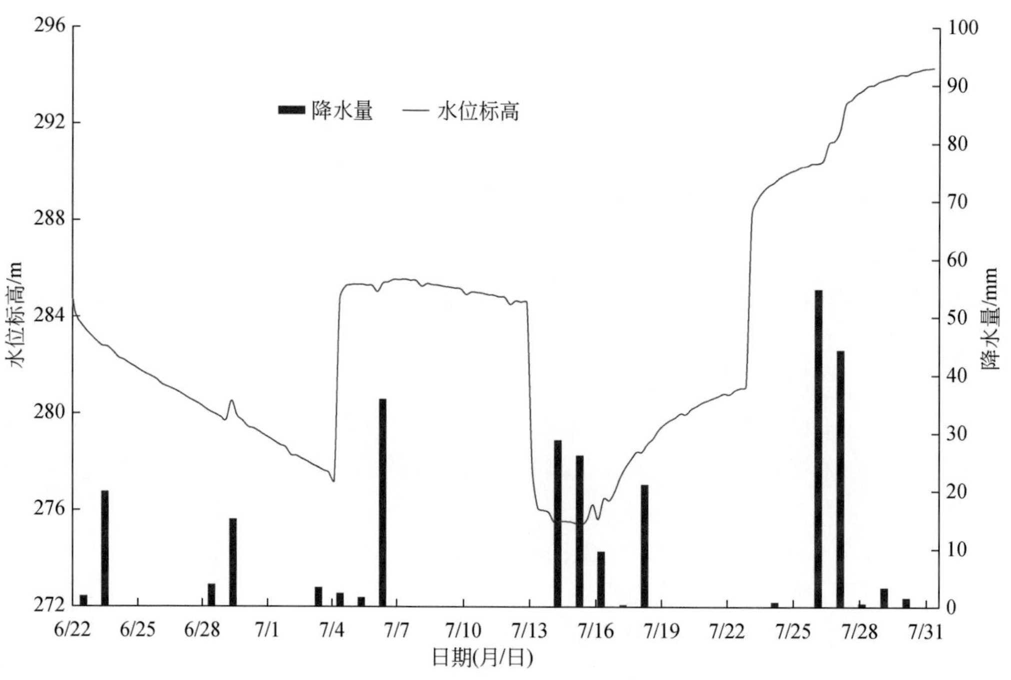


图 9-28　XK3 抽水主井水位动态曲线图

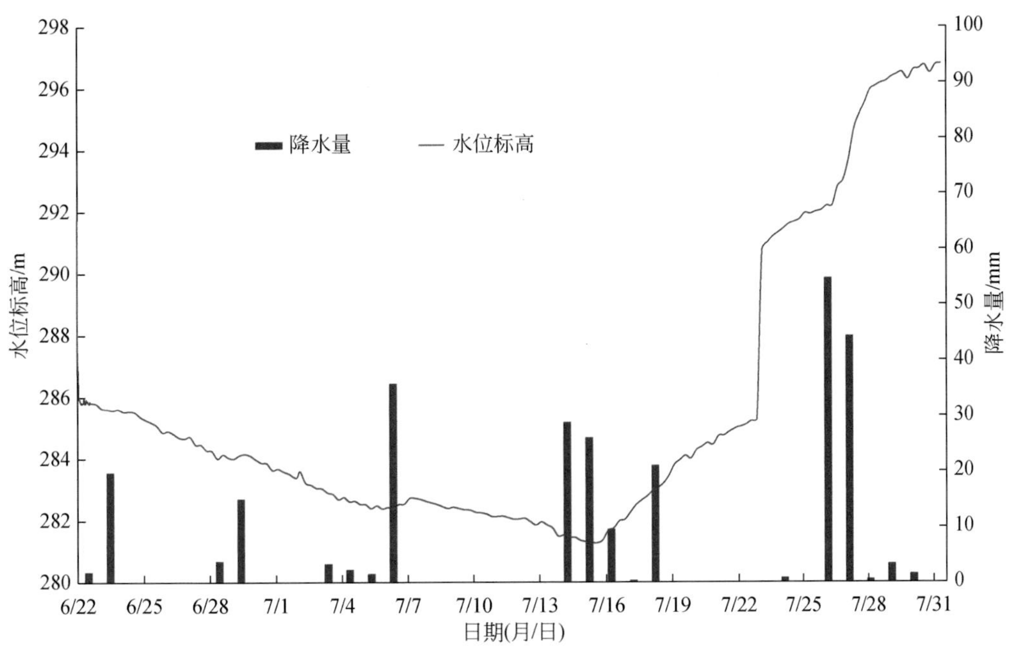


图 9-29　XK4 抽水主井水位动态曲线图

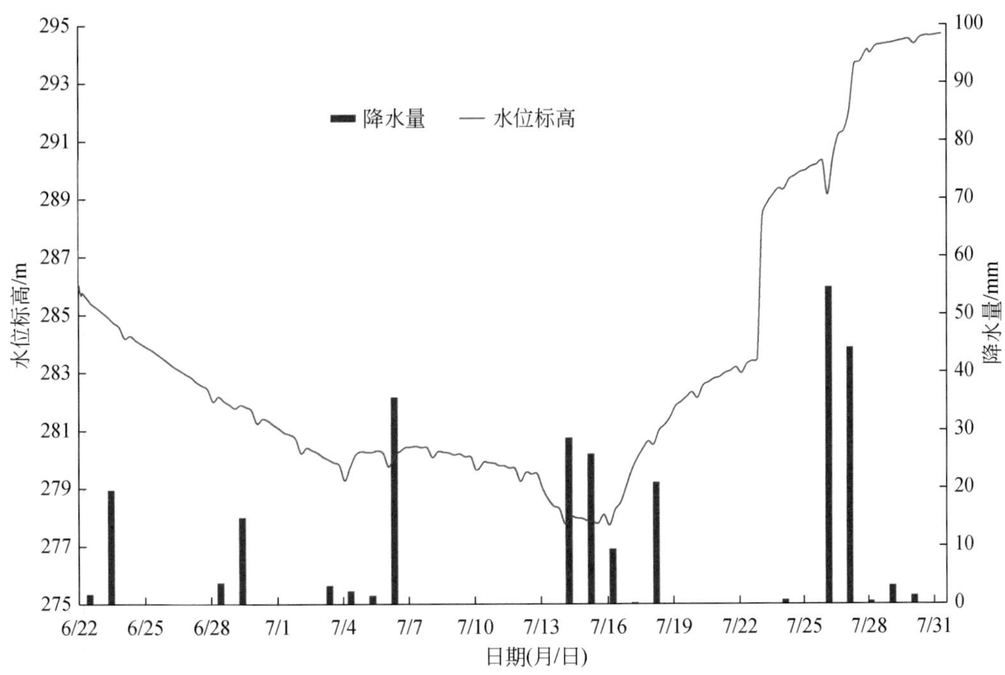


图 9-30　XK7 抽水主井水位动态曲线图

3）小流量缓慢上升时段（7 月 4 ~7 日）

7 月 4 日 16 时，关停 XK3 抽水主井，调小流量至 1.2 万 $m^3/d$，受到抽水流量减小及 7 月 4 ~5 日降水双重影响，7 月 4 日 16 时至 7 月 7 日 19 时，抽水主井水位处于缓慢上升状态。

4）小流量等幅下降时段（7 月 7 ~13 日）

自 7 月 7 日起，抽水主井水位开始呈匀速下降趋势，水位日降幅逐渐趋于稳定，为 0.141 ~0.186m/d，平均为 0.157m/d。其中，7 月 7 ~13 日期间没有大气降水。

5）大流量快速下降时段（7 月 13 ~16 日）

7 月 13 日 8：30，XK3 抽水主井开泵，调大流量至 1.63 万 $m^3/d$，受到抽水流量增加影响，7 月 13 ~16 日，抽水主井水位处于快速下降状态。

6）大流量上升时段（7 月 16 ~23 日）

受大范围降水影响（7 月 14 ~16 日降水量达 64mm），7 月 15 日，南博山方向淄河河道内形成了地表径流，地表径流通过入渗源源不断补给富水地段，至 7 月 16 日，最终扭转了整个富水地段内水位下降的趋势，抽水主井水位开始上升。

7）停泵后快速上升时段（7 月 23 ~31 日）

7 月 23 日 9：30 抽水主井停泵，受停泵及地表径流补给双重影响，抽水主井水位迅速上升，XK2 抽水主井于停泵 2 小时内恢复至初始水位之上，XK3、XK4、XK7 抽水主井分别于 7 月 26 日、7 月 25 日、7 月 26 日恢复至初始水位之上。受持续降水影响抽水主井水位一直处于持续上升趋势，XK7 抽水主井于 8 月 2 日自流。

### （三）富水地段观测井水位动态特征

富水地段为本次抽水试验影响范围的中央区域，观测井水位动态变化受抽水试验影响较大，尤其是抽水主井附近的观测井，其水位动态特征与抽水主井水位动态特征基本一致。以 G135 号和 G132 号观测井为例说明该地段内观测井在开采性抽水试验期间的水位动态特征。

G135 号井距 XK3 抽水主井仅 88m，其水位变化动态特征与抽水主井具有同步性、一致性。6 月 22 ~23 日受主井抽水影响，水位下降较快；6 月 23 日之后水位降幅趋于稳定，平均日降幅为 0.51m（6 月 23 日至 7 月 4 日）；7 月 4 日以后受 XK3 抽水主井停泵及降水影响，水位开始上升，7 月 7 日水位降幅趋于稳定，平均日降幅为 0.122m（7 月 7 日至 7 月 14 日）；7 月 14 日以后受 XK3 抽水主井开泵抽水影响，水位开始快速下降；7 月 16 日受区域内大范围降水及地表径流补给影响，水位拐点出现，水位开始回升；7 月 23 日以后受抽水试验停泵及降水影响，水位开始迅速上升（图 9-31）。

G132 号观测井距 XK4 抽水主井 1800m，其水位变化动态特征与抽水主井具有一致性：6 月 22 ~23 日受主井抽水影响，水位下降较快；6 月 23 日之后水位降幅趋于稳定，平均日降幅为 0.223m（6 月 23 日至 7 月 4 日）；7 月 4 日以后受 XK3 抽水主井停泵及降水影响，水位开始上升，7 月 7 日水位降幅趋于稳定，平均日降幅为 0.165m（7 月 4 日至 7 月 14 日）；7 月 14 日以后受 XK3 抽水主井开泵影响，水位开始快速下降；7 月 16 日受区域内大范围降水及地表径流补给影响，水位拐点出现，水位开始回升；7 月 23 日以后受抽水

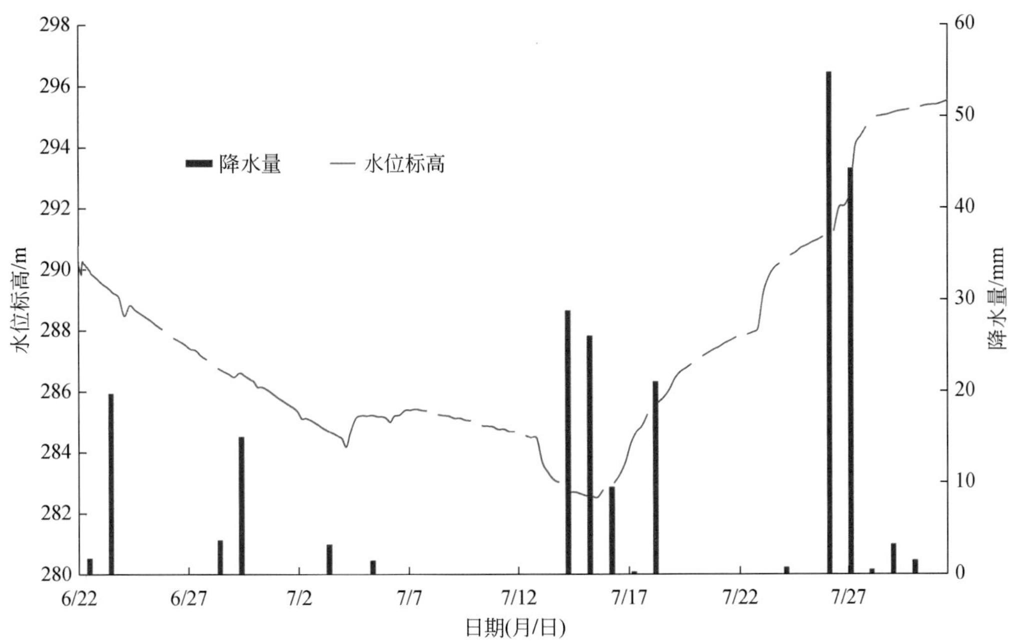


图 9-31　G135 号观测井水位动态曲线图

试验停泵及降水影响，水位开始迅速上升（图 9-32）。

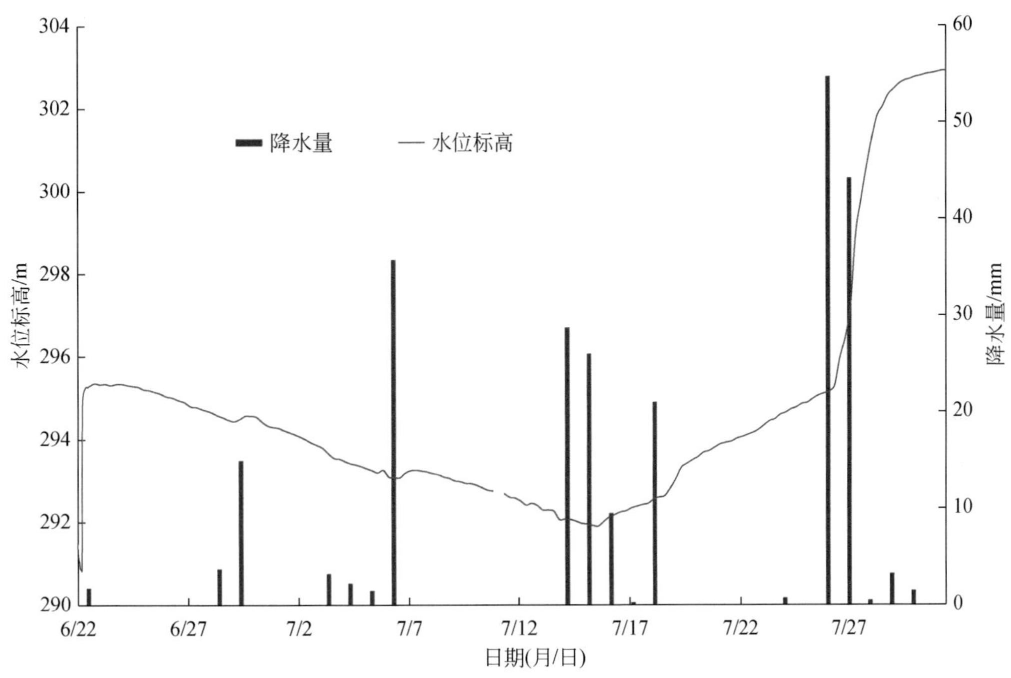


图 9-32　G132 号观测井水位动态曲线图

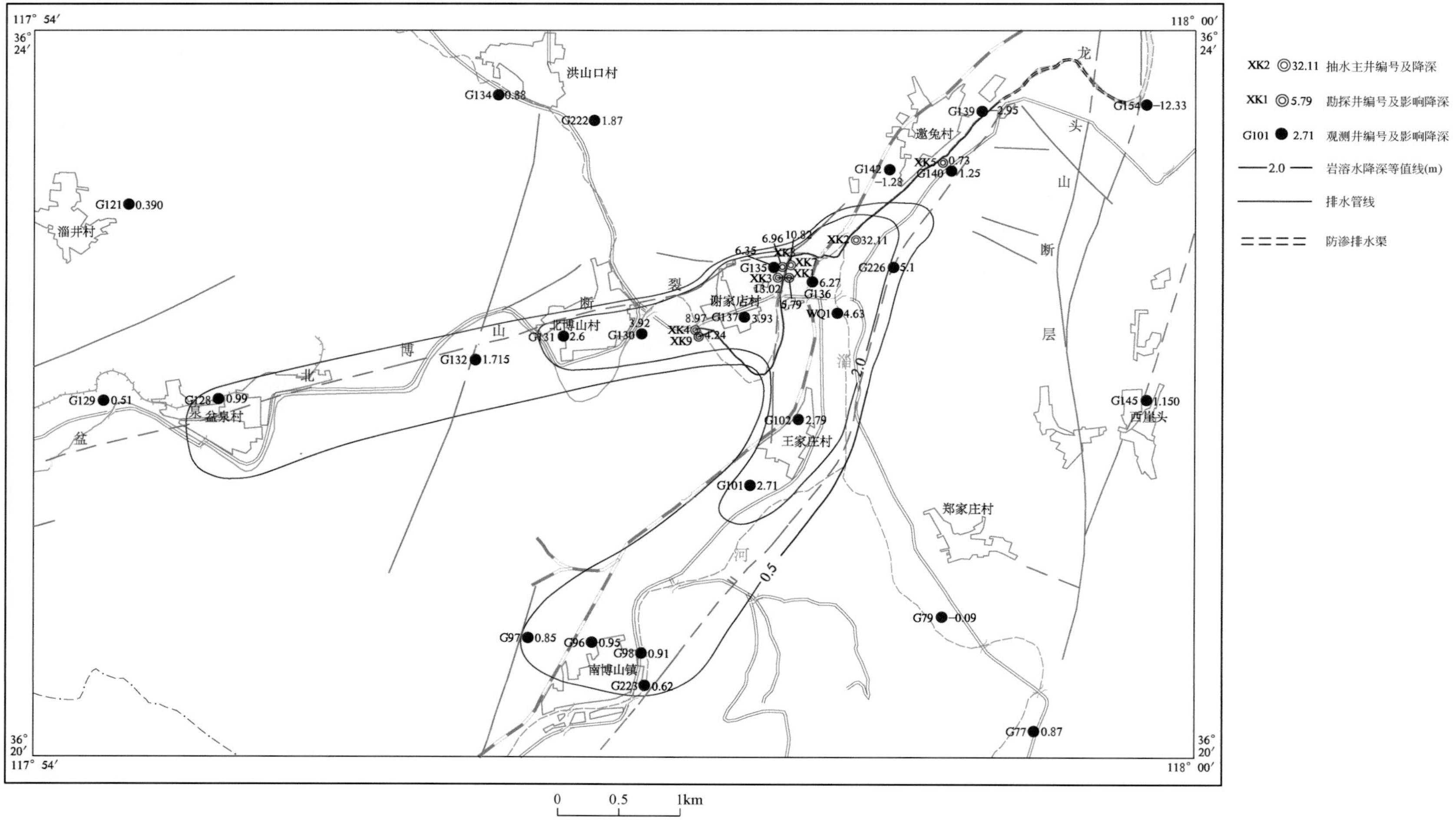

XK2 ◎32.11 抽水主井编号及降深

XK1 ◎5.79 勘探井编号及影响降深

G101 ● 2.71 观测井编号及影响降深

—2.0— 岩溶水降深等值线(m)

—— 排水管线

= = = = 防渗排水渠

0 0.5 1km

图 9-33 抽水时间延续1天影响范围图

### （四）开采性抽水试验影响范围

根据对抽水主井及其周边观测井水位观测结果可以看出：抽水开始后，开采性抽水试验影响范围迅速扩大，至6月23日（抽水时间延续1天），其影响范围扩展到最大，岩溶水降深等值线不规则，两个延伸方向为北东向及南北向。

抽水影响范围呈“人”字形，沿盆泉－北博山断层及谢家店断层展布，长轴长约6350m，为北东向，短轴长约4700m，为南北向，面积为8.04km²，影响范围内XK3、XK4、XK7主井降深分别为7.33m、6.05m、5.22m。影响范围向西到盆泉村，向东北仅扩展到邀兔南，向南扩展到南博山村（图9-33）。

## 二、开采试验法

本次开采性抽水试验在2017年枯水期末期进行，6月22日开始抽水，7月23日停泵，正式抽水历时31天。

在开采性抽水试验抽水前期，主井水位先下降较快，然后开始缓慢下降，此时，主井和观测井水位均处于等幅下降状态，说明抽水量大于补给量，此时的水均衡方程为

$$\mu F\Delta S/\Delta t=Q_{抽}-Q_{补} \tag{9-1}$$

式中，$\mu$ 为给水度；$F$ 为含水层抽水影响面积，$m^2$；$\mu F$ 为水位下降1m时消耗的储存量，即单位储存量，$m^2$；$Q_{抽}$ 为开采性抽水试验抽水总量，$m^3/d$；$Q_{补}$ 为抽水影响范围外流向富水地段内的侧向径流补给量，$m^3/d$。

为了求取补给量及单位储存量，本次工作进行了两次不同流量的开采性抽水试验，开采性抽水试验于2017年6月22日9：30开始，抽水总流量为16232m³/d，自6月23日起，抽水主井及附近观测井水位呈等幅下降趋势，等幅下降持续时间为11.3天，平均降幅为0.409m/d（表9-5）。

**表9-5 开采性抽水试验两次流量平均降幅**

| 观测井类型 | 编号 | 大流量抽水平均降幅/(m/d) | 小流量抽水平均降幅/(m/d) |
|---|---|---|---|
| 抽水主井 | XK2 | 0.537 | 0.141 |
| | XK3 | 0.540 | 0.152 |
| | XK4 | 0.312 | 0.148 |
| | XK7 | 0.496 | 0.186 |
| 富水地段内主要观测井 | XK1 | 0.456 | 0.180 |
| | XK8 | 0.510 | 0.122 |
| | XK9 | 0.317 | 0.168 |
| | G135 | 0.468 | 0.182 |
| | G136 | 0.541 | 0.186 |
| | G137 | 0.328 | 0.144 |
| | G226 | 0.558 | 0.208 |
| | G130 | 0.341 | 0.139 |

续表

| 观测井类型 | 编号 | 大流量抽水平均降幅/(m/d) | 小流量抽水平均降幅/(m/d) |
|---|---|---|---|
| 富水地段外围观测井 | G132 | 0.223 | 0.165 |
| | G101 | 0.256 | 0.124 |
| | G102 | 0.252 | 0.12 |
| 抽水主井及主要观测井平均值 | | 0.409 | 0.158 |

7 月 4 日 16：30 调小流量（关停 XK3 抽水主井），抽水总流量减小为 12030m$^3$/d，自 7 月 7 日起，抽水主井及附近观测井水位呈等幅下降趋势，等幅下降持续时间为 6.4 天，平均降幅为 0.158m/d。

抽水量 $Q_1=16232\text{m}^3/\text{d}$ 时，平均降幅 $\Delta S_1/\Delta t_1=0.409\text{m/d}$。

抽水量 $Q_2=12030\text{m}^3/\text{d}$ 时，平均降幅 $\Delta S_2/\Delta t_2=0.158\text{m/d}$。

将两次不同流量抽水数据代入式（9-1），并联立方程组：

$$\mu F\times 0.409=16232-Q_{补}$$
$$\mu F\times 0.158=12030-Q_{补}$$

解联立方程组得

$$Q_{补}=9384.92\text{m}^3/\text{d}$$
$$\mu F=16741.04\text{m}^2$$

用开采性抽水试验法求得的补给量是最可靠而且准确的，它适用于任何条件下。用这个补给量作为允许开采量，是有充分保证的，但太保守。因为抽水是在枯水期进行，没有考虑雨季的降水补给量。

## 三、补偿疏干法计算允许开采量

补偿疏干法是在含水层有一定调蓄能力的地区，运用水量均衡原理，充分利用雨、洪水扩大开采量的一种方法。该种方法主要适用于含水层分布范围不大，但厚度较大，有一定蓄水空间起调节作用的地区，并且该地区仅有季节性补给，枯水期没有地下水补给来源，丰水期有集中补给，补给量充足，含水层介质渗透系数较大，易接受大气降水及地表水入渗补给。若充分利用含水层系统储存量的调节作用，在枯水期动用部分储存量，维持开采，被疏干的这部分含水层腾出了储水空间，在丰水期补给量增大且被疏干的储存量也能得到补偿，因而，就可以增加地下水补给量，扩大地下水可采资源量。

用这种方法计算评价时必须满足两个条件：

（1）可借用的储存量必须满足旱季连续开采不能中断。

（2）雨季补给量除了满足当地的开采外，多余的补给量必须把借用的储存量全部补偿回来。

为求得地下水最大允许开采量，应在枯水期进行大型开采性抽水试验，抽水应造成地下水位等幅下降，根据抽水和观测资料进行计算。

本次工作将利用公式法与曲线法两种方法计算地下水允许开采量，并对两种方法进行分析对比，最后再进行补偿量论证。

## （一）公式法计算允许开采量

补偿疏干法计算允许开采量公式为

$$Q_{允}=Q_{补}+\mu F\Delta S/\Delta t=Q_{补}+\mu F(S_{max}-S_0)/(t_{枯}-t_0) \quad (9\text{-}2)$$

式中，$\mu$ 为给水度；$F$ 为含水层抽水影响面积，$m^2$；$Q_{补}$ 为抽水影响范围外向富水地段内的侧向径流补给量，$m^3/d$；$S_{max}$ 为最大水位允许降深，m；$S_0$ 为抽水开始时水位快速下降时段的降深，m；$t_{枯}$ 为枯水期开采时间，d；$t_0$ 为抽水开始时水位快速下降时段的时间，d。

### 1. 水位最大允许降深

富水地段内最低水位不宜过小或过大，需要综合考虑以下因素：

（1）水位降深要在水源地供水井抽水设备抽水能力内；

（2）水位下降不会导致单井涌水量大幅减少；

（3）开采条件下不能产生岩溶塌陷等环境地质问题；

（4）不能影响当地村庄生活用水，即最低水位不能低于附近村庄主要供水井水泵扬程。

下面从上述几个方面进行分析：

（1）水源地勘探井护泵管的下管深度一般为101～112m，配备的潜水电泵最大扬程为92m。考虑到潜水电泵本身长度、供水安全并保障单井涌水量，确定最大水位允许埋深为85m是较为可靠的。

（2）根据谢家店富水地段水位长期动态观测资料，枯水期开始时其水位埋深一般在3.5m左右。最大水位允许降深 $S_{max}$ 为最低水位与枯水期开始时水位之差，即81.5m。

（3）附近村庄供水井水泵扬程多为90～130m，因此水位埋深下降至85m时，不会影响到附近村庄生活用水。

综合考虑，85m作为最大水位允许埋深，81.5m作为最大水位允许降深，是比较可靠的。

### 2. 初始水位降深

初始水位降深 $S_0$ 根据开采性抽水试验观测数据计算得出，6月22～23日为水位快速下降时段，统计并计算富水地段内主要观测井快速下降时段的降深，富水地段内初始水位降深 $S_0$ 一般为0.57～2.74m，平均值为1.45m。

### 3. 枯水期开采时间

根据表9-6博山区多年平均月降水量表（1965～2016年，缺2003年月降水量数据），将多年平均月降水量小于30mm月份确定为枯水期，降水量在30mm以下，难以形成地表径流直接补给富水地段，而变质岩山区也因降水量较小，产流较少，在流出变质岩山区不远即入渗到地下。因此，经综合考虑，枯水期时间 $t_{枯}$ 确定为150天。

### 4. 水位快速下降时间

通过分析开采性抽水试验观测数据，6月22～23日为水位快速下降时段，因此，$t_0$ 为1天。

**表 9-6　博山区多年平均月降水量一览表**

| 月份 | 1 | 2 | 3 | 4 | 5 | 6 | 7 | 8 | 9 | 10 | 11 | 12 |
|---|---|---|---|---|---|---|---|---|---|---|---|---|
| 降水量平均值/mm | 7 | 13.5 | 15.6 | 32.8 | 51.9 | 93.6 | 195.7 | 165.2 | 74.9 | 35.6 | 25 | 10 |
| 占全年降水量百分比/% | 0.96 | 1.85 | 2.14 | 4.50 | 7.12 | 12.84 | 26.85 | 22.67 | 10.28 | 4.88 | 3.43 | 1.37 |

5. 允许开采量计算

将上述各参数代入式（9-2）中，求得

$$Q_{允}=Q_{补}+\mu F(S_{max}-S_0)/(t_{枯}-t_0)=9384.92\text{m}^3/\text{d}+16741.04\times(81.5-1.45)/(150-1)\text{m}^3/\text{d}$$
$$\approx 18379\text{m}^3/\text{d}$$

可得谢家店富水地段地下水允许开采量为 18379m$^3$/d。

## （二）曲线法计算允许开采量

利用两次不同流量开采性抽水试验数据与开采性抽水试验前期观测数据进行对比（表 9-7、图 9-34）。由图 9-34 可知，谢家店地区地下水开采量与水位日降幅关系如下：

**表 9-7　开采量与日降幅一览表**

| 阶段 | 影响范围内零散开采量/(万 m$^3$/d) | 抽水试验抽水量/(万 m$^3$/d) | 开采量合计/(万 m$^3$/d) | 日降幅/m |
|---|---|---|---|---|
| 开采性抽水试验前期 | 0.5 | 0 | 0.5 | 0.05 |
| 小流量抽水 | 0.5 | 1.203 | 1.703 | 0.158 |
| 大流量抽水 | 0.5 | 1.6232 | 2.1232 | 0.409 |

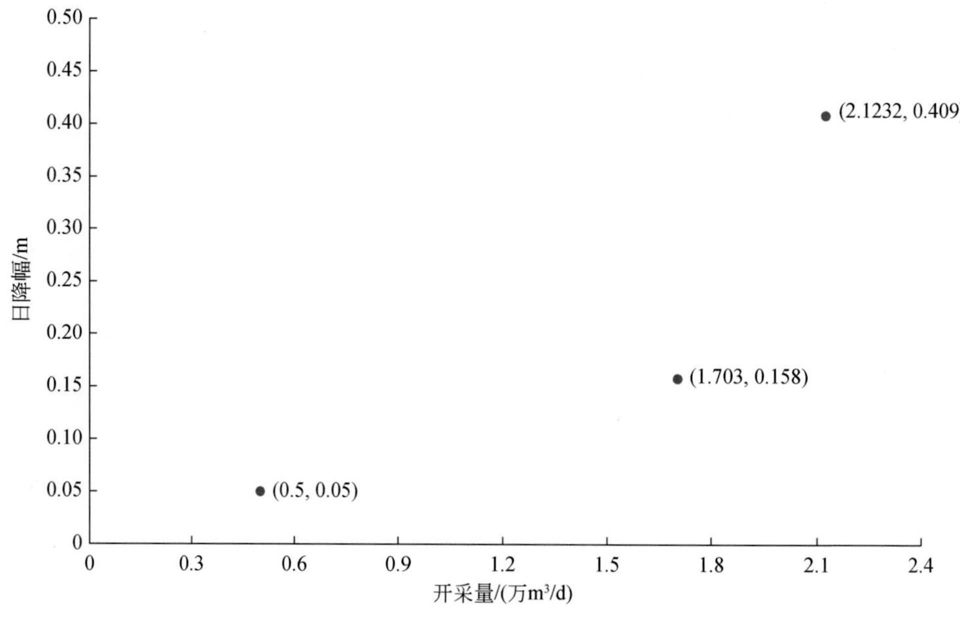


图 9-34　开采量-日降幅关系曲线图

(1) 开采量较小时（总开采量小于1.7万 $m^3/d$），地下水开采量与水位日降幅呈线性关系。

(2) 随着地下水开采量的增加，水位日降幅急剧增加，地下水开采量与水位日降幅呈指数函数关系。

利用本次开采性抽水试验两次不同流量数据，利用 Excel 拟合出开采性抽水试验两次开采量-日降幅趋势线（图9-35），并得出其函数方程：

$$v=0.0033e^{2.2635Q} \tag{9-3}$$

则：

$$Q_{允}=[\ln(v/0.0033)]/2.2635-Q_0=\{\ln[(S_{max}-S_0)/(t_{枯}-t_0)/0.0033]\}/2.2635-Q_0 \tag{9-4}$$

式中，$v$ 为水位日降幅，m；$Q_{允}$ 为谢家店富水地段地下水开采量，万 $m^3/d$；$Q_0$ 为抽水影响范围内地下水零散开采量，万 $m^3/d$。

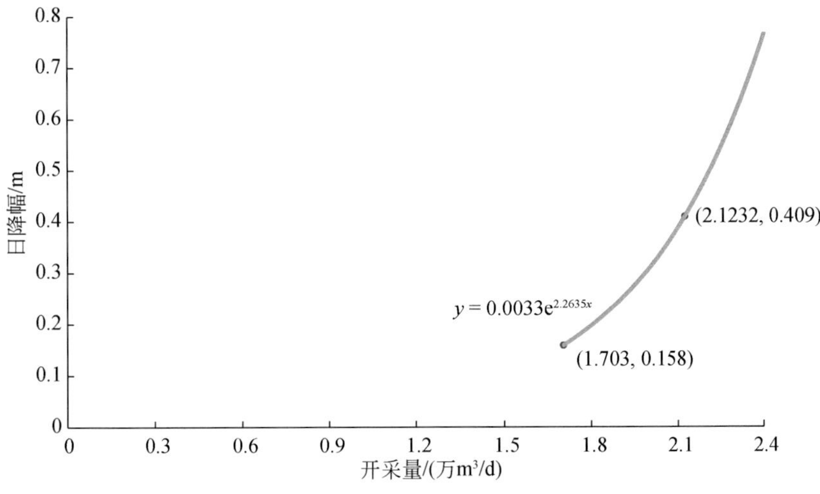


图9-35　开采量-日降幅拟合曲线图

将 $S_{max}$、$S_0$、$t_{枯}$、$t_0$、$Q_0$ 等参数代入式（9-4）中，可得

$$Q_{允}=\{\ln[(81.5-1.45)/(150-1)/0.0033]\}/2.2635-0.5=1.75\text{ 万 m}^3/d$$

### （三）允许开采量评价

根据公式法及曲线法两种方法计算得出，谢家店富水地段地下水允许开采量分别为1.84万 $m^3/d$、1.75万 $m^3/d$。

由图9-35可知，在地下水总开采量（水源地开采量与当地开采量之和）大于1.7万 $m^3/d$ 时，地下水开采量与水位日降幅呈指数函数关系。公式法是根据线性关系进行计算，计算结果偏大。因此，综合考虑确定1.75万 $m^3/d$ 为谢家店富水地段地下水允许开采量。

### （四）补偿量论证

1. 雨季补偿量计算与评价

计算枯水期疏干量：

$$V_{疏干}=\mu F(S_{max}-S_0)=16741.04\text{m}^2\times(81.5-1.45)\text{m}\approx1340120.25\text{m}^3$$

2. 河川基流量计算与评价

选取王家庄淄河断面及 XK1 号勘探井淄河断面 2016 年 9 月至 2017 年 11 月河流断面测流曲线计算其河川基流量。因 2016 年降水量偏大，选取 2016 年平水期至 2017 年平水期（2016 年 11 月至 2017 年 11 月）数据进行计算，计算得出王家庄淄河断面河川基流量为 2123.4 万 $m^3$/d，XK1 号勘探井淄河断面河川基流量为 181.2 万 $m^3$/a（图 9-36、图 9-37）。

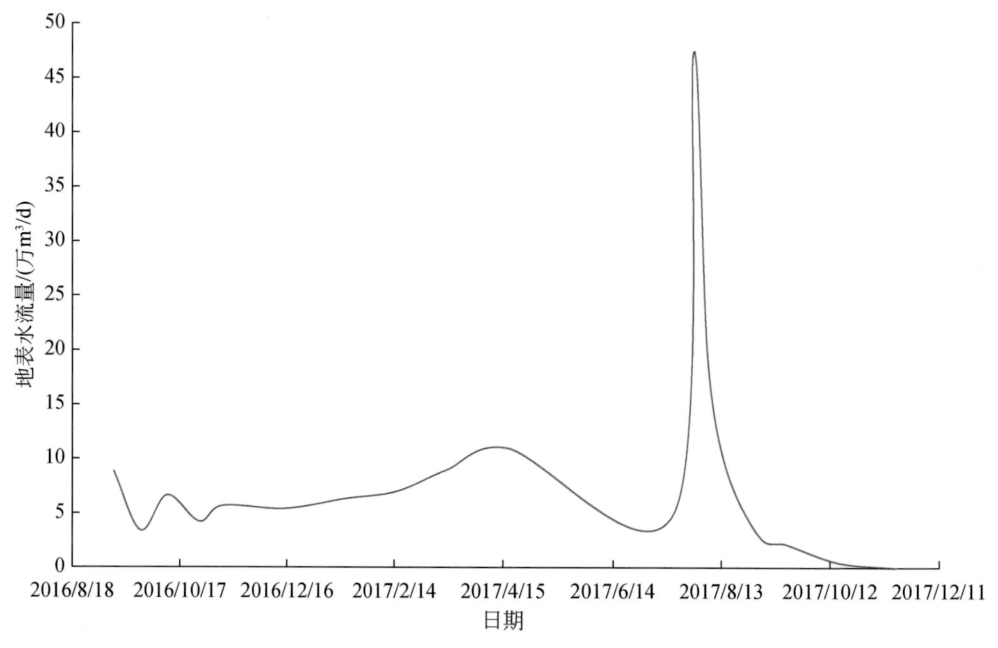


图 9-36　王家庄淄河断面流量曲线图

综上，2016 年平水期到 2017 年平水期时段内，流经谢家店富水地段的河川基流量为 2304.6 万 $m^3$/a。

根据以上计算结果可以得出：流经谢家店地区淄河东西支流河川基流量远大于枯水期疏干量 $V_{疏干}$，因此 1.75 万 $m^3$/d 的允许开采量是有充分补给保证的。

根据开采性抽水试验观测数据计算，谢家店地区在枯水期 150 天没有有效降雨补给的情况下，在设定水源地最大水位允许降深 81.5m 的情况下，谢家店富水地段地下水允许开采量 1.75 万 $m^3$/d 是有保证的，该地区丰水期（雨季）时间约 120 天，在丰水期地表水径流补给量之和远远大于 1.75 万 $m^3$/d 的枯水期开采量。

2017 年丰水期来临时，盆泉方向淄河支流形成地表径流后，XK1、XK7 号勘探井自流，充分说明在谢家店地区用补偿疏干法进行地下水资源评价符合当地实际。

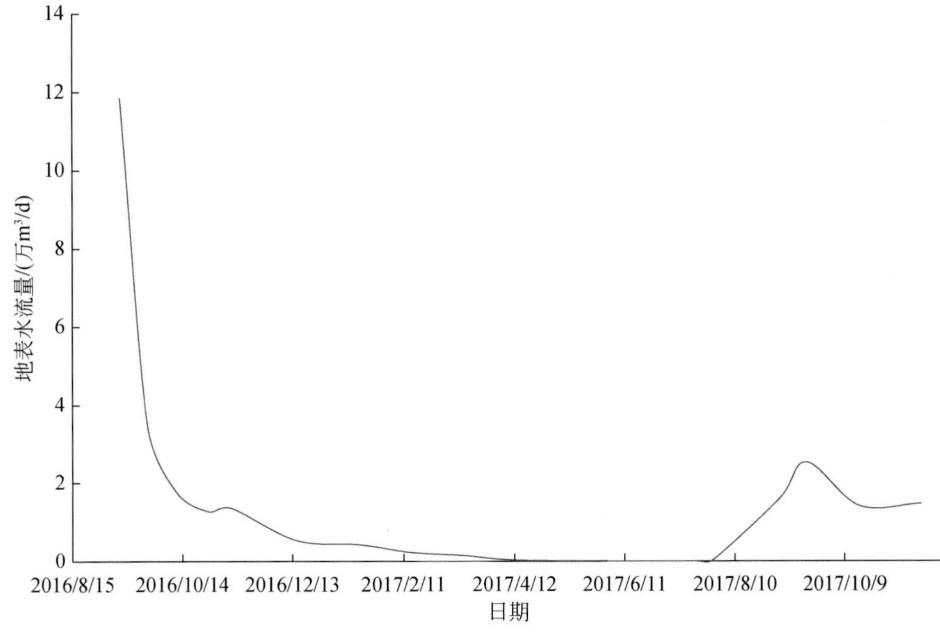


图 9-37　XK1 勘探井淄河断面曲线图

综上所述，1.75 万 $m^3/d$ 的允许开采量是既有补给保证，又能开采出来的地下水资源量，用补偿疏干法求得的允许开采量，是既可靠又不保守的。

# 第十章　岩溶水环境问题与保护

## 第一节　岩溶水环境问题及其发展演化

受地层、构造、水文地质条件及人类活动等诸多因素影响，沣水泉域岩溶水系统的各岩溶水子系统具有不同的特点，岩溶水系统内地下环境问题也各不相同。如孝妇河岩溶水子系统西部煤系地层发育，区内煤矿企业较多，采煤活动引起地下水环境问题尤为突出，目前区内多数煤矿已闭坑，闭坑煤矿区矿坑水串层污染岩溶水。淄河岩溶水子系统岩溶水资源丰富，我国北方特大型岩溶水水源地——大武水源地分布于此，周边石油化工企业众多，区内地下水环境问题主要为有机物污染等。现将区内主要地下水环境问题分述如下。

### 一、串层污染

孝妇河岩溶水子系统山前一带为淄博市煤炭资源分布最为集中的地区，矿山企业密布，为淄博市重要的工矿企业聚集区。淄博煤田历经上百年的大规模开发，已进入衰老期，区内矿井相继报废。矿山闭坑，停止抽排地下水，改变了原来的流场形态，矿坑水水位迅速抬升，对岩溶水环境产生了深刻影响，并危及城市供水及农业灌溉。

2014 年，山东省地矿局委托山东省地矿工程集团有限公司开展了“山东省鲁中煤矿洪山矿区含水层修复研究”项目，项目研究区位于孝妇河岩溶水子系统中部的罗村岩溶水次级子系统。$SO_4^{2-}$ 是矿坑水中最主要的污染离子之一，根据洪山矿区串层污染情况，以 $SO_4^{2-}$ 作为串层污染程度的划分依据，将岩溶水串层污染程度分为未-轻度、较轻、中度、重度、严重 5 个级别（表 10-1）。

**表 10-1　岩溶水串层污染程度分级标准说明表**

| 串层污染程度分级 | 代号 | $SO_4^{2-}$ 浓度/(mg/L) |
|---|---|---|
| 未-轻度 | A | <100 |
| 较轻 | B | 100～250 |
| 中度 | C | 250～500 |
| 重度 | D | 500～1000 |
| 严重 | E | >1000 |

*1. 未-轻度串层污染区（A）*

未-轻度串层污染区（A）分布在辛庄—千峪—东刘一线以东到罗村岩溶水次级子系统东边界，位于山区东部灰岩裸露区，远离洪山煤矿开采区，面积为 21.53km$^2$，该区 $SO_4^{2-}$ 浓度小于 100mg/L，在 70.86mg/L 左右（图 10-1）。

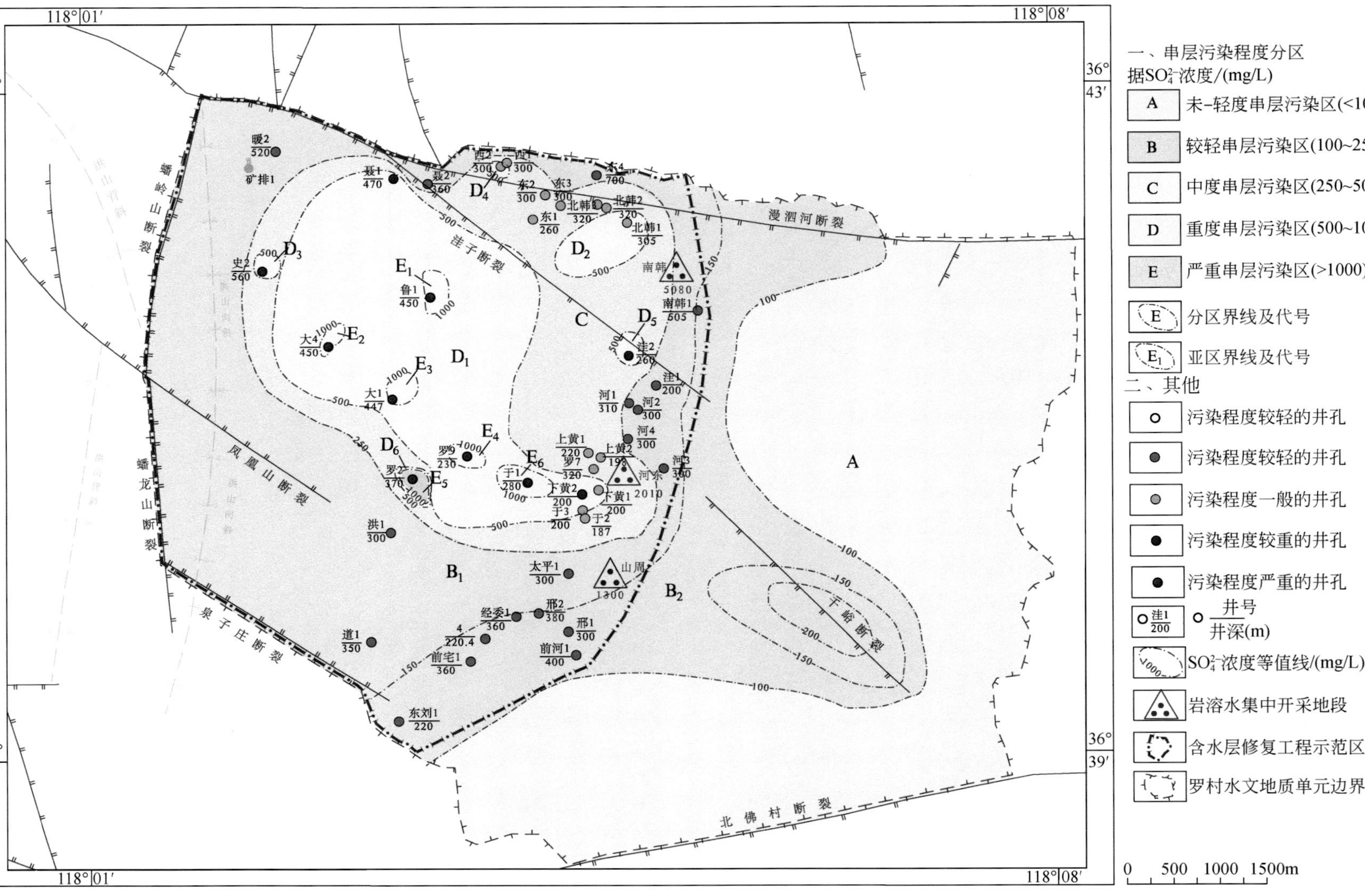


图10-1　岩溶水串层污染程度分区

2. 较轻串层污染区（B）

较轻串层污染区（B）分布在洪山矿区东侧灰岩裸露区及矿区南部等外围地区，面积为25.21km$^2$，分为两个亚区。B2亚区地处洪山矿区东侧灰岩裸露区，较远离煤矿开采区，面积为8.56km$^2$，$SO_4^{2-}$浓度为100～250mg/L，一般为138.09～217.90mg/L。B1亚区位于洪山矿区东侧及南部等地，具体分布在罗村镇暖水河、小吊桥、演礼、洪五、道口、前宅、东刘庄、邢家村等，位于中度串层污染区的外围，面积为16.65km$^2$，$SO_4^{2-}$浓度为100～250mg/L，有串层污染井孔20眼。

3. 中度串层污染区（C）

中度串层污染区（C）分布在罗村矿区中部及北部的外围地区，具体分布在罗村镇史家西、罗村西南、于家东南、上黄、东官庄、西官庄、河东、洼子等地，呈环带状分布于重度串层污染区的外围，面积为7.11km$^2$，$SO_4^{2-}$浓度高达250～500mg/L，有串层污染井孔10眼。

4. 重度串层污染区（D）

重度串层污染区（D）分布在洪山矿区中部，具体分布在罗村镇聂村、大吊桥、鲁家庄、罗村、于家庄、牟家庄一带，总体呈北西-南东向椭圆状展布，北西最长达4.50km，北东最宽达2.90km，面积为7.88km$^2$，中心位于罗村西部的大吊桥—鲁家庄一带；另外，还零星分布在北韩村北、史家庄南、西官庄东北、洼子村东北和罗村西南一等地。该区有串层污染井7眼，$SO_4^{2-}$浓度高达500～1000mg/L。

5. 严重串层污染区（E）

严重串层污染区（E）位于洪山矿区中部6个串层污染井附近，具体分布在罗村镇鲁家庄北、大吊桥村西、大吊桥村南、罗村南、罗村西南和于家庄西北6个地段，总面积为0.53km$^2$，单个块段面积为0.05～0.15km$^2$，该区有串层污染程度严重的岩溶水开采井孔6眼，编号为鲁1、大4、大1、罗9、罗2、于1，成井时间为1977～1993年，成井深度为230～560m。该区$SO_4^{2-}$浓度大于1000mg/L。根据大1号井动态监测资料，主要受污染时间在1996年10月以后，自2003年以来，受串层污染程度明显加重。

综上，中度及以上的串层污染区面积已达15.52km$^2$，占罗村岩溶水次级子系统总面积的25%，并呈由西部洪山煤矿开采区向东部灰岩裸露区快速发展的趋势（表10-2）。

**表10-2 罗村岩溶水串层污染程度分区统计一览表**

| 串层污染程度 | 区号 | 亚区号 | 位置 | 面积/km$^2$ | $SO_4^{2-}$浓度/(mg/L) | 井数 |
|---|---|---|---|---|---|---|
| 未-轻度 | A | | 辛庄—罗村—东刘一线以东灰岩裸露区 | 21.53 | <100 | 1 |
| 较轻 | B | B1 | 洪山矿区南部及西部、北部的外围地区 | 16.65 | 100～250 | 20 |
| | | B2 | 洪山矿区东侧灰岩裸露区 | 8.56 | 100～250 | |
| | | 小计 | | 25.21 | | 20 |
| 中度 | C | | 罗村镇史家西、罗村西南、于家东南、上黄、东官庄、西官庄、河东、洼子等地 | 7.11 | 250～500 | 10 |

续表

| 串层污染程度 | 区号 | 亚区号 | 位置 | 面积/$km^2$ | $SO_4^{2-}$ 浓度/(mg/L) | 井数 |
|---|---|---|---|---|---|---|
| 重度 | D | D1 | 罗村镇聂村、大吊桥、鲁家庄、罗村、于家庄、牟家庄 | 7.18 | 500～1000 | 4 |
| | | D2 | 罗村镇北韩村北 | 0.49 | 500～897.86 | 1 |
| | | D3 | 罗村镇史家村南 | 0.06 | 500～735.09 | |
| | | D4 | 罗村镇西官庄东北 | 0.03 | 500～553.41 | 1 |
| | | D5 | 罗村镇洼子村东北 | 0.08 | 500～833.59 | 1 |
| | | D6 | 罗村镇罗村西南 | 0.04 | 500～1000 | |
| | | 小计 | | 7.88 | | 7 |
| 严重 | E | E1 | 罗村镇鲁家村北 | 0.09 | 1000～1241.78 | 1 |
| | | E2 | 罗村镇大吊桥村西 | 0.05 | 1000～1548.94 | 1 |
| | | E3 | 罗村镇大吊桥村南 | 0.09 | 1000～1299.90 | 1 |
| | | E4 | 罗村镇罗村南部 | 0.08 | 1000～1076.97 | 1 |
| | | E5 | 罗村镇罗村西南 | 0.07 | 1000～1443.95 | 1 |
| | | E6 | 罗村镇于家庄一带 | 0.15 | 1000～1019.10 | 1 |
| | | 小计 | | 0.53 | | 6 |
| | 合计 | | | 62.26 | | 44 |

## 二、有机污染

大武岩溶水次级子系统内分布有众多化工企业，区内存在岩溶水有机污染问题。

大武水源地自开采之日起，就存在着安全运行隐患，首先因为受大武水源地地层结构和岩性控制，其包气带的隔污性能相对较差，其中位于水源地南部的灰岩裸露区、浅埋区及淄河河谷区，因裂隙岩溶发育或河漫滩中卵砾石层透水性强，包气带连通性极好，对污染物的吸附降解作用差，使得上述区域极易受到污染。水源地的山前地带隔污性能也相对较差，易受污染。其次因水源地范围内分布有高污染风险的化工类企业，早期企业生产中，难以保证污废水不对地下水产生影响。

事实证明，区内岩溶水确已部分受到污染，石油类为主要污染因子之一。

自 20 世纪 80 年代中期，石油类就有所检出，石油类污染集中在南杨以北的淄河沿岸；20 世纪 90 年代以后，随着石化公司新区乙烯工程的建成投产，石油类污染在大武水源地中西部山前一带明显突出，集中分布于柳杭—堠皋—西夏村一带，呈近条带状东西向展布，石油类含量最高可达 77.34mg/L。石油类污染在污染源处聚集，并向下游扩散。据以往资料，该地区石油类污染具以下特征：①地下水石油类污染范围较大；②石油类污染自西向东污染程度由重到轻、石油类污染物含量由高到低；③石油类污染扩散趋势明显；④进入 21 世纪后，石油类污染问题依然存在。

2002 年大武水源地石油类污染集中在柳杭—堠皋一带，呈放射状向四周扩散，石油类含量为 0.5 ~ 20mg/L，堠皋最高含量达 26.8mg/L。另外在炼油厂及王朱一带也有零星分布（图 10-2）。

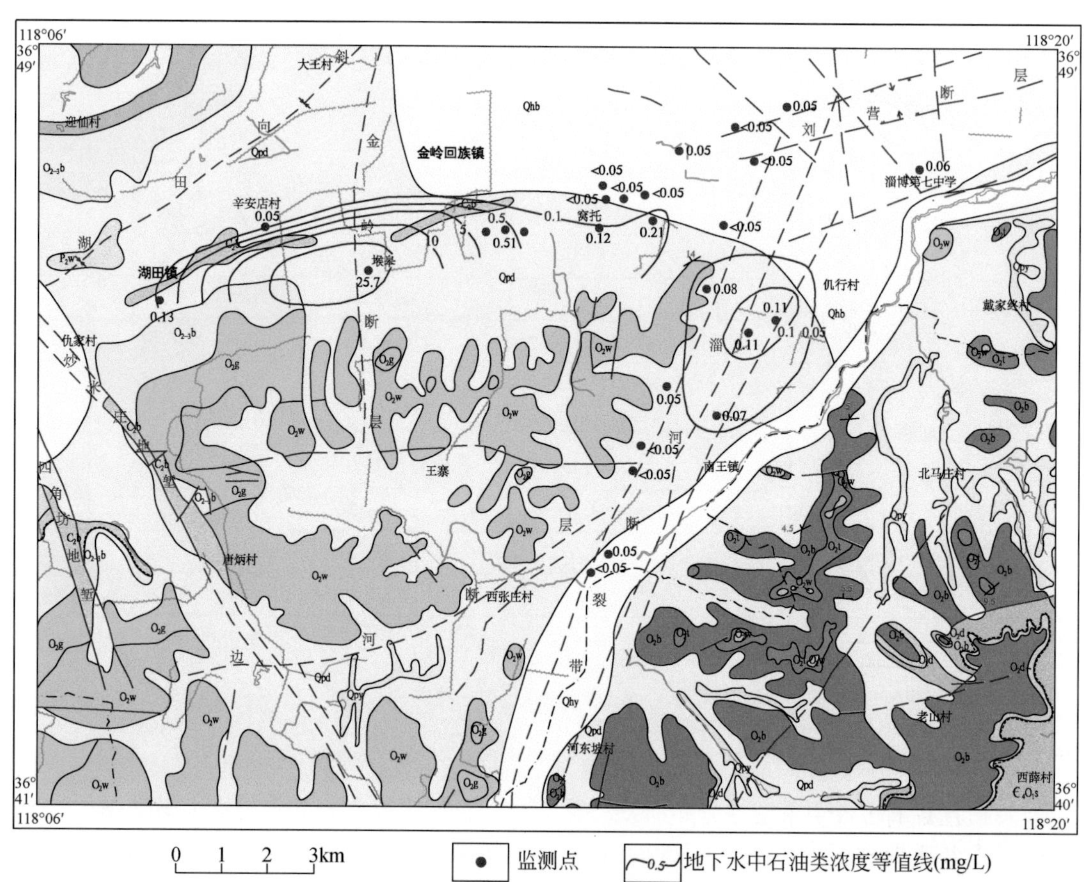


图 10-2　大武地区 2002 年石油类浓度等值线图

2005 年石油类污染仍集中分布于堠皋、王朱两地，因连续丰水年且地方采取了污染控制措施，水质有所好转，堠皋一带石油类最高含量为 0.094mg/L，石油类含量明显降低（图 10-3）。

在本次研究时段内的 2014 年，大武地区有机物污染分析结果显示：有机物污染区主要分布在大武岩溶水次级子系统北部大武水源地及王寨盆地及刘征地区北部，共检出有机物 25 项，包括：氯乙烯、1,1-二氯乙烯、二氯甲烷、反-1,2-二氯乙烯、顺-1,2-二氯乙烯、1,1-二氯乙烷、氯仿、1,2-二氯乙烷、四氯化碳、苯、三氯乙烯、1,2-二氯丙烷、甲苯、1,1,2-三氯乙烷、四氯乙烯、氯苯、邻–二甲苯、1,1,2,2-四氯乙烷、1,4-二氯苯、1,2-二氯苯、萘、六氯丁二烯、芘、苯并（a）蒽、屈。

在 21 个有机物检出点中，氯仿检出率最高，有 15 个井检出，检出率为 71.43%；其次为 1,2-二氯丙烷及 1,1,2-三氯乙烷，均有 10 个井检出，检出率为 47.62%；1,1-二氯乙

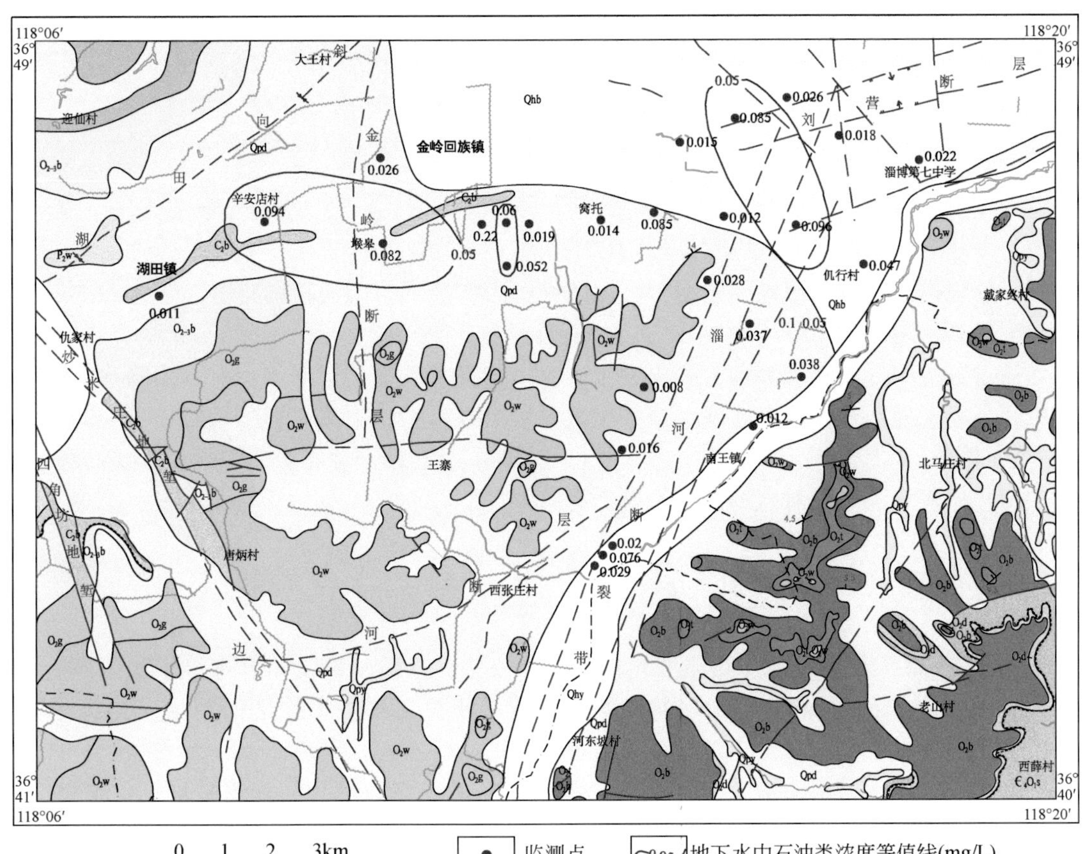


图 10-3　大武地区 2005 年石油类浓度等值线图

烷及三氯乙烯有 5 个井检出，检出率为 23.81%；四氯乙烯及萘有 3 个井检出；1,1-二氯乙烯及四氯化碳有 2 个井检出；其余有机物均为 1 个井检出。

位于大武岩溶水次级子系统北部的堠皋 4#有机物污染最严重，检出有机物组分 22 项，其中 13 项仅在该井检出。根据《生活饮用水卫生标准》，堠皋 4#有 6 项有机物超标，其余井点有机物均未超标。

## 三、常规离子超标

常规离子超标分布区域较广，主要位于研究区北部及西北部，属于岩溶水子系统的排泄区，本次以研究区内对供水水源地污染风险较大的洋浒崖粉煤灰场污染为典型案例。

洋浒崖粉煤灰场位于临淄区金山镇洋浒崖村南，卧虎山西北山谷内。始建于 1985 年 3 月，于 1987 年建成并投入使用，2000～2004 年该粉煤灰场每年净存灰量大约 50 万 t，2004 年由于干法排灰系统建成，向外销售 10 万 $m^3$ 粉煤灰，每年粉煤灰场净存量大约为 50 万 t，粉煤灰场现存灰总量为 800 万～1000 万 t。粉煤灰的化学成分见表 10-3。

**表 10-3 洋浒崖灰场粉煤灰化学成分**

| 成分 | $SiO_2$ | $Al_2O_3$ | $Fe_2O_3$ | CaO | MgO | $SO_3$ | 烧失量 |
|---|---|---|---|---|---|---|---|
| 分量/% | 46.62 | 24.44 | 9.93 | 2.46 | 1.96 | 0.81 | 10.52 |

粉煤灰具有松散、孔隙度高、透水性好、易淋滤的特点。雨季大气降水入渗，淋滤、溶解粉煤灰中的易溶盐后，入渗补给灰场下伏奥陶系裂隙岩溶含水层，并通过洋浒崖村一带隐伏断层进入刘征水源地强富水带，因此处于隐伏断层与边河断层交汇部位的 LK6 井污染程度最高，距离相对较远的 LK1 井污染程度最低。

通过分析粉煤灰对岩溶水污染机理可知，大气降水起到关键作用，有效的降水是污染产生的必要条件。在无降水或降水量小的情况下，基本不能构成对岩溶水污染；在降水量大或长时间降水的情况下，尤其是丰水期，污染作用开始产生，并随降水量的增大而加剧。因此，灰场粉煤灰对岩溶水的污染具有季节性。

### 四、泉水流量衰减、断流甚至消亡

20 世纪 60 年代时，除少量泉群在枯水期断流外，多数泉群常年有水。本次研究时段内，2013 年孝妇河岩溶水子系统内仅神头泉群、秋谷泉群在丰水期时出流，2014 年及 2015 年研究区内所有泉水均断流。

孝妇河岩溶水子系统自南而北“串珠”状分布的众多泉群，如神头泉群、秋谷泉群、良庄泉群、渭头河泉群及沣水泉等，目前多数已不再喷涌，仅博山的神头及秋谷两泉群在丰水年季节性喷涌。20 世纪 80 年代以后，在城市、农村建设大潮中，部分断流的泉及泉群泉眼被填平，导致泉及泉群永久性消亡。

在淄河岩溶水子系统北部，柳行泉及乌河头泉群于 20 世纪 60 年代断流，后期工业建设过程中，泉及泉眼被填平，柳行泉及乌河头泉群永久性消亡。在淄河岩溶水子系统南部，博山区源泉镇的龙湾泉群仅丰水年季节性出流。

## 第二节 岩溶水环境问题成因分析

### 一、串层污染

串层污染指煤矿闭坑后水位上涨，矿坑水水位高于岩溶水水位，水质较差矿坑水沿着通道补给岩溶水的现象。

在串层污染前，即煤矿开采过程中，石炭—二叠系砂岩裂隙夹层间灰岩岩溶含水层受煤矿长期矿坑排水影响，基本处于疏干状态，水位最低可降至最下部开采煤层 10-3 以下（如大吊桥一带可降至−310m 左右），在该层含水层中仅剩徐灰及草灰层间灰岩岩溶水。奥灰岩溶含水层受煤矿开采影响，水位也大幅下降，如大吊桥一带可降至 0m 左右；但两类地下水的水质较好，岩溶水此时没有受到串层污染（表 10-4）。

表 10-4　串层污染井前后地下水位对比一览表

| 项目 | 奥灰岩溶水位/m | 串层污染水位/m | 石炭—二叠系裂隙水位/m | 煤系矿坑水位/m |
|---|---|---|---|---|
| 串层污染前（1992 年前） | 0 | 无 | -310 | |
| 串层污染后（2013 年） | 50 | 79.5 | 80 | 80± |

由于煤矿开采，在开采煤层附近垂向上形成了三个带，即采空区垮落带、采空区上部导水裂缝带、采空区底板采动破坏带，增加了石炭—二叠系砂岩、层间灰岩含水层的空隙，其透水性大大增加，并上下连为一体。局部地段的导水裂缝带可与上部第四系含水层沟通，矿坑长期排水，使第四系含水层被疏干，成为透水而不含水层的透水层，含水层功能丧失。

煤矿闭坑后，矿坑排水活动停止，石炭—二叠系中的地下水大部分成为矿坑水，其水质受煤矸石废渣等影响，发生了显著变化，与原先的砂岩裂隙夹层间灰岩岩溶水相比，矿坑水水中矿化度、总硬度和 $SO_4^{2-}$ 浓度明显增大。采矿竖井及平巷中充满了老窑水，并与煤系矿坑水相通，其水质与煤系矿坑水一致。

煤矿开采中发生的岩层移动与变形，使得开采区内的奥灰开采井孔壁与止水护壁管之间的环缝内止水材料出现了缝隙，形成了奥灰含水层与矿坑水之间的主要通道。早在煤矿开采过程中，这种通道便已产生，并由水位较高的奥灰岩溶水向石炭—二叠系裂隙水中运移而石炭—二叠系裂隙水又与开采煤层及平巷相通，因此，煤矿开采矿坑排水总量中裂隙水占 70% 左右，岩溶水占 30% 左右。而煤矿闭坑后，水位较高的矿坑水经通道向奥灰岩溶水运移，这个通道即串层污染通道。奥灰含水层的串层污染区如同倒蘑菇状，以奥灰顶部串层污染点为中心，由上往下、由中心向两侧扩展（图 10-4、图 10-5）。

## 二、有机污染

研究区内有机污染主要分布在大武岩溶水次级子系统北部，分析造成石油类污染的原因主要如下：

（1）2000 年以前，石化企业环保意识较差，防护措施不到位，致使第四系覆盖层中存留大量的石油类污染物。据有关资料，淄河南杨段河滩的石油类污染土层分布面积近 0.5km$^2$，厚度为 1～1.5m，土层中石油类含量高达 100000mg/kg 干土。尽管现在禁止企业随意排放污废水，但土体中的石油类污染物会随着降水淋滤及地表水体的冲刷不断释放，造成对岩溶水的长期污染。

（2）石化公司在生产过程中物料的“跑、冒、滴、漏”及事故性排放。

（3）厂区内排污管线的渗漏。

（4）部分小企业污废水的就近排放。

区内有机物污染以氯仿、三氯乙烷、二氯丙烷为主，其中氯仿检出率最高。氯仿为有机溶剂，具有低毒，极易挥发、易分解、比水重的特征。

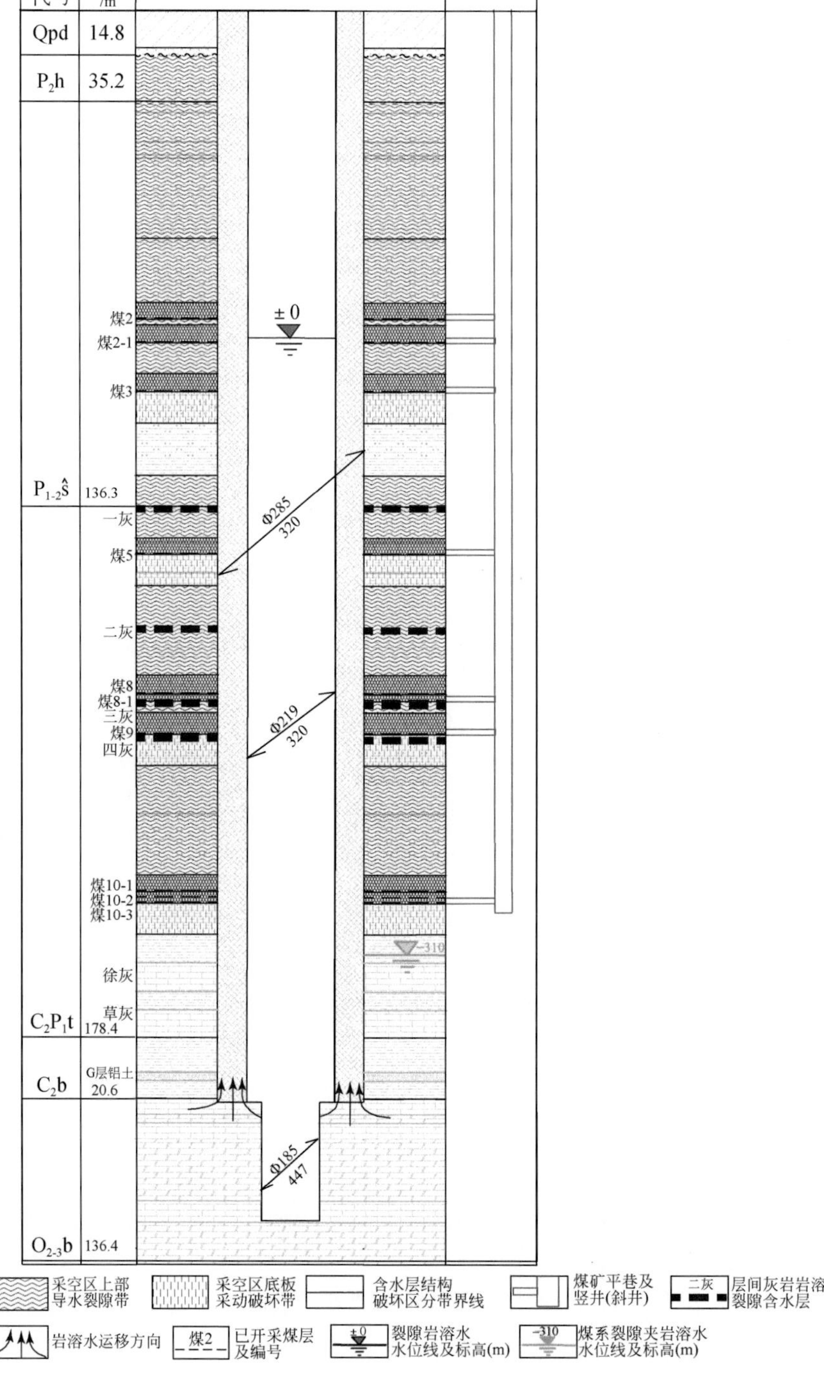


图 10-4　闭矿前奥灰岩溶水顶托补给煤系地层裂隙水

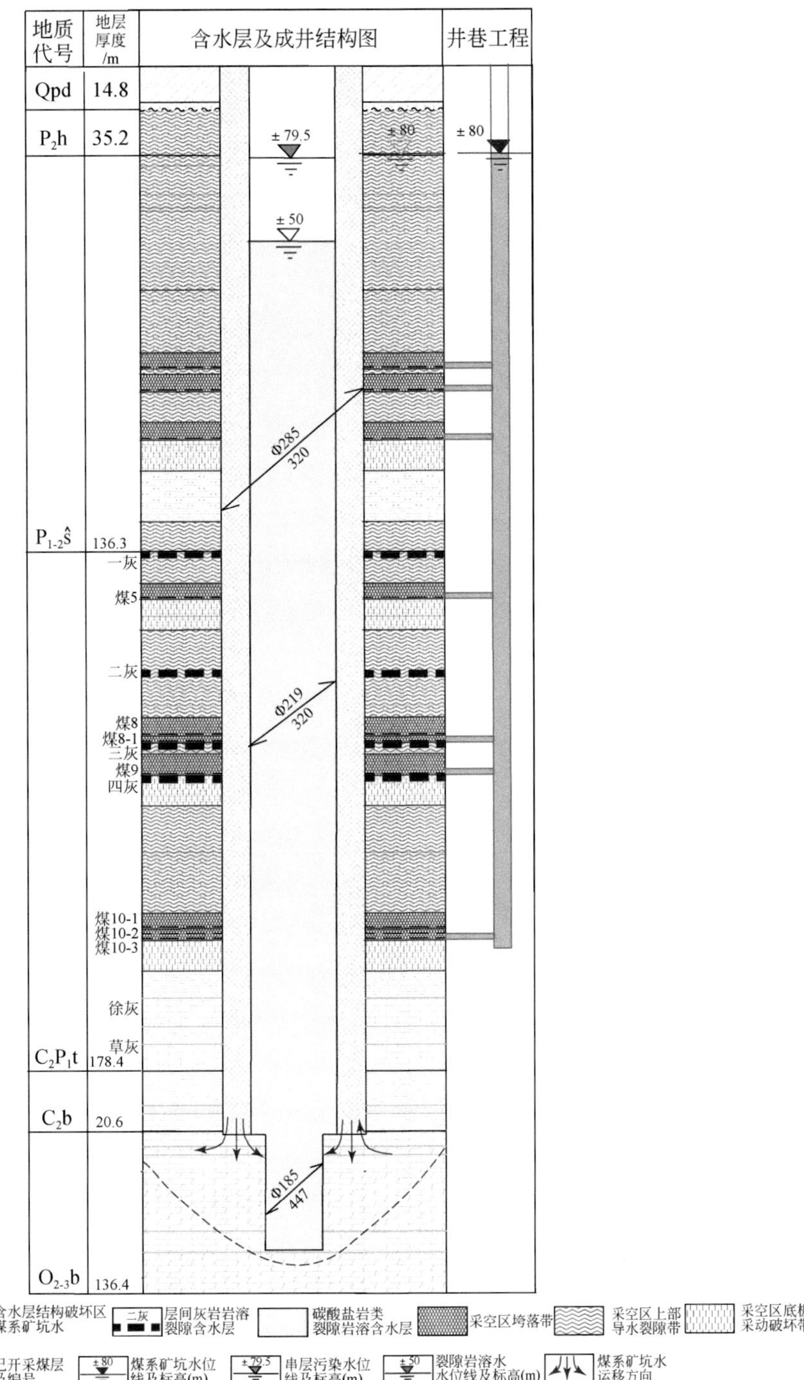


图 10-5 闭矿后煤系地层裂隙水串层补给奥灰岩溶水

分析认为，氯仿为区域空气或地表环境中普遍存在，雨季有效降水后，大气降水成为有机物载体，因区域内包气带厚度薄，隔污性能差，同时地表及上部岩溶发育导致岩溶含水层强渗透性，使得有机物随降水入渗补给岩溶含水层，对区内岩溶水造成面状污染。

大武岩溶水次级子系统内各类石油化工企业的存在均是岩溶水的重要安全隐患，若不改变上述外部环境，大武水源地的安全运行将一直存在较大的风险，如何严格控制污染成为其当务之急。

## 三、常规离子超标

根据研究发现，洋浒崖粉煤灰场是引起西张-福山富水段岩溶水中硫酸盐、总硬度等指标超标的主要原因。

根据前文所述的王寨盆地水文地质条件以及岩溶水流场形态可知：王寨盆地周边大气降水入渗补给的岩溶水汇集到盆地中心后，自盆地西北向东南径流，经过隐伏断层汇入西张-福山富水段（图 10-6）。

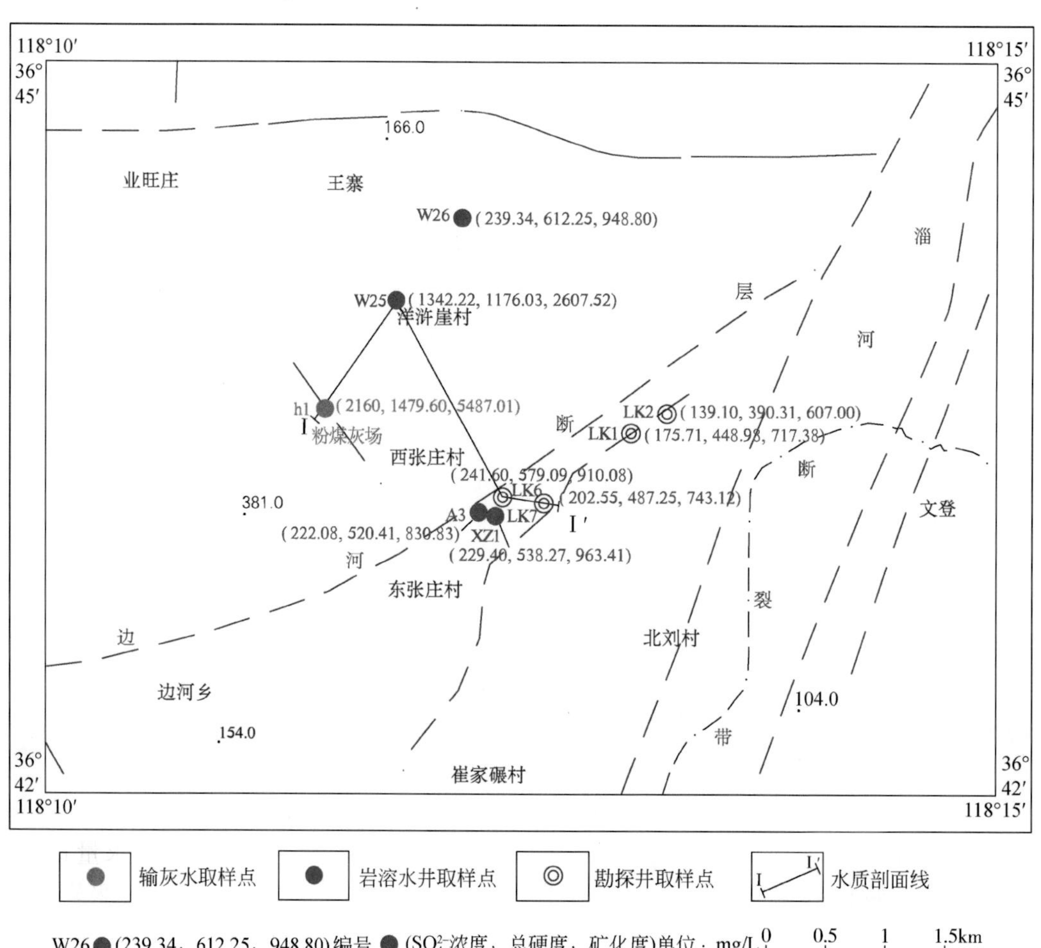


图 10-6 粉煤灰场-刘征水源地水化学简图

2011 年 12 月，西张村供水井生活饮用水全分析水样，除总硬度略有超标外，其他各项成分均满足要求；2012 年丰水期，揭穿边河断层的勘探井及西张村供水井水质分析显示，均出现总硬度、硫酸盐等与粉煤灰主要污染成分相关的超标成分。

粉煤灰场-洋浒崖-西张村-东张村水质分析资料显示：粉煤灰输送管道中水硫酸盐含量达 2159.76mg/L，总硬度为 1497.6mg/L，矿化度为 5487.01gm/L，氯化物含量为 1023.94mg/L，硝酸盐含量为 163.15mg/L，上述指标全部超出地下水Ⅲ类水标准，超标倍数分别为 7.6 倍、2.3 倍、4.5 倍、3.1 倍及 0.8 倍；位于灰场大坝下游的洋浒崖村岩溶水中硫酸盐超标 4.4 倍、总硬度超标 1.6 倍、矿化度超标 1.6 倍，其他组分略有超标；出现超标的 4 个勘探井，以 LK6 井最高，其次为 LK5 井和 LK7 井，LK1 井超标程度最轻。LK6 井位于洋浒崖村一带隐伏断层与边河断层的交汇处，由此证实了岩溶水污染与齐鲁石化热电厂灰场粉煤灰的关联性（图 10-7）。

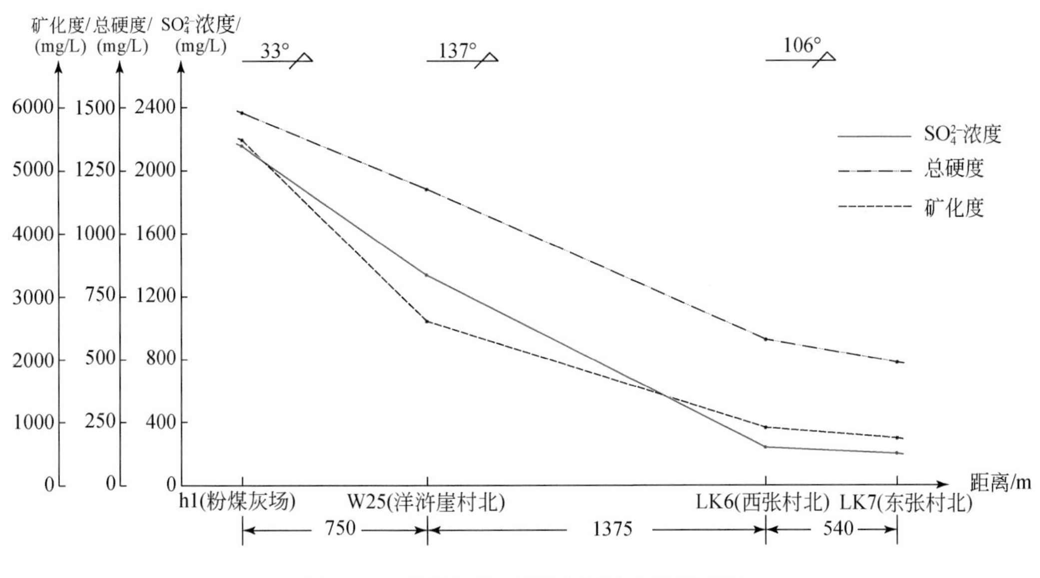


图 10-7　粉煤灰场-刘征水源地水质剖面图

# 四、泉水流量衰减、断流甚至消亡

孝妇河岩溶水子系统自南而北“串珠”状分布的众多泉群，目前多数已不再喷涌，仅博山的神头及秋谷两泉群中的个别泉水还基本保持喷涌。分析认为随着泉域内经济发展，需水量大幅增加，地下水的开采量随之增加，引起区域岩溶水位的下降是泉水不再喷涌的根本原因。

（1）20 世纪 60 年代以后，随着工农业的飞速发展，区内对地下水的需求量日益增加，岩溶水开始被大量、集中开发利用，建设很多集中供水水源地。因大量开采岩溶水，区域岩溶水水位下降。

（2）矿山开采过程中，大量的矿山排水抽排岩溶水，导致区域岩溶水水位下降。

(3) 枯水年降水量减少，岩溶水的天然补给量亦减少，导致区域岩溶水水位下降。2014 年，博山区降水量约 427.3mm，为 1964 年以来的最小值，龙湾泉群 2014 ~ 2015 年一直未出流。

## 第三节 岩溶水资源保护对策

### 一、政策方面

1. 完善岩溶水资源保护的法律法规体系建设

针对岩溶水资源保护的严峻形势，应进一步加强岩溶水资源的有关法律法规体系建设，为岩溶水资源保护提供完备的法律依据与政策支持，构建完备的水资源保护制度框架是水资源保护的首要任务。通过完善岩溶水环境保护的法律法规体系，尤其是在各地方政府有关地下水资源管理的法规中，建立起地下水环境保护的综合协调机制，使地下水资源保护工作得到具体落实，并与地下水开发利用协调一致，使岩溶水资源可持续开发利用得到制度上的根本保证。

2. 加大节水宣传力度，提高群众节水意识

地下水资源是有限的，要严格控制水源地开采量，做好节水法律法规政策的宣传，机关、事业单位、学校、医院、服务业等公共用水单位，都要制作、悬挂节约用水提示警示牌，居民小区制作节水墙标或节水宣传栏，使城市居民充分认识到节水工作的必要性和重大意义，逐步形成节约用水光荣，浪费水资源可耻的良好风尚，把节水变成群众的自觉行动。

3. 调整城市用水结构

采取措施限制洗浴业、洗车业、建筑业、城市绿化、景观等用水，对有条件使用再生水、雨水的，要限制其使用优质水，鼓励使用再生水。

4. 统一调配地下水、地表水及客水资源

建议在行政区范围内对地下水资源进行统一调度，对地下水、地表水及客水进行统一资源分配，达到地下水开采结构的合理化，从而既保证地下水资源的充分利用，又做到保护地下水环境，真正做到人与自然和谐发展。

### 二、技术方面

1. 加强岩溶水监测网络建设

研究区现有岩溶水监测网络建设相对滞后，难以满足岩溶水资源开发利用与保护管理需要，应加大对岩溶水监测设施投入，建立完备的岩溶水监测网络，不断完善岩溶水环境监测体系。对现有多部门监测网络进行有效集成、资源共享，对重点地区进行重点监测，系统掌握岩溶水水质、水量和水环境变化的动态特征，为岩溶水开发利用和保护提供科学依据。

2. 开展地下水污染专项调查评价工作

对于研究区串层污染和有机污染等问题，建议开展高精度地下水污染专项调查工作，以进一步查明污染机理及发展演变规律，为地方政府决策、产业布局、调整农业结构及地下水污染治理修复工作提供技术依据。

3. 建立岩溶水系统管理模型，统一调配岩溶水资源

建立岩溶水系统管理模型，针对岩溶水资源进行开采布局优化调整，对岩溶水系统内岩溶水资源进行统一调度，达到岩溶水开采结构的合理化。

## 三、工程方面

1. 植树种草，绿化荒山

加大封山育林的力度，增加植被覆盖度，从而滞留降水，增强大气降水入渗补给量。

2. 修建拦水堤坝

灰岩裸露地区沟谷众多，雨后地表径流迅速下泄，若在沟谷中梯次修建拦水堤坝，延缓洪流的下泄速度，增加入渗时间，则更有利于降水入渗补给。在不影响行洪的前提下，在淄河主干道上适度修建拦水堤坝，更有利于河水的下渗和当地生态环境的改善。

3. 水源地保护区内村庄，要大力实施农村卫生治理

对生活垃圾和污废水要集中堆放、收集和处理，规划建设小型污水净化处理设施、农村生活垃圾集中处理场。每一农户由政府资助建立一处小型沼气池，形成人畜肥-沼气-肥-果良性循环，减少有机、无机肥料向下游排放。

4. 污染源控制

（1）城镇生活污染源控制：加大生活污水处理力度，完善污水处理设施运行机制，提高排污监管力度。推行雨污分流，提高城镇污水收集的能力和效率。全面规范污水处理厂的排污监管，有效控制城镇水环境污染。

（2）工业污染源控制：建立以总量控制为核心的环境管理机制，引导企业采用先进的生产工艺和技术手段，厉行节水减污，降低单位工业产品或产值的排水量及污染物排放负荷，鼓励一水多用和再生水的开发利用，提高工业用水的重复利用率。

（3）农业面源污染控制：农药、化肥施用量是农业生产中影响岩溶水资源的主要因素，应合理控制施肥量，尤其是氮、磷类肥料，减少其施用量就是减少污染物的产生量。推广有机农业和生态农业，发展高效无污染的绿色肥料。

5. 矿坑水串层污染封堵

串层污染的主要通道为无止水措施或止水工艺不良的开采井，建议对这些井孔进行认真识别和有效封堵，切断污染通道是减少串层污染的有效工程措施。

# 第十一章　结　　论

## 一、岩溶水系统划分及边界

沣水泉域岩溶水系统位于淄博向斜的东翼，其南部与西南部、东部、东北部是以地表分水岭和深大断裂组成的零流量边界，西、西北及北部边界是以奥陶系灰岩顶板埋深400m等值线为边界的滞流性边界。综合考虑水系与地貌、断裂构造透水性、地下水运动特征及人类活动干预，沣水泉域岩溶水系统自西向东划分为孝妇河、淄河和弥河三个相对独立的岩溶水子系统。

孝妇河岩溶水子系统和淄河岩溶水子系统边界为以石马断层、淄河与孝妇河地表分水岭、梨峪口断裂和金岭断层组成的零流量边界和潜流边界；淄河岩溶水子系统和弥河岩溶水子系统边界为以地表分水岭组成的零流量边界。

孝妇河岩溶水子系统以相对阻水断裂为边界，进一步划分为湖田-四宝山、岳店、罗村、洪山-龙泉、神头-崮山5个岩溶水次级子系统；淄河岩溶水子系统以相对阻水构造和地表分水岭为边界，进一步划分为大武、城子-口头、源泉3个岩溶水次级子系统。

## 二、岩溶水资源量

孝妇河岩溶水子系统岩溶水的允许开采量为20.19万$m^3/d$，现有实际开采量为23.16万$m^3/d$，剩余允许开采量为-2.97万$m^3/d$，开采潜力指数为0.87，孝妇河岩溶水子系统属于超采状态。其中湖田-四宝山、岳店岩溶水次级子系统超采严重，罗村、洪山-龙泉、神头-崮山岩溶水次级子系统尚有一定的开采潜力，剩余允许开采量分别为1.55万$m^3/d$、1.58万$m^3/d$、1.39万$m^3/d$。

淄河岩溶水子系统岩溶水的允许开采量为73.24万$m^3/d$，现有实际开采量为53.15万$m^3/d$，剩余允许开采量为20.09万$m^3/d$，开采潜力指数为1.38，淄河岩溶水子系统仍有一定的开采潜力。其中大武岩溶水次级子系统超采，而上游的城子-口头岩溶水次级子系统及源泉岩溶水次级子系统开采潜力较大，剩余允许开采量达19.95万$m^3/d$、11.44万$m^3/d$。

## 三、岩溶水质量、污染评价及污染预测

岩溶水系统内大部分区域岩溶水质量为优良，岩溶水质量较好区、较差区、极差区分布相对集中。丰水期岩溶水质量较枯水期明显变差，丰水期岩溶水质量极差区、较差区面积较枯水期明显增大。从其超标组分来看，孝妇河岩溶水子系统西河地区以及罗村北

韩村—沣水镇一线地下水超标组分主要为硫酸盐、溶解性总固体以及总硬度；淄河岩溶水子系统北部堠皋地区以石油类、溶解性总固体、总硬度、溶解氧和氨氮为主。其他零星分布的超标地区则主要受当地农业、养殖业、环境、人类活动等因素影响，超标组分各有不同。

沣水泉域岩溶水质量及其污染程度受人为影响显著，在孝妇河岩溶水子系统内，岩溶水质量较差区-极差区、重度污染-严重污染区主要集中于该系统的西部，主要受矿坑水串层污染影响；在淄河岩溶水子系统内，岩溶水质量较差区-极差区、重度污染-严重污染区主要集中于该系统的西北部，主要受王寨盆地粉煤灰场及有机污染影响。

岩溶水系统内大部分区域岩溶水为未污染或轻度污染状态。中度污染区主要集中于孝妇河岩溶水子系统北部罗村镇—湖田镇一带以及淄河岩溶水子系统西南部西坡村—南博山镇—郭庄一线、北部王寨盆地及大武水源地一带；重度污染区主要集中于孝妇河岩溶水子系统北部金岭穹窿一带；严重污染区位于孝妇河岩溶水子系统南部中坡地村、北崖村，北部南韩—北韩村以及南焦宋—北焦宋村附近以及淄河岩溶水子系统北部王寨地区、仉行村以及堠皋一带。

利用地下水数值模型，针对研究区典型的地下水环境问题，设计现状条件下的污染趋势、切断污染源之后的发展趋势以及切断污染源同时增大劣质水开采三种不同方案进行模拟，分析污染发展趋势，提出了采取相关治理措施之后的改善效果。

## 四、岩溶水环境问题

区内地下水环境问题主要是串层污染、有机污染、常规离子超标及泉水流量衰减、断流甚至消亡。

串层污染主要分布于孝妇河岩溶水子系统的罗村至沣水一带。洪山矿区中度及以上串层污染区面积已达 15.52$km^2$，占整个罗村岩溶水次级子系统的 25%，并呈由煤矿开采区向东部山区灰岩裸露区快速发展的趋势。煤矿开采中发生的岩层移动与变形，使得开采区内的奥灰开采井孔壁与止水护壁管之间的环缝内止水材料出现了缝隙，为奥灰含水层与矿坑水串层的主要通道。

有机污染主要分布于大武岩溶水次级子系统的大武水源地、王寨盆地及刘征地区北部，位于大武水源地西部的堠皋地区有机污染最严重。区内有机污染以氯仿、三氯乙烷、二氯丙烷为主，其中氯仿检出率最高。各类石油化工企业的存在是岩溶水的重要安全隐患。

常规离子超标主要分布于岩溶水子系统的北部排泄区，重点对大武岩溶水次级子系统内刘征水源地常规离子超标问题进行了研究。研究发现，王寨盆地内粉煤灰场是引起西张-福山富水段岩溶水中硫酸盐、总硬度等指标异常的原因。灰场粉煤灰对岩溶水的污染具有季节性，有效的降水是污染产生的必要条件，在降水量大或长时间降水的情况下，污染作用开始产生，并随降水量的增大而加剧。

随着泉域内经济发展，需水量大幅增加，地下水的开采量随之增加，引起区域岩溶水位的下降是泉水不再喷涌的根本原因。20 世纪 80 年代以后，在城市农村建设大潮中，部分断流的泉及泉群泉眼被填平，导致泉及泉群永久性消亡。

## 五、岩溶水系统防污性能评价

研究区可划分为地下水高脆弱性区（极度敏感性区）、地下水较高脆弱性区（高敏感性区）、地下水中等脆弱性区（中等敏感性区）、地下水低脆弱性区（低敏感性）四个区。

高脆弱性区占研究区总面积的1%，主要分布在源泉镇-太河水库及南马鹿村-庙子镇淄河河谷地段；较高脆弱性区占研究区总面积的11%，主要分布在淄河河谷及峨庄支流、黑虎山水库地区；中等脆弱性区占研究区总面积的56%，主要分布在低山丘陵区；低脆弱性区占研究区总面积的32%，主要分布在孝妇河岩溶水子系统的山前地带、淄河及弥河岩溶水子系统的北部、南部变质岩山区。

## 六、岩溶水优化开采方案研究

在大武地区最低水位约束标高为不低于5m，相应的刘征地区不低于10m的前提条件下，且保证大武水源地劣质水不倒流反向补给刘征优质岩溶水的约束条件下，得出两种超前截流优质岩溶水的优化开采方案：

（1）在维持大武水源地现状开采35.91万$m^3/d$的条件下，刘征水源地可持续开采量为5.5万$m^3/d$，刘征-大武富水地段岩溶水总的可持续开采量为41.41万$m^3/d$。谢家店富水地段的可持续开采量为1.5万$m^3/d$。

（2）在大武水源地减采至33.41万$m^3/d$的条件下，刘征水源地的可持续开采量为8万$m^3/d$。谢家店富水地段可持续开采量为1.5万$m^3/d$。

经数值模型预测，上述岩溶水优化开采方案不改变区域整体流场形态，不会导致劣质地下水反向补给刘征水源地及谢家店富水地段。通过谢家店水源地勘探，采用开采试验法、补偿疏干法、数值模拟等多种方法，综合评价谢家店富水地段岩溶水允许开采量为1.75万$m^3/d$，验证了超前截流优质岩溶水优化开采方案的科学性与可行性。

## 七、岩溶水保护措施

（1）加强污水排放整治，对生活垃圾和污废水集中堆放、收集和处理，严格控制在水源地保护区大规模发展畜类、禽类养殖业，大力实施农村卫生综合治理，在淄河上游蔬菜、果树种植区严禁大量施用农药、化肥。

（2）建议开展地下水污染调查专题工作，进一步查明地下水污染源、污染机理和污染途径，为开展泉域北部地下水污染治理示范工程提供理论依据。

（3）加强岩溶水长期动态监测工作，实时监控岩溶水水位、水质变化，为合理开发利用岩溶水资源提供基础资料。

# 参考文献


曹剑锋，迟宝明，王文科，等，2006. 专门水文地质学 . 3 版 . 北京：中国矿业大学出版社 .

陈崇希，等，2011. 地下水动力学 . 5 版 . 北京：地质出版社 .

陈家军，王红旗，张征，等，1998. 地质统计学方法在地下水水位估值中应用 . 水文地质工程地质，（6）：9-12.

陈家琦，1991. 水资源评价活动的展望 . 中山大学学报（自然科学）论丛，（10）：1.

陈家琦，王浩，杨小柳，2002. 水资源学 . 北京：科学出版社 .

陈劲松，万力，2002. MODFLOW 中不同方程组求解方法差异分析 . 工程勘察，（2）：25-27.

陈秋锦，2003. 地下水模拟计算机软件系统——FEFLOW. 中国水利，（18）：25-26.

陈喜，陈洵洪，2004. 美国 Sand Hills 地区地下水数值模拟及水量平衡分析 . 水科学进展，（1）：94-99.

崔光中，于浩然，朱远峰，1986. 我国岩溶地下水系统中的快速流 . 中国岩溶，5（4）：297-304.

丁继红，周德亮，马生忠，2002. 国外地下水模拟软件的发展现状与趋势 . 勘察科学技术，（1）：37-42.

杜超，2008. 双城市地下水资源评价及可持续利用研究 . 长春：吉林大学 .

方向清，傅耀军，华解明，等，2011. 北方岩溶地下水系统模式及特征 . 合肥工业大学学报（自然科学版），34（2）：286-291.

高佩玲，雷廷武，张石峰，2004. 新疆阿图什哈拉峻地区地下水系统模型研究 . 水利学报，（4）：61-66.

何庆成，2000. RS 和 GIS 技术集成及其应用 . 水文地质工程地质，（2）：44-46.

黄暖，黄晶，2001. 镇江市岩溶地下水动态变化特征分析 . 浙江水利水电专科学校学报，13（2）：22-23.

金栋梁，刘予伟，2004. 降水量评价综述 . 水资源研究，（3）：11-17.

康风新，2005. 地下水允许开采量及其潜力评价研究 . 工程勘察，（3）：29-33.

李铎，王生力，谢小兵，2002. 大武水源地各向异性岩溶地下水数值模拟 . 勘察科学技术，（5）：32-35.

李伟，吕华，刘洪量，等，2006. 淄川区矿坑水资源利用评价与分析 . 煤炭科学技术，34（9）：81-84.

梁永平，王维泰，2010. 中国北方岩溶水系统划分与系统特征 . 地球学报，31（6）：860-868.

廖华胜，李连侠，Li S G，2004. 地下水非平稳随机模型及空间变异性与非均匀性相互关系研究的展望 . 水利学报，（10）：13-21.

刘松霖，2013. 淄博市大武水源地地下水质演化规律分析及污染趋势预测 . 北京：中国地质大学（北京）.

刘松霖，魏江，沈莹莹，等，2013. 淄博大武地下水源地污染风险评价 . 安全与环境学报，13（1）：142-148.

卢文喜，2003. 地下水运动数值模拟过程中边界条件问题探讨 . 水利学报，（3）：33-36.

马振民，段琪庆，刘赠夕，2003. 泰安岩溶水系统地下水动力环境演化规律研究 . 济南大学学报（自然科学版），17（1）：1-3.

米勒 T L，刘辉，2004. 美国水资源质量评价绪论 . 水利水电快报，（8）：18-26.

任增平，李广贺，张戈，2002. 大武水源地堠皋地区水力截获工程运行的数值模拟 . 地下水，24（1）：14-27.

石中平，2002. 水文地质求参实际问题探讨 . 西安理工大学学报，（1）：84-87.

束龙仓，朱元生，2000. 地下水资源评价中的不确定性因素分析 . 水文地质工程地质，（6）：6-8.

水利部水利水电规划设计总院，2002. 全国水资源综合规划技术大纲 . 北京：水利部水利水电规划设计总院 .

王长申，王金生，滕彦国，2007. 地下水可持续开采量评价的前沿问题 . 水文地质工程地质，（4）：44-49.

王建华，1990. 淄博地区岩溶垂直分带规律 . 长春地质学院学报，20（3）：301-305.

王金生，王长申，滕彦国，2006. 地下水可持续开采量评价方法综述 . 水利学报，（5）：525-533.

王军涛，2012. 淄川煤矿矿坑排水对水质特征影响与串层污染防治研究 . 济南：山东建筑大学 .

王玮，2003. 水文地质数值模拟中节点地面标高的获取方法 . 长安大学学报（地球科学版），（2）：41-45.

威尔伯 W G，刘辉，2004. 美国水资源评价的要点 . 水利水电快报，（9）：7-21.

魏加华，王光谦，李慈君，等，2003. GIS 在地下水研究中的应用进展 . 水文地质工程地质，（2）：94-98.

魏连伟，邵景力，张建立，等，2004. 模拟退火算法反演水文地质参数算例研究 . 吉林大学学报（地球科学版），（4）：612-616.

吴文强，李文文，刘君利，2009. 水均衡与数值模拟法在地下水资源评价中对比应用 . 中国农村水利水电，（6）：45-48.

吴晓芳，2007. 兰村泉域岩溶地下水动态研究 . 长春：吉林大学 .

肖长来，2001. 吉林省西部地下水资源评价与水资源可持续开发利用研究 . 长春：吉林大学 .

薛禹群，叶淑君，谢春红，等，2004. 多尺度有限元法在地下水模拟中的应用 . 水利学报，（7）：7-13.

杨金忠，蔡树英，王旭升，2009. 地下水运动数学模型 . 北京：科学出版社 .

杨旭，杨树才，黄家柱，2004. 基于 GIS 的地下水数值模拟模型拟合方法 . 计算机工程，（11）：50-51.

张春志，刘继朝，孟庆伟，2005. 浅议均衡法在地下水资源评价中的应用 . 西部探矿工程，（7）：78-79.

张桂兰，1997. 山东淄博张店东南部深层地下水串层污染探析 . 地下水，19（4）：184-187.

张明江，门国发，陈崇希，2004. 渭干河流域三维地下水流数值模拟 . 新疆地质，（3）：238-243.

张人权，2003. 地下水资源特性及其合理开发利用 . 水文地质工程地质，（6）：1-5.

张人权，周宏，陈植华，等，1991. 山西郭庄泉岩溶水系统分析 . 地球科学——中国地质大学学报，16（1）：1-17.

张祥伟，竹内邦良，2004. 大区域地下水模拟的理论和方法 . 水利学报，（6）：7-13.

Alley W M，Leake S A，2004. The journey from safe yield to sustainability. Ground Water，42（1）：12-16.

Anderson M P，Woessner W W，1992. Applied groundwater modeling：simulation of flow and advective transport. Utah：Academic Press.

Bakalowicz M，2005. Karst groundwater：a challenge for new resources. Hydrogeology Journal，13（1）：148-160.

Barazzuoli P，Nocchi M，Rigati R，et al.，2008. A conceptual and numerical model for groundwater management：a case study on a coastal aquifer in southern Tuscany，Italy. Hydrogeology Journal，16（8）：1557-1576.

Bredehoeft J，1997. Safe yield and the water budget myth. Ground Water，35（6）：929.

Conkling H，1946. Utilization of groundwater storage in stream system development. Proceeding of the Japan Souety of Civil Engineers，111：523-540.

Domenico P，1972. Concepts and models in groundwater hydrology. New York：McGraw-Hill.

Facchi A，Ortuani B，Maggi D，et al.，2004. Coupled SVAT-groundwater model for water resources simulation in irrigated alluvial plains. Environmental Modeling & Software，19（11）：1053-1063.

Fetter C W，2000. Applied hydrogeology. New Jersey：Prentice Hall.

Ford D C，Williams P W，2007. Karst geomorphology and hydrology. London：Unwin Hyman.

Ghassemi F, Molson J W, Falkland A, et al., 1998. Three-dimensional simulation of the Home Island freshwater lens: preliminary results. Environmental Modeling & Software, 14 (2): 181-190.

Groves C G, Howard A D, 1994. Early development of karst systems: 1. Preferential flow path enlargement under laminar flow. Water Resources Research, 30 (10): 2837-2846.

Howard A D, Groves C G, 1995. Early development of karst systems: 2. Turbulent flow. Water Resources Research, 31 (1): 19-26.

Juan C S, Kolm K E, 1996. Conceptualization, characterization and numerical modeling of the Jackson Hole alluvial aquifer using ARC/INFO and MODFLOW. Engineering Geology, 42: 119-137.

Kalf F R P, Woolley D R, 2005. Applicability and methodology of determining sustainable yield in groundwater systems. Hydrogeology Journal, 13 (1): 295-312.

Li S G, McLaughlin D, Liao H S, 2003. A computationally practical method for stochastic groundwater modeling. Advances in Water Resources, 26 (11): 1137-1148.

Mehl S, Hill M C, 2002. Development and evaluation of a local grid refinement method for block-centered finite-difference groundwater models using shared nodes. Advances in Water Resources, 25 (5): 497-511.

Meinzer O E, 1923. Outline of groundwater hydrology with definitions. United States Geological Survey Water-Supply Paper 494.

Olsthoorn T N, 1999. A comparative review of analytic and finite difference models used at the Amsterdam Water Supply. Journal of Hydrology, 226 (3): 139-143.

Padilla A, Pulido-Bosch A, Mangin A, 1994. Relative importance of baseflow and quickflow from hydrographs of karst spring. Ground Water, 32 (2): 267-277.

Porter D W, Gibbs B P, Jones W F, et al., 2000. Data fusion modeling for groundwater systems. Journal of Contaminant Hydrology, 42 (2): 303-335.

Reynolds D A, Marimuthu S, 2007. Deuterium composition and flow path analysis as additional calibration targets to calibrate groundwater flow simulation in a coastal wetlands system. Hydrogeology Journal, 15 (3): 515-535.

Sophocleous M, 1997. Managing water resources systems: why safe yield is not sustainable. Ground Water, 35 (4): 561.

Sophocleous M, 2000. From safe yield to sustainable development of water resources—the Kansas experience. Journal of Hydrology, 235 (1): 27-43.

Todd D, 1959. Groundwater hydrology. New York: John Wiley.

United Nation, 1977. Declaration of the United Nation Water Conference. Mar Del Plata, Argentina: United Nation Water Conference.

White W B, 2002. Karst hydrology: recent developments and open questions. Engineering Geology, 65 (2): 85-105.

Winston R B, 1999. MODFLOW- related freeware and shareware resources on the internet. Computer & Geosciences, 25 (4): 377-382.